Otto Forster

Analysis 3

vieweg studium
Aufbaukurs Mathematik

Herausgegeben von Martin Aigner, Gerd Fischer,
Michael Grüter, Manfred Knebusch, Gisbert Wüstholz

Martin Aigner
Diskrete Mathematik

Albrecht Beutelspacher/Ute Rosenbaum
Projektive Geometrie

Manfredo P. do Carmo
Differentialgeometrie von Kurven und Flächen

Wolfgang Fischer und Ingo Lieb
Funktionentheorie

Wolfgang Fischer und Ingo Lieb
Ausgewählte Kapitel aus der Funktionentheorie

Otto Forster
Analysis 3

Manfred Knebusch und Claus Scheiderer
Einführung in die reelle Algebra

Horst Knörrer
Geometrie

Ulrich Krengel
Einführung in die Wahrscheinlichkeitstheorie und Statistik

Ernst Kunz
Algebra

Reinhold Meise und Dietmar Vogt
Einführung in die Funktionalanalysis

Erich Ossa
Topologie

Alexander Prestel
Einführung in die mathematische Logik und Modelltheorie

Jochen Werner
Numerische Mathematik I und II

Grundkurs Mathematik

Gerd Fischer
Lineare Algebra

Otto Forster
Analysis 1

Otto Forster
Analysis 2

U. Friedrichsdorf und A. Prestel
Mengenlehre für den Mathematiker

Gerd Fischer
Analytische Geometrie

Otto Forster/Rüdiger Wessoly
Übungsbuch zur Analysis 1

Otto Forster/Thomas Szymczak
Übungsbuch zur Analysis 2

Gerhard Opfer
Numerische Mathematik für Anfänger

Otto Forster

Analysis 3

Integralrechnung im $\mathbb{R}^n$
mit Anwendungen

3., durchgesehene Auflage

vieweg

Dr. rer. nat. Otto Forster ist Professor am Mathematischen Institut der Universität München.

1.– 3. Tausend Oktober 1981
4.– 6. Tausend Januar 1983
7.– 9. Tausend Oktober 1984
10.–12. Tausend Oktober 1985
13.–15. Tausend August 1987
16.–20. Tausend Mai 1990
21.–25. Tausend September 1992
26.–27. Tausend März 1996

Der Verlag Vieweg ist ein Unternehmen der Bertelsmann Fachinformation GmbH.

Satz: Vieweg, Braunschweig
Druck und buchbinderische Verarbeitung: Lengericher Handelsdruckerei, Lengerich
Gedruckt auf säurefreiem Papier
Printed in Germany

ISBN 3-528-27252-X (Paperback)

Inhaltsverzeichnis

Vorwort

Das vorliegende Buch stellt den dritten Teil eines Analysis-Kurses für Studenten der Mathematik und Physik dar und umfaßt die Integralrechnung im $\mathbb{R}^n$ mit Anwendungen.

Die mehrdimensionale Integration ist wahrscheinlich innerhalb der mathematischen Grundvorlesungen das unangenehmste Stoffgebiet. Das hat verschiedene Gründe. Einerseits bleibt die Integrationstheorie unbefriedigend, wenn nicht das Lebesguesche Integral eingeführt wird. Dessen Einführung verbraucht aber meist soviel Zeit, daß am Schluß der Vorlesung der Student nicht in der Lage ist, die Oberfläche einer Kugel auszurechnen, ganz zu schweigen von der Kenntnis der Integralsätze. Will man aber andererseits die Integralsätze in ihrer heutigen eleganten Form darstellen, so muß der ganze Differentialformenkalkül auf Mannigfaltigkeiten eingeführt werden, was wiederum kaum Zeit für die maßtheoretische Seite der Integrationstheorie und für Anwendungen läßt, von denen es vor allem in der klassischen Analysis so viele gibt und die heute immer mehr in Vergessenheit geraten.

Für dieses Dilemma konnte auch im vorliegenden Buch keine Ideal-Lösung gefunden werden. Es wurde aber versucht, zu einem vernünftigen Kompromiß zu kommen. Insbesondere wird der ermüdende systematische Aufbau der Theorie immer wieder durch Paragraphen unterbrochen, in denen Beispielmaterial bereitgestellt oder Anwendungen besprochen werden.

Das Buch beginnt mit der Einführung des Integrals für stetige Funktionen mit kompaktem Träger im $\mathbb{R}^n$ durch sukzessive Integration. Dieses Integral wird dann als das bis auf einen konstanten Faktor eindeutig bestimmte Haarsche Maß auf dem $\mathbb{R}^n$ charakterisiert. In § 2 wird die Transformationsformel für mehrfache Integrale bewiesen. In § 3 erfolgt die erste Unterbrechung, wo die partielle Integration dazu benützt wird, die Adjunktion von linearen Differentialoperatoren zu definieren, und wo mit Hilfe der Integral-Transformationsformel die Darstellung des Laplace-Operators in krummlinigen Koordinaten abgeleitet wird. In § 4 erfolgt dann die erste Erweiterung des Integralbegriffs auf halbstetige Funktionen. Da die charakteristische Funktion eines Kompaktums von oben halbstetig ist, kann damit bereits das Volumen von kompakten Körpern definiert werden, und in § 5 berechnen wir die Volumina verschiedener Körper, wie Zylinder, Kegel und Kugel. In den §§ 6–10 wird dann das Wichtigste aus der Lebesgueschen Integrationstheorie abgehandelt, unterbrochen von einem Paragraphen über die Integration rotationssymmetrischer Funktionen. Die Konvergenzsätze werden in § 11 auf parameterabhängige Integrale angewandt, und in § 12 erfolgt als Anwendung davon ein kurzer Abriß der Theorie der Fourier-Integrale.

Der nächste Teil des Buches ist dem Gaußschen Integralsatz und seinen Anwendungen gewidmet. Dabei haben wir aus didaktischen Gründen zunächst darauf verzichtet, diesen Satz im Differentialformenkalkül zu formulieren, sondern beweisen ihn in seiner klassischen Form, daß das Integral der Divergenz eines Vektorfelds über ein Gebiet gleich dem Randintegral des Skalarprodukts des Vektorfeldes mit dem Einheits-Normalenfeld ist. In dieser

Form kann er auch gleich in § 16 zur Behandlung der Potentialgleichung benützt werden. Wir leiten dabei insbesondere die Poissonsche Integralformel zur Lösung des Dirichletproblems für die Kugel ab. In § 17 erfolgt eine kurze Einführung in die Theorie der Distributionen, in deren Rahmen wir die Fundamental-Lösungen für die Potentialgleichung, die Helmholtzsche Schwingungsgleichung und die Wärmeleitungsgleichung bestimmen.

Die letzten vier Paragraphen (§§ 18–21) führen schließlich in den Differentialformenkalkül ein, mit deren Hilfe der allgemeine Stokessche Integralsatz bewiesen wird. Dabei haben wir uns, um die Abstraktion in Grenzen zu halten, auf den $\mathbb{R}^n$ und seine Untermannigfaltigkeiten beschränkt. Neben dem Stokesschen Integralsatz werden als Anwendungen u.a. die Cauchysche Integralformel sowie die Bochner-Martinellische Integralformel für holomorphe Funktionen mehrerer Veränderlichen bewiesen.

Der Umfang des dargestellten Stoffes ist zuviel für eine einsemestrige Vorlesung. So muß der Dozent eine Auswahl treffen. Als eine Möglichkeit bietet sich an, die Integrationstheorie ohne den Differentialformenkalkül bis zum Gaußschen Integralsatz mit seinen Anwendungen zu bringen (§§ 1–16), wobei noch der eine oder andere nicht zum systematischen Aufbau gehörende Gegenstand weggelassen werden kann (in der Hoffnung, daß der Student ihn aus eigenem Antrieb studiert). Eine andere Möglichkeit ist, auf die Lebesguesche Integrationstheorie zu verzichten und nach den §§ 1–3 direkt zu den Differentialformen (§§ 18, 19) überzugehen. Dann kann unter Benützung von Teilen des § 4 der Integralbegriff für stetige Funktionen auf kompakten Mengen wie im Anhang zu § 20 eingeführt werden. Für den § 20 (Integration von Differentialformen) werden Teile von § 14 benötigt. Nach dem Stokesschen Integralsatz (§ 21) sollte dann noch die Rückübersetzung in die klassische Form des Gaußschen Integralsatzes erfolgen (§§ 14, 15) und möglichst noch seine Anwendung auf die Potentialgleichung (§ 16) besprochen werden.

Ich danke den vielen Kollegen, die mich immer wieder dazu angespornt haben, das Buch endlich fertigzustellen, sowie Frau G. Marschalleck für das Tippen des Manuskripts. Ich hoffe, daß das Buch dazu beitragen kann, diesen wichtigen Teil der Analysis, wie ihn die mehrdimensionale Integration darstellt, für Vorlesungen wieder populärer zu machen.

Otto Forster

§ 1. Integral für stetige Funktionen mit kompaktem Träger

In diesem Paragraphen definieren wir das Integral für stetige Funktionen im $\mathbb{R}^n$, die außerhalb eines genügend großen Quaders verschwinden, durch sukzessive Integration über die einzelnen Variablen. Dann zeigen wir, daß das Integral durch seine Eigenschaften Linearität, Monotonie und Translationsinvarianz bis auf einen konstanten Faktor schon eindeutig bestimmt ist.

Mehrfache Integrale

Sei Q ein achsenparalleler kompakter Quader im $\mathbb{R}^n$, d.h.

$$Q = I_1 \times I_2 \times \ldots \times I_n,$$

wobei jedes $I_k = [a_k, b_k] \subset \mathbb{R}$ ein beschränktes abgeschlossenes Intervall ist. Auf Q sei eine stetige Funktion

$$f\colon Q \longrightarrow \mathbb{R}$$
$$(x_1, \ldots, x_n) \mapsto f(x_1, \ldots, x_n)$$

gegeben. Bei festgehaltenem $(x_2, \ldots, x_n) \in I_2 \times \ldots \times I_n$ kann diese Funktion bzgl. x_1 über das Intervall I_1 integriert werden,

$$F_1(x_2, \ldots, x_n) := \int_{a_1}^{b_1} f(x_1, x_2, \ldots, x_n)\,dx_1.$$

Nach An. 2, § 9, Satz 1, erhält man so eine stetige Funktion

$$F_1\colon I_2 \times \ldots \times I_n \to \mathbb{R}.$$

Diese Funktion kann wiederum bei festgehaltenem $(x_3, \ldots, x_n) \in I_3 \times \ldots \times I_n$ bzgl. der Variablen x_2 über I_2 integriert werden,

$$F_2(x_3, \ldots, x_n) := \int_{a_2}^{b_2} F_1(x_2, \ldots, x_n)\,dx_2 = \int_{a_2}^{b_2} \left(\int_{a_1}^{b_1} f(x_1, x_2, \ldots, x_n)\,dx_1 \right) dx_2.$$

F_2 ist eine stetige Funktion auf $I_3 \times \ldots \times I_n$, die bzgl. x_3 über I_3 integriert werden kann. Nach n-maliger Wiederholung des Verfahrens erhält man schließlich nach Integration über die letzte Variable x_n eine reelle Zahl, die Integral von f über Q heißt und mit

$$\int_Q f(x_1, \ldots, x_n)\,dx_1 \ldots dx_n = \int_{a_n}^{b_n} \ldots \int_{a_2}^{b_2} \left(\left(\int_{a_1}^{b_1} f(x_1, x_2, \ldots, x_n)\,dx_1 \right) dx_2 \right) \ldots dx_n$$

bezeichnet wird.

Abkürzend schreibt man statt $\int\limits_Q f(x_1, \ldots, x_n)\, dx_1 \ldots dx_n$ auch $\int\limits_Q f(x)\, d^n x$ oder einfach $\int\limits_Q f(x)\, dx$.

Träger einer Funktion

Unter dem *Träger* einer Funktion $f: \mathbb{R}^n \to \mathbb{R}$ versteht man die abgeschlossene Hülle der Menge aller Punkte, in denen die Funktion von Null verschieden ist. Der Träger von f wird mit $\operatorname{Supp}(f)$ bezeichnet (von engl. und frz. support). Es gilt also

$$\operatorname{Supp}(f) = \overline{\{x \in \mathbb{R}^n : f(x) \neq 0\}}.$$

Wir bezeichnen mit $\mathscr{C}(\mathbb{R}^n)$ den Vektorraum aller stetigen Funktionen $f: \mathbb{R}^n \to \mathbb{R}$ und mit

$$\mathscr{C}_c(\mathbb{R}^n) = \{f \in \mathscr{C}(\mathbb{R}^n) : \operatorname{Supp}(f) \text{ kompakt}\}$$

den Untervektorraum aller stetigen Funktionen mit kompaktem Träger. Zu jedem $f \in \mathscr{C}_c(\mathbb{R}^n)$ gibt es also einen kompakten achsenparallelen Quader $Q \subset \mathbb{R}^n$ mit $\operatorname{Supp}(f) \subset Q$. Außerhalb von Q ist f identisch null.
Für Funktionen $f \in \mathscr{C}_c(\mathbb{R}^n)$ wird nun das Integral folgendermaßen definiert: Man wähle einen kompakten achsenparallelen Quader $Q \subset \mathbb{R}^n$ mit $\operatorname{Supp}(f) \subset Q$ und setze

$$\int\limits_{\mathbb{R}^n} f(x_1, \ldots, x_n)\, dx_1 \ldots dx_n := \int\limits_Q f(x_1, \ldots, x_n)\, dx_1 \ldots dx_n.$$

Offenbar ist diese Definition unabhängig von der Auswahl des Quaders Q.

Bezeichnung. Statt

$$\int\limits_{\mathbb{R}^n} f(x_1, \ldots, x_n)\, dx_1 \ldots dx_n$$

schreibt man auch kürzer $\int\limits_{\mathbb{R}^n} f(x)\, d^n x$ oder $\int\limits_{\mathbb{R}^n} f(x)\, dx$.

Natürlich kann man statt der Integrationsvariablen x auch andere Buchstaben verwenden

$$\int\limits_{\mathbb{R}^n} f(x_1, \ldots, x_n)\, dx_1 \ldots dx_n = \int\limits_{\mathbb{R}^n} f(t_1, \ldots, t_n)\, dt_1 \ldots dt_n = \ldots .$$

Beispiel: Seien $\varphi_1, \ldots, \varphi_n \in \mathscr{C}_c(\mathbb{R})$ stetige Funktionen einer Veränderlichen mit kompaktem Träger. Wir definieren eine Funktion $f: \mathbb{R}^n \to \mathbb{R}$ von n Veränderlichen durch

$$f(x_1, \ldots, x_n) := \varphi_1(x_1) \cdot \ldots \cdot \varphi_n(x_n).$$

Es gilt $f \in \mathscr{C}_c(\mathbb{R}^n)$. Ist nämlich der Träger von φ_k im kompakten Intervall $I_k \subset \mathbb{R}$ enthalten, so gilt

$$\operatorname{Supp}(f) \subset Q := I_1 \times \ldots \times I_n.$$

Für das Integral erhält man

$$\begin{aligned}
\int_{\mathbb{R}^n} f(x)\,dx &= \int_Q \varphi_1(x_1) \cdot \ldots \cdot \varphi_n(x_n)\,dx_1 \ldots dx_n \\
&= \int_{I_n} \ldots \left(\int_{I_2} \left(\int_{I_1} \varphi_1(x_1) \cdot \ldots \cdot \varphi_n(x_n)\,dx_1 \right) dx_2 \right) \ldots dx_n \\
&= \left(\int_{I_1} \varphi_1(x_1)\,dx_1 \right) \int_{I_n} \ldots \left(\int_{I_2} \varphi_2(x_2) \ldots \varphi_n(x_n)\,dx_2 \right) \ldots dx_n \\
&= \left(\int_{I_1} \varphi_1(x_1)\,dx_1 \right) \left(\int_{I_2} \varphi_2(x_2)\,dx_2 \right) \cdot \ldots \cdot \left(\int_{I_n} \varphi_n(x_n)\,dx_n \right) \\
&= \prod_{k=1}^{n} \int_{\mathbb{R}} \varphi_k(x_k)\,dx_k.
\end{aligned}$$

Eigenschaften des Integrals

Satz 1 (Linearität und Monotonie). *Seien $f, g \in \mathscr{C}_c(\mathbb{R}^n)$ und $\lambda \in \mathbb{R}$. Dann gilt*

a) $$\int_{\mathbb{R}^n} (f(x) + g(x))\,dx = \int_{\mathbb{R}^n} f(x)\,dx + \int_{\mathbb{R}^n} g(x)\,dx,$$

b) $$\int_{\mathbb{R}^n} \lambda f(x)\,dx = \lambda \int_{\mathbb{R}^n} f(x)\,dx.$$

c) *Gilt $f \leqslant g$, d.h. $f(x) \leqslant g(x)$ für alle $x \in \mathbb{R}^n$, so folgt*

$$\int_{\mathbb{R}^n} f(x)\,dx \leqslant \int_{\mathbb{R}^n} g(x)\,dx.$$

Diese Aussagen folgen unmittelbar durch n-malige Anwendung der entsprechenden Aussagen für das Integral von Funktionen einer Veränderlichen.

Translation einer Funktion

Sei $f: \mathbb{R}^n \to \mathbb{R}$ und $a \in \mathbb{R}^n$ ein vorgegebener Vektor. Dann definiert man die um a translatierte Funktion $\tau_a f: \mathbb{R}^n \to \mathbb{R}$ durch

$$(\tau_a f)(x) := f(x-a) \text{ für alle } x \in \mathbb{R}^n.$$

Der Graph von $\tau_a f$ entsteht aus dem Graphen von f durch Translation um den Vektor a, vgl. Bild 1.1.

Ist $f \in \mathscr{C}_c(\mathbb{R}^n)$, so gilt auch $\tau_a f \in \mathscr{C}_c(\mathbb{R}^n)$.

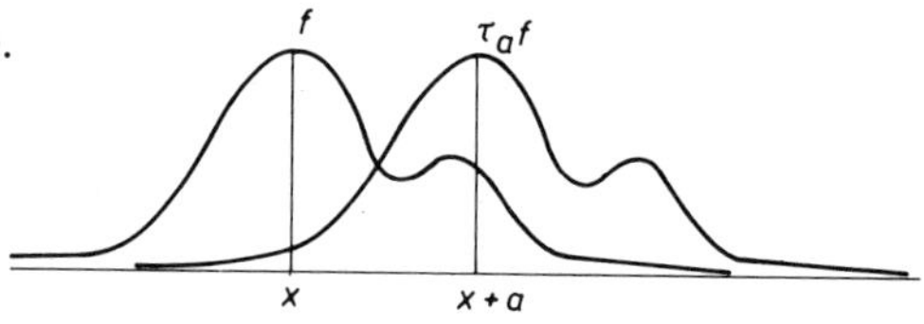

Bild 1.1

Satz 2 (Translationsinvarianz). *Für alle $f \in \mathscr{C}_c(\mathbb{R}^n)$ und $a \in \mathbb{R}^n$ gilt*

$$\int_{\mathbb{R}^n} f(x)\,dx = \int_{\mathbb{R}^n} (\tau_a f)(x)\,dx.$$

Beweis: Sei zunächst $n = 1$. Da f kompakten Träger hat, gibt es ein kompaktes Intervall $[c_1, c_2] \subset \mathbb{R}$ mit $\operatorname{Supp}(f) \subset [c_1, c_2]$. Es folgt dann

$$\operatorname{Supp}(\tau_a f) \subset [c_1 + a, c_2 + a].$$

Aus der Substitutionsregel für Funktionen einer Veränderlichen folgt jetzt

$$\int_{\mathbb{R}} f(x)\,dx = \int_{c_1}^{c_2} f(x)\,dx = \int_{c_1+a}^{c_2+a} f(t-a)\,dt = \int_{c_1+a}^{c_2+a} (\tau_a f)(t)\,dt = \int_{\mathbb{R}} (\tau_a f)(t)\,dt.$$

Für $n > 1$ folgt die Behauptung durch n-maliges Anwenden des obigen Arguments.

Axiomatische Charakterisierung des Integrals

Wir wollen die in den Sätzen 1 und 2 abgeleiteten Eigenschaften des Integrals etwas abstrakter formulieren. Sei

$$I: \mathscr{C}_c(\mathbb{R}^n) \to \mathbb{R}$$

eine Abbildung. Bekanntlich heißt I ein *lineares Funktional,* falls für alle $f, g \in \mathscr{C}_c(\mathbb{R}^n)$ und $\lambda \in \mathbb{R}$ gilt

a1) $I(f+g) = I(f) + I(g)$,

a2) $I(\lambda f) = \lambda I(f)$.

Man nennt I *monoton,* wenn gilt

b) $f \leqslant g \Rightarrow I(f) \leqslant I(g)$.

Schließlich heißt I *translationsinvariant,* falls

c) $I(\tau_a f) = I(f)$

für alle $f \in \mathscr{C}_c(\mathbb{R}^n)$ und $a \in \mathbb{R}^n$.

Bemerkung: Für ein lineares Funktional $I: \mathscr{C}_c(\mathbb{R}^n) \to \mathbb{R}$ ist die Monotonie mit folgender, scheinbar schwächeren Bedingung äquivalent:

b*) $I(f) \geqslant 0$ für alle $f \geqslant 0$.

Denn seien $f, g \in \mathscr{C}_c(\mathbb{R}^n)$ mit $g \leqslant f$. Dann gilt $f - g \geqslant 0$. Aus b*) folgt $I(f-g) \geqslant 0$. Aus a1) und a2) folgt $I(f-g) = I(f) - I(g)$, also $I(f) \geqslant I(g)$, d.h., die Bedingung b) ist erfüllt.

Den Inhalt der Sätze 1 und 2 kann man nun zusammengefaßt so aussprechen, daß die Zuordnung

$$f \mapsto \int_{\mathbb{R}^n} f(x)\,dx$$

ein lineares, monotones und translationsinvariantes Funktional auf dem Raum $\mathscr{C}_c(\mathbb{R}^n)$ definiert. Wir werden zeigen, daß das Integral bis auf einen konstanten Faktor das einzige lineare monotone translationsinvariante Funktional auf $\mathscr{C}_c(\mathbb{R}^n)$ ist. Dies ist der Inhalt des folgenden Satzes.

Satz 3. *Sei I: $\mathscr{C}_c(\mathbb{R}^n) \to \mathbb{R}$ ein lineares, monotones und translationsinvariantes Funktional. Dann gibt es eine Konstante $c \in \mathbb{R}_+$, so daß*

$$I(f) = c \int_{\mathbb{R}^n} f(x)\,d^n x \text{ für alle } f \in \mathscr{C}_c(\mathbb{R}^n).$$

Bevor wir diesen Satz beweisen können, brauchen wir noch einige Vorbereitungen. Zunächst zeigen wir eine gewisse Stetigkeitseigenschaft von monotonen linearen Funktionalen.

Hilfssatz 1. *Sei I: $\mathscr{C}_c(\mathbb{R}^n) \to \mathbb{R}$ ein monotones lineares Funktional. Es sei $f_k \in \mathscr{C}_c(\mathbb{R}^n)$, $k \in \mathbb{N}$, eine Folge von Funktionen, deren Träger alle in einem gemeinsamen Kompaktum $K \subset \mathbb{R}^n$ enthalten sind. Die Folge $(f_k)_{k \in \mathbb{N}}$ konvergiere gleichmäßig auf $\mathbb{R}^n$ gegen die Funktion $f \in \mathscr{C}_c(\mathbb{R}^n)$. Dann gilt*

$$\lim_{k \to \infty} I(f_k) = I(f).$$

Beweis:

a) Das Kompaktum K ist in einem Quader

$$Q = I_1 \times \ldots \times I_n, \quad (I_\nu \subset \mathbb{R} \text{ kompaktes Intervall})$$

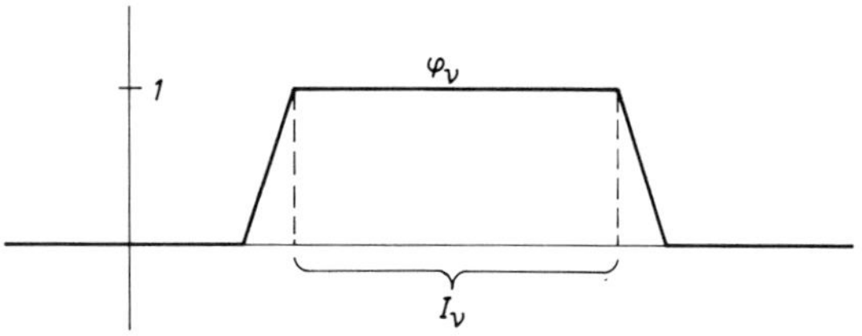

Bild 1.2

enthalten. Zu jedem $\nu = 1, \ldots, n$ wählen wir eine stetige Funktion $\varphi_\nu\colon \mathbb{R} \to \mathbb{R}$ mit folgenden Eigenschaften (vgl. Bild 1.2):

i) $0 \leqslant \varphi_\nu(t) \leqslant 1$ für alle $t \in \mathbb{R}$,

ii) $\varphi_\nu(t) = 1$ für alle $t \in I_\nu$,

iii) φ_ν hat kompakten Träger.

Wir definieren eine Funktion $\Phi\colon \mathbb{R}^n \to \mathbb{R}$ durch

$$\Phi(x_1, \ldots, x_n) := \varphi_1(x_1) \cdot \ldots \cdot \varphi_n(x_n).$$

Es gilt dann $\Phi \in \mathscr{C}_c(\mathbb{R}^n)$, $\Phi \geqslant 0$ und $\Phi | K = 1$.

b) Wir setzen $\| f_k - f \| := \sup_{x \in \mathbb{R}^n} | f_k(x) - f(x) |$.

Da Supp $(f_k - f) \subset K$, gilt

$$- \| f_k - f \| \cdot \Phi \leqslant f_k - f \leqslant \| f_k - f \| \cdot \Phi.$$

Wegen der Monotonie und Linearität von I folgt daraus

$$- \| f_k - f \| \cdot I(\Phi) \leqslant I(f_k - f) \leqslant \| f_k - f \| \cdot I(\Phi).$$

Setzt man $c := I(\Phi)$, bedeutet dies

$$| I(f_k) - I(f) | \leqslant c \, \| f_k - f \|.$$

Da die Folge (f_k) gleichmäßig gegen f konvergiert, gilt

$$\lim_{k \to \infty} \| f_k - f \| = 0, \text{ also } \lim_{k \to \infty} I(f_k) = I(f), \quad \text{q.e.d.}$$

Zackenfunktionen

Wir betrachten jetzt ganz spezielle Funktionen. Für den Rest dieses Paragraphen sei $\psi\colon \mathbb{R} \to \mathbb{R}$ die folgende Funktion (vgl. Bild 1.3):

$$\psi(t) := \begin{cases} 1 - |t| & \text{für } |t| \leqslant 1, \\ 0 & \text{für } |t| \geqslant 1. \end{cases}$$

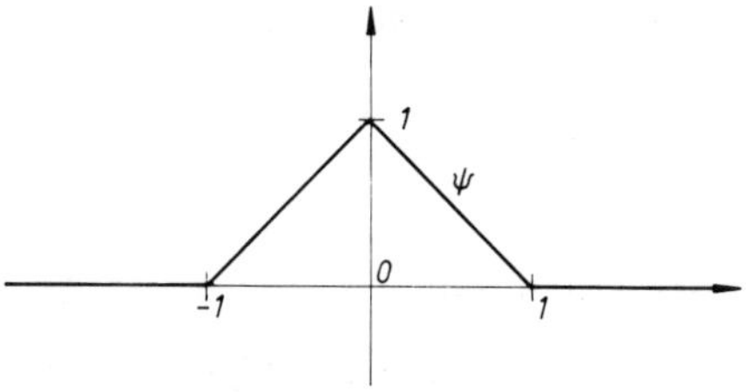

Bild 1.3

Die Funktion ψ gehört zu $\mathscr{C}_c(\mathbb{R})$ und es gilt

$$\int_{\mathbb{R}} \psi(t)\,dt = 1.$$

Die Funktion $\Psi \in \mathscr{C}_c(\mathbb{R}^n)$ sei definiert durch

$$\Psi(x_1, \ldots, x_n) := \psi(x_1) \cdot \ldots \cdot \psi(x_n).$$

Für den Träger von Ψ gilt

$$\operatorname{Supp}(\Psi) = \{x \in \mathbb{R}^n \colon |x_\nu| \leqslant 1 \text{ für } 1 \leqslant \nu \leqslant n\}.$$

Für $\epsilon > 0$ sei

$$\Psi_\epsilon(x) := \Psi\left(\frac{x}{\epsilon}\right).$$

Der Träger dieser Funktion ist der Würfel mit Mittelpunkt 0 und Seitenlänge 2ϵ,

$$\operatorname{Supp}(\Psi_\epsilon) = \{x \in \mathbb{R}^n \colon |x_\nu| \leqslant \epsilon \text{ für } 1 \leqslant \nu \leqslant n\}.$$

Das Integral von Ψ_ϵ berechnet sich als

$$\int_{\mathbb{R}^n} \Psi_\epsilon(x)\,d^n x = \int_{\mathbb{R}^n} \psi\left(\frac{x_1}{\epsilon}\right) \cdot \ldots \cdot \psi\left(\frac{x_n}{\epsilon}\right) dx_1 \ldots dx_n = \prod_{\nu=1}^{n} \int_{\mathbb{R}} \psi\left(\frac{x_\nu}{\epsilon}\right) dx_\nu = \epsilon^n.$$

Hilfssatz 2. *Sei $I\colon \mathscr{C}_c(\mathbb{R}^n) \to \mathbb{R}$ ein lineares, translationsinvariantes Funktional. Dann gilt für jedes $\epsilon > 0$*

$$I(\Psi_{\epsilon/2}) = 2^{-n} I(\Psi_\epsilon).$$

Beweis:

a) Sei zunächst $n = 1$. Dann ist $\Psi = \psi$ und

$$\psi_\epsilon = \frac{1}{2}\tau_{-\epsilon/2}\,\psi_{\epsilon/2} + \psi_{\epsilon/2} + \frac{1}{2}\tau_{\epsilon/2}\,\psi_{\epsilon/2},$$

vgl. Bild 1.4. Daraus folgt

$$I(\psi_\epsilon) = \frac{1}{2} I(\tau_{-\epsilon/2}\,\psi_{\epsilon/2}) + I(\psi_{\epsilon/2}) + \frac{1}{2} I(\tau_{\epsilon/2}\,\psi_{\epsilon/2}) = 2I(\psi_{\epsilon/2}),$$

d.h. $I(\psi_{\epsilon/2}) = \frac{1}{2} I(\psi_\epsilon)$.

b) Für beliebiges n gilt

$$\Psi_\epsilon(x_1, \ldots, x_n) = \prod_{\nu=1}^{n} \psi_\epsilon(x_\nu).$$

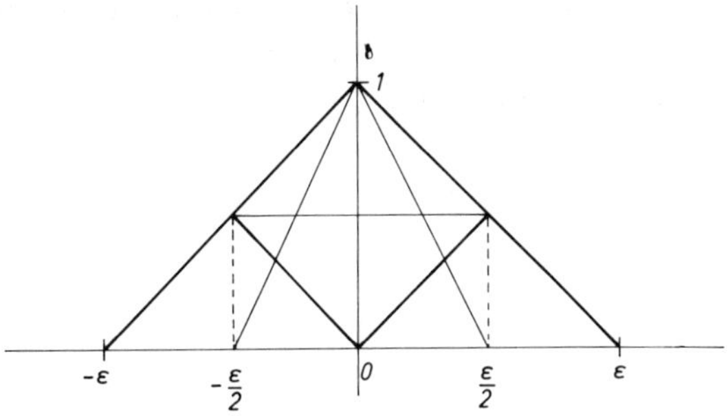

Bild 1.4

Nach a) kann man schreiben

$$\psi_\epsilon(x_\nu) = \sum_{q=-1}^{1} \left(\frac{1}{2}\right)^{|q|} (\tau_{q\epsilon/2}\, \psi_{\epsilon/2})(x_\nu).$$

Ausmultiplikation von n dieser Summen ergibt

$$\Psi_\epsilon = \sum_{p \in P} \alpha_p \tau_{p\epsilon/2} \Psi_{\epsilon/2}.$$

Dabei bezeichnet P die Menge aller n-tupel

$$p = (p_1, \dots, p_n) \text{ mit } p_\nu \in \{-1, 0, 1\}$$

und

$$\alpha_p = \prod_{\nu=1}^{n} \left(\frac{1}{2}\right)^{|p_\nu|}.$$

Es gilt

$$\sum_{p \in P} \alpha_p = \prod_{\nu=1}^{n} \left\{ \sum_{p_\nu=-1}^{1} \left(\frac{1}{2}\right)^{|p_\nu|} \right\} = \left(\frac{1}{2} + 1 + \frac{1}{2}\right)^n = 2^n.$$

Aus der Linearität und Translationsinvarianz von I folgt nun

$$I(\Psi_\epsilon) = \sum_{p \in P} \alpha_p I(\Psi_{\epsilon/2}) = 2^n I(\Psi_{\epsilon/2}), \quad \text{q.e.d.}$$

Corollar. *Für jedes ϵ der Form $\epsilon = 2^{-k}$, $k \in \mathbb{N}$, gilt*

$$I(\Psi_\epsilon) = \epsilon^n I(\Psi).$$

Dies folgt durch k-malige Anwendung von Hilfssatz 2.

Teilung der Eins

Für den nächsten Hilfssatz brauchen wir eine weitere Eigenschaft der Funktionen ψ und Ψ. Die ganzzahligen Translatierten dieser Funktionen stellen eine sog. Teilung der Eins dar. Es gilt nämlich

$$\sum_{k=-\infty}^{\infty} \psi(t-k) = 1 \quad \text{für alle } t \in \mathbb{R},$$

d.h.

$$\sum_{k \in \mathbb{Z}} \tau_k \psi = 1,$$

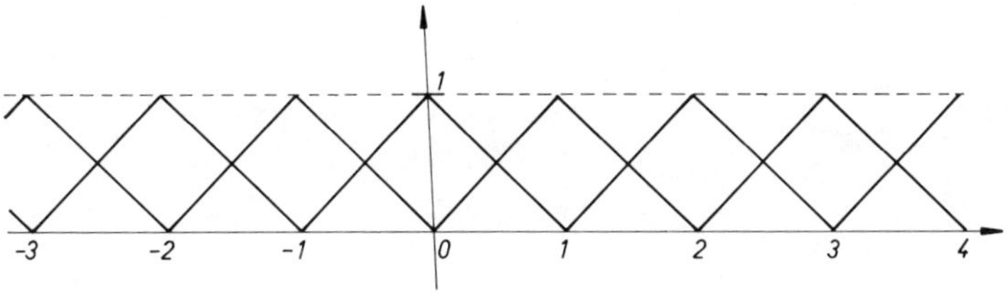

Bild 1.5

vgl. Bild 1.5. Bei dieser Summe sind in jedem Punkt $t \in \mathbb{R}$ höchstens zwei Sumanden von Null verschieden. Durch Multiplikation erhält man daraus für alle $(x_1, \ldots, x_n) \in \mathbb{R}^n$

$$1 = \prod_{\nu=1}^{n} \sum_{p_\nu \in \mathbb{Z}} (\tau_{p_\nu} \psi)(x_\nu) = \sum_{p \in \mathbb{Z}^n} (\tau_p \Psi)(x_1, \ldots, x_n),$$

d.h.

$$\sum_{p \in \mathbb{Z}^n} \tau_p \Psi = 1.$$

Daraus folgt für jedes $\epsilon > 0$

$$\sum_{p \in \mathbb{Z}^n} \tau_{p\epsilon} \Psi_\epsilon = 1.$$

Hilfssatz 3. *Sei $f \in \mathscr{C}_c(\mathbb{R}^n)$. Dann gibt es zu jedem $\sigma > 0$ ein $\epsilon_0 > 0$, so daß*

$$\| f - \sum_{p \in \mathbb{Z}^n} f(p\epsilon) \tau_{p\epsilon} \Psi_\epsilon \| \leqslant \sigma$$

für alle $0 < \epsilon \leqslant \epsilon_0$.
Dabei bezeichnet $\| \ldots \|$ die Supremumsnorm auf $\mathbb{R}^n$, d.h., für $g: \mathbb{R}^n \to \mathbb{R}$ ist

$$\| g \| = \sup_{x \in \mathbb{R}^n} |g(x)|.$$

Bemerkung: Da f kompakten Träger hat, ist $f(p\epsilon)$ nur für endlich viele $p \in \mathbb{Z}^n$ von Null verschieden, die im Hilfssatz auftretende Summe also endlich.

Beweis: Da f kompakten Träger hat, ist f gleichmäßig stetig (An. 2, § 3, Satz 9). Es gibt also zu vorgegebenem $\sigma > 0$ ein $\delta > 0$, so daß

$$|f(x) - f(x')| < \sigma \quad \text{für alle } x, x' \in \mathbb{R}^n \quad \text{mit} \quad \| x - x' \| \leqslant \delta.$$

Behauptung: Die Aussage des Hilfssatzes gilt mit $\epsilon_0 := \delta / \sqrt{n}$. Sei dazu $x \in \mathbb{R}^n$ beliebig und $0 < \epsilon \leqslant \epsilon_0$. Es ist zu zeigen, daß für die Differenz

$$\Delta(x) := f(x) - \sum_{p \in \mathbb{Z}^n} f(p\epsilon)(\tau_{p\epsilon} \Psi_\epsilon)(x)$$

gilt $|\Delta(x)| \leqslant \sigma$. Da

$$\sum_{p \in \mathbb{Z}^n} (\tau_{p\epsilon} \Psi_\epsilon)(x) = 1,$$

folgt

$$\Delta(x) = \sum_{p \in \mathbb{Z}^n} (f(x) - f(p\epsilon))(\tau_{p\epsilon}\Psi_\epsilon)(x).$$

Für festes x sei A die Menge aller Multiindizes $p \in \mathbb{Z}^n$ mit

$$x \in \operatorname{Supp}(\tau_{p\epsilon}\Psi_\epsilon).$$

Für alle $p \in A$ gilt

$$\|x - p\epsilon\| \leqslant \epsilon\sqrt{n} \leqslant \epsilon_0\sqrt{n} = \delta,$$

also

$$|f(x) - f(p\epsilon)| \leqslant \sigma.$$

Es folgt

$$|\Delta(x)| \leqslant \sum_{p \in A} \left|(f(x) - f(p\epsilon))(\tau_{p\epsilon}\Psi_\epsilon)(x)\right| \leqslant \sum_{p \in A} \sigma \cdot (\tau_{p\epsilon}\Psi_\epsilon)(x) \leqslant \sigma, \quad \text{q.e.d.}$$

Beweis von Satz 3: Sei $I: \mathscr{C}_c(\mathbb{R}^n) \to \mathbb{R}$ ein lineares monotones translationsinvariantes Funktional. Sei $c := I(\Psi)$ mit der oben definierten Funktion Ψ. Wir definieren ein weiteres Funktional $J: \mathscr{C}_c(\mathbb{R}^n) \to \mathbb{R}$ durch

$$J(f) := c \int_{\mathbb{R}^n} f(x)\, d^n x.$$

Satz 3 ist bewiesen, wenn wir gezeigt haben, daß $I(f) = J(f)$ für alle $f \in \mathscr{C}_c(\mathbb{R}^n)$. Aus dem Corollar zu Hilfssatz 2 folgt

$$I(\Psi_{2^{-k}}) = J(\Psi_{2^{-k}}) \quad \text{für alle } k \in \mathbb{N}.$$

Sei jetzt $f \in \mathscr{C}_c(\mathbb{R}^n)$ eine vorgegebene Funktion. Für $k \in \mathbb{N}$ setzen wir

$$f_k := \sum_{p \in \mathbb{Z}^n} f(2^{-k}p)\, \tau_{2^{-k}p} \Psi_{2^{-k}}.$$

Aus der Linearität und Translationsinvarianz von I und J folgt

$$I(f_k) = J(f_k) \quad \text{für alle } k \in \mathbb{N}.$$

Die Träger der Funktionen f_k sind alle in einem gemeinsamen Kompaktum enthalten. Nach Hilfssatz 3 konvergiert die Funktionenfolge (f_k) gleichmäßig gegen f. Aus Hilfssatz 1 folgt deshalb

$$I(f) = \lim_{k \to \infty} I(f_k) = \lim_{k \to \infty} J(f_k) = J(f), \quad \text{q.e.d.}$$

Bemerkung: Ein lineares, monotones, translationsinvariantes Funktional

$$I\colon \mathscr{C}_c(\mathbb{R}^n) \to \mathbb{R},$$

heißt *Haarsches Maß* auf dem $\mathbb{R}^n$. Wir haben also gezeigt, daß es auf dem $\mathbb{R}^n$ bis auf einen konstanten Faktor genau ein Haarsches Maß gibt. Haarsche Maße lassen sich in viel allgemeinerem Zusammenhang, auf sog. lokal-kompakten Gruppen, definieren. Siehe dazu etwa Loomis: An Introduction to Abstract Harmonic Analysis, van Nostrand, Princeton 1953.

Aufgaben

1.1 Es sei V der Vektorraum aller stetigen periodischen Funktionen $f\colon \mathbb{R} \to \mathbb{R}$ mit der Periode $L > 0$, d.h.

$$f(x+L) = f(x) \quad \text{für alle } x \in \mathbb{R}.$$

Für $f \in V$ werde definiert

$$I(f) := \int_0^L f(x)\,dx.$$

a) Man zeige, daß $I\colon V \to \mathbb{R}$ ein monotones, lineares, translationsinvariantes Funktional ist.
b) Man formuliere und beweise eine entsprechende Aussage für Funktionen von n Veränderlichen.

1.2 Für Funktionen $f \in \mathscr{C}_c(\mathbb{R}^n)$ sei

$$\mu(f) := \sum_{x \in \mathbb{Z}^n} f(x).$$

a) Man zeige, daß dadurch ein monotones lineares Funktional

$$\mu\colon \mathscr{C}_c(\mathbb{R}^n) \to \mathbb{R}$$

definiert wird.
b) Es gilt $\mu(\tau_a f) = \mu(f)$ für alle $f \in \mathscr{C}_c(\mathbb{R}^n)$ genau dann, wenn $a \in \mathbb{Z}^n$.

1.3 Die Funktion $f\colon \mathbb{R}^2 \to \mathbb{R}$ sei definiert durch

$$f(x_1, x_2) = \begin{cases} \sqrt{1 - x_1^2 - x_2^2} & \text{falls } x_1^2 + x_2^2 \leqslant 1, \\ 0 & \text{sonst.} \end{cases}$$

Man zeige $f \in \mathscr{C}_c(\mathbb{R}^2)$ und berechne das Integral

$$\int_{\mathbb{R}^2} f(x_1, x_2)\,dx_1\,dx_2.$$

§ 2. Die Transformationsformel

In diesem Paragraphen beweisen wir die Transformationsformel für mehrfache Integrale bei Koordinatenwechsel. Sie ist eine Verallgemeinerung der Substitutionsregel für Integrale von Funktionen einer Veränderlichen. Für lineare Koordinatentransformationen kann die Transformationsformel einfach aus der axiomatischen Charakterisierung des Integrals abgeleitet werden. Für beliebige differenzierbare Koordinatentransformationen erfolgt der Beweis durch Zurückführung auf den linearen Fall mittels lokaler Approximation.

Transformationsformel für lineare Abbildungen

Wir bezeichnen mit $GL(n,\mathbb{R})$ die Menge aller invertierbaren $n \times n$-Matrizen mit reellen Koeffizienten. Jede Matrix $A \in GL(n,\mathbb{R})$ definiert eine bijektive lineare Abbildung

$$A\colon \mathbb{R}^n \to \mathbb{R}^n, \quad x \mapsto Ax.$$

Hierbei fassen wir die Elemente $x \in \mathbb{R}^n$ als Spaltenvektoren auf und Ax ist die Matrizenmultiplikation von A mit x. Für eine stetige Funktion $f\colon \mathbb{R}^n \to \mathbb{R}$ ist die Funktion

$$f \circ A\colon \mathbb{R}^n \to \mathbb{R}, \quad x \mapsto f(Ax)$$

wieder stetig. Hat f kompakten Träger, so auch $f \circ A$.

Hilfssatz 1. *Sei $I\colon \mathscr{C}_c(\mathbb{R}^n) \to \mathbb{R}$ ein lineares, monotones, translationsinvariantes Funktional und $A \in GL(n,\mathbb{R})$. Eine Abbildung $J\colon \mathscr{C}_c(\mathbb{R}^n) \to \mathbb{R}$ werde definiert durch*

$$J(f) := I(f \circ A).$$

Dann ist auch J ein lineares, monotones, translationsinvariantes Funktional.

Beweis. Die Linearität und Monotonie von J sind trivial. Zur Translationsinvarianz: Sei $a \in \mathbb{R}^n$ und $f \in \mathscr{C}_c(\mathbb{R}^n)$. Dann gilt für alle $x \in \mathbb{R}^n$

$$\begin{aligned}((\tau_a f) \circ A)(x) &= (\tau_a f)(Ax) = f(Ax - a) \\ &= f(A(x - A^{-1}a)) = (f \circ A)(x - A^{-1}a) = (\tau_{A^{-1}a}(f \circ A))(x).\end{aligned}$$

Daraus folgt

$$J(\tau_a f) = I((\tau_a f) \circ A) = I(\tau_{A^{-1}a}(f \circ A)) = I(f \circ A) = J(f), \quad \text{q.e.d.}$$

Mittels dieses Hilfssatzes wollen wir jetzt beweisen, daß das Integral bei orthogonalen Koordinatentransformationen invariant bleibt. Bekanntlich heißt eine Matrix $A \in GL(n,\mathbb{R})$ orthogonal, wenn die durch A definierte lineare Abbildung längentreu ist, d.h. $\|Ax\| = \|x\|$ für alle $x \in \mathbb{R}^n$ bzgl. der üblichen euklidischen Norm

$$\|x\| = \sqrt{x_1^2 + \ldots + x_n^2}.$$

Dies ist gleichbedeutend damit, daß $A^T A = E$. Dabei bezeichnet A^T die transponierte Matrix von A und E ist die n-reihige Einheitsmatrix. Die Menge aller orthogonalen $n \times n$-Matrizen bezeichnen wir mit $O(n)$.

Satz 1 (Bewegungsinvarianz des Integrals). *Sei $A \in O(n)$. Dann gilt für jede Funktion $f \in \mathscr{C}_c(\mathbb{R}^n)$*

$$\int_{\mathbb{R}^n} f(Ax)\,d^n x = \int_{\mathbb{R}^n} f(x)\,d^n x.$$

Beweis. Wir setzen für $f \in \mathscr{C}_c(\mathbb{R}^n)$

$$J(f) := \int f(Ax)\,d^n x, \quad I(f) := \int f(x)\,d^n x.$$

Nach Hilfssatz 1 ist J ein lineares, monotones, translationsinvariantes Funktional. Da das Integral durch diese Eigenschaften bis auf eine Konstante eindeutig bestimmt ist (§ 1, Satz 3), gibt es ein $c \geqq 0$, so daß

$$J(f) = cI(f) \quad \text{für alle } f \in \mathscr{C}_c(\mathbb{R}^n).$$

Um die Konstante c zu bestimmen, betrachten wir folgende spezielle Funktion $f_0 \in \mathscr{C}_c(\mathbb{R}^n)$:

$$f_0(x) := \begin{cases} 1 - \|x\| & \text{für } \|x\| \leqq 1, \\ 0 & \text{für } \|x\| \geqq 1. \end{cases}$$

Da $\|Ax\| = \|x\|$ für alle $x \in \mathbb{R}^n$, gilt $f_0(Ax) = f_0(x)$, also

$$J(f_0) = I(f_0) \neq 0.$$

Also ist $c = 1$, d.h. $J(f) = I(f)$ für alle $f \in \mathscr{C}_c(\mathbb{R}^n)$, q.e.d.

Corollar. *Sei $(i_1, \ldots, i_n)$ eine Permutation der Zahlen $(1, \ldots, n)$. Dann gilt für jede Funktion $f \in \mathscr{C}_c(\mathbb{R}^n)$*

$$\int f(x_1, \ldots, x_n)\,dx_{i_1} \ldots dx_{i_n} = \int f(x_1, \ldots, x_n)\,dx_1 \ldots dx_n.$$

Beweis. Sei $(1, \ldots, n) \mapsto (j_1, \ldots, j_n)$ die inverse Permutation von $(1, \ldots, n) \mapsto (i_1, \ldots, i_n)$. Setzt man $y_k = x_{i_k}$, d.h. $x_k = y_{j_k}$, so ist

$$\int f(x_1, \ldots, x_n)\,dx_{i_1} \ldots dx_{i_n} = \int f(y_{j_1}, \ldots, y_{j_n})\,dy_1 \ldots dy_n.$$

Da $(y_1, \ldots, y_n) \mapsto (y_{j_1}, \ldots, y_{j_n})$ eine orthogonale Transformation ist, folgt die Behauptung aus Satz 1.

Bemerkung. Ein ganz anderer Beweis des Corollars wurde in An. 2, § 9, Satz 3, gegeben.

Hilfssatz 2. *Seien $\alpha_1, \ldots, \alpha_n \in \mathbb{R}_+^*$ positive Konstanten. Dann gilt für jede Funktion $f \in \mathscr{C}_c(\mathbb{R}^n)$*

$$\int_{\mathbb{R}^n} f(x_1, \ldots, x_n)\,d^n x = \alpha_1 \cdot \ldots \cdot \alpha_n \int_{\mathbb{R}^n} f(\alpha_1 y_1, \ldots, \alpha_n y_n)\,d^n y.$$

Beweis. Für $n = 1$ folgt der Hilfssatz mit der Substitution $x_1 = \alpha_1 y_1$,

$$\int_{\mathbb{R}} f(x_1)\,dx_1 = \alpha_1 \int_{\mathbb{R}} f(\alpha_1 y_1)\,dy_1,$$

für allgemeines n durch n-malige Wiederholung.

Hilfssatz 3. *Jede Matrix $A \in GL(n, \mathbb{R})$ läßt sich schreiben als*

$$A = S_1 D S_2,$$

wobei S_1 und S_2 orthogonale Matrizen und D eine Diagonalmatrix mit positiven Diagonalelementen ist.

Beweis. Die Matrix $A^T A$ ist symmetrisch, läßt sich also orthogonal auf Diagonalgestalt transformieren, d.h., es gibt eine Diagonalmatrix

$$D_1 = \begin{pmatrix} \lambda_1 & & & 0 \\ & \lambda_2 & & \\ & & \ddots & \\ 0 & & & \lambda_n \end{pmatrix}$$

und eine orthogonale Matrix $S \in O(n)$, so daß

$$S^T A^T A S = D_1.$$

Sei $e_k \in \mathbb{R}^n$ der k-te Einheitsvektor. Dann gilt

$$\lambda_k = e_k^T D_1 e_k = e_k^T S^T A^T A S e_k = \| A S e_k \|^2 > 0.$$

Sei $\alpha_k := \sqrt{\lambda_k}$ die (positive) Wurzel aus λ_k und

$$D := \begin{pmatrix} \alpha_1 & & & 0 \\ & \alpha_2 & & \\ & & \ddots & \\ 0 & & & \alpha_n \end{pmatrix}.$$

Es gilt $D^2 = D_1$, also

$$D^{-1} S^T A^T A S D^{-1} = E.$$

Setzt man

$$S_1 := A S D^{-1},$$

so ist

$$S_1^T S_1 = (D^{-1} S^T A^T)(A S D^{-1}) = E,$$

also S_1 orthogonal. Die Matrix $S_2 := S^{-1}$ ist ebenfalls orthogonal und aus der Gleichung $S_1 = A S D^{-1}$ folgt die behauptete Darstellung

$$A = S_1 D S_2.$$

Satz 2. *Für jede Matrix $A \in GL(n, \mathbb{R})$ und jede Funktion $f \in \mathscr{C}_c(\mathbb{R}^n)$ gilt*

$$\int_{\mathbb{R}^n} f(Ax)|\det A|\, d^n x = \int_{\mathbb{R}^n} f(y)\, d^n y\,.$$

Bemerkung. Man merkt sich diese Formel am besten durch die symbolische Gleichung: Aus $y = Ax$ folgt

$$d^n y = |\det A| d^n x.$$

Beweis. Wir schreiben A wie in Hilfssatz 3 als Produkt

$$A = S_1 D S_2.$$

Da $|\det S_1| = |\det S_2| = 1$ und $\det D > 0$, folgt

$$|\det A| = \det D.$$

Setzt man zur Abkürzung

$$I(f) := \int_{\mathbb{R}^n} f(x)\, d^n x,$$

so erhält man durch Anwendung von Satz 1 und Hilfssatz 2

$$\begin{aligned} I(f) &= I(f \circ S_1) = \det D \cdot I(f \circ S_1 \circ D) \\ &= \det D \cdot I(f \circ S_1 \circ D \circ S_2) = |\det A| I(f \circ A), \end{aligned}$$

also die Behauptung.

Bemerkung. Man kann den Satz 2 auch direkt, ohne Benutzung der axiomatischen Charakterisierung des Integrals, beweisen, vgl. Aufgaben 2.1 und 2.2.

Wir stellen jetzt noch einen einfachen Hilfssatz über gleichmäßig stetige Funktionen bereit, den wir für den Beweis der allgemeinen Transformationsformel benötigen.

Hilfssatz 4. *Sei $K \subset \mathbb{R}^n$ eine kompakte Menge und $f: K \to \mathbb{R}$ eine stetige Funktion. Dann gibt es eine Funktion*

$$\omega: \mathbb{R}_+ \to \mathbb{R}_+ \quad \textit{mit} \quad \lim_{t \to 0} \omega(t) = 0 \quad \textit{und} \quad \omega(t) \leqslant \omega(t') \quad \textit{für} \quad t \leqslant t',$$

so daß

$$|f(x) - f(x')| \leqq \omega(\|x - x'\|) \quad \textit{für alle} \quad x, x' \in K.$$

Beweis. Für $\delta \geqq 0$ definieren wir

$$\omega(\delta) := \sup\{|f(x) - f(x')|: x, x' \in K \text{ mit } \|x - x'\| \leqq \delta\}.$$

Da f auf K beschränkt ist, existiert $\omega(\delta) \in \mathbb{R}_+$. Die Abschätzung $|f(x) - f(x')| \leqq \omega(\|x - x'\|)$ gilt trivialerweise. Da f auf K gleichmäßig stetig ist, existiert zu jedem $\epsilon > 0$ ein $\delta > 0$, so daß $|f(x) - f(x')| \leqq \epsilon$ für alle $x, x' \in K$ mit $\|x - x'\| \leqq \delta$. Daraus folgt $\omega(\delta') \leqq \epsilon$ für alle $\delta' \leqq \delta$, d.h.

$$\lim_{t \searrow 0} \omega(t) = 0.$$

Transformationsformel für differenzierbare Abbildungen

Wir wollen jetzt Satz 2 verallgemeinern, indem wir statt einer linearen Koordinatentransformation beliebige $\mathscr{C}^1$-invertierbare Abbildungen zulassen. Dazu zunächst einige Vorbereitungen.

Sei U eine offene Teilmenge des $\mathbb{R}^n$. Wir bezeichnen mit $\mathscr{C}_c(U)$ den Vektorraum aller stetigen Funktionen $f: U \to \mathbb{R}$, die kompakten Träger in U besitzen, d.h. für die eine kompakte Menge $K_f \subset U$ existiert, so daß

$$\{x \in U: f(x) \neq 0\} \subset K_f.$$

Definiert man für eine solche Funktion $f \in \mathscr{C}_c(U)$ die Funktion $\widetilde{f}: \mathbb{R}^n \to \mathbb{R}$ durch

$$\widetilde{f}(x) := \begin{cases} f(x) & \text{für } x \in U, \\ 0 & \text{für } x \in \mathbb{R}^n \setminus U, \end{cases}$$

so ist $\widetilde{f}$, wie man leicht überlegt, auf ganz $\mathbb{R}^n$ stetig und gehört zu $\mathscr{C}_c(\mathbb{R}^n)$. Man definiert

$$\int_U f(x)\, d^n x := \int_{\mathbb{R}^n} \widetilde{f}(x)\, d^n x.$$

Seien jetzt U und V zwei offene Teilmengen des $\mathbb{R}^n$ und $\varphi: U \to V$ eine bijektive stetige Abbildung, so daß auch φ^{-1} stetig ist. Für jede Funktion $f \in \mathscr{C}_c(V)$ ist dann die zusammengesetzte Funktion $f \circ \varphi: U \to \mathbb{R}$ ebenfalls stetig und hat kompakten Träger in U, d.h. $f \circ \varphi \in \mathscr{C}_c(U)$.

Eine bijektive Abbildung $\varphi: U \to V$ heißt $\mathscr{C}^1$*-invertierbar*, wenn sowohl φ als auch $\varphi^{-1}: V \to U$ einmal stetig differenzierbar sind. Wir bezeichnen mit

$$D\varphi = \begin{pmatrix} \dfrac{\partial \varphi_1}{\partial x_1} & \cdots & \dfrac{\partial \varphi_1}{\partial x_n} \\ \vdots & & \vdots \\ \dfrac{\partial \varphi_n}{\partial x_1} & \cdots & \dfrac{\partial \varphi_n}{\partial x_n} \end{pmatrix}$$

die Funktionalmatrix von $\varphi = (\varphi_1, \ldots, \varphi_n)$. Für eine $\mathscr{C}^1$-invertierbare Abbildung $\varphi: U \to V$ ist $D\varphi$ in jedem Punkt $a \in U$ invertierbar; es gilt

$$[D\varphi(a)]^{-1} = D\varphi^{-1}(b), \quad \text{wobei } b = \varphi(a),$$

vgl. dazu An. 2, § 8, Bemerkung vor Satz 3.

Wir können jetzt den Transformationssatz für mehrfache Integrale formulieren.

Satz 3. *Seien $U, V \subset \mathbb{R}^n$ offene Mengen und*

$$\varphi: U \to V$$

eine $\mathscr{C}^1$-invertierbare Abbildung. Dann gilt für alle $f \in \mathscr{C}_c(V)$

$$\int_U f(\varphi(x)) |\det D\varphi(x)| \, d^n x = \int_V f(y) \, d^n y.$$

Bemerkung. Für $U = V = \mathbb{R}^n$ und $\varphi(x) = Ax$ mit einer Matrix $A \in GL(n, \mathbb{R})$ geht Satz 3 in den schon bewiesenen Satz 2 über. Die Idee des folgenden Beweises von Satz 3 besteht darin, ihn durch lokale Approximation einer differenzierbaren Abbildung durch lineare Abbildungen auf Satz 2 zurückzuführen.

Beweis von Satz 3

a) Vorbereitungen

Wir bezeichnen für einen Vektor $x = (x_1, \ldots, x_n) \in \mathbb{R}^n$ mit

$$|x| = \max(|x_1|, \ldots, |x_n|)$$

die Maximumnorm. Im Vergleich zur üblichen euklidischen Norm $\|x\| = (x_1^2 + \ldots + x_n^2)^{1/2}$ gelten die Abschätzungen

$$\frac{1}{\sqrt{n}} \|x\| \leqq |x| \leqq \|x\|.$$

Für $a \in \mathbb{R}$ und $\epsilon > 0$ sei

$$W(a, \epsilon) := \{x \in \mathbb{R}^n : |x - a| \leqq \epsilon\}$$

der abgeschlossene Würfel mit Mittelpunkt a und Seitenlänge 2ϵ. Sei jetzt $f \in \mathscr{C}_c(V)$ eine fest vorgegebene Funktion, für die die Transformationsformel bewiesen werden soll. Wir können annehmen, daß f Beschränkung einer mit demselben Buchstaben bezeichneten Funktion $f \in \mathscr{C}_c(\mathbb{R}^n)$ mit kompaktem Träger

$$L := \operatorname{Supp}(f) \subset V$$

ist. Die Menge $K := \varphi^{-1}(L)$ ist dann eine kompakte Teilmenge von U und die Funktion $f \circ \varphi$ verschwindet auf $U \setminus K$. Da K von ∂U und L von ∂V einen positiven Abstand haben (vgl. An. 2, § 3, (3.3)), existieren eine Konstante $\epsilon_1 > 0$ und kompakte Mengen K', L' mit

$$K \subset K' \subset U, \quad L \subset L' \subset V$$

und

$$W(a, \epsilon_1) \subset K' \quad \text{für alle } a \in K,$$
$$W(b, \epsilon_1) \subset L' \quad \text{für alle } b \in L,$$

vgl. Bild 2.1.

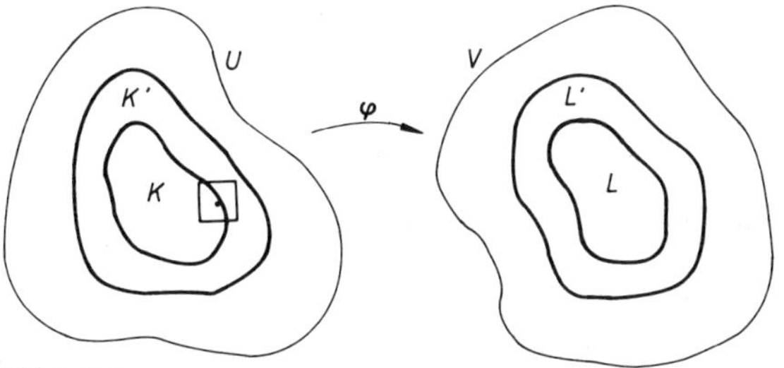

Bild 2.1

Alle Komponenten der Funktionalmatrizen $D\varphi$ und $D\varphi^{-1}$ sind auf den Kompakta K' bzw. L' beschränkt. Deshalb gibt es eine Konstante $C \geqq 1$, so daß

$$|D\varphi(a)\xi| \leqq C|\xi|, \tag{1}$$
$$|D\varphi^{-1}(b)\xi| \leqq C|\xi| \tag{1'}$$

für alle $\xi \in \mathbb{R}^n$ und $a \in K'$, $b \in L'$. Der Mittelwertsatz (vgl. An. 2, § 6, Satz 5) für die Abbildung φ liefert

$$\varphi(x) - \varphi(a) = \left(\int_0^1 D\varphi(a + t(x-a))\,dt\right) \cdot (x-a) \tag{2}$$

für alle $a, x \in U$ derart, daß die Verbindungsstrecke von a nach x ganz in U liegt. Mit der Abschätzung (1) folgt daraus

$$\varphi(W(a,\epsilon)) \subset W(\varphi(a), C\epsilon) \tag{3}$$

für alle $a \in K$ und $\epsilon \leqq \epsilon_1$. Analog gilt

$$\varphi^{-1}(W(b,\epsilon)) \subset W(\varphi^{-1}(b), C\epsilon) \tag{3'}$$

für alle $b \in L$ und $\epsilon \leqq \epsilon_1$.

b) Approximation von φ durch affin-lineare Abbildungen

Für jeden Punkt $a \in U$ definieren wir die Abbildung

$$\lambda_a\colon \mathbb{R}^n \to \mathbb{R}^n$$

als affin-lineare Approximation von φ bei a, d.h.

$$\lambda_a(x) := \varphi(a) + D\varphi(a)\cdot(x-a).$$

Aus (2) folgt

$$\varphi(x) - \lambda_a(x) = \left(\int_0^1 [D\varphi(a + t(x-a)) - D\varphi(a)]\,dt\right)\cdot(x-a).$$

Um die Differenz $\varphi(x) - \lambda_a(x)$ abzuschätzen, wenden wir Hilfssatz 4 auf die Komponenten der Funktionalmatrix $D\varphi$ auf dem Kompaktum K' an. Wir erhalten die Existenz einer monotonen Funktion $\omega_1\colon [0, \epsilon_1] \to \mathbb{R}_+$ mit

$$\lim_{\epsilon \searrow 0} \omega_1(\epsilon) = 0,$$

so daß

$$|\varphi(x) - \lambda_a(x)| \leqq \omega_1(|x-a|)\cdot|x-a| \tag{4}$$

für alle $a \in K$ und $x \in U$ mit $|x-a| \leqq \epsilon_1$.

c) Approximative Transformationsformel

Wir betrachten jetzt die in § 1 eingeführten Zackenfunktionen Ψ, Ψ_ϵ. Für sie gilt

$$|\Psi(x) - \Psi(x')| \leqq n|x-x'| \quad \text{für alle} \quad x, x' \in \mathbb{R}^n,$$

wie man leicht durch Induktion nach n zeigt. Daraus folgt

$$|\tau_b \Psi_\epsilon(x) - \tau_b \Psi_\epsilon(x')| \leqq \frac{n}{\epsilon} |x - x'| \tag{5}$$

für alle $b \in \mathbb{R}^n$ und $\epsilon > 0$.

Zwischenbehauptung. Sei $\epsilon_2 := \epsilon_1/C$. Dann gibt es eine Funktion ω_2: $[0, \epsilon_2] \to \mathbb{R}_+$ mit

$$\lim_{\epsilon \searrow 0} \omega_2(\epsilon) = 0$$

so daß gilt: Für alle $b \in L$ und $0 < \epsilon \leqq \epsilon_2$ hat man für die Funktion

$$h(x) := \tau_b \Psi_\epsilon(x)$$

die Abschätzung

$$\left| \int_U h(\varphi(x)) |\det D\varphi(x)| d^n x - \int_V h(y) d^n y \right| \leqq \omega_2(\epsilon) \epsilon^n. \tag{6}$$

Beweis. Wir setzen $a := \varphi^{-1}(b)$. Kombiniert man die Ungleichungen (4) und (5), so erhält man

$$|h(\varphi(x)) - h(\lambda_a(x))| \leqq \frac{n}{\epsilon} \omega_1(|x - a|) \cdot |x - a|$$

für alle $x \in U$ mit $|x - a| \leqq \epsilon_1$. Da nach (3′) und (1′)

$$\operatorname{Supp}((\tau_b \Psi_\epsilon) \circ \varphi) \subset W(a, C\epsilon) \subset W(a, \epsilon_1) \subset K',$$
$$\operatorname{Supp}((\tau_b \Psi_\epsilon) \circ \lambda_a) \subset W(a, C\epsilon) \subset W(a, \epsilon_1) \subset K'$$

folgt

$$|h(\varphi(x)) - h(\lambda_a(x))| \leqq \frac{n}{\epsilon} \omega_1(C\epsilon) C\epsilon = nC\omega_1(C\epsilon)$$

für alle $x \in U$. Da die Funktion $x \mapsto |\det D\varphi(x)|$ auf K' gleichmäßig stetig ist, folgt

$$\big| h(\varphi(x)) |\det D\varphi(x)| - h(\lambda_a(x)) |\det D\varphi(a)| \big| \leqq \widetilde{\omega}(\epsilon)$$

mit einer (von $a = \varphi^{-1}(b)$ unabhängigen) Funktion $\widetilde{\omega}$ mit

$$\lim_{\epsilon \searrow 0} \widetilde{\omega}(\epsilon) = 0.$$

Damit ergibt sich die Integralabschätzung

$$\left| \int_U h(\varphi(x)) |\det D\varphi(x)| d^n x - \int_U h(\lambda_a(x)) |\det D\varphi(a)| d^n x \right|$$
$$\leqq \int_{W(a, C\epsilon)} \widetilde{\omega}(\epsilon) d^n x \leqq \widetilde{\omega}(\epsilon) (2C\epsilon)^n.$$

Andrerseits ist nach Satz 2

$$\int_U h(\lambda_a(x))\,|\det D\varphi(a)|\,d^n x = \int_V h(y)\,d^n y.$$

Daraus folgt die Behauptung (6) mit $\omega_2(\epsilon) = (2C)^n \widetilde{\omega}(\epsilon)$.

d) Ende des Beweises

Der Beweis von Satz 3 ist jetzt schnell zu Ende zu führen. Für $\epsilon > 0$ sei

$$f_\epsilon(y) := \sum_{p \in \mathbb{Z}^n} f(p\epsilon)\,\tau_{p\epsilon}\Psi_\epsilon(y).$$

Nach § 1, Hilfssatz 3, konvergiert f_ϵ für $\epsilon \to 0$ gleichmäßig gegen f und $\operatorname{Supp}(f_\epsilon) \subset L'$ für alle $\epsilon \leqq \epsilon_1$. Nach § 1, Hilfssatz 1, gilt

$$\lim_{\epsilon \to 0} \int_V f_\epsilon(y)\,d^n y = \int_V f(y)\,d^n y.$$

Wir setzen

$$g(x) := f(\varphi(x))\,|\det D\varphi(x)|$$

und

$$g_\epsilon(x) := f_\epsilon(\varphi(x))\,|\det D\varphi(x)| = \sum_{p \in \mathbb{Z}^n} f(p\epsilon)\,\tau_{p\epsilon}\Psi_\epsilon(\varphi(x))\,|\det D\varphi(x)|.$$

Die Funktionen g_ϵ konvergieren für $\epsilon \to 0$ gleichmäßig gegen g und es gilt

$$\lim_{\epsilon \to 0} \int_U g_\epsilon(x)\,d^n x = \int_U g(x)\,d^n x.$$

Es genügt also zu zeigen, daß die Differenz

$$\Delta_\epsilon := \int_U g_\epsilon(x)\,d^n x - \int_V f_\epsilon(y)\,d^n y$$

für $\epsilon \to 0$ gegen null konvergiert. Setzt man

$$A_{p\epsilon} := \int_U \tau_{p\epsilon}\Psi_\epsilon(\varphi(x))\,|\det D\varphi(x)|\,d^n x - \int_V \tau_{p\epsilon}\Psi_\epsilon(y)\,d^n y,$$

falls $p\epsilon \in \operatorname{Supp}(f) \subset L$, so gilt

$$\Delta_\epsilon = \sum_{p \in \mathbb{Z}^n} f(p\epsilon)\,A_{p\epsilon}.$$

Nach der Zwischenbehauptung (6) ist

$$|A_{p\epsilon}| \leqq \omega_2(\epsilon)\,\epsilon^n.$$

Ist L in einem achsenparallelen Würfel der Seitenlänge s enthalten, so ist die Anzahl der von Null verschiedenen Summanden höchstens gleich $\left(\frac{s}{\epsilon}+1\right)^n$. Mit

$$M := \sup_{y \in V} |f(y)|$$

folgt

$$|\Delta_\epsilon| \leqq \left(\frac{s}{\epsilon}+1\right)^n M\omega_2(\epsilon)\,\epsilon^n = (s+\epsilon)^n M\,\omega_2(\epsilon)\,,$$

also

$$\lim_{\epsilon \to 0} \Delta_\epsilon = 0.$$

Damit ist Satz 3 bewiesen.

Aufgaben

2.1 Man zeige: Jede lineare Abbildung $\mathbb{R}^n \to \mathbb{R}^n$ läßt sich als Produkt von endlich vielen Abbildungen folgender spezieller Gestalt darstellen:

$$\varphi\colon \mathbb{R}^n \mapsto \mathbb{R}^n, \quad x \to x' := \varphi(x),$$

mit

$$x_j' := x_j \quad \text{für} \quad j \neq i,$$
$$x_i' := \alpha_1 x_1 + \ldots + \alpha_n x_n.$$

Dabei ist $i \in \{1, \ldots, n\}$ und $(\alpha_1, \ldots, \alpha_n) \in \mathbb{R}^n$. (Vgl. Fischer, Lineare Algebra, § 2.7.)

2.2 Man gebe einen neuen Beweis von Satz 2, indem man die Transformationsformel zunächst für die in Aufgabe 2.1 genannten speziellen Abbildungen beweise.

§ 3. Partielle Integration

Wir werden jetzt die Regel der partiellen Integration in einem speziellen Fall auf Funktionen mehrerer Veränderlicher verallgemeinern. Damit kann dann der Begriff des adjungierten Differentialoperators erklärt werden. Außerdem leiten wir in diesem Paragraphen mit Hilfe der Transformationsformel für mehrfache Integrale und partieller Integration die Darstellung des Laplace-Operators in krummlinigen Koordinaten ab.

Bezeichnungen

Sei $U \subset \mathbb{R}^n$ eine offene Menge. Wir bezeichnen mit $\mathscr{C}(U)$ den Vektorraum aller stetigen Funktionen $f\colon U \to \mathbb{R}$ und mit $\mathscr{C}_c(U)$ den Untervektorraum aller Funktionen $f \in \mathscr{C}(U)$, die kompakten Träger in U haben. Für eine natürliche Zahl k sei $\mathscr{C}^k(U)$ der Vektorraum der k-mal stetig partiell differenzierbaren Funktionen $f\colon U \to \mathbb{R}$ sowie

$$\mathscr{C}^\infty(U) := \bigcap_{k=0}^{\infty} \mathscr{C}^k(U),$$

$$\mathscr{C}_c^k(U) := \mathscr{C}_c(U) \cap \mathscr{C}^k(U) \quad \text{für } k \in \mathbb{N} \cup \{\infty\}.$$

Differenzierbare Teilung der Eins

Wir definieren die Funktion $g\colon \mathbb{R} \to \mathbb{R}$ durch

$$g(t) := \begin{cases} \exp\left(-\dfrac{1}{1-t^2}\right) & \text{für } |t| < 1, \\ 0 & \text{für } |t| \geqq 1. \end{cases}$$

Die Funktion g ist beliebig oft differenzierbar, gehört also zu $\mathscr{C}_c^\infty(\mathbb{R})$. Dies beweist man ähnlich wie in An. 1, Beispiel (22.2). Die Funktion

$$G(t) := \sum_{k \in \mathbb{Z}} g(t-k)$$

ist beliebig oft differenzierbar auf $\mathbb{R}$, überall ungleich null und genügt der Beziehung $G(t) = G(t-k)$ für alle $t \in \mathbb{R}$ und $k \in \mathbb{Z}$. Setzt man

$$h(t) := \frac{g(t)}{G(t)} \quad \text{für alle } t \in \mathbb{R},$$

so ist $h \in \mathscr{C}_c^\infty(\mathbb{R})$, $\operatorname{Supp}(h) = [-1,1]$ und

$$\sum_{k \in \mathbb{Z}} h(t-k) = 1 \quad \text{für alle } t \in \mathbb{R}.$$

Definiert man deshalb für $p = (p_1, \ldots, p_n) \in \mathbb{Z}^n$ und $\epsilon > 0$ die Funktion $\alpha_{p\epsilon}: \mathbb{R}^n \to \mathbb{R}$ durch

$$\alpha_{p\epsilon}(x) = \prod_{\nu=1}^{n} h\left(\frac{x_\nu}{\epsilon} - p_\nu\right),$$

so gilt $\alpha_{p\epsilon} \in \mathscr{C}_c^\infty(\mathbb{R}^n)$ und

$$\sum_{p \in \mathbb{Z}^n} \alpha_{p\epsilon}(x) = 1 \quad \text{für alle } x \in \mathbb{R}^n.$$

Der Träger der Funktion $\alpha_{p\epsilon}$ ist der durch

$$\{x \in \mathbb{R}^n : |x_\nu - p_\nu \epsilon| \leqq \epsilon \quad \text{für } \nu = 1, \ldots, n\}$$

definierte Würfel.
Mit Hilfe der Teilung der Eins $(\alpha_{p\epsilon})_{p \in \mathbb{Z}^n}$ kann man andere $\mathscr{C}^\infty$-Funktionen konstruieren.

Satz 1. *Sei $U \subset \mathbb{R}^n$ eine offene Menge und $K \subset U$ eine kompakte Teilmenge. Dann gibt es eine Funktion $\beta \in \mathscr{C}_c^\infty(U)$ mit $0 \leqq \beta \leqq 1$ und*

$$\beta | K = 1.$$

Beweis. Es gibt ein $\epsilon > 0$ derart, daß jeder kompakte Würfel der Seitenlänge 2ϵ, der K trifft, ganz in U enthalten ist. Sei P die (endliche) Menge aller Multiindizes $p \in \mathbb{Z}^n$ mit

$$\operatorname{Supp}(\alpha_{p\epsilon}) \cap K \neq \emptyset.$$

Wir definieren

$$\beta := \sum_{p \in P} \alpha_{p\epsilon}.$$

Dann ist $\beta(x) = 1$ für alle $x \in K$ und

$$\operatorname{Supp}(\beta) = \bigcup_{p \in P} \operatorname{Supp}(\alpha_{p\epsilon}) \subset U,$$

also $\beta \in \mathscr{C}_c^\infty(U)$, q.e.d.

Corollar. *Sei $U \subset \mathbb{R}^n$ offen, $K \subset U$ kompakt und $f \in \mathscr{C}^k(U)$, $0 \leqq k \leqq \infty$. Dann gibt es eine Funktion $f_1 \in \mathscr{C}_c^k(U)$ mit*

$$f_1 | K = f | K.$$

Beweis. Mit der in Satz 1 konstruierten Funktion $\beta \in \mathscr{C}_c^\infty(U)$ braucht man nur $f_1 := \beta f$ zu definieren.

Satz 2. *Sei $U \subset \mathbb{R}^n$ offen und $1 \leqq i \leqq n$. Dann gilt*

a) $$\int_U \frac{\partial \varphi(x)}{\partial x_i} d^n x = 0 \quad \textit{für alle} \quad \varphi \in \mathscr{C}_c^1(U),$$

b) $$\int_U \frac{\partial f(x)}{\partial x_i} g(x)\, d^n x = - \int_U f(x) \frac{\partial g(x)}{\partial x_i} d^n x \quad \text{für alle } f \in \mathscr{C}^1(U) \text{ und } g \in \mathscr{C}_c^1(U).$$

Bemerkung: Für die Gültigkeit dieser Integralformeln ist wesentlich, daß jeweils mindestens eine der auftretenden Funktionen kompakten Träger in U hat. Andernfalls treten noch Randintegrale hinzu. Darauf werden wir in § 15 bei der Behandlung des Gaußschen Integralsatzes zurückkommen.

Beweis. Zunächst ist klar, daß b) aus a) folgt, denn $fg \in \mathscr{C}_c^1(U)$ und

$$\frac{\partial (fg)}{\partial x_i} = \frac{\partial f}{\partial x_i} \cdot g + f \cdot \frac{\partial g}{\partial x_i}.$$

Zum Beweis von a) kann man ohne Einschränkung der Allgemeinheit annehmen, daß $U = \mathbb{R}^n$. Denn die Funktion $\varphi \in \mathscr{C}_c^1(U)$ kann durch 0 trivial auf ganz $\mathbb{R}^n$ zu einer Funktion aus $\mathscr{C}_c^1(\mathbb{R}^n)$ fortgesetzt werden. Außerdem genügt es, den Fall $i = 1$ zu behandeln.

Sei also $\varphi \in \mathscr{C}_c^1(\mathbb{R}^n)$. Wir wählen $R \in \mathbb{R}_+$ so groß, daß

$$\operatorname{Supp}(\varphi) \subset [-R, R]^n.$$

Für jedes feste $(x_2, \ldots, x_n) \in \mathbb{R}^{n-1}$ gilt dann

$$\int_{\mathbb{R}} \frac{\partial \varphi}{\partial x_1}(x_1, \ldots, x_n)\, dx_1 = \varphi(x_1, x_2, \ldots, x_n) \Big|_{x_1 = -R}^{x_1 = R} = 0,$$

also auch

$$\int_{\mathbb{R}^n} \frac{\partial \varphi}{\partial x_1}(x_1, \ldots, x_n)\, dx_1 \ldots dx_n = 0, \text{ q.e.d.}$$

(3.1) Beispiel. Sei $U \subset \mathbb{R}^n$ offen und seien $f \in \mathscr{C}^2(U)$, $g \in \mathscr{C}_c^2(U)$. Für $i = 1, \ldots, n$ erhält man durch zweimalige Anwendung von Satz 2

$$\int_U \frac{\partial^2 f}{\partial x_i^2} g\, d^n x = - \int_U \frac{\partial f}{\partial x_i} \cdot \frac{\partial g}{\partial x_i} d^n x = \int_U f \frac{\partial^2 g}{\partial x_i^2} d^n x.$$

Summation über i ergibt

$$\int_U (\Delta f) g\, d^n x = - \int_U \langle \nabla f, \nabla g \rangle\, d^n x = \int_U f \Delta g\, d^n x,$$

wobei $\Delta = \sum \frac{\partial^2}{\partial x_i^2}$ der Laplace-Operator und $\nabla = \left(\frac{\partial}{\partial x_1}, \ldots, \frac{\partial}{\partial x_n} \right)$ der Nabla-Operator ist.

Lineare Differentialoperatoren

Ein linearer Differentialoperator der Ordnung k in einer offenen Menge $U \subset \mathbb{R}^n$ hat die Gestalt

$$L = \sum_{|p| \leqq k} a_p D^p.$$

Dabei durchläuft p alle n-tupel $p = (p_1, \ldots, p_n) \in \mathbb{N}^n$ mit

$$|p| := p_1 + \ldots + p_n \leqq k,$$

$$D^p := D_1^{p_1} \cdot \ldots \cdot D_n^{p_n}, \quad D_i := \frac{\partial}{\partial x_i},$$

und die a_p sind Funktionen in U, die wir zur Vereinfachung als beliebig oft differenzierbar voraussetzen. L definiert dann lineare Abbildungen

$$L: \mathscr{C}^m(U) \to \mathscr{C}^{m-k}(U) \quad \text{für } m \geqq k,$$

sowie

$$L: \mathscr{C}^\infty(U) \to \mathscr{C}^\infty(U)$$

durch

$$Lf := \sum_{|p| \leqq k} a_p D^p f.$$

Ein Differentialoperator der Ordnung 0 bedeutet einfach Multiplikation mit einer Funktion.

Lineare Differentialoperatoren können in natürlicher Weise addiert und mit Skalaren multipliziert werden, bilden also einen Vektorraum. Die Multiplikation von Differentialoperatoren ist definiert als Komposition von Abbildungen. Sei L_1 ein Differentialoperator der Ordnung k und L_2 ein Differentialoperator der Ordnung l. Für $m \geqq k + l$ definiert dann die Zusammensetzung

$$\mathscr{C}^m(U) \xrightarrow{L_2} \mathscr{C}^{m-l}(U) \xrightarrow{L_1} \mathscr{C}^{m-k-l}(U)$$

die Abbildung

$$L_1 \circ L_2 : \mathscr{C}^m(U) \to \mathscr{C}^{m-k-l}(U).$$

Wir wollen zeigen, daß $L_1 \circ L_2$ wieder ein Differentialoperator der Ordnung $k + l$ ist. Dazu behandeln wir zuerst den Spezialfall

$$L_1 = D_\nu, \quad L_2 = aD^p, \quad a \in \mathscr{C}^\infty(U),$$

mit einem festen n-tupel $p = (p_1, \ldots, p_n)$. Für jede Funktion $f \in \mathscr{C}^m(U)$, $m \geqq |p| + 1$, gilt

$$(L_1 \circ L_2)f = L_1(L_2 f) = D_\nu(aD^p f) = \frac{\partial a}{\partial x_\nu} D^p f + aD_\nu D^p f.$$

Es gilt also

$$L_1 \circ L_2 = aD_\nu D^p + \left(\frac{\partial a}{\partial x_\nu}\right) D^p.$$

Dies ist ein Differentialoperator der Ordnung $|p| + 1$. Der allgemeine Fall wird durch Induktion nach der Ordnung von L_1 auf diesen Spezialfall zurückgeführt.

Bemerkung. Man beachte, daß das Produkt von Differentialoperatoren nicht kommutativ ist, d.h. im allgemeinen ist der *Kommutator*

$$[L_1, L_2] := L_1 \circ L_2 - L_2 \circ L_1$$

ungleich null.

(3.2) Beispiel. Sei $L_1 := \frac{\partial}{\partial x_\nu}$ und $L_2 := x_\mu$. Dann ist

$$L_1(L_2 f) = \frac{\partial}{\partial x_\nu}(x_\mu f) = \delta_{\nu\mu} f + x_\mu \frac{\partial f}{\partial x_\nu},$$

$$L_2(L_1 f) = x_\mu \frac{\partial f}{\partial x_\nu},$$

also $L_1(L_2 f) - L_2(L_1 f) = \delta_{\nu\mu} f$, d.h.

$$\left[\frac{\partial}{\partial x_\nu}, x_\mu\right] = \delta_{\nu\mu} = \begin{cases} 0 & \text{für } \nu \neq \mu, \\ 1 & \text{für } \nu = \mu. \end{cases}$$

Diese Vertauschungs-Relation spielt in der Quanten-Mechanik eine wichtige Rolle.

Adjungierte Differentialoperatoren

Sei L ein Differentialoperator der Ordnung k in der offenen Menge $U \subset \mathbb{R}^n$. Ein Differentialoperator M der Ordnung k in U heißt *adjungiert* zu L, falls

$$(*) \qquad \int_U (Mf) \cdot g\, d^n x = \int_U f(Lg)\, d^n x$$

für alle $f \in \mathscr{C}^k(U)$, $g \in \mathscr{C}^k_c(U)$.
Wir zeigen, daß der Operator M durch diese Bedingung eindeutig bestimmt ist. Dazu benötigen wir folgenden Hilfssatz.

Hilfssatz 1. *Sei $U \subset \mathbb{R}^n$ offen und $h \in \mathscr{C}(U)$. Für alle $g \in \mathscr{C}^\infty_c(U)$ gelte*

$$\int_U h(x)\, g(x)\, d^n x = 0.$$

Dann ist h identisch null.

Beweis. Angenommen, es gebe einen Punkt $a \in U$ mit $h(a) \neq 0$. Ohne Beschränkung der Allgemeinheit ist $h(a) > 0$. Es gibt dann wegen der Stetigkeit von h eine Umgebung $V \subset U$ von a und ein $\delta > 0$, so daß

$$h(x) \geqq \delta \quad \text{für alle} \quad x \in V.$$

Es gibt eine Funktion $g \in \mathscr{C}_c^\infty(U)$ mit $\operatorname{Supp}(g) \subset V$, $g \geqq 0$ und $g(a) > 0$. (Man kann als g etwa eine der oben konstruierten Funktionen $\alpha_{p\epsilon}$ wählen.) Damit ist

$$\int_U h(x)\, g(x)\, dx = \int_V h(x)\, g(x)\, dx \geqq \delta \int_V g(x)\, dx > 0.$$

Dies steht aber im Widerspruch zur Voraussetzung, also ist der Hilfssatz bewiesen.

Nun zum Beweis der Eindeutigkeit des adjungierten Differentialoperators. Angenommen, (∗) sei noch für einen zweiten Operator M' erfüllt. Sei $f \in \mathscr{C}^k(U)$ eine beliebige Funktion. Dann gilt

$$\int_U (Mf - M'f) \cdot g d^n x = 0 \quad \text{für alle} \quad g \in \mathscr{C}_c^k(U).$$

Der Hilfssatz zeigt, daß $Mf = M'f$, also $M = M'$.

Der somit eindeutig bestimmte adjungierte Differentialoperator zu L wird mit L^* bezeichnet. (Die Existenz beweisen wir im nächsten Satz.) Die Definitionsgleichung für L^* lautet also

$$\int_U (L^* f) g d^n x = \int_U f (Lg) d^n x$$

für alle $f \in \mathscr{C}^k(U)$, $g \in \mathscr{C}_c^k(U)$.

Satz 3. *Zu jedem linearen Differentialoperator in der offenen Menge $U \subset \mathbb{R}^n$ gibt es einen adjungierten. Es gelten die Rechenregeln*

i) $(\lambda L)^* = \lambda L^*$

ii) $(L_1 + L_2)^* = L_1^* + L_2^*$,

iii) $(L_1 \circ L_2)^* = L_2^* \circ L_1^*$,

für Differentialoperatoren L, L_1, L_2 und $\lambda \in \mathbb{R}$.
Man beachte die formale Analogie der Rechenregeln zu denen für die Transposition von Matrizen.

Beweis. Wir beweisen zuerst die Rechenregeln i) bis iii) in der verschärften Form: Existieren L^*, L_1^* und L_2^*, so existieren auch $(\lambda L)^*$, $(L_1 + L_2)^*$ und $(L_2 \circ L_1)^*$ und werden durch die angegebenen Formeln dargestellt. Dies folgt daraus, daß (in abgekürzter Schreibweise)

$$\int (\lambda L^* f) g = \lambda \int (L^* f) g = \lambda \int f L g = \int f (\lambda L g),$$

$$\int ((L_1^* + L_2^*) f) g = \int (L_1^* f) g + \int (L_2^* f) g = \int f (L_1 + L_2) g,$$

$$\int (L_2^* \circ L_1^* f) g = \int (L_1^* f)(L_2 g) = \int f (L_1 \circ L_2 g).$$

Für den Differentialoperator 0-ter Ordnung $L = a$ mit $a \in \mathscr{C}^\infty(U)$ ist $L^* = a$, denn

$$\int (af)g = \int f(ag).$$

Für $L = \frac{\partial}{\partial x_\nu}$ folgt aus Satz 2b, daß $L^* = -\frac{\partial}{\partial x_\nu}$. Da sich jeder lineare Differentialoperator durch Additionen und Multiplikationen aus diesen speziellen Differentialoperatoren 0-ter und 1. Ordnung aufbauen läßt, folgt die Existenz des Adjungierten eines jeden linearen Differentialoperators.

Beispiele

(3.3) Sei $L = \sum_{i=1}^{n} a_i \frac{\partial}{\partial x_i}$, $a_i \in \mathscr{C}^\infty(U)$.

Dann ist

$$L^* = \sum_i \left(-\frac{\partial}{\partial x_i}\right) \cdot a_i = -\sum_i a_i \frac{\partial}{\partial x_i} - \sum_i \frac{\partial a_i}{\partial x_i}.$$

(3.4) Für den Differentialoperator

$$L = \sum_{|p| \leqq k} c_p D^p, \quad c_p \in \mathbb{R},$$

mit konstanten Koeffizienten gilt

$$L^* = \sum_{|p| \leqq k} (-1)^{|p|} c_p D^p.$$

Z.B. gilt für den Laplace-Operator $\Delta = \sum \frac{\partial^2}{\partial x_i^2}$

$$\Delta^* = \Delta.$$

Ein Differentialoperator L, für den $L^* = L$, heißt *selbstadjungiert.*

Eine Anwendung der Transformationsformel

Wir werden jetzt die Transformationsformel für mehrfache Integrale dazu verwenden, um den Laplace-Operator in krummlinigen Koordinaten darzustellen. Dazu formulieren wir die Transformationsformel erst noch etwas um.
Seien Ω und Ω' offene Mengen im $\mathbb{R}^n$ und

$$\Phi: \Omega' \to \Omega$$
$$\xi \mapsto x = \Phi(\xi)$$

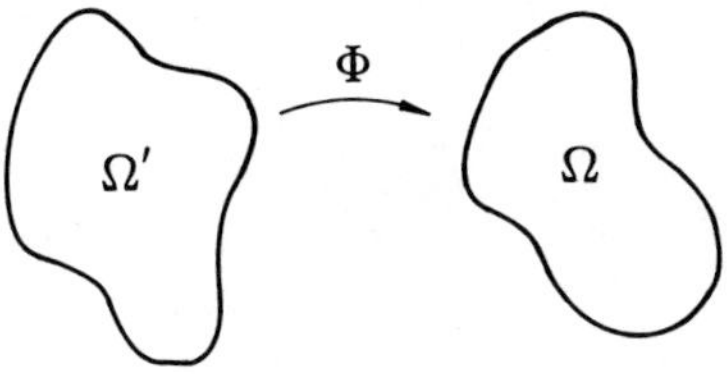

Bild 3.1

eine $\mathscr{C}^1$-invertierbare Abbildung (s. Bild 3.1). Wir definieren eine Matrix („Maßtensor") $g_{ij}: \Omega' \to \mathbb{R}$, $1 \leqq i, j \leqq n$, durch

$$g_{ij} := \left\langle \frac{\partial x}{\partial \xi_i}, \frac{\partial x}{\partial \xi_j} \right\rangle,$$

d.h. genauer

$$g_{ij}(\xi) = \left\langle \frac{\partial \Phi(\xi)}{\partial \xi_i}, \frac{\partial \Phi(\xi)}{\partial \xi_j} \right\rangle = \sum_{\nu=1}^{n} \frac{\partial \Phi_\nu(\xi)}{\partial \xi_i} \cdot \frac{\partial \Phi_\nu(\xi)}{\partial \xi_j}.$$

Es gilt also in Matrixschreibweise

$$G = (D\Phi)^T (D\Phi),$$

wobei $G := (g_{ij})$ und $D\Phi = \left(\frac{\partial \Phi_\nu}{\partial \xi_i}\right)$ die Funktionalmatrix von Φ ist.
Wir setzen

$$g := \det(g_{ij}).$$

Aus dem Determinanten-Multiplikationssatz folgt

$$\sqrt{g} = |\det D\Phi|.$$

Damit schreibt sich die Transformationsformel (§ 2, Satz 3):

$$\int_{\Omega'} u(\Phi(\xi)) \sqrt{g(\xi)}\, d^n\xi = \int_{\Omega} u(x)\, d^n x$$

für jede Funktion $u \in \mathscr{C}_c(\Omega)$.
Es sei (g^{kl}) die zu (g_{ij}) inverse Matrix, d.h.

$$\sum_l g^{kl} g_{lj} = \delta_{kj}.$$

Hilfssatz 2. *Mit den obigen Bezeichnungen gilt: Seien $u, v \in \mathscr{C}^1(\Omega)$ und*

$$\tilde{u} := u \circ \Phi, \tilde{v} := v \circ \Phi \in \mathscr{C}^1(\Omega').$$

Dann ist

$$\sum_i \left(\frac{\partial u}{\partial x_i} \cdot \frac{\partial v}{\partial x_i} \right) \circ \Phi = \sum_{k,l} g^{kl} \frac{\partial \tilde{u}}{\partial \xi_k} \cdot \frac{\partial \tilde{v}}{\partial \xi_l}.$$

Beweis. Nach der Kettenregel ist

$$\frac{\partial \widetilde{u}}{\partial \xi_k} = \sum_i \left(\frac{\partial u}{\partial x_i} \circ \Phi \right) \frac{\partial \Phi_i}{\partial \xi_k}.$$

In Matrizenschreibweise heißt das

$$\nabla \widetilde{u} = ((\nabla u) \circ \Phi) D\Phi$$

oder

$$(\nabla u) \circ \Phi = (\nabla \widetilde{u})(D\Phi)^{-1},$$

wobei die Gradienten ∇u und $\nabla \widetilde{u}$ als Zeilenvektoren aufgefaßt werden. Ebenso gilt

$$(\nabla v) \circ \Phi = (\nabla \widetilde{v})(D\Phi)^{-1}.$$

Daraus folgt

$$\begin{aligned}\langle \nabla u, \nabla v \rangle \circ \Phi &= ((\nabla u) \circ \Phi)((\nabla v) \circ \Phi)^T \\ &= (\nabla \widetilde{u})(D\Phi)^{-1}((D\Phi)^{-1})^T (\nabla \widetilde{v})^T \\ &= (\nabla \widetilde{u}) G^{-1} (\nabla \widetilde{v})^T.\end{aligned}$$

In Komponenten ausgeschrieben ist das die Behauptung.

Die Transformation des Laplace-Operators $\Delta = \sum \frac{\partial^2}{\partial x_i^2}$ bzgl. Φ ist definiert durch die Formel

$$\Delta^\Phi (u \circ \Phi) = (\Delta u) \circ \Phi \quad \text{für alle} \quad u \in \mathscr{C}^2(\Omega).$$

Satz 3. *Mit den obigen Bezeichnungen gilt*

$$\begin{aligned}\Delta^\Phi &= \frac{1}{\sqrt{g}} \sum_{k,l} \frac{\partial}{\partial \xi_l} \left(g^{kl} \sqrt{g} \frac{\partial}{\partial \xi_k} \right) \\ &= \sum_{k,l} g^{kl} \frac{\partial^2}{\partial \xi_k \partial \xi_l} + \sum_k \left(\frac{1}{\sqrt{g}} \sum_l \frac{\partial (g^{kl} \sqrt{g})}{\partial \xi_l} \right) \frac{\partial}{\partial \xi_k}.\end{aligned}$$

Beweis. Sei $u \in \mathscr{C}^2(\Omega)$, $v \in \mathscr{C}_c^2(\Omega)$ und $\widetilde{u} := u \circ \Phi$, $\widetilde{v} := v \circ \Phi$. Nach der Transformationsformel ist

$$\begin{aligned}\int_\Omega (\Delta u) v d^n x &= \int_{\Omega'} ((\Delta u) \circ \Phi)(v \circ \Phi) \sqrt{g}\, d^n \xi \\ &= \int_{\Omega'} (\Delta^\Phi \widetilde{u}) \cdot \widetilde{v} \sqrt{g}\, d^n \xi.\end{aligned}$$

Andererseits gilt nach Beispiel (3.1)

$$\int_\Omega (\Delta u)\, v\, d^n x = -\int_\Omega \langle \nabla u, \nabla v\rangle\, d^n x$$

$$= -\int_{\Omega'} (\langle \nabla u, \nabla v\rangle \circ \Phi)\sqrt{g}\, d^n \xi$$

$$= -\int_{\Omega'} \sum_{k,l} g^{kl} \frac{\partial \widetilde{u}}{\partial \xi_k}\frac{\partial \widetilde{v}}{\partial \xi_l}\sqrt{g}\, d^n\xi \qquad \text{(Hilfssatz 2)}$$

$$= -\int_{\Omega'} \sum_{k,l} \left(g^{kl}\sqrt{g}\,\frac{\partial \widetilde{u}}{\partial \xi_k}\right)\frac{\partial \widetilde{v}}{\partial \xi_l}\, d^n\xi.$$

Wendet man noch einmal partielle Integration an (Satz 2), so erhält man schließlich

$$\int_{\Omega'} (\Delta^\Phi \widetilde{u})\,\widetilde{v}\sqrt{g}\, d^n\xi = \int_{\Omega'} \sum_{k,l} \frac{\partial}{\partial \xi_l}\left(g^{kl}\sqrt{g}\,\frac{\partial \widetilde{u}}{\partial \xi_k}\right)\widetilde{v}\, d^n\xi.$$

Mit Hilfssatz 1 folgt daraus

$$\Delta^\Phi \widetilde{u} = \frac{1}{\sqrt{g}}\sum_{k,l}\frac{\partial}{\partial \xi_l}\left(g^{kl}\sqrt{g}\,\frac{\partial}{\partial \xi_k}\right)\widetilde{u}, \qquad \text{q.e.d.}$$

Beispiele

(3.5) *Ebene Polarkoordinaten*
Für festes $\alpha \in \mathbb{R}$ sei S_α der Halbstrahl

$$S_\alpha := \{(r\cos\alpha, r\sin\alpha) : r \in \mathbb{R}_+\} \subset \mathbb{R}^2.$$

Wir setzen

$$\Omega := \mathbb{R}^2 \setminus S_\alpha$$

und

$$\Omega' := \{(r,\varphi) \in \mathbb{R}^2 : r > 0,\ \alpha < \varphi < 2\pi + \alpha\}.$$

Die Abbildung

$$\Phi : \Omega' \to \Omega$$

$$\begin{pmatrix} r \\ \varphi \end{pmatrix} \mapsto \begin{pmatrix} x \\ y \end{pmatrix} = \begin{pmatrix} r\cos\varphi \\ r\sin\varphi \end{pmatrix}$$

ist $\mathscr{C}^1$-invertierbar. Ist $\Phi(r, \varphi) = (x, y)$, so heißen (r, φ) die Polarkoordinaten des Punktes (x, y), siehe Bild 3.2. Zu jedem $(x, y) \in \mathbb{R}^2 \setminus (0, 0)$ gibt es ein α, so daß $(x, y) \in \mathbb{R}^2 \setminus S_\alpha$. Der Winkel φ hängt von der Wahl von α ab, er ist nur bis auf ein Vielfaches von 2π bestimmt.

Für die Funktionalmatrix der Transformation Φ gilt

$$D\Phi(r, \varphi) = \begin{pmatrix} \cos\varphi & -r\sin\varphi \\ \sin\varphi & r\cos\varphi \end{pmatrix},$$

also lautet der Maßtensor

$$(g_{ij}) = \begin{pmatrix} 1 & 0 \\ 0 & r^2 \end{pmatrix}$$

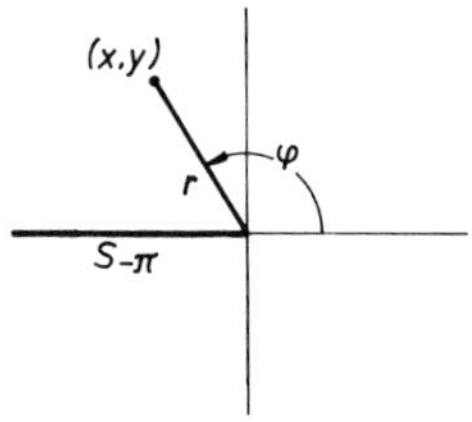

Bild 3.2

und

$$\sqrt{g} = r, \quad (g^{kl}) = \begin{pmatrix} 1 & 0 \\ 0 & 1/r^2 \end{pmatrix}.$$

Für den Laplace-Operator in ebenen Polarkoordinaten ergibt sich daher

$$\begin{aligned} \Delta^\Phi &= \frac{1}{r}\frac{\partial}{\partial r}\left(r\frac{\partial}{\partial r}\right) + \frac{1}{r}\frac{\partial}{\partial\varphi}\left(\frac{1}{r}\frac{\partial}{\partial\varphi}\right) \\ &= \frac{\partial^2}{\partial r^2} + \frac{1}{r}\frac{\partial}{\partial r} + \frac{1}{r^2}\frac{\partial^2}{\partial\varphi^2}. \end{aligned}$$

Sei beispielsweise $u : \mathbb{R}^2 \setminus 0 \to \mathbb{R}$ die Funktion, die in Polarkoordinaten durch

$$\widetilde{u}(r, \varphi) = u(\Phi(r, \varphi)) = r^m \cos m\varphi, \ (m \in \mathbb{Z}),$$

gegeben wird. Dann ist

$$\begin{aligned} \Delta^\Phi \widetilde{u} &= \frac{1}{r}\frac{\partial}{\partial r}\left(r\frac{\partial r^m}{\partial r}\right)\cos m\varphi + r^{m-2}\frac{\partial^2 \cos m\varphi}{\partial\varphi^2} \\ &= m^2 r^{m-2}\cos m\varphi - r^{m-2} m^2 \cos m\varphi = 0, \end{aligned}$$

also u harmonisch.

Bemerkung. Meist schreibt man in der Praxis (nicht ganz korrekt) ebenfalls u für die transformierte Funktion $u \circ \Phi$ und Δ statt Δ^Φ.

(3.6) *Räumliche Polarkoordinaten*
Für festes $\alpha \in \mathbb{R}$ sei H_α die Halbebene

$$H_\alpha := \{(r\cos\alpha, r\sin\alpha, z) : r \in \mathbb{R}_+, z \in \mathbb{R}\} \subset \mathbb{R}^3.$$

Wir setzen

$$\Omega := \mathbb{R}^3 \setminus H_\alpha$$

und

$$\Omega' := \{(r, \vartheta, \varphi) \in \mathbb{R}^3 : r > 0,\ 0 < \vartheta < \pi,\ \alpha < \varphi < 2\pi + \alpha\}.$$

Die Abbildung

$$\Phi: \Omega' \to \Omega$$

$$\begin{pmatrix} r \\ \vartheta \\ \varphi \end{pmatrix} \mapsto \begin{pmatrix} x \\ y \\ z \end{pmatrix} = \begin{pmatrix} r \sin\vartheta \cos\varphi \\ r \sin\vartheta \sin\varphi \\ r \cos\vartheta \end{pmatrix}$$

ist $\mathscr{C}^1$-invertierbar. Ist $\Phi(r, \vartheta, \varphi) = (x, y, z)$, so heißen (r, ϑ, φ) die Polarkoordinaten des Punktes (x, y, z), siehe Bild 3.3. Zu jedem Punkt (x, y, z) mit $(x, y) \neq (0, 0)$ gibt es ein α, so daß $(x, y, z) \in \mathbb{R}^3 \setminus H_\alpha$. Der Winkel φ hängt von der Wahl von α ab, er ist nur bis auf ein Vielfaches von 2π bestimmt.
Für die Funktionalmatrix der Transformation Φ gilt

$$D\Phi(r, \vartheta, \varphi) = \begin{pmatrix} \sin\vartheta \cos\varphi & r\cos\vartheta\cos\varphi & -r\sin\vartheta\sin\varphi \\ \sin\vartheta\sin\varphi & r\cos\vartheta\sin\varphi & r\sin\vartheta\cos\varphi \\ \cos\vartheta & -r\sin\vartheta & 0 \end{pmatrix},$$

also lautet der Maßtensor

$$(g_{ij}) = \begin{pmatrix} 1 & 0 & 0 \\ 0 & r^2 & 0 \\ 0 & 0 & r^2\sin^2\vartheta \end{pmatrix}.$$

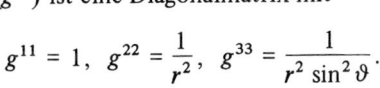

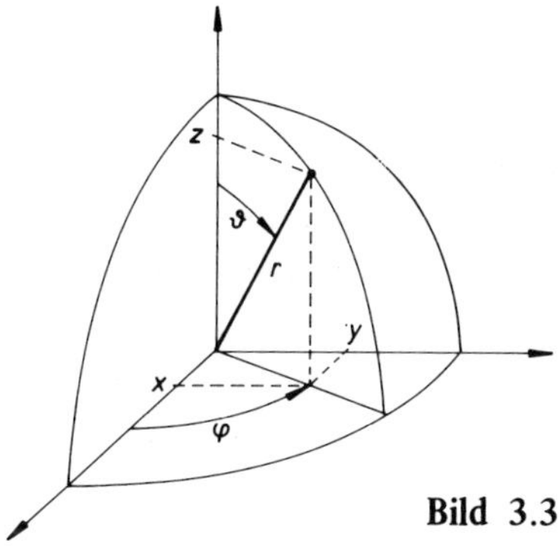

Bild 3.3

Daraus folgt

$$\sqrt{g} = r^2 \sin\vartheta$$

und (g^{kl}) ist eine Diagonalmatrix mit

$$g^{11} = 1,\quad g^{22} = \frac{1}{r^2},\quad g^{33} = \frac{1}{r^2\sin^2\vartheta}.$$

Für den Laplace-Operator in räumlichen Polarkoordinaten ergibt sich daher

$$\Delta^\Phi = \frac{1}{r^2\sin\vartheta}\left\{\frac{\partial}{\partial r}\left(r^2\sin\vartheta\frac{\partial}{\partial r}\right) + \frac{\partial}{\partial\vartheta}\left(\sin\vartheta\frac{\partial}{\partial\vartheta}\right) + \frac{\partial}{\partial\varphi}\left(\frac{1}{\sin\vartheta}\frac{\partial}{\partial\varphi}\right)\right\}$$

$$= \frac{\partial^2}{\partial r^2} + \frac{2}{r}\frac{\partial}{\partial r} + \frac{1}{r^2}\left\{\frac{\partial^2}{\partial\vartheta^2} + \cot\vartheta\frac{\partial}{\partial\vartheta} + \frac{1}{\sin^2\vartheta}\frac{\partial^2}{\partial\varphi^2}\right\}.$$

Aufgaben

3.1 Sei $U \subset \mathbb{R}^n$ eine offene Menge und seien $a_{ij}, b_i, c \in \mathscr{C}^\infty(U)$. Für den Differentialoperator

$$L := \sum_{i,j} a_{ij} \frac{\partial^2}{\partial x_i \partial x_j} + \sum_i b_i \frac{\partial}{\partial x_i} + c$$

berechne man L^*.

3.2 Man zeige: Für jeden linearen Differentialoperator in der offenen Menge $U \subset \mathbb{R}^n$ gilt $(L^*)^* = L$.

3.3 Seien L_1, L_2, L_3, M lineare Differentialoperatoren in der offenen Menge $U \subset \mathbb{R}^n$. Man zeige:

a) $[M, L_1 \circ L_2] = [M, L_1] \circ L_2 + L_1 \circ [M, L_2]$.

b) $[[L_1, L_2], L_3] + [[L_2, L_3], L_1] + [[L_3, L_1], L_2] = 0$, (Jacobi-Identität).

c) Hat L_1 die Ordnung k und L_2 die Ordnung l, so ist $[L_1, L_2]$ ein Differentialoperator der Ordnung $\leqq k + l - 1$.

3.4 Man berechne den Laplace-Operator in Zylinderkoordinaten (r, φ, z), die mit den kartesischen Koordinaten (x, y, z) in folgender Beziehung stehen:

$$\begin{aligned} x &= r \cos\varphi \\ y &= r \sin\varphi \\ z &= z. \end{aligned}$$

3.5 Man berechne den Laplace-Operator in vierdimensionalen Polarkoordinaten $(r, \vartheta_1, \vartheta_2, \varphi)$, die mit den kartesischen Koordinaten (x_1, x_2, x_3, x_4) wie folgt zusammenhängen:

$$\begin{aligned} x_1 &= r \sin\vartheta_1 \sin\vartheta_2 \cos\varphi \\ x_2 &= r \sin\vartheta_1 \sin\vartheta_2 \sin\varphi \\ x_3 &= r \sin\vartheta_1 \cos\vartheta_2 \\ x_4 &= r \cos\vartheta_1 . \end{aligned}$$

3.6 Man diskutiere die Koordinaten-Transformation $(u, v) \mapsto (x, y)$,

$$\begin{aligned} x &= \sin u \cosh v \\ y &= \cos u \sinh v \end{aligned}$$

(ebene elliptische Koordinaten) und drücke den Laplace-Operator in den Koordinaten (u, v) aus.

3.7 Für $l \in \mathbb{N}$ sei P_l das l-te Legendre-Polynom

$$P_l(t) := \frac{1}{2^l l!} \left(\frac{d}{dt}\right)^l (t^2 - 1)^l,$$

(vgl. An. 2, § 12, Beispiel (12.4)).

Man zeige: Die Funktion

$$f(r, \vartheta) := r^l P_l(\cos \vartheta)$$

genügt der Laplace-Gleichung $\Delta f = 0$ bzgl. räumlicher Polarkoordinaten.

3.8 Für $l \in \mathbb{N}$ und $m \in \mathbb{Z}$ mit $|m| \leqq l$ sind die *zugeordneten Legendre-Funktionen* $P_{ml}\colon [-1, 1] \to \mathbb{R}$ definiert durch

$$P_{ml}(t) := (1 - t^2)^{m/2} \left(\frac{d}{dt}\right)^m P_l(t), \quad \text{falls } m \geqq 0,$$

$$P_{ml}(t) := P_{|m|, l}(t), \quad \text{falls } m < 0.$$

Man zeige:

a) Die „*Kugelfunktionen*“

$$Y_{lm}(\varphi, \vartheta) := \mathrm{e}^{im\varphi} P_{ml}(\cos \vartheta)$$

genügen der Differentialgleichung

$$\Lambda Y_{lm} = l(l+1)\, Y_{lm},$$

wobei

$$\Lambda := -\frac{\partial^2}{\partial \vartheta^2} - \cot \vartheta \frac{\partial}{\partial \vartheta} - \frac{1}{\sin^2 \vartheta} \frac{\partial^2}{\partial \varphi^2}, \quad (0 < \vartheta < \pi).$$

b) Die Funktionen $r^l Y_{ml}(\vartheta, \varphi)$ und $r^{-l-1} Y_{ml}(\vartheta, \varphi)$ sind harmonisch in $\mathbb{R}^3$ bzw. $\mathbb{R}^3 \setminus 0$. (Man diskutiere genau das Verhalten auf der z-Achse, da dort die Polarkoordinaten-Transformation singulär wird.)

3.9 Sei $f \in \mathscr{C}_c(\mathbb{R}^n)$ und $(\alpha_{p\epsilon})_{p \in \mathbb{Z}^n}$ die eingangs des Paragraphen definierte Teilung der Eins. Sei

$$f_\epsilon := \sum_{p \in \mathbb{Z}^n} f(p\epsilon)\, \alpha_{p\epsilon}.$$

Man zeige, daß die Funktionen $f_\epsilon \in \mathscr{C}_c^\infty(\mathbb{R}^n)$ für $\epsilon \to 0$ gleichmäßig gegen f konvergieren.

§ 4. Integral für halbstetige Funktionen

Wir führen jetzt die erste Erweiterung des Integralbegriffs auf eine größere Klasse von Funktionen durch, nämlich solche Funktionen, die sich als monotone Limiten von Elementen aus $\mathscr{C}_c(\mathbb{R}^n)$ darstellen lassen. Dies sind im wesentlichen die halbstetigen Funktionen.

Satz 1 (Dini). *Auf einer kompakten Menge $K \subset \mathbb{R}^n$ seien*

$$f\colon K \to \mathbb{R} \text{ und } f_\nu\colon K \to \mathbb{R},\ \nu \in \mathbb{N},$$

stetige Funktionen mit

$$f_0 \leqq f_1 \leqq \ldots \leqq f_\nu \leqq f_{\nu+1} \leqq \ldots$$

und

$$\lim_{\nu \to \infty} f_\nu(x) = f(x) \text{ für alle } x \in K.$$

Dann konvergiert die Folge $(f_\nu)_{\nu \in \mathbb{N}}$ auf K gleichmäßig gegen f.

Beweis. Wir setzen

$$g_\nu := f - f_\nu.$$

Dann gilt $g_\nu \geqq g_{\nu+1} \geqq 0$ für alle $\nu \in \mathbb{N}$ und $\lim\limits_{\nu \to \infty} g_\nu(x) = 0$ für alle $x \in K$. Sei $\epsilon > 0$ vorgegeben. Zu jedem $x \in K$ existiert dann ein $N(x)$, so daß

$$g_\nu(x) < \frac{\epsilon}{2} \quad \text{für alle} \quad \nu \geqq N(x).$$

Da die Funktion $g_{N(x)}$ im Punkt x stetig ist, existiert ein $\delta(x) > 0$, so daß

$$|g_{N(x)}(\xi) - g_{N(x)}(x)| < \frac{\epsilon}{2} \quad \text{für alle} \quad \xi \in K \text{ mit } \|\xi - x\| < \delta(x).$$

Daraus folgt

$$g_\nu(\xi) < \epsilon \quad \text{für} \quad \nu \geqq N(x) \quad \text{und} \quad \|\xi - x\| < \delta(x).$$

Da K kompakt ist, genügen endlich viele der Kugeln

$$U_x := \{\xi \in \mathbb{R}^n\colon \|\xi - x\| < \delta(x)\}, \quad x \in K,$$

um K zu überdecken. Sei etwa

$$K \subset U_{x_1} \cup \ldots \cup U_{x_k}.$$

Dann gilt

$$g_\nu(\xi) < \epsilon \quad \text{für alle} \quad \xi \in K,$$

falls $\nu \geqq N := \max(N(x_1), \ldots, N(x_k))$. Das bedeutet aber

$$|f(\xi) - f_\nu(\xi)| < \epsilon \quad \text{für alle} \quad \xi \in K \quad \text{und} \quad \nu \geqq N, \quad \text{q.e.d.}$$

Corollar. *Sei* $f \in \mathscr{C}_c(\mathbb{R}^n)$ *und* $f_\nu \in \mathscr{C}_c(\mathbb{R}^n)$, $\nu \in \mathbb{N}$ *, eine Funktionenfolge mit* $f_\nu \leqq f_{\nu+1}$ *für alle* $\nu \in \mathbb{N}$ *und*

$$\lim_{\nu \to \infty} f_\nu(x) = f(x) \quad \text{für alle} \quad x \in \mathbb{R}^n.$$

Dann gilt

$$\lim_{\nu \to \infty} \int_{\mathbb{R}^n} f_\nu(x)\,dx = \int_{\mathbb{R}^n} f(x)\,dx.$$

Beweis. Für alle $\nu \in \mathbb{N}$ gilt

$$\operatorname{Supp}(f_\nu) \subset \operatorname{Supp}(f_0) \cup \operatorname{Supp}(f).$$

Die Behauptung folgt deshalb aus dem Satz von Dini und § 1, Hilfssatz 1.

Bemerkung. Eine analoge Aussage gilt natürlich auch for monoton fallende Funktionenfolgen.

Definition von $\mathscr{H}^\uparrow(\mathbb{R}^n)$

Sei $f_\nu \in \mathscr{C}_c(\mathbb{R}^n)$, $\nu \in \mathbb{N}$, eine monoton wachsende Funktionenfolge, d.h. $f_\nu \leqq f_{\nu+1}$ für alle $\nu \in \mathbb{N}$. Für jedes $x \in \mathbb{R}^n$ ist dann $(f_\nu(x))_{\nu \in \mathbb{N}}$ eine monoton wachsende Folge reeller Zahlen, die entweder gegen eine reelle Zahl oder uneigentlich gegen ∞ konvergiert. Definiert man

$$f(x) := \lim_{\nu \to \infty} f_\nu(x),$$

so erhält man eine Abbildung

$$f\colon \mathbb{R}^n \to \mathbb{R} \cup \{\infty\}.$$

Die Menge aller Funktionen $f\colon \mathbb{R}^n \to \mathbb{R} \cup \{\infty\}$, die sich so als Limiten monoton wachsender Funktionenfolgen aus $\mathscr{C}_c(\mathbb{R}^n)$ erhalten lassen, bezeichnen wir mit $\mathscr{H}^\uparrow(\mathbb{R}^n)$ oder kurz $\mathscr{H}^\uparrow$. Wir schreiben

$$f_\nu \uparrow f,$$

falls die Funktionenfolge f_ν monoton wachsend gegen f konvergiert.

Integral für Funktionen aus $\mathscr{H}^\uparrow(\mathbb{R}^n)$

Sei $f \in \mathscr{H}^\uparrow(\mathbb{R}^n)$ und $f_\nu \in \mathscr{C}_c(\mathbb{R}^n)$, $\nu \in \mathbb{N}$, eine Funktionenfolge mit $f_\nu \uparrow f$. Dann definiere man

$$\int_{\mathbb{R}^n} f(x)\,dx := \lim_{\nu \to \infty} \int_{\mathbb{R}^n} f_\nu(x)\,dx \in \mathbb{R} \cup \{\infty\}.$$

Da die Folge der Integrale $\int f_\nu(x)\,dx$ monoton wächst, existiert der Limes immer eigentlich oder uneigentlich. Ist $f \in \mathscr{C}_c(\mathbb{R}^n) \subset \mathscr{H}^\uparrow(\mathbb{R}^n)$, so ergibt sich wegen Corollar zu Satz 1 wieder das ursprünglich definierte Integral. Damit die Definition sinnvoll ist, muß noch gezeigt werden, daß sie unabhängig von der Funktionenfolge ist, die gegen f konvergiert. Dies ist der Inhalt des folgenden Hilfssatzes.

Hilfssatz 1. *Sei $f \in \mathscr{H}^\uparrow(\mathbb{R}^n)$ und seien $f_\nu, g_\nu \in \mathscr{C}_c(\mathbb{R}^n)$, $\nu \in \mathbb{N}$, zwei Funktionenfolgen mit $f_\nu \uparrow f$ und $g_\nu \uparrow f$. Dann gilt*

$$\lim_{\nu \to \infty} \int f_\nu(x)\,dx = \lim_{\nu \to \infty} \int g_\nu(x)\,dx.$$

Beweis. Wir zeigen: Für festes $k \in \mathbb{R}$ gilt

$$\int f_k(x)\,dx \leqq \lim_{\nu \to \infty} \int g_\nu(x)\,dx.$$

Aus Symmetriegründen folgt dann die Behauptung.
Zum Beweis betrachten wir die Funktionen $h_\nu := \inf(g_\nu, f_k)$, d.h.

$$h_\nu(x) = \min(g_\nu(x), f_k(x)) \quad \text{für alle} \quad x \in \mathbb{R}^n.$$

Es gilt $h_\nu \in \mathscr{C}_c(\mathbb{R}^n)$ und $h_\nu \uparrow f_k$, also nach dem Corollar zu Satz 1

$$\int f_k(x)\,dx = \lim_{\nu \to \infty} \int h_\nu(x)\,dx \leqq \lim_{\nu \to \infty} \int g_\nu(x)\,dx.$$

Definition von $\mathscr{H}^\downarrow(\mathbb{R}^n)$

Wir bezeichnen mit $\mathscr{H}^\downarrow(\mathbb{R}^n)$ die Menge aller Funktionen

$$f\colon \mathbb{R}^n \to \mathbb{R} \cup \{-\infty\},$$

zu denen es eine Folge $f_\nu \in \mathscr{C}_c(\mathbb{R}^n)$, $\nu \in \mathbb{N}$, gibt mit $f_\nu \geqq f_{\nu+1}$ für alle $\nu \in \mathbb{N}$ und

$$f(x) = \lim_{\nu \to \infty} f_\nu(x) \quad \text{für alle} \quad x \in \mathbb{R}^n.$$

Wir schreiben die Tatsache, daß die Folge f_ν monoton fallend gegen f konvergiert, als $f_\nu \downarrow f$. Analog zu den Funktionen aus $\mathscr{H}^\uparrow$ definieren wir

$$\int_{\mathbb{R}^n} f(x)\,dx := \lim_{\nu \to \infty} \int f_\nu(x)\,dx \in \mathbb{R} \cup \{-\infty\}$$

für $f \in \mathscr{H}^\downarrow(\mathbb{R}^n)$, $f_\nu \in \mathscr{C}_c(\mathbb{R}^n)$ mit $f_\nu \downarrow f$. Wie im Fall $\mathscr{H}^\uparrow$ ist die Definition unabhängig von der Folge, die gegen f konvergiert. Da wir das Integral für Funktionen aus $\mathscr{H}^\uparrow$ schon anders definiert haben, muß noch gezeigt werden, daß für eine Funktion f, die gleichzeitig zu $\mathscr{H}^\uparrow$ und $\mathscr{H}^\downarrow$ gehört, beide Integral-Definitionen dasselbe Resultat liefern. Dies folgt aber aus der später in diesem Paragraphen bewiesenen Tatsache, daß

$$\mathscr{H}^\uparrow(\mathbb{R}^n) \cap \mathscr{H}^\downarrow(\mathbb{R}^n) = \mathscr{C}_c(\mathbb{R}^n).$$

(4.1) Beispiel. Seien $a \leqq b$ reelle Zahlen und

$$f\colon [a, b] \to \mathbb{R}_+$$

eine stetige nichtnegative Funktion. Wir definieren $\widetilde{f}\colon \mathbb{R} \to \mathbb{R}$ durch

$$\widetilde{f}(x) = \begin{cases} f(x) & \text{für } x \in [a, b], \\ 0 & \text{für } x \in \mathbb{R} \setminus [a, b]. \end{cases}$$

Die Funktion $\widetilde{f}$ ist im allgemeinen nicht stetig (falls $f(a) \neq 0$ oder $f(b) \neq 0$), gehört aber zu $\mathscr{H}^{\downarrow}(\mathbb{R})$. Eine Funktionenfolge $f_k \in \mathscr{C}_c(\mathbb{R})$, $k \geqq 1$, mit $f_k \downarrow \widetilde{f}$ kann man etwa wie folgt erhalten: Es sei f_k die Funktion, die die Funktion 0 auf $\mathbb{R} \setminus \left[a - \frac{1}{k}, b + \frac{1}{k}\right]$ und f auf $[a, b]$ in den Intervallen $\left[a - \frac{1}{k}, a\right]$ und $\left[b, b + \frac{1}{k}\right]$ linear interpoliert (vgl. Bild 4.1). Es gilt

$$\int_{\mathbb{R}} f_k(x)\,dx = \frac{f(a) + f(b)}{2k} + \int_a^b f(x)\,dx,$$

also

$$\int_{\mathbb{R}} \widetilde{f}(x)\,dx = \int_a^b f(x)\,dx.$$

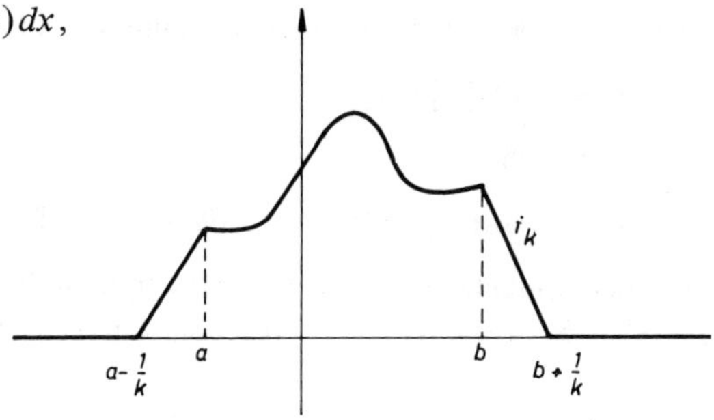

Bild 4.1

Wir wollen jetzt die Funktionen aus $\mathscr{H}^{\uparrow}$ und $\mathscr{H}^{\downarrow}$ durch innere Eigenschaften charakterisieren. Dazu brauchen wir den Begriff der Halbstetigkeit.

Definition. a) Eine Funktion $f\colon \mathbb{R}^n \to \mathbb{R} \cup \{\infty\}$ heißt im Punkt $x \in \mathbb{R}^n$ *von unten halbstetig,* falls zu jedem $c \in \mathbb{R}$ mit $c < f(x)$ eine Umgebung U von x existiert, so daß

$$c < f(\xi) \quad \text{für alle} \quad \xi \in U.$$

b) Eine Funktion $f\colon \mathbb{R}^n \to \mathbb{R} \cup \{-\infty\}$ heißt im Punkt $x \in \mathbb{R}^n$ *von oben halbstetig,* falls zu jedem $c \in \mathbb{R}$ mit $c > f(x)$ eine Umgebung U von x existiert, so daß

$$c > f(\xi) \quad \text{für alle} \quad \xi \in U.$$

Die Funktion f heißt auf $\mathbb{R}^n$ von oben (unten) halbstetig, falls sie in jedem Punkt $x \in \mathbb{R}^n$ von oben (unten) halbstetig ist.
Aus der Definition folgt unmittelbar, daß eine Funktion $f\colon \mathbb{R}^n \to \mathbb{R}$, die in einem Punkt $x \in \mathbb{R}^n$ gleichzeitig von oben und unten halbstetig ist, dort stetig ist.

(4.2) Beispiel. Sei A eine Teilmenge des $\mathbb{R}^n$. Die charakteristische Funktion (oder Indikatorfunktion) von A ist definiert durch

$$\chi_A(x) := \begin{cases} 1 & \text{für} \quad x \in A, \\ 0 & \text{für} \quad x \in \mathbb{R}^n \setminus A. \end{cases}$$

Aus den Definitionen ergibt sich unmittelbar:
Die Funktion

$$\chi_A : \mathbb{R}^n \to \mathbb{R}$$

ist genau dann von unten (oben) halbstetig, falls A offen (bzw. abgeschlossen) ist.

Obere Einhüllende von Funktionen

Ist $f_i : \mathbb{R}^n \to \mathbb{R} \cup \{\infty\}$, $i \in I$, eine Familie von Funktionen, so wird ihre obere Einhüllende

$$f := \sup \{f_i : i \in I\}$$

definiert durch

$$f(x) := \sup \{f_i(x) : i \in I\} \quad \text{für alle} \quad x \in \mathbb{R}^n.$$

Die obere Einhüllende von zwei (und damit endlich vielen) stetigen Funktionen $f_i : \mathbb{R}^n \to \mathbb{R}$ ist wieder stetig. Dies folgt z.B. aus der Formel

$$\sup(f_1, f_2) = \frac{1}{2}(f_1 + f_2 + |f_1 - f_2|).$$

Dagegen ist die obere Einhüllende einer unendlichen Familie von stetigen Funktionen im allgemeinen nicht mehr stetig, sondern nur mehr halbstetig von unten. Dies ist ein Spezialfall des folgenden Hilfssatzes.

Hilfssatz 2. *Sei $f_i : \mathbb{R}^n \to \mathbb{R} \cup \{\infty\}$, $i \in I$, eine Familie von unten halbstetiger Funktionen. Dann ist auch ihre obere Einhüllende $f := \sup_{i \in I} f_i$ von unten halbstetig.*

Beweis. Sei $x \in \mathbb{R}^n$ und $c \in \mathbb{R}$ mit $f(x) > c$. Da $f(x) = \sup_i f_i(x)$, gibt es ein $k \in I$ mit $f_k(x) > c$. Da f_k von unten halbstetig ist, gilt für eine ganze Umgebung U von x

$$f(\xi) \geqq f_k(\xi) > c \quad \text{für alle} \quad \xi \in U,$$

d.h. f ist in x von unten halbstetig, q.e.d.

Satz 2. *Eine Funktion $f : \mathbb{R}^n \to \mathbb{R} \cup \{\infty\}$ gehört genau dann zu $\mathcal{H}^\uparrow(\mathbb{R}^n)$, wenn folgende beiden Bedingungen erfüllt sind:*

a) *f ist von unten halbstetig.*
b) *Es gibt eine kompakte Teilmenge $K \subset \mathbb{R}^n$, so daß*

$$f(x) \geqq 0 \quad \textit{für alle} \quad x \in \mathbb{R}^n \setminus K.$$

Beweis. 1) Sei $f \in \mathscr{H}^{\uparrow}(\mathbb{R}^n)$. Nach Hilfssatz 2 ist f von unten halbstetig und erfüllt auch b), da $f \geqq f_0$ mit einer Funktion $f_0 \in \mathscr{C}_c(\mathbb{R}^n)$.

2) Sei jetzt umgekehrt eine Funktion $f\colon \mathbb{R}^n \to \mathbb{R} \cup \{\infty\}$ vorgegeben, die die Eigenschaften a) und b) hat. Es gibt dann eine rationale Konstante $M \geqslant 0$, so daß

$$f(x) \geqq -M \quad \text{für alle} \quad x \in \mathbb{R}^n.$$

Sei $\mathfrak{A}$ die Menge aller Kugeln

$$U_\epsilon(a) := \{x \in \mathbb{R}^n\colon \|x - a\| < \epsilon\}$$

mit rationalem Mittelpunkt $a \in \mathbb{Q}^n$ und rationalem Radius $\epsilon > 0$. Wir bezeichnen mit J die Menge aller Paare $(U_\epsilon(a), c)$ mit $U_\epsilon(a) \in \mathfrak{A}$, $c \in \mathbb{Q}$, $c \geqq -M$, derart daß

$$f(x) \geqq c \quad \text{für alle} \quad x \in U_\epsilon(a).$$

Die Menge J ist abzählbar, da $\mathfrak{A}$ und $\mathbb{Q}$ abzählbar sind. Zu jedem $j = (U_\epsilon(a), c) \in J$ gibt es eine Funktion $g_j \in \mathscr{C}_c(\mathbb{R}^n)$ mit folgenden Eigenschaften (siehe Bild 4.2):

i) $g_j(x) = c$ für alle $x \in U_{\epsilon/2}(a)$,
ii) $g_j(x) \leqq c$ für alle $x \in U_\epsilon(a)$,
iii) $g_j(x) = -M$ für alle $x \in K \setminus U_\epsilon(a)$,
iv) $g_j(x) \leqq 0$ für alle $x \in \mathbb{R}^n \setminus (K \cup U_\epsilon(a))$.

Es gilt dann $f \geqq g_j$ und

$$f = \sup\{g_j\colon j \in J\}.$$

Sei $j_0, j_1, j_2, \ldots$ eine Abzählung von J und

$$f_\nu := \sup(g_{j_0}, g_{j_1}, \ldots, g_{j_\nu}) \in \mathscr{C}_c(\mathbb{R}^n).$$

Dann gilt $f_\nu \uparrow f$, also $f \in \mathscr{H}^{\uparrow}(\mathbb{R}^n)$, q.e.d.

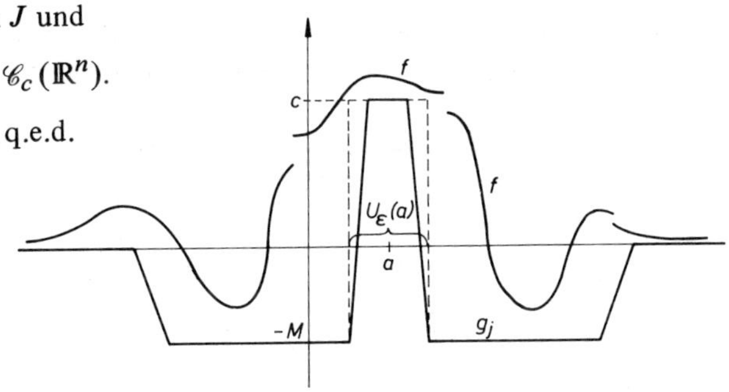

Bild 4.2

Corollar. *Eine Funktion* $f\colon \mathbb{R}^n \to \mathbb{R} \cup \{-\infty\}$ *gehört genau dann zu* $\mathscr{H}^{\downarrow}(\mathbb{R}^n)$, *wenn* f *von oben halbstetig ist und es eine kompakte Menge* $K \subset \mathbb{R}^n$ *gibt, so daß* $f(x) \leqq 0$ *für alle* $x \in \mathbb{R}^n \setminus K$.

Beweis. Dies folgt aus der Tatsache, daß

$$f \in \mathscr{H}^{\downarrow}(\mathbb{R}^n) \Leftrightarrow -f \in \mathscr{H}^{\uparrow}(\mathbb{R}^n).$$

Aus Satz 2 und seinem Corollar folgt

$$\mathscr{H}^{\uparrow}(\mathbb{R}^n) \cap \mathscr{H}^{\downarrow}(\mathbb{R}^n) = \mathscr{C}_c(\mathbb{R}^n).$$

Weiter ergibt sich: Die charakteristische Funktion jeder offenen (kompakten) Teilmenge des $\mathbb{R}^n$ gehört zu $\mathscr{H}^\uparrow(\mathbb{R}^n)$ (bzw. $\mathscr{H}^\downarrow(\mathbb{R}^n)$).

Satz 3. *Seien $f, g \in \mathscr{H}^\uparrow(\mathbb{R}^n)$ und $\lambda \in \mathbb{R}_+$. Dann gehören auch die Funktionen $f+g$ und λf zu $\mathscr{H}^\uparrow(\mathbb{R}^n)$ und es gilt:*

a) $\int (f(x)+g(x))\,dx = \int f(x)\,dx + \int g(x)\,dx.$ b) $\int \lambda f(x)\,dx = \lambda \int f(x)\,dx.$

c) *Falls $f \leqq g$, folgt* $\int f(x)\,dx \leqq \int g(x)\,dx.$

Dabei werden für das Rechnen mit dem Symbol ∞ folgende Konventionen vereinbart:

$$a + \infty = \infty + a \quad \text{für alle} \quad a \in \mathbb{R} \cup \{\infty\},$$
$$\lambda \cdot \infty = \infty \quad \text{für alle} \quad \lambda > 0,$$
$$0 \cdot \infty = 0.$$

Eine analoge Aussage zu Satz 3 gilt für $\mathscr{H}^\downarrow$.

Beweis. Seien $f_\nu, g_\nu \in \mathscr{C}_c(\mathbb{R}^n)$, $\nu \in \mathbb{N}$, Folgen mit $f_\nu \uparrow f$, $g_\nu \uparrow g$. Dann gilt

$$f_\nu + g_\nu \uparrow f+g \quad \text{und} \quad \lambda f_\nu \uparrow \lambda f.$$

Damit ergeben sich die Aussagen a) und b).
Falls $f \leqq g$, kann man ohne Beschränkung der Allgemeinheit voraussetzen, daß $f_\nu \leqq g_\nu$ für alle ν. Dies beweist Punkt c).

Aus § 1, Satz 2, und § 2, Satz 2, folgt unmittelbar:

Satz 4. *Sei $f \in \mathscr{H}^\uparrow(\mathbb{R}^n)$ (bzw. $f \in \mathscr{H}^\downarrow(\mathbb{R}^n)$) und seien $A \in GL(n, \mathbb{R})$, $b \in \mathbb{R}^n$. Dann gehört die Funktion $x \mapsto f(Ax+b)$ ebenfalls zu $\mathscr{H}^\uparrow(\mathbb{R}^n)$ (bzw. $\mathscr{H}^\downarrow(\mathbb{R}^n)$) und es gilt*

$$\int_{\mathbb{R}^n} f(Ax+b)\,dx = \frac{1}{|\det A|} \int_{\mathbb{R}^n} f(x)\,dx.$$

Satz 5 (Fubini). *Sei $1 \leqq k < n$ und $f \in \mathscr{H}^\uparrow(\mathbb{R}^n)$. Dann gehört für jedes feste $(x_{k+1}, \ldots, x_n) \in \mathbb{R}^{n-k}$ die Funktion*

$$(x_1, \ldots, x_k) \mapsto f(x_1, \ldots, x_k, x_{k+1}, \ldots, x_n)$$

zu $\mathscr{H}^\uparrow(\mathbb{R}^k)$, das Integral

$$F(x_{k+1}, \ldots, x_n) := \int_{\mathbb{R}^k} f(x_1, \ldots, x_k, x_{k+1}, \ldots, x_n)\,dx_1 \ldots dx_k$$

ist also definiert. Die Funktion F gehört zu $\mathscr{H}^\uparrow(\mathbb{R}^{n-k})$ und es gilt

$$\int_{\mathbb{R}^{n-k}} F(x_{k+1}, \ldots, x_n)\,dx_{k+1} \ldots dx_n = \int_{\mathbb{R}^n} f(x_1, \ldots, x_n)\,dx_1 \ldots dx_n.$$

Eine analoge Aussage gilt für die Funktionen aus $\mathscr{H}^\downarrow$.

Beweis. Sei $f_\nu \in \mathscr{C}_c(\mathbb{R}^n)$ eine Funktionenfolge mit $f_\nu \uparrow f$. Für festes

$$\xi := (x_{k+1}, \ldots, x_n) \in \mathbb{R}^{n-k}$$

sei die Funktion f_ν^ξ definiert durch

$$f_\nu^\xi(x_1, \ldots, x_k) := f_\nu(x_1, \ldots, x_k, x_{k+1}, \ldots, x_n).$$

Es ist $f_\nu^\xi \in \mathscr{C}_c(\mathbb{R}^k)$. Analog sei die Funktion f^ξ definiert. Dann gilt $f_\nu^\xi \uparrow f^\xi$, also $f^\xi \in \mathscr{H}^\uparrow(\mathbb{R}^k)$. Nach Definition des Integrals für Funktionen aus $\mathscr{H}^\uparrow$ gilt

$$\begin{aligned} F(x_{k+1}, \ldots, x_n) &= \int_{\mathbb{R}^k} f^\xi(x_1, \ldots, x_k)\, dx_1 \ldots dx_k \\ &= \lim_{\nu \to \infty} \int f_\nu^\xi(x_1, \ldots, x_k)\, dx_1 \ldots dx_k \\ &= \lim_{\nu \to \infty} \int f_\nu(x_1, \ldots, x_k, x_{k+1}, \ldots, x_n)\, dx_1 \ldots dx_k. \end{aligned}$$

Wir definieren

$$F_\nu(x_{k+1}, \ldots, x_n) := \int_{\mathbb{R}^k} f_\nu(x_1, \ldots, x_k, x_{k+1}, \ldots, x_n)\, dx_1 \ldots dx_k.$$

Es gilt $F_\nu \in \mathscr{C}_c(\mathbb{R}^{n-k})$ und $F_\nu \uparrow F$, also $F \in \mathscr{H}^\uparrow(\mathbb{R}^{n-k})$. Wieder nach Definition des Integrals für Funktion aus $\mathscr{H}^\uparrow(\mathbb{R}^{n-k})$ ist

$$\begin{aligned} &\int_{\mathbb{R}^{n-k}} F(x_{k+1}, \ldots, x_n)\, dx_{k+1} \ldots dx_n = \\ &\quad = \lim_{\nu \to \infty} \int_{\mathbb{R}^{n-k}} F_\nu(x_{k+1}, \ldots, x_n)\, dx_{k+1} \ldots dx_n \\ &\quad = \lim_{\nu \to \infty} \int_{\mathbb{R}^{n-k}} \left(\int_{\mathbb{R}^k} f_\nu(x_1, \ldots, x_n)\, dx_1 \ldots dx_k \right) dx_{k+1} \ldots dx_n \\ &\quad = \lim_{\nu \to \infty} \int_{\mathbb{R}^n} f_\nu(x_1, \ldots, x_n)\, dx_1 \ldots dx_n \\ &\quad = \int_{\mathbb{R}^n} f(x)\, d^n x, \quad \text{q.e.d.} \end{aligned}$$

Wir wollen jetzt die Additivität des Integrals auf unendliche Summen ausdehnen.

Satz 6. *Seien $f_\nu \in \mathscr{H}^\uparrow(\mathbb{R}^n)$ Funktionen mit $f_\nu \geqq 0$ und*

$$f := \sum_{\nu=0}^{\infty} f_\nu.$$

Dann ist $f \in \mathscr{H}^{\uparrow}(\mathbb{R}^n)$ *und es gilt*

$$\int f(x)\,dx = \sum_{\nu=0}^{\infty} \int f_\nu(x)\,dx.$$

Beweis. Wir wählen Folgen $f_{\nu k} \in \mathscr{C}_c(\mathbb{R}^n)$ mit

$$f_{\nu k} \uparrow f_\nu \quad \text{für} \quad k \to \infty.$$

Indem man nötigenfalls $f_{\nu k}$ durch $\sup(f_{\nu k}, 0)$ ersetzt, kann man annehmen, daß $f_{\nu k} \geqq 0$ für alle ν, k. Es ist dann

$$f_\nu = \sum_{k=0}^{\infty} g_{\nu k}$$

mit den nichtnegativen Funktionen

$$g_{\nu 0} := f_{\nu 0}; \quad g_{\nu k} := f_{\nu k} - f_{\nu, k-1} \quad \text{für} \quad k \geqq 1.$$

Wir setzen

$$h_k := \sum_{\nu=0}^{k} g_{\nu, k-\nu} \in \mathscr{C}_c(\mathbb{R}^n)$$

und erhalten

$$f = \sum_{k=0}^{\infty} h_k \in \mathscr{H}^{\uparrow}(\mathbb{R}^n).$$

Nach Definition des Integrals für Funktionen aus $\mathscr{H}^{\uparrow}$ ist

$$\int f(x)\,dx = \sum_{k=0}^{\infty} \int h_k(x)\,dx.$$

Da für alle $N \in \mathbb{N}$ gilt $\sum_{k=0}^{N} h_k \leqq \sum_{k=0}^{N} f_k$, folgt

$$\sum_{k=0}^{N} \int h_k(x)\,dx \leqq \sum_{k=0}^{N} \int f_k(x)\,dx \leqq \sum_{k=0}^{\infty} \int f_k(x)\,dx,$$

also auch

$$\int f(x)\,dx \leqq \sum_{k=0}^{\infty} \int f_k(x)\,dx.$$

Andrerseits gilt $\sum_{k=0}^{N} f_k \leqq f$, also (Satz 3c)

$$\sum_{k=0}^{N} \int f_k(x)\,dx \leqq \int f(x)\,dx$$

für alle $N \in \mathbb{N}$, d.h.

$$\sum_{k=0}^{\infty} \int f_k(x)\,dx \leqq \int f(x)\,dx.$$

Daraus folgt die Behauptung.

Aufgaben

4.1 a) Sei $K \subset \mathbb{R}^n$ eine kompakte Menge und $f\colon K \to \mathbb{R}_+$ eine stetige nicht-negative Funktion auf K. Sei $\widetilde{f}\colon \mathbb{R}^n \to \mathbb{R}$ die triviale Fortsetzung von f, d.h. $\widetilde{f}(x) = f(x)$ für $x \in K$ und $\widetilde{f}(x) = 0$ für $x \in \mathbb{R}^n \setminus K$. Man zeige $\widetilde{f} \in \mathscr{H}^{\downarrow}(\mathbb{R}^n)$.

Bemerkung. Deshalb ist folgende Definition sinnvoll:

$$\int_K f(x)\,d^n x := \int_{\mathbb{R}^n} \widetilde{f}(x)\,d^n x.$$

b) Sei $U \subset \mathbb{R}^n$ eine offene Menge, $f\colon U \to \mathbb{R}_+$ eine stetige Funktion und $\widetilde{f}\colon \mathbb{R}^n \to \mathbb{R}$ die triviale Fortsetzung von f. Man zeige $\widetilde{f} \in \mathscr{H}^{\uparrow}(\mathbb{R}^n)$.

Bemerkung. Deshalb ist folgende Definition sinnvoll:

$$\int_U f(x)\,d^n x := \int_{\mathbb{R}^n} \widetilde{f}(x)\,d^n x.$$

4.2 Sei $a > 0$ und $f\colon \mathbb{R} \to \mathbb{R}$ definiert durch

$$f(x) := \begin{cases} \dfrac{1}{\sqrt{a^2 - x^2}} & \text{für} \quad |x| < a, \\[2ex] 0 & \text{für} \quad |x| \geqq a. \end{cases}$$

Man konstruiere explizit eine Funktionenfolge $f_\nu \in \mathscr{C}_c(\mathbb{R})$ mit $f_\nu \uparrow f$ und zeige

$$\int_{\mathbb{R}} f(x)\,dx = \lim_{\epsilon \to 0} \int_{-a+\epsilon}^{a-\epsilon} \frac{dx}{\sqrt{a^2 - x^2}} = \pi.$$

4.3 Es sei

$$U := \{x \in \mathbb{R}^2 : \|x\| < 1\}$$

die offene Einheitskreisscheibe. Man berechne mit Hilfe des Satzes von Fubini das Integral

$$\int_U \frac{d^2 x}{\sqrt{1 - \|x\|^2}}.$$

4.4 Für $x = (x_1, x_2) \in \mathbb{R}^2$ sei

$$q(x) := \sum_{i,j} c_{ij} x_i x_j,$$

wobei (c_{ij}) eine symmetrische, positiv definite reelle 2×2-Matrix sei. Man berechne das Integral

$$\int\limits_{\{q(x)<1\}} \frac{d^2x}{\sqrt{1-q(x)}}.$$

Anleitung: Man führe das Integral mittels einer linearen Koordinaten-Transformation auf Aufgabe 4.3 zurück.

4.5 Sei M ein metrischer Raum (oder allgemeiner ein topologischer Raum, vgl. An. 2, § 1). Eine Funktion

$$f: M \to \mathbb{R} \cup \{\infty\}$$

heißt halbstetig von unten, falls es zu jedem Punkt $x \in M$ und jeder Zahl $c \in \mathbb{R}$ mit $c < f(x)$ eine Umgebung U von x gibt mit $c < f(\xi)$ für alle $\xi \in U$.
Man zeige: Ist M kompakt und $f: M \to \mathbb{R} \cup \{\infty\}$ halbstetig von unten, so nimmt f auf M sein Minimum an.

§ 5. Berechnung einiger Volumina

Wir sind jetzt in der Lage, das Volumen von kompakten Teilmengen des $\mathbb{R}^n$ als Integral über ihre charakteristische Funktion zu definieren. Wir berechnen damit die Volumina verschiedener Körper, wie Quader, Zylinder, Kegel und Kugel.

Sei $K \subset \mathbb{R}^n$ eine kompakte Menge. Ihre charakteristische Funktion χ_K,

$$\chi_K(x) := \begin{cases} 1, & \text{falls } x \in K, \\ 0, & \text{falls } x \in \mathbb{R}^n \setminus K, \end{cases}$$

gehört, wie in § 4 gezeigt, zu $\mathscr{H}^{\downarrow}(\mathbb{R}^n)$, kann also integriert werden. Wir definieren das Volumen von K durch

$$\mathrm{Vol}(K) := \int\limits_{\mathbb{R}^n} \chi_K(x)\, d^n x \in \mathbb{R}_+.$$

Soll betont werden, daß es sich um das Volumen im n-dimensionalen Raum handelt, schreiben wir genauer Vol_n. Das zweidimensionale Volumen Vol_2 wird auch als Fläche und Vol_1 als Länge bezeichnet.
Als erstes wollen wir zeigen, daß das Volumen eines Quaders gleich seinem elementargeometrischen Inhalt (Produkt der Seitenlängen) ist. Dazu beweisen wir folgenden allgemeinen Satz.

Satz 1. *Sei $1 \leqq k < n$ und seien $K_1 \subset \mathbb{R}^k$ und $K_2 \subset \mathbb{R}^{n-k}$ kompakte Teilmengen. Dann gilt*

$$\mathrm{Vol}_n(K_1 \times K_2) = \mathrm{Vol}_k(K_1) \cdot \mathrm{Vol}_{n-k}(K_2).$$

Beweis. Wir zerlegen die Koordinaten eines Punktes

$$x = (x_1, \ldots, x_n) \in \mathbb{R}^n$$

in $x = (x', x'')$ mit

$$x' := (x_1, \ldots, x_k) \in \mathbb{R}^k, \quad x'' := (x_{k+1}, \ldots, x_n) \in \mathbb{R}^{n-k}.$$

Dann gilt

$$\chi_{K_1 \times K_2}(x', x'') = \chi_{K_1}(x')\, \chi_{K_2}(x''),$$

also nach § 4, Satz 5,

$$\begin{aligned}
\mathrm{Vol}_n(K_1 \times K_2) &= \int\limits_{\mathbb{R}^{n-k}} \Big(\int\limits_{\mathbb{R}^k} \chi_{K_1}(x')\, \chi_{K_2}(x'')\, d^k x' \Big)\, d^{n-k} x'' \\
&= \int\limits_{\mathbb{R}^{n-k}} \chi_{K_2}(x'') \Big(\int\limits_{\mathbb{R}^k} \chi_{K_1}(x')\, d^k x' \Big)\, d^{n-k} x'' \\
&= \mathrm{Vol}_k(K_1) \int\limits_{\mathbb{R}^{n-k}} \chi_{K_2}(x'')\, d^{n-k} x'' \\
&= \mathrm{Vol}_k(K_1)\, \mathrm{Vol}_{n-k}(K_2), \quad \text{q.e.d.}
\end{aligned}$$

(5.1) Beispiel: *Volumen eines Quaders.*
Sei $[a, b] \subset \mathbb{R}$ ein kompaktes Intervall ($a \leqq b$ reelle Zahlen). Nach Beispiel (4.1) gilt

$$\mathrm{Vol}_1([a, b]) = b - a.$$

Daraus folgt mittels Satz 1 durch Induktion über n für das Volumen des Quaders

$$Q := \{(x_1, \ldots, x_n) \in \mathbb{R}^n : a_i \leqq x_i \leqq b_i\}, \quad (a_i \leqq b_i),$$

$$\mathrm{Vol}_n(Q) = \prod_{i=1}^{n} (b_i - a_i).$$

Dies ist genau der elementargeometrische Inhalt von Q.

(5.2) Beispiel: *Volumen eines Zylinders.*
Sei $B \subset \mathbb{R}^{n-1}$ eine kompakte Menge. Unter dem n-dimensionalen Zylinder mit Basis B und Höhe $h \geqq 0$ verstehen wir die Menge

$$Z := B \times [0, h] \subset \mathbb{R}^n.$$

Nach Satz 1 gilt

$$\mathrm{Vol}_n(Z) = h \cdot \mathrm{Vol}_{n-1}(B).$$

Wir untersuchen jetzt, wie sich das Volumen bei linearen Abbildungen transformiert.

Satz 2. *Sei f: $\mathbb{R}^n \to \mathbb{R}^n$ die affin-lineare Abbildung*

$$f(x) := Ax + b$$

mit $A \in M(n \times n, \mathbb{R})$, $b \in \mathbb{R}^n$. Dann gilt für jedes Kompaktum $K \subset \mathbb{R}^n$

$$\mathrm{Vol}(f(K)) = |\det A| \ \mathrm{Vol}(K).$$

Insbesondere ist das Volumen also bei längentreuen Abbildungen (hier ist A eine orthogonale Matrix, also $|\det A| = 1$) invariant.

Beweis. Direkt aus den Definitionen folgt

$$\chi_{f(K)}(Ax + b) = \chi_K(x) \quad \text{für alle} \quad x \in \mathbb{R}^n.$$

Falls $\det A \neq 0$, folgt die Behauptung deshalb aus § 4, Satz 4. Falls aber $\det A = 0$, ist $f(K)$ in einer Hyperebene enthalten, die man nach einer orthogonalen Koordinatentransformation als $\{x_n = 0\}$ annehmen darf. $f(K)$ ist deshalb ein Zylinder der Höhe null und hat daher das Volumen null.

(5.3) Beispiel: *Volumen eines Parallelotops.*
Seien $a_1, \ldots, a_n$ Vektoren des $\mathbb{R}^n$. Unter dem von $a_1, \ldots, a_n$ aufgespannten Parallelotop versteht man die Menge

$$P := \left\{ \sum_{i=1}^{n} \lambda_i a_i \colon 0 \leqq \lambda_i \leqq 1 \quad \text{für} \quad i = 1, \ldots, n \right\}.$$

Dann gilt

$$\mathrm{Vol}(P) = |\det(a_1, \ldots, a_n)|.$$

Beweis. Sei A die von den Spaltenvektoren $a_1, \ldots, a_n$ gebildete Matrix. Dann ist P das Bild des Einheitswürfels $W := [0, 1]^n$ unter der linearen Abbildung A: $\mathbb{R}^n \to \mathbb{R}^n$, also

$$\mathrm{Vol}(P) = |\det A| \ \mathrm{Vol}(W) = |\det(a_1, \ldots, a_n)|.$$

(5.4) Beispiel: *Verhalten bei Homothetien.*
Sei $K \subset \mathbb{R}^n$ ein Kompaktum und $r \in \mathbb{R}_+$. Bezeichnet rK das Bild von K unter der Homothetie $x \mapsto rx$, so gilt

$$\mathrm{Vol}_n(rK) = r^n \ \mathrm{Vol}_n(K).$$

Dies folgt daraus, daß die Determinante der linearen Abbildung $x \mapsto rx$ gleich r^n ist.

Satz 3 (Cavalierisches Prinzip). *Sei $K \subset \mathbb{R}^n$ ein Kompaktum. Für $t \in \mathbb{R}$ bezeichne K_t die $(n-1)$-dimensionale Schnittmenge*

$$K_t := \{(x_1, \ldots, x_{n-1}) \in \mathbb{R}^{n-1} : (x_1, \ldots, x_{n-1}, t) \in K\}.$$

Dann gilt

$$\mathrm{Vol}_n(K) = \int_{\mathbb{R}} \mathrm{Vol}_{n-1}(K_t)\,dt.$$

Bemerkung. Das klassische Cavalierische Prinzip macht folgende Aussage, die ein Spezialfall von Satz 3 ist: Seien zwei Kompakta $K, L \subset \mathbb{R}^n$ vorgegeben. Für jedes $t \in \mathbb{R}$ gelte

$$\mathrm{Vol}_{n-1}(K_t) = \mathrm{Vol}_{n-1}(L_t).$$

Dann haben K und L gleiches Volumen.

Beweis. Für die charakteristischen Funktionen gilt

$$\chi_{K_t}(x_1, \ldots, x_{n-1}) = \chi_K(x_1, \ldots, x_{n-1}, t).$$

Daher ist

$$\mathrm{Vol}_{n-1}(K_t) = \int_{\mathbb{R}^{n-1}} \chi_K(x_1, \ldots, x_{n-1}, t)\,dx_1 \ldots dx_{n-1}$$

und nach dem Satz von Fubini (§ 4, Satz 5)

$$\mathrm{Vol}_n(K) = \int_{\mathbb{R}} \mathrm{Vol}_{n-1}(K_t)\,dt.$$

(5.5) Beispiel: *Volumen eines Kegels.*
Sei $B \subset \mathbb{R}^{n-1}$ eine kompakte Menge und h eine positive reelle Zahl. Wir definieren

$$C_h(B) := \{((1-\lambda)\xi, \lambda h) \in \mathbb{R}^{n-1} \times \mathbb{R} : \xi \in B, 0 \leqq \lambda \leqq 1\}.$$

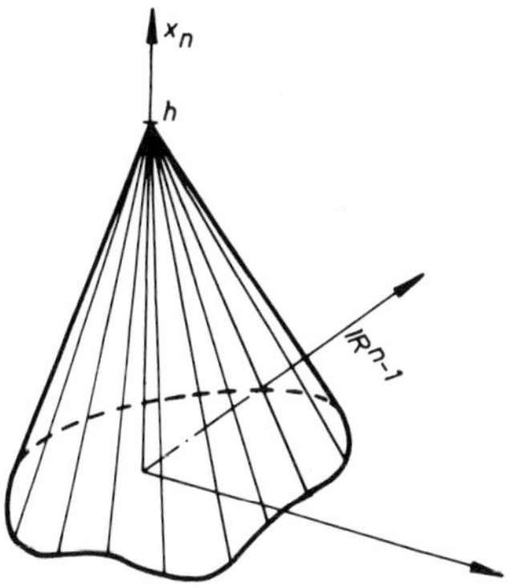

Bild 5.1

$C_h(B)$ ist ein Kegel mit Basis B und Höhe h (Bild 5.1). Die Schnittmengen

$$C_h(B)_t = \{x' \in \mathbb{R}^{n-1} : (x', t) \in C_h(B)\}$$

sind leer für $t < 0$ oder $t > h$ und es gilt

$$C_h(B)_t = \left(1 - \frac{t}{h}\right) B \quad \text{für} \quad 0 \leqq t \leqq h.$$

Daher folgt aus Satz 3 und Beispiel (5.4)

$$\mathrm{Vol}_n(C_h(B)) = \int_0^h \mathrm{Vol}_{n-1}\left(\left(1 - \frac{t}{h}\right)B\right) dt = \mathrm{Vol}_{n-1}(B) \int_0^h \left(1 - \frac{t}{h}\right)^{n-1} dt$$
$$= \frac{h}{n} \mathrm{Vol}_{n-1}(B),$$

da $\int_0^h \left(1 - \frac{t}{h}\right)^{n-1} dt = \int_0^1 (1-u)^{n-1} h\,du = \frac{h}{n}$.

Das Volumen eines n-dimensionalen Kegels mit Basis B und Höhe h ist also gleich dem n-ten Teil des Volumens eines Zylinders mit Basis B und Höhe h.

(5.6) Beispiel: *Volumen eines Simplex.*
Seien $a_0, a_1, \ldots, a_n$ Vektoren des $\mathbb{R}^n$. Unter dem von diesen Vektoren aufgespannten Simplex versteht man die Menge (Bild 5.2)

$$S(a_0, \ldots, a_n) := \left\{ \sum_{i=0}^n \lambda_i a_i : \lambda_i \geqq 0, \sum_{i=0}^n \lambda_i = 1 \right\}.$$

Behauptung. Es gilt die Formel

$$\mathrm{Vol}(S(a_0, \ldots, a_n)) = \frac{1}{n!} |\det(a_1 - a_0, \ldots, a_n - a_0)|.$$

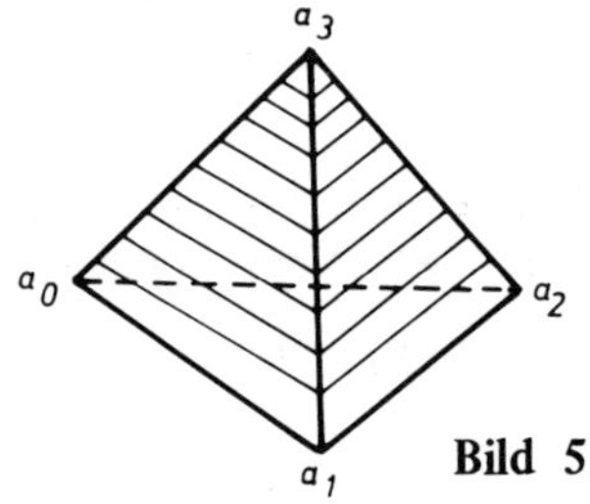

Bild 5.2

Beweis. Wegen der Translationsinvarianz des Volumens genügt es, den Fall $a_0 = 0$ zu behandeln.
Seien $e_1, \ldots, e_n$ die kanonischen Basisvektoren des $\mathbb{R}^n$. Das Volumen von $S(0, e_1, \ldots, e_n)$ kann durch Induktion nach n bestimmt werden.
Für $n = 1$ ist $S(0, e_1)$ das Intervall $[0, 1] \subset \mathbb{R}$, also

$$\mathrm{Vol}_1(S(0, e_1)) = 1.$$

Allgemein ist $S(0, e_1, \ldots, e_n)$ der Kegel mit Höhe 1 über der Basis $S(0, e_1, \ldots, e_{n-1})$.
Nach Induktionsvoraussetzung ist

$$\mathrm{Vol}_{n-1}(S(0, e_1, \ldots, e_{n-1})) = \frac{1}{(n-1)!},$$

also nach Beispiel (5.5)

$$\mathrm{Vol}_n(S(0, e_1, \dots, e_n)) = \frac{1}{n} \cdot \frac{1}{(n-1)!} = \frac{1}{n!}.$$

Für beliebige Vektoren $a_1, \dots, a_n \in \mathbb{R}^n$ gilt

$$S(0, a_1, \dots, a_n) = A \cdot S(0, e_1, \dots, e_n),$$

wobei A die $n \times n$-Matrix mit den Spalten $a_1, \dots, a_n$ ist. Nach Satz 2 gilt also

$$\mathrm{Vol}(S(0, a_1, \dots, a_n)) = \frac{1}{n!} |\det(a_1, \dots, a_n)|, \quad \text{q.e.d.}$$

(5.7) Beispiel: *Volumen der n-dimensionalen Kugel.*
Wir bezeichnen mit

$$K_n(r) := \{x \in \mathbb{R}^n \colon \|x\| \leqq r\}$$

die n-dimensionale abgeschlossene Kugel mit Radius $r \geqq 0$. Nach Beispiel (5.4) gilt

$$\mathrm{Vol}(K_n(r)) = r^n \, \mathrm{Vol}(K_n(1));$$

es genügt also, das Volumen

$$\tau_n := \mathrm{Vol}(K_n(1))$$

der n-dimensionalen Einheitskugel zu berechnen.
Da $K_1(1) = [-1, 1] \subset \mathbb{R}$, folgt $\tau_1 = 2$.
Für $n > 1$ führen wir mittels Satz 3 die Berechnung von τ_n auf die von τ_{n-1} zurück. Für die Schnittmengen gilt (vgl. Bild 5.3):

$$K_n(1)_t = K_{n-1}(\sqrt{1-t^2}), \quad \text{falls } |t| \leqq 1,$$
$$K_n(1)_t = \emptyset, \quad \text{falls } |t| > 1,$$

also

$$\tau_n = \mathrm{Vol}(K_n(1)) = \int_{-1}^{1} \mathrm{Vol}(K_{n-1}(\sqrt{1-t^2}))\, dt$$

$$= \tau_{n-1} \int_{-1}^{1} (1-t^2)^{\frac{n-1}{2}} dt.$$

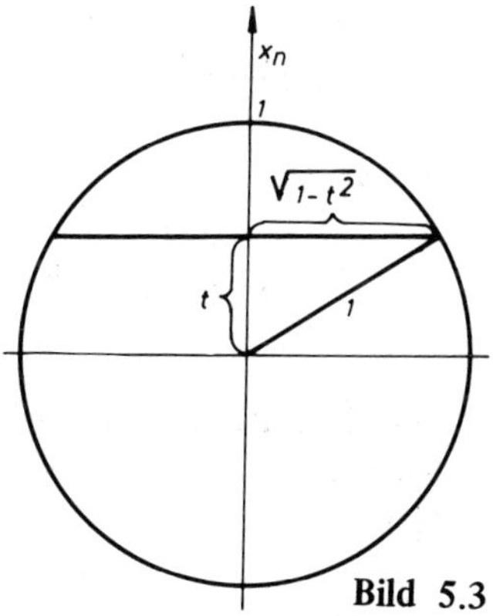

Bild 5.3

Nun ist

$$c_n := \int_{-1}^{1} (1-t^2)^{\frac{n-1}{2}} dt = \int_0^{\pi} \sin^n x \, dx = 2 \int_0^{\pi/2} \sin^n x \, dx.$$

Dieses Integral hatten wir bereits in An. 1, Beispiel (19.22), mittels partieller Integration ausgewertet. Es ist

$$c_{2k} = \pi \prod_{m=1}^{k} \frac{2m-1}{2m}, \quad c_{2k+1} = 2 \prod_{m=1}^{k} \frac{2m}{2m+1}.$$

Für jede natürliche Zahl n gilt deshalb

$$c_n c_{n-1} = \frac{2\pi}{n},$$

man erhält also die Rekursionsformel

$$\tau_n = \frac{2\pi}{n} \tau_{n-2}.$$

Damit kann man schließlich alle τ_n berechnen; man erhält

$$\tau_{2k} = \frac{1}{k!} \pi^k,$$

$$\tau_{2k+1} = \frac{2^{k+1}}{1 \cdot 3 \cdot \ldots \cdot (2k+1)} \pi^k.$$

Eine einheitliche Formel für gerade und ungerade Dimensionen kann man mit Hilfe der Gamma-Funktion aufstellen. Es ist nämlich (vgl. An. 1, § 20)

$$\Gamma(k+1) = k!,$$

$$\Gamma\left(k+\frac{3}{2}\right) = \left(k+\frac{1}{2}\right)\Gamma\left(k+\frac{1}{2}\right) = \left(\prod_{m=0}^{k} \frac{2m+1}{2}\right)\Gamma\left(\frac{1}{2}\right),$$

$$\Gamma\left(\frac{1}{2}\right) = \sqrt{\pi}.$$

Deshalb ist

$$\tau_n = \frac{\pi^{n/2}}{\Gamma\left(\frac{n}{2}+1\right)} \quad \text{für alle} \quad n \geqq 1.$$

(5.8) Beispiel: *Volumen eines Ellipsoids.*
Seien $\alpha_1, \ldots, \alpha_n$ positive reelle Zahlen. Das Ellipsoid mit Halbachsen $\alpha_1, \ldots, \alpha_n$ ist die Menge

$$E(\alpha_1, \ldots, \alpha_n) = \left\{ (x_1, \ldots, x_n) \in \mathbb{R}^n : \sum_{i=1}^{n} \left(\frac{x_i}{\alpha_i}\right)^2 \leqq 1 \right\}.$$

$E(\alpha_1, \ldots, \alpha_n)$ ist das Bild der Einheitskugel unter der linearen Abbildung

$$(x_1, \ldots, x_n) \mapsto (\alpha_1 x_1, \ldots, \alpha_n x_n).$$

Also gilt nach Satz 2

$$\mathrm{Vol}(E(\alpha_1, \dots, \alpha_n)) = \alpha_1 \alpha_2 \dots \alpha_n \tau_n,$$

wobei τ_n das Volumen der n-dimensionalen Einheitskugel ist, vgl. das vorhergehende Beispiel.

Aufgaben

5.1 Es sei $A \subset \mathbb{R}^n$ eine kompakte Menge, $f\colon A \to \mathbb{R}_+$ eine stetige Funktion und $K \subset \mathbb{R}^{n+1}$ das Kompaktum

$$K := \{(x, y) \in A \times \mathbb{R} : 0 \leqq y \leqq f(x)\}.$$

Man zeige:

$$\mathrm{Vol}_{n+1}(K) = \int_A f(x)\, d^n x.$$

5.2 (Volumen von Rotationskörpern). Sei $[a, b] \subset \mathbb{R}$ ein kompaktes Intervall, $f\colon [a, b] \to \mathbb{R}_+$ eine stetige Funktion und

$$K := \{(x, y, z) \in [a, b] \times \mathbb{R}^2 : y^2 + z^2 \leqq f(x)^2\}.$$

Man zeige:

$$\mathrm{Vol}(K) = \pi \int_a^b f(x)^2\, dx.$$

5.3 Sei

$$P := \{(x, y, z) \in \mathbb{R}^3 : ax^2 + 2bxy + cy^2 \leqq z \leqq 1\},$$

wobei $\begin{pmatrix} a & b \\ b & c \end{pmatrix}$ eine positiv-definite Matrix ist. Man berechne das Volumen von P.

5.4 Sei $0 < r < R < \infty$ und $T \subset \mathbb{R}^3$ der Volltorus, der durch Rotation der Kreisscheibe

$$K := \{(x, y, z) \in \mathbb{R}^3 : y = 0,\ (x - R)^2 + z^2 \leqq r^2\}$$

um die z-Achse entsteht. Man berechne das Volumen von T.

5.5 Es sei $K \subset \mathbb{R}^3$ der Durchschnitt der beiden Zylinder

$$Z_1 := \{(x, y, z) \in \mathbb{R}^3 : x^2 + z^2 \leqq 1\},$$
$$Z_2 := \{(x, y, z) \in \mathbb{R}^3 : y^2 + z^2 \leqq 1\}.$$

Man berechne das Volumen von K.

5.6 Es sei K der Kegel

$$K := \{(x, y, z) \in \mathbb{R}^3 : 0 \leqq z \leqq 1,\ x^2 + y^2 \leqq (1-z)^2\}$$

und H der Halbraum

$$H := \{(x, y, z) \in \mathbb{R}^3 : z \leqq \alpha x + \beta\}, \quad (\alpha, \beta \in \mathbb{R}).$$

Für welche Werte von α, β ist der Durchschnitt $A := K \cap H$ nichtleer? Man berechne jeweils das Volumen von A.

5.7 Man berechne das Volumen des der Einheitskugel einbeschriebenen regulären Dodekaeders.

Anleitung. Man berechne zunächst die Länge einer Seite. Dazu beachte man, daß geeignete 8 unter den 20 Ecken des Dodekaeders die Ecken eines Würfels bilden.

§ 6. Lebesgue-integrierbare Funktionen

Nachdem wir das Integral zunächst für stetige Funktionen mit kompaktem Träger und dann für halbstetige Funktionen definiert hatten, erweitern wir jetzt den Integralbegriff noch einmal auf die sog. Lebesgue-integrierbaren Funktionen. Dazu definieren wir zunächst für beliebige Funktionen ein Ober- und Unterintegral. Funktionen, für die beide Integrale übereinstimmen, heißen Lebesgue-integrierbar. Der Unterschied zur analogen Vorgehensweise in Analysis 1 bei der Definition der Riemann-integrierbaren Funktionen ist der, daß jetzt Ober- und Unterintegral mit Hilfe der halbstetigen Funktionen anstelle der Treppenfunktionen definiert werden. Die Vorzüge des Lebesgueschen Integralbegriffs gegenüber dem Riemannschen werden wir insbesondere bei der Behandlung der Konvergenzsätze kennenlernen.

Definition (Oberintegral, Unterintegral). Sei $f: \mathbb{R}^n \to \mathbb{R} \cup \{\pm\infty\}$ eine beliebige Funktion. Dann setzt man

$$\int_{\mathbb{R}^n}^{*} f(x)\,dx := \inf\left\{ \int_{\mathbb{R}^n} \varphi(x)\,dx : \varphi \in \mathscr{H}^{\uparrow}(\mathbb{R}^n),\ \varphi \geqq f \right\},$$

$$\int_{*\,\mathbb{R}^n} f(x)\,dx := \sup\left\{ \int_{\mathbb{R}^n} \psi(x)\,dx : \psi \in \mathscr{H}^{\downarrow}(\mathbb{R}^n),\ \psi \leqq f \right\}.$$

Bemerkungen

1) Die Funktion identisch gleich $+\infty$ gehört zu $\mathscr{H}^\uparrow$, die Funktion identisch gleich $-\infty$ gehört zu $\mathscr{H}^\downarrow$. Deshalb sind die Mengen, über die das Infinum bzw. Supremum gebildet werden muß, nicht leer. Die Werte von Ober- und Unterintegral liegen in $\mathbb{R} \cup \{\pm\infty\}$.

2) Direkt aus den Definitionen folgt

$$\int_* f(x)\,dx = -\int^* (-f(x))\,dx$$

für jede Funktion $f\colon \mathbb{R}^n \to \mathbb{R} \cup \{\pm\infty\}$.

3) Es gilt stets

$$\int_* f(x)\,dx \leqq \int^* f(x)\,dx.$$

Dazu ist nur zu zeigen: Sind $\varphi \in \mathscr{H}^\uparrow$ und $\psi \in \mathscr{H}^\downarrow$ Funktionen mit $\psi \leqq \varphi$, so ist

$$\int \psi(x)\,dx \leqq \int \varphi(x)\,dx.$$

Dies folgt wegen $-\psi \in \mathscr{H}^\uparrow$ aus § 4, Satz 3, da

$$0 \leqq \int (\varphi(x) - \psi(x))\,dx = \int \varphi(x)\,dx + \int (-\psi(x))\,dx$$

$$= \int \varphi(x)\,dx - \int \psi(x)\,dx.$$

4) Sind $f, g\colon \mathbb{R}^n \to \mathbb{R} \cup \{\pm\infty\}$ mit $f \leqq g$, so gilt

$$\int^* f(x)\,dx \leqq \int^* g(x)\,dx.$$

Dies folgt direkt aus der Definition. Entsprechendes gilt für das Unterintegral.

5) Für jede Funktion $f \in \mathscr{H}^\uparrow(\mathbb{R}^n)$ gilt

$$\int_* f(x)\,dx = \int^* f(x)\,dx = \int f(x)\,dx.$$

Die Gleichheit $\int^* f = \int f$ folgt direkt aus der Definition. Um die Gleichheit $\int_* f = \int f$ einzusehen, wähle man eine Folge $\psi_\nu \in \mathscr{C}_c(\mathbb{R}^n)$ mit $\psi_\nu \uparrow f$. Nach Definition des Integrals für f ist

$$\int f(x)\,dx = \sup_\nu \int \psi_\nu(x)\,dx.$$

Da aber $\psi_\nu \in \mathscr{H}^\downarrow(\mathbb{R}^n)$, gilt nach der Definition des Unterintegrals andrerseits

$$\sup_\nu \int \psi_\nu(x)\,dx \leqq \int_* f(x)\,dx \leqq \int^* f(x)\,dx = \int f(x)\,dx.$$

Daher muß überall das Gleichheitszeichen gelten.

Ebenso stimmen für Funktionen aus $\mathscr{H}^{\downarrow}(\mathbb{R}^n)$ Integral, Ober- und Unterintegral überein.

Bezeichnung. Die Menge aller Funktionen $f\colon \mathbb{R}^n \to \mathbb{R} \cup \{\pm\infty\}$ bezeichnen wir mit $\mathfrak{F}(\mathbb{R}^n)$. Mit $\mathfrak{F}_+(\mathbb{R}^n)$ sei die Menge aller Funktionen $f\colon \mathbb{R}^n \to \mathbb{R}_+ \cup \{+\infty\}$ bezeichnet.

Wir wollen jetzt einige nützliche Eigenschaften des Oberintegrals für Funktionen aus $\mathfrak{F}_+(\mathbb{R}^n)$ ableiten.

Satz 1. a) *Für alle $f \in \mathfrak{F}_+(\mathbb{R}^n)$ und $\lambda \in \mathbb{R}_+$ gilt*

$$\int^* \lambda f(x)\,dx = \lambda \int^* f(x)\,dx.$$

b) *Sei $f_k \in \mathfrak{F}_+(\mathbb{R}^n)$, $k \in \mathbb{N}$, eine beliebige Folge. Dann gilt*

$$\int^* \left(\sum_{k=0}^{\infty} f_k(x)\right) dx \leqq \sum_{k=0}^{\infty} \int^* f_k(x)\,dx.$$

Beweis. a) Es genügt, die Aussage für $\lambda > 0$ zu beweisen. Sei $\epsilon > 0$ vorgegeben. Nach Definition des Oberintegrals gibt es eine Funktion $\varphi \in \mathscr{H}^{\uparrow}$ mit $\varphi \geqq f$ und

$$\int \varphi(x)\,dx \leqq \int^* f(x)\,dx + \frac{\epsilon}{\lambda}.$$

Da $\lambda\varphi \in \mathscr{H}^{\uparrow}$ und $\lambda\varphi \geqq \lambda f$, folgt wieder aus der Definition des Oberintegrals

$$\int^* \lambda f(x)\,dx \leqq \int \lambda\varphi(x)\,dx = \lambda \int \varphi(x)\,dx \leqq \lambda \int^* f(x)\,dx + \epsilon.$$

Da $\epsilon > 0$ beliebig war, gilt

$$\int^* \lambda f(x)\,dx \leqq \lambda \int^* f(x)\,dx.$$

Ebenso folgt für die Funktion $g := \lambda f$

$$\int^* \lambda^{-1} g(x)\,dx \leqq \lambda^{-1} \int^* g(x)\,dx,$$

d.h.

$$\int^* \lambda f(x)\,dx \geqq \lambda \int^* f(x)\,dx.$$

Zusammen mit der obigen Ungleichung ergibt sich die Behauptung.

b) Für beliebiges $\epsilon > 0$ gibt es Funktionen $\varphi_k \in \mathscr{H}^{\uparrow}$ mit $\varphi_k \geqq f_k$, so daß

$$\int \varphi_k(x)\,dx \leqq \int^* f_k(x)\,dx + 2^{-k}\epsilon.$$

Nach § 4, Satz 6, ist $\varphi := \sum \varphi_k \in \mathscr{H}^{\uparrow}$ und

$$\int \varphi(x)\,dx = \sum_k \int \varphi_k(x)\,dx \leqq \sum_k \int^* f_k(x)\,dx + \sum_k 2^{-k}\epsilon.$$

Da $\varphi \geqq \sum f_k$, ergibt sich

$$\int^* \left(\sum f_k(x)\right) dx \leqq \int \varphi(x)\, dx \leqq \sum \int^* f_k(x)\, dx + 2\epsilon.$$

Da $\epsilon > 0$ beliebig war, folgt die Behauptung.

Wir definieren jetzt eine Pseudonorm auf dem Raum $\mathfrak{F}(\mathbb{R}^n)$. Für $f \in \mathfrak{F}(\mathbb{R}^n)$ setzen wir

$$\|f\|_{L_1} := \int^*_{\mathbb{R}^n} |f(x)|\, dx \in \mathbb{R}_+ \cup \{\infty\}.$$

Satz 2. *Die Pseudonorm* $\|\ \ \|_{L_1}$ *hat folgende Eigenschaften:*

a) $\|\lambda f\|_{L_1} = |\lambda| \cdot \|f\|_{L_1}$ *für alle* $f \in \mathfrak{F}(\mathbb{R}^n)$ *und* $\lambda \in \mathbb{R}$.

b) $\|f + g\|_{L_1} \leqq \|f\|_{L_1} + \|g\|_{L_1}$ *für alle* $f, g \in \mathfrak{F}(\mathbb{R}^n)$.

c) *Für jede Folge* $f_k \in \mathfrak{F}_+(\mathbb{R}^n)$, $k \in \mathbb{N}$, *gilt*

$$\left\|\sum_{k=0}^{\infty} f_k\right\|_{L_1} \leqq \sum_{k=0}^{\infty} \|f_k\|_{L_1}.$$

Dabei sei in b) unter $f + g$ irgendeine Funktion mit Werten in $\mathbb{R} \cup \{\pm\infty\}$ verstanden, so daß $(f+g)(x) = f(x) + g(x)$ für alle $x \in \mathbb{R}^n$ mit $f(x), g(x) \in \mathbb{R}$, während der Wert der Summe beliebig ist, falls $f(x)$ oder $g(x)$ gleich $\pm\infty$ ist.

Beweis. Dies folgt aus Satz 1, da $|\lambda f| = |\lambda| \cdot |f|$ und $|f + g| \leqq |f| + |g|$.

Nach Satz 2 verhält sich also $\|\ \ \|_{L_1}$ fast wie eine Norm. Es kann jedoch vorkommen, daß $\|f\|_{L_1} = 0$, ohne daß $f = 0$. Außerdem kann die Pseudonorm den Wert ∞ annehmen.

Definition. Eine Funktion $f\colon \mathbb{R}^n \to \mathbb{R} \cup \{\pm\infty\}$ heißt *Lebesgue-integrierbar,* falls

$$-\infty < \int_* f(x)\, dx = \int^* f(x)\, dx < \infty.$$

Der gemeinsame Wert des Ober- und Unterintegrals heißt dann das Lebesgue-Integral von f und wird mit $\int f(x)\, dx$ bezeichnet.

Bemerkung. Jede Funktion $f \in \mathscr{C}_c(\mathbb{R}^n)$ ist Lebesgue-integrierbar. Allgemeiner gilt: Eine Funktion $f \in \mathscr{H}^{\uparrow}(\mathbb{R}^n)$ bzw. $g \in \mathscr{H}^{\downarrow}(\mathbb{R}^n)$ ist genau dann Lebesgue-integrierbar, falls

$$\int f(x)\, dx < \infty \quad \text{bzw.} \quad \int g(x)\, dx > -\infty.$$

Wegen Bemerkung 5) nach der Definition von Ober- und Unterintegral stimmt die neue Integral-Definition für diese Funktionen mit der bisherigen überein. Wenn im folgenden von integrierbar ohne weiteren Zusatz die Rede ist, sei darunter stets Lebesgue-integrierbar verstanden.

Satz 3. *Sei* $f\colon \mathbb{R}^n \to \mathbb{R} \cup \{\pm\infty\}$ *eine Funktion.*

a) f *ist genau dann integrierbar, wenn zu jedem* $\epsilon > 0$ *ein* $g \in \mathscr{C}_c(\mathbb{R}^n)$ *existiert mit*

$$\|f-g\|_{L_1} < \epsilon.$$

b) *Ist* $g_k \in \mathscr{C}_c(\mathbb{R}^n)$, $k \in \mathbb{N}$, *eine Folge mit*

$$\lim_{k\to\infty} \|f-g_k\|_{L_1} = 0,$$

so gilt

$$\int f(x)\,dx = \lim_{k\to\infty} \int g_k(x)\,dx.$$

Beweis. a1) Sei zunächst f als integrierbar vorausgesetzt. Zu vorgegebenem $\epsilon > 0$ gibt es dann Funktionen $\psi \in \mathscr{H}^\downarrow$ und $\varphi \in \mathscr{H}^\uparrow$ mit $\psi \leqq f \leqq \varphi$, so daß

$$-\infty < \int \psi(x)\,dx \leqq \int \varphi(x)\,dx < \infty$$

und

$$\int (\varphi(x) - \psi(x))\,dx < \frac{\epsilon}{2}.$$

(Man beachte, daß $\varphi - \psi \in \mathscr{H}^\uparrow$.) Da $\varphi - f \leqq \varphi - \psi$, folgt daraus

$$\|f-\varphi\|_{L_1} < \frac{\epsilon}{2}.$$

Weiter existiert nach Definition des Integrals für Funktionen aus $\mathscr{H}^\uparrow$ eine Funktion $g \in \mathscr{C}_c(\mathbb{R}^n)$ mit $g \leqq \varphi$ und

$$\int (\varphi(x) - g(x))\,dx < \frac{\epsilon}{2},$$

also $\|\varphi - g\|_{L_1} < \frac{\epsilon}{2}$. Insgesamt folgt

$$\|f-g\|_{L_1} \leqq \|f-\varphi\|_{L_1} + \|\varphi - g\|_{L_1} < \epsilon.$$

a2) Sei umgekehrt vorausgesetzt, daß zu jedem $c > 0$ ein $g \in \mathscr{C}_c(\mathbb{R}^n)$ existiert mit $\|f-g\|_{L_1} < \epsilon$. Nach Definition der Pseudonorm gibt es dann eine Funktion $h \in \mathscr{H}^\uparrow$ mit $|f-g| \leqq h$ und

$$\int h(x)\,dx < \epsilon.$$

Aus $|f-g| \leqq h$ folgt

$$\psi := g - h \leqq f \leqq g + h =: \varphi;$$

dabei ist $\psi \in \mathscr{H}^\downarrow$, $\varphi \in \mathscr{H}^\uparrow$ und

$$\int \varphi(x)\,dx - \int \psi(x)\,dx = 2\int h(x)\,dx < 2\epsilon.$$

Da $\epsilon > 0$ beliebig war, folgt daraus die Integrierbarkeit von f.
b) Sei $\epsilon > 0$ und k so groß, daß $\|f - g_k\|_{L_1} < \epsilon$. Dann gibt es ein $h_k \in \mathscr{H}^{\uparrow}$ mit

$$|f - g_k| \leqq h_k \quad \text{und} \quad \int h_k(x)\,dx < \epsilon.$$

Aus

$$g_k - h_k \leqq f \leqq g_k + h_k$$

folgt

$$\int (g_k(x) - h_k(x))\,dx \leqq \int f(x)\,dx \leqq \int (g_k(x) + h_k(x))\,dx$$

und daraus wegen § 4, Satz 3

$$\left| \int f(x)\,dx - \int g_k(x)\,dx \right| \leqq \int h_k(x)\,dx < \epsilon.$$

Das bedeutet $\int f(x)\,dx = \lim \int g_k(x)\,dx$, q.e.d.

Bemerkung. Aufgrund von Satz 3 läßt sich die Einführung des Lebesgueschen Integralbegriffs so interpretieren: Man betrachte den Raum $\mathfrak{F}(\mathbb{R}^n)$, versehen mit der Pseudonorm $\| \;\|_{L_1}$. Auf dem Unterraum $\mathscr{C}_c(\mathbb{R}^n)$ hat man das lineare Funktional

$$I: \mathscr{C}_c(\mathbb{R}^n) \to \mathbb{R}, \quad I(f) := \int f(x)\,dx.$$

Dieses Funktional genügt der Abschätzung

$$(*) \qquad |I(f)| \leqq \|f\|_{L_1} \quad \text{für alle} \quad f \in \mathscr{C}_c(\mathbb{R}^n).$$

Lebesgue-integrierbar sind alle Funktionen, die sich im Sinne der Pseudonorm $\| \;\|_{L_1}$ beliebig genau durch Funktionen aus $\mathscr{C}_c(\mathbb{R}^n)$ approximieren lassen. Aufgrund der Abschätzung $(*)$ läßt sich das Funktional I stetig auf die Menge aller Lebesgue-integrierbaren Funktionen fortsetzen.
Im nächsten Satz verwenden wir folgende Bezeichnung: Sei $f: \mathbb{R}^n \to \mathbb{R} \cup \{\pm\infty\}$ eine Funktion. Dann werden Funktionen $f_+, f_-: \mathbb{R}^n \to \mathbb{R}_+ \cup \{\infty\}$ definiert durch

$$f_+(x) := \begin{cases} f(x), & \text{falls } f(x) \geqq 0, \\ 0 & \text{sonst,} \end{cases}$$

$$f_-(x) := \begin{cases} -f(x), & \text{falls } f(x) \leqq 0, \\ 0 & \text{sonst.} \end{cases}$$

Es gilt $f = f_+ - f_-$ und $|f| = f_+ + f_-$.

Satz 4. *Sei $f: \mathbb{R}^n \to \mathbb{R} \cup \{\pm\infty\}$ eine Funktion.*
a) *f ist genau dann integrierbar, wenn f_+ und f_- integrierbar sind.*
b) *Ist f integrierbar, so ist auch $|f|$ integrierbar.*

Beweis. Wir verwenden das Kriterium von Satz 3.
Sei zunächst f als integrierbar vorausgesetzt. Dann gibt es zu jedem $\epsilon > 0$ ein $g \in \mathscr{C}_c(\mathbb{R}^n)$ mit

$$\|f-g\|_{L_1} < \epsilon.$$

Die Funktionen g_+, g_- und $|g|$ liegen ebenfalls in $\mathscr{C}_c(\mathbb{R}^n)$ und es gilt

$$|f_\pm - g_\pm| \leqq |f-g|, \quad \big||f|-|g|\big| \leqq |f-g|,$$

also

$$\|f_+ - g_+\|_{L_1} < \epsilon, \quad \|f_- - g_-\|_{L_1} < \epsilon, \quad \||f|-|g|\|_{L_1} < \epsilon.$$

Also sind f_+, f_- und $|f|$ integrierbar.
Sei umgekehrt vorausgesetzt, daß f_+ und f_- integrierbar sind. Dann existieren zu $\epsilon > 0$ Funktionen $\varphi, \psi \in \mathscr{C}_c(\mathbb{R}^n)$ mit

$$\|f_+ - \varphi\|_{L_1} < \frac{\epsilon}{2}, \quad \|f_- - \psi\|_{L_1} < \frac{\epsilon}{2}.$$

Daraus folgt $\|f-(\varphi-\psi)\|_{L_1} < \epsilon$, also ist f integrierbar.

Bezeichnung. Wir bezeichnen mit $\mathscr{L}_1(\mathbb{R}^n)$ die Menge aller Lebesgue-integrierbaren Funktionen $f\colon \mathbb{R}^n \to \mathbb{R}$.
(Die Werte $\pm\infty$ sind hier nicht zugelassen. Wie wir im nächsten Paragraphen sehen werden, bedeutet dies keine wesentliche Einschränkung der Allgemeinheit.)

Satz 5. *Seien $f, g \in \mathscr{L}_1(\mathbb{R}^n)$ und $\lambda \in \mathbb{R}$. Dann sind auch $\lambda f, f+g \in \mathscr{L}_1(\mathbb{R}^n)$ und es gilt:*

a) $\int (f(x)+g(x))\,dx = \int f(x)\,dx + \int g(x)\,dx.$

b) $\int \lambda f(x)\,dx = \lambda \int f(x)\,dx.$

c) *Falls $f \leqq g$, folgt* $\int f(x)\,dx \leqq \int g(x)\,dx.$

Beweis. Seien $f_k, g_k \in \mathscr{C}_c(\mathbb{R}^n)$, $k \in \mathbb{N}$, Funktionenfolgen mit

$$\lim_{k\to\infty} \|f-f_k\|_{L_1} = 0, \quad \lim_{k\to\infty} \|g-g_k\|_{L_1} = 0.$$

Aus Satz 2 folgt

$$\|\lambda f - \lambda f_k\|_{L_1} = \lambda \|f-f_k\|_{L_1} \to 0,$$
$$\|(f+g)-(f_k+g_k)\|_{L_1} \leqq \|f-f_k\|_{L_1} + \|g-g_k\|_{L_1} \to 0.$$

Nach Satz 3 gilt deshalb $\lambda f, f+g \in \mathscr{L}_1(\mathbb{R}^n)$ und die Rechenregeln a) und b) folgen durch Grenzübergang aus den entsprechenden Rechenregeln für Funktionen aus $\mathscr{C}_c(\mathbb{R}^n)$ (§ 1, Satz 2). Aussage c) folgt aus der Monotonie des Oberintegrals.

Bemerkung. Satz 5 bedeutet, daß $\mathscr{L}_1(\mathbb{R}^n)$ ein Vektorraum ist und das Integral ein lineares monotones Funktional auf diesem Vektorraum darstellt.

Corollar. *Aus* $f, g \in \mathscr{L}_1(\mathbb{R}^n)$ *folgt* $\sup(f, g) \in \mathscr{L}_1(\mathbb{R}^n)$ *und* $\inf(f, g) \in \mathscr{L}_1(\mathbb{R}^n)$.

Beweis. Dies folgt zusammen mit Satz 4 daraus, daß

$$\sup(f, g) = \frac{1}{2}(f + g + |f - g|), \quad \inf(f, g) = \frac{1}{2}(f + g - |f - g|).$$

Satz 6. *Seien* $f, g \in \mathscr{L}_1(\mathbb{R}^n)$. *Die Funktion* g *sei beschränkt, d. h. es existiere eine Konstante* $M \in \mathbb{R}_+$ *mit* $|g(x)| \leqq M$ *für alle* $x \in \mathbb{R}^n$. *Dann gilt* $fg \in \mathscr{L}_1(\mathbb{R}^n)$.

Beweis. Sei $\epsilon > 0$ vorgegeben. Da $f \in \mathscr{L}_1(\mathbb{R}^n)$, existiert ein $\varphi \in \mathscr{C}_c(\mathbb{R}^n)$ mit

$$\|f - \varphi\|_{L_1} < \frac{\epsilon}{2M}.$$

Sei $M' := \sup\{|\varphi(x)| : x \in \mathbb{R}^n\}$. Da φ kompakten Träger hat, ist $M' < \infty$. Weil g integrierbar ist, existiert ein $\psi \in \mathscr{C}_c(\mathbb{R}^n)$ mit

$$\|g - \psi\|_{L_1} < \frac{\epsilon}{2M'}.$$

Nun ist

$$|fg - \varphi\psi| = |(f - \varphi)g + \varphi(g - \psi)| \leqq M|f - \varphi| + M'|g - \psi|,$$

also

$$\|fg - \varphi\psi\|_{L_1} \leqq M\|f - \varphi\|_{L_1} + M'\|g - \psi\|_{L_1} < \epsilon.$$

Nach dem Kriterium von Satz 3 ist $fg \in \mathscr{L}_1(\mathbb{R}^n)$.

Satz 7. *Sei* $f \in \mathscr{L}_1(\mathbb{R}^n)$ *eine beschränkte integrierbare Funktion und* $p \geqq 1$ *eine reelle Zahl. Dann ist auch* $|f|^p \in \mathscr{L}_1(\mathbb{R}^n)$.

Beweis. Da nach Satz 4 gilt $|f| \in \mathscr{L}_1(\mathbb{R}^n)$, genügt es, den Fall $f \geqq 0$ zu behandeln. Außerdem kann man voraussetzen, daß $0 \leqq f \leqq 1$. Zu jedem $\epsilon > 0$ gibt es ein $\varphi \in \mathscr{C}_c(\mathbb{R}^n)$, so daß

$$\|f - \varphi\|_{L_1} < \frac{\epsilon}{p}.$$

Indem man nötigenfalls φ durch $\inf(\varphi_+, 1)$ ersetzt, kann man annehmen, daß $0 \leqq \varphi \leqq 1$. Da $\frac{d}{dx}x^p = px^{p-1}$, folgt aus dem Mittelwertsatz der Differentialrechnung

$$|a^p - b^p| \leqq p\,|a - b| \quad \text{für alle} \quad a, b \in [0, 1].$$

Damit ergibt sich

$$|f^p - \varphi^p| \leqq p\,|f - \varphi|,$$

also

$$\|f^p - \varphi^p\|_{L_1} < \epsilon.$$

Aus dem Kriterium von Satz 3 folgt die Integrierbarkeit von f^p.

Satz 8. *Seien $f_1 \in \mathscr{L}_1(\mathbb{R}^n)$ und $f_2 \in \mathscr{L}_1(\mathbb{R}^m)$. Dann gehört die durch*

$$(f_1 \otimes f_2)(x, y) := f_1(x) f_2(y) \quad \textit{für alle} \quad x \in \mathbb{R}^n,\ y \in \mathbb{R}^m$$

definierte Funktion $f_1 \otimes f_2 \colon \mathbb{R}^{n+m} \to \mathbb{R}$ zu $\mathscr{L}_1(\mathbb{R}^{n+m})$ und es gilt

$$\int\limits_{\mathbb{R}^{n+m}} f_1(x) f_2(y)\, d^n x d^m y = \int\limits_{\mathbb{R}^n} f_1(x)\, d^n x \cdot \int\limits_{\mathbb{R}^m} f_2(y)\, d^m y.$$

Beweis. Da die Funktionen $|f_i|$ integrierbar sind, gibt es eine Konstante $M \in \mathbb{R}_+$ mit

$$\int\limits_{\mathbb{R}^n} |f_1(x)|\, dx \leqq M, \quad \int\limits_{\mathbb{R}^m} |f_2(y)|\, dy \leqq M.$$

Sei $\epsilon \in\,]0, 1]$ beliebig vorgegeben und $\epsilon' := \epsilon/2(M+1)$. Wegen der Integrierbarkeit von f_1 und f_2 gibt es Funktionen $\varphi_1 \in \mathscr{C}_c(\mathbb{R}^n)$, $\varphi_2 \in \mathscr{C}_c(\mathbb{R}^m)$ sowie $h_1 \in \mathscr{H}^\uparrow(\mathbb{R}^n)$, $h_2 \in \mathscr{H}^\uparrow(\mathbb{R}^m)$ mit folgenden Eigenschaften:

$$|f_1 - \varphi_1| \leqq h_1, \quad |f_2 - \varphi_2| \leqq h_2,$$

$$\int h_1(x)\, dx < \epsilon', \quad \int h_2(y)\, dy < \epsilon'.$$

Wir setzen $H_1 := |\varphi_1|$. Es gilt $H_1 \in \mathscr{H}^\uparrow(\mathbb{R}^n)$ und

$$\int H_1(x)\, dx \leqq M + 1.$$

Weiter gibt es eine Funktion $H_2 \in \mathscr{H}^\uparrow(\mathbb{R}^m)$ mit

$$|f_2| \leqq H_2 \quad \text{und} \quad \int H_2(y)\, dy \leqq M + 1.$$

Da $f_1 \otimes f_2 - \varphi_1 \otimes \varphi_2 = (f_1 - \varphi_1) \otimes f_2 + \varphi_1 \otimes (f_2 - \varphi_2)$, folgt

$$|f_1 \otimes f_2 - \varphi_1 \otimes \varphi_2| \leqq h_1 \otimes H_2 + H_1 \otimes h_2.$$

Da $h_1 \otimes H_2 \in \mathscr{H}^\uparrow(\mathbb{R}^{n+m})$, folgt aus § 4, Satz 5

$$\int\limits_{\mathbb{R}^{n+m}} h_1(x) H_2(y)\, dx\, dy = \int\limits_{\mathbb{R}^n} h_1(x)\, dx \cdot \int\limits_{\mathbb{R}^m} H_2(y)\, dy < \epsilon'(M+1) = \frac{\epsilon}{2}.$$

Analoges gilt für $H_1 \otimes h_2$. Somit ergibt sich

$$\| f_1 \otimes f_2 - \varphi_1 \otimes \varphi_2 \|_{L_1} < \frac{\epsilon}{2} + \frac{\epsilon}{2} = \epsilon.$$

Nach Satz 3 ist $f_1 \otimes f_2$ integrierbar und die Integralformel folgt durch Grenzübergang aus der entsprechenden Formel für $\varphi_1 \otimes \varphi_2$.

Satz 9. *Sei* $f: \mathbb{R}^n \to \mathbb{R} \cup \{\pm\infty\}$ *integrierbar und seien* $A \in GL(n, \mathbb{R})$, $b \in \mathbb{R}^n$. *Dann ist auch die Funktion* $x \mapsto f(Ax + b)$ *integrierbar und es gilt*

$$\int_{\mathbb{R}^n} f(Ax+b)\,dx = \frac{1}{|\det A|} \int_{\mathbb{R}^n} f(x)\,dx.$$

Die einfache Zurückführung dieses Satzes auf § 4, Satz 4, sei dem Leser überlassen.

Integrierbare Mengen

Definition. Eine Teilmenge $M \subset \mathbb{R}^n$ heißt integrierbar, falls ihre charakteristische Funktion χ_M integrierbar ist. In diesem Fall ist das Volumen (oder Lebesgue-Maß) von M definiert als

$$\operatorname{Vol}(M) := \int_{\mathbb{R}^n} \chi_M(x)\,d^n x.$$

(6.1) Beispiel. Jede kompakte Menge $K \subset \mathbb{R}^n$ ist integrierbar. Die obige Volumen-Definition stimmt mit der aus § 5 überein.

Satz 10. *Seien* $A, B \subset \mathbb{R}^n$ *integrierbare Mengen. Dann sind auch die Mengen* $A \cap B$, $A \cup B$ *und* $A \setminus B$ *integrierbar und es gilt*

$$\operatorname{Vol}(A \cup B) = \operatorname{Vol}(A) + \operatorname{Vol}(B) - \operatorname{Vol}(A \cap B),$$

$$\operatorname{Vol}(A \setminus B) = \operatorname{Vol}(A) - \operatorname{Vol}(A \cap B).$$

Beweis. Für die charakteristischen Funktionen gelten die Gleichungen

(1) $\chi_{A \cap B} = \chi_A \chi_B$,

(2) $\chi_{A \cup B} = \chi_A + \chi_B - \chi_{A \cap B}$,

(3) $\chi_{A \setminus B} = \chi_A - \chi_{A \cap B}$.

Da χ_A und χ_B integrierbar sind, ist nach Satz 6 wegen (1) auch $\chi_{A \cap B}$ integrierbar. Aus (2) und (3) folgen wegen Satz 5 die Integrierbarkeit von $\chi_{A \cup B}$ und $\chi_{A \setminus B}$ sowie die angegebenen Volumenformeln.

(6.2) Beispiel. Jede beschränkte offene Menge $U \subset \mathbb{R}^n$ ist integrierbar. Denn die abgeschlossene Hülle $\overline{U}$ und der Rand ∂U sind kompakt, also integrierbar. Deshalb ist auch $U = \overline{U} \setminus \partial U$ integrierbar.

Integration über Teilmengen

Definition. Sei $M \subset \mathbb{R}^n$ eine beliebige Teilmenge. Eine Funktion $f\colon M \to \mathbb{R} \cup \{\pm\infty\}$ heißt integrierbar über M, falls die trivial fortgesetzte Funktion $\widetilde{f}\colon \mathbb{R}^n \to \mathbb{R} \cup \{\pm\infty\}$,

$$\widetilde{f}(x) := \begin{cases} f(x) & \text{für} \quad x \in M, \\ 0 & \text{für} \quad x \in \mathbb{R}^n \setminus M, \end{cases}$$

über $\mathbb{R}^n$ integrierbar ist. Man setzt dann

$$\int_M f(x)\,dx := \int_{\mathbb{R}^n} \widetilde{f}(x)\,dx.$$

Beispiele

(6.3) Sei $K \subset \mathbb{R}^n$ kompakt. Dann ist jede stetige Funktion $f\colon K \to \mathbb{R}$ über K integrierbar.

Beweis. Sei $\widetilde{f}\colon \mathbb{R}^n \to \mathbb{R}$ die trivial fortgesetzte Funktion. Falls $\widetilde{f} \geqq 0$, ist $\widetilde{f}$ von oben halbstetig, gehört also zu $\mathscr{H}^{\downarrow}(\mathbb{R}^n)$ und ist integrierbar. Im allgemeinen Fall schreiben wir

$$\widetilde{f} = (\widetilde{f} + c\chi_K) - c\chi_K, \qquad c \in \mathbb{R}_+.$$

Falls c genügend groß ist, gilt $\widetilde{f} + c\chi_K \geqq 0$ und man schließt wie oben, daß $\widetilde{f} + c\chi_K$ integrierbar ist. Da χ_K integrierbar ist, ist es auch $\widetilde{f}$.

(6.4) Sei $U \subset \mathbb{R}^n$ eine beschränkte offene Menge. Dann ist jede beschränkte stetige Funktion $f\colon U \to \mathbb{R}$ integrierbar. Dies beweist man ähnlich wie in (6.3).

(6.5) Sei $f \in \mathscr{L}_1(\mathbb{R}^n)$ und $M \subset \mathbb{R}^n$ eine integrierbare Menge. Dann ist $f|M$ über M integrierbar.

Beweis. Das Produkt $f\chi_M$ ist die triviale Fortsetzung der Funktion $f|M$. Die Behauptung folgt deshalb aus Satz 6.

Integration komplex-wertiger Funktionen

Sei $f\colon \mathbb{R}^n \to \mathbb{C}$ eine Funktion und $f = u + iv$ ihre Zerlegung in Real- und Imaginärteil. f heißt integrierbar, wenn die Funktionen u und v integrierbar sind und man setzt

$$\int f(x)\,dx := \int u(x)\,dx + \mathrm{i}\int v(x)\,dx.$$

Die Menge aller integrierbarer Funktionen $f\colon \mathbb{R}^n \to \mathbb{C}$ bildet einen Vektorraum, den wir mit $\mathscr{L}_1(\mathbb{R}^n, \mathbb{C})$ bezeichnen.

Aufgaben

6.1 Es sei $\mathscr{T}(\mathbb{R}^n)$ der Vektorraum aller elementaren Treppenfunktionen auf dem $\mathbb{R}^n$, d.h. aller Funktionen der Gestalt

$$\varphi = \sum_{k=1}^{m} c_k \chi_{Q_k},$$

wobei $m \in \mathbb{N}$, $c_k \in \mathbb{R}$ und die Q_k achsenparallele kompakte Quader im $\mathbb{R}^n$ sind.

a) Man zeige: Jede Treppenfunktion $\varphi = \sum c_k \chi_{Q_k}$ ist integrierbar mit

$$\int_{\mathbb{R}^n} \varphi(x)\, d^n x = \sum c_k \operatorname{Vol}(Q_k).$$

b) Eine Funktion $f\colon \mathbb{R}^n \to \mathbb{R}$ heißt *Riemann-integrierbar,* falls es zu jedem $\epsilon > 0$ Funktionen $\varphi, \psi \in \mathscr{T}(\mathbb{R}^n)$ gibt, so daß

$$\psi \leqq f \leqq \varphi$$

und

$$\int \varphi(x)\, dx - \int \psi(x)\, dx < \epsilon.$$

Man zeige: Jede Riemann-integrierbare Funktion $f\colon \mathbb{R}^n \to \mathbb{R}$ ist auch Lebesgue-integrierbar und es gilt

$$\begin{aligned} \int f(x)\, dx &= \inf\left\{ \int \varphi(x)\, dx : \varphi \in \mathscr{T}(\mathbb{R}^n),\ \varphi \geqq f \right\} \\ &= \sup\left\{ \int \psi(x)\, dx : \psi \in \mathscr{T}(\mathbb{R}^n),\ \psi \leqq f \right\}. \end{aligned}$$

6.2 Sei $K \subset \mathbb{R}^n$ ein kompakter Quader, $f\colon K \to \mathbb{R}$ eine stetige Funktion und $\widetilde{f}\colon \mathbb{R}^n \to \mathbb{R}$ die triviale Fortsetzung von f. Man zeige, daß $\widetilde{f}$ Riemann-integrierbar ist.

6.3 Sei $M \subset \mathbb{R}^n$ eine beschränkte Teilmenge mit folgender Eigenschaft: Zu jedem $\epsilon > 0$ gibt es endlich viele kompakte Quader $Q_1, \ldots, Q_m \subset \mathbb{R}^n$ mit

$$\sum_{k=1}^{m} \operatorname{Vol}(Q_k) < \epsilon$$

und

$$\partial M \subset \bigcup_{k=1}^{m} Q_k.$$

Man zeige, daß die charakteristische Funktion χ_M Riemann-integrierbar ist.

6.4 Sei $K \subset \mathbb{R}^n$ eine kompakte Teilmenge. Unter einer Zerlegung von K der Feinheit δ sei eine endliche Familie von integrierbaren disjunkten Teilmengen $A_i \subset K$ mit Durchmesser $\operatorname{diam}(A_i) \leqq \delta$ verstanden, so daß $K = \bigcup A_i$.

Man beweise: Ist $f: K \to \mathbb{R}$ eine stetige Funktion, so gibt es zu jedem $\epsilon > 0$ ein $\delta > 0$, so daß für jede Zerlegung $(A_i)_{1 \leqq i \leqq m}$ von K der Feinheit $\leqq \delta$ und jede Wahl von „Stützstellen" $\xi_i \in A_i$ gilt

$$\left| \int_K f(x)\, dx - \sum_{i=1}^{m} f(\xi_i) \operatorname{Vol}(A_i) \right| \leqq \epsilon.$$

6.5 Sei $f: \mathbb{R}^n \to \mathbb{C}$ eine komplex-wertige integrierbare Funktion. Man zeige, daß die Funktion $|f|$ integrierbar ist.

6.6 Sei $A \subset \mathbb{R}^n$ eine integrierbare Menge und $f: A \to \mathbb{C}$ eine integrierbare Funktion. Man zeige

$$\left| \int_A f(x)\, dx \right| \leqq \operatorname{Vol}(A) \cdot \sup_{x \in A} |f(x)|.$$

§ 7. Nullmengen

Nullmengen sind definiert als integrierbare Mengen vom Lebesgue-Maß null. Sie spielen in der Integrationstheorie die Rolle von zulässigen Ausnahmemengen. Z.B. ist die Menge der Punkte, in denen eine integrierbare Funktion die Werte $\pm\infty$ annimmt, eine Nullmenge. Ändert man eine integrierbare Funktion auf einer Nullmenge ab, so bleibt sie integrierbar mit gleichem Integral. In diesem Paragraphen beweisen wir außerdem den Satz von Fubini für Lebesgue-integrierbare Funktionen.

Definition. Eine Teilmenge $M \subset \mathbb{R}^n$ heißt Nullmenge, wenn sie integrierbar ist und das Lebesgue-Maß (Volumen) null hat.

Bemerkung. Da das Unterintegral der charakteristischen Funktion einer beliebigen Menge stets nicht-negativ ist, ist M genau dann Nullmenge, wenn

$$\| \chi_M \|_{L_1} = \int_{\mathbb{R}^n}^{*} \chi_M(x)\, dx = 0.$$

Satz 1. a) *Sei $M \subset \mathbb{R}^n$ eine Nullmenge und $N \subset M$. Dann ist auch N eine Nullmenge.*

b) *Sei $M_k \subset \mathbb{R}^n$, $k \in \mathbb{N}$, eine abzählbare Familie von Nullmengen. Dann ist auch die Vereinigung*

$$M := \bigcup_{k=0}^{\infty} M_k$$

eine Nullmenge.

Beweis. Die Aussage a) ist trivial. Zum Beweis von b) bemerke man, daß

$$\chi_M \leqq \sum_{k=0}^{\infty} \chi_{M_k},$$

also nach § 6, Satz 2,

$$\|\chi_M\|_{L_1} \leqq \sum \|\chi_{M_k}\|_{L_1} = 0.$$

Beispiele von Nullmengen

(7.1) Jeder Punkt im $\mathbb{R}^n$ $(n \geqq 1)$ ist eine Nullmenge. (Denn man kann den Punkt auffassen als Quader mit Seitenlänge null, vgl. Beispiel (5.1).) Also ist auch jede abzählbare Punktmenge eine Nullmenge.

Folgerung. *Die Menge der reellen Zahlen ist überabzählbar.*

Beweis. Wir zeigen, daß bereits das Intervall $[0, 1]$ überabzählbar ist. Wäre $[0, 1]$ abzählbar, wäre es eine Nullmenge, was im Widerspruch zu $\mathrm{Vol}_1([0, 1]) = 1$ steht.

Bemerkung. Einen anderen Beweis für die Überabzählbarkeit von $\mathbb{R}$ hatten wir bereits in An. 1, § 9, Satz 2, kennengelernt.

(7.2) Jede Hyperebene $H \subset \mathbb{R}^n$ ist eine Nullmenge. Denn H ist Vereinigung abzählbar vieler kompakter entarteter Quader, von denen eine Seite die Länge null hat. Aus (7.2) folgt z.B., daß der Rand jedes Polyeders eine Nullmenge ist.

(7.3) Sei $A \subset \mathbb{R}^{n-1}$ eine kompakte Menge und $f: A \to \mathbb{R}$ eine stetige Funktion. Dann ist der Graph Γ von f,

$$\Gamma := \{(x, y) \in \mathbb{R}^{n-1} \times \mathbb{R} : x \in A,\ y = f(x)\}$$

eine Nullmenge in $\mathbb{R}^n$.

Beweis. Da f stetig ist, ist Γ kompakt, also integrierbar. Für die charakteristische Funktion von Γ gilt

$$\chi_\Gamma(x, y) = \begin{cases} 0, & \text{falls } x \notin A, \\ 0, & \text{falls } x \in A \text{ und } y \neq f(x), \\ 1, & \text{falls } x \in A \text{ und } y = f(x). \end{cases}$$

Deshalb ist für jedes feste $x \in \mathbb{R}^{n-1}$.

$$\int_{\mathbb{R}} \chi_\Gamma(x, y)\, dy = 0,$$

also (vgl. § 4, Sätze 4 und 5)

$$\mathrm{Vol}(\Gamma) = \int_{\mathbb{R}^n} \chi_\Gamma(x, y)\, d^{n-1}x\, dy$$

$$= \int_{\mathbb{R}^{n-1}} \left(\int_{\mathbb{R}} \chi_\Gamma(x, y)\, dy \right) d^{n-1}x = 0, \quad \text{q.e.d.}$$

Beispielsweise ist der Rand der n-dimensionalen Kugel

$$K_n(r) := \{x \in \mathbb{R}^n : \|x\| \leqq r\}$$

eine Nullmenge. Denn sei $f: K_{n-1}(r) \to \mathbb{R}$ definiert durch

$$f(x_1, \ldots, x_{n-1}) := \sqrt{r^2 - x_1^2 - \ldots - x_{n-1}^2}\,.$$

Dann ist $\partial K_n(r)$ Vereinigung der Graphen der beiden Funktionen f und $-f$.

(7.4) Aus (7.3) folgt: Sei $V \subset \mathbb{R}^{n-1}$ eine Teilmenge, die sich als Vereinigung abzählbar vieler Kompakta darstellen läßt, und $f: V \to \mathbb{R}$ eine stetige Funktion. Dann ist der Graph von f eine Nullmenge in $\mathbb{R}^n$.
Als V kann man z.B. beliebige abgeschlossene oder offene Teilmengen des $\mathbb{R}^{n-1}$ wählen. Für offene Mengen folgt dies z.B. aus folgendem Hilfssatz.

Hilfssatz 1. *Jede offene Menge $U \subset \mathbb{R}^n$ ist Vereinigung abzählbar vieler kompakter Würfel, deren Inneres punktfremd ist.*

Beweis. Für $k \in \mathbb{N}$ bezeichnen wir mit $\mathfrak{W}_k$ die Menge aller Würfel der Gestalt

$$\left\{ (x_1, \ldots, x_n) \in \mathbb{R}^n : \frac{m_i}{2^k} \leqq x_i \leqq \frac{m_i + 1}{2^k} \right\} \quad \text{mit} \quad m_i \in \mathbb{Z}\,.$$

$\mathfrak{W}_k$ ist abzählbar. Zwei Würfel $W \in \mathfrak{W}_k$, $W' \in \mathfrak{W}_{k'}$, $(k' \geqq k)$, haben entweder punktfremdes Inneres oder es ist $W' \subset W$.

Wir konstruieren nun die gesuchte Menge von Würfeln induktiv: Sei I_0 die Menge aller Würfel $W \in \mathfrak{W}_0$, die ganz in U enthalten sind. I_k sei die Menge aller Würfel $W \in \mathfrak{W}_k$, die ganz in U liegen, aber in keinem der Würfel aus $\bigcup_{\nu < k} I_\nu$ enthalten sind.

Wir setzen

$$I := \bigcup_{k=0}^{\infty} I_k.$$

Man überlegt sich leicht, daß die Vereinigung aller Würfel aus I gleich U ist und zwei verschiedene Würfel aus I punktfremdes Inneres haben (vgl. Bild 7.1).

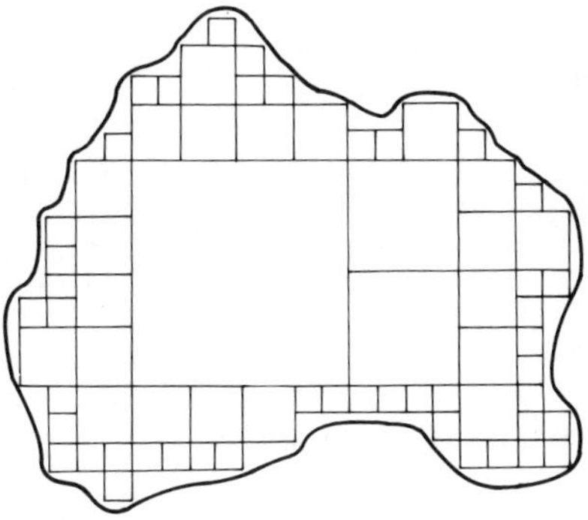

Bild 7.1

Hilfssatz 2. *Sei $A \subset \mathbb{R}^n$ eine Nullmenge und $u_A : \mathbb{R}^n \to \mathbb{R}_+ \cup \{\infty\}$ die wie folgt definierte Funktion:*

$$u_A(x) := \begin{cases} 0 & \text{für } x \in \mathbb{R}^n \setminus A, \\ \infty & \text{für } x \in A. \end{cases}$$

Dann ist u_A integrierbar und es gilt

$$\int_{\mathbb{R}^n} u_A(x)\,dx = 0.$$

Beweis. Wir setzen $g_k := \chi_A$ für alle $k \in \mathbb{N}$. Dann gilt

$$u_A = \sum_{k=0}^{\infty} g_k.$$

Nach § 6, Satz 1, ist

$$\int^* u_A(x)\,dx \leqq \sum_k \int^* g_k(x)\,dx = 0.$$

Da trivialerweise $0 \leqq \int_* u_A(x)\,dx$, folgt die Behauptung.

Sprechweise. Gegeben seien zwei Funktionen $f, g\colon \mathbb{R}^n \to \mathbb{R} \cup \{\pm\infty\}$. Wir nennen f und g *(Lebesgue-) fast überall gleich,* wenn die Menge

$$\{x \in \mathbb{R}^n : f(x) \neq g(x)\}$$

eine Nullmenge ist.

Bemerkung. Sei $f = g$ fast überall. Falls im Punkt $a \in \mathbb{R}^n$ beide Funktionen endlich und stetig sind, gilt $f(a) = g(a)$. Denn in jeder Umgebung U von a gibt es Punkte $x \in U$ mit $f(x) = g(x)$.

Satz 2. *Seien $f, g\colon \mathbb{R}^n \to \mathbb{R} \cup \{\pm\infty\}$ zwei Funktionen, so daß*

$$f = g \quad \textit{fast überall.}$$

Ist f integrierbar, so ist auch g integrierbar und es gilt

$$\int f(x)\,dx = \int g(x)\,dx.$$

Beweis. Sei $\varphi_\nu \in \mathscr{C}_c(\mathbb{R}^n)$, $\nu \in \mathbb{N}$, eine Folge mit

$$\lim_{\nu \to \infty} \|f - \varphi_\nu\|_{L_1} = 0.$$

Sei $A := \{x \in \mathbb{R}^n : f(x) \neq g(x)\}$ und u_A die in Hilfssatz 2 definierte Funktion. Damit gilt

$$|g - \varphi_\nu| \leqq |f - \varphi_\nu| + u_A,$$

also

$$\|g - \varphi_\nu\|_{L_1} \leqq \|f - \varphi_\nu\|_{L_1} + \|u_A\| = \|f - \varphi_\nu\|_{L_1}.$$

Es folgt $\lim \|g - \varphi_\nu\|_{L_1} = 0$; daher ist g integrierbar und

$$\int g(x)\,dx = \lim_{\nu \to \infty} \int \varphi_\nu(x)\,dx = \int f(x)\,dx, \quad \text{q.e.d.}$$

Satz 3. *Sei $f\colon \mathbb{R}^n \to \mathbb{R} \cup \{\pm\infty\}$ eine Funktion mit $\|f\|_{L_1} < \infty$. Dann ist die Menge*

$$A := \{x \in \mathbb{R}^n : f(x) = \pm\infty\}$$

eine Nullmenge.

Die Voraussetzung $\|f\|_{L_1} < \infty$ ist wegen § 6, Satz 4, insbesondere für jede integrierbare Funktion erfüllt.

Beweis. Sei

$$M := \|f\|_{L_1} = \int^* |f(x)|\,dx < \infty.$$

Für jedes $\epsilon > 0$ gilt $\chi_A \leqq \epsilon |f|$, also

$$\int^* \chi_A(x)\,dx \leqq \epsilon M.$$

Dies ist nur möglich, wenn $\int^* \chi_A(x)\,dx = 0$, also A eine Nullmenge ist.

Satz 2 und Satz 3 zusammen sagen, daß man eine integrierbare Funktion $f: \mathbb{R}^n \to \mathbb{R} \cup \{\pm\infty\}$ ohne Abänderung des Integrals durch eine fast überall gleiche Funktion ersetzen kann, die nur endliche Werte annimmt.

Satz 4. *Sei* $f: \mathbb{R}^n \to \mathbb{R} \cup \{\pm\infty\}$ *eine Funktion. Dann gilt*

$$\|f\|_{L_1} = \int^* |f(x)|\, dx = 0$$

genau dann, wenn $f = 0$ *fast überall.*

Beweis. Sei $A := \{x \in \mathbb{R}^n : f(x) \neq 0\}$. Falls A Nullmenge ist, folgt aus Hilfssatz 2, daß $\int^* |f(x)|\, dx = 0$.

Sei umgekehrt vorausgesetzt, daß $\int^* |f(x)|\, dx = 0$. Setzt man $f_k := |f|$ für alle $k \in \mathbb{N}$, so ist

$$\chi_A \leqq \sum_{k=0}^{\infty} f_k,$$

daher nach § 6, Satz 2,

$$\|\chi_A\|_{L_1} \leqq \sum_k \|f_k\|_{L_1} = 0,$$

d.h. A ist eine Nullmenge.

Der Raum $L_1(\mathbb{R}^n)$

Im Vektorraum $\mathscr{L}_1(\mathbb{R}^n)$ aller integrierbaren Funktionen $f: \mathbb{R}^n \to \mathbb{R}$ sei $\mathscr{N}$ die Teilmenge aller $f \in \mathscr{L}_1(\mathbb{R}^n)$ mit

$$\|f\|_{L_1} = \int |f(x)|\, dx = 0.$$

$\mathscr{N}$ ist ein Untervektorraum von $\mathscr{L}_1(\mathbb{R}^n)$. Für $f, g \in \mathscr{L}_1(\mathbb{R}^n)$ gilt nach Satz 4

$$f - g \in \mathscr{N} \iff f = g \quad \text{fast überall.}$$

Wir definieren $L_1(\mathbb{R}^n)$ als den Quotienten-Vektorraum

$$L_1(\mathbb{R}^n) := \mathscr{L}_1(\mathbb{R}^n)/\mathscr{N}.$$

$L_1(\mathbb{R}^n)$ besteht aus Äquivalenzklassen integrierbarer Funktionen modulo der Relation „fast überall gleich". Wegen Satz 3 induziert das Integral eine lineare Abbildung

$$\int : L_1(\mathbb{R}^n) \to \mathbb{R}.$$

Ebenso induziert die Pseudonorm $\| \;\|_{L_1}$ eine Abbildung

$$\| \;\|_{L_1} : L_1(\mathbb{R}^n) \to \mathbb{R}_+.$$

Auf dem Raum $L_1(\mathbb{R}^n)$ ist aber $\| \ \|_{L_1}$ eine echte Norm, denn für eine Klasse $\bar{f} \in L_1(\mathbb{R}^n)$ gilt $\|\bar{f}\|_{L_1} = 0$ nach Satz 4 genau dann, wenn $\bar{f} = 0$. Es ist also $(L_1(\mathbb{R}^n), \| \ \|_{L_1})$ ein normierter Vektorraum.

Wir wollen jetzt noch eine elementar-geometrische Charakterisierung der Nullmengen ableiten.

Hilfssatz 3. *Sei $A \subset \mathbb{R}^n$ eine Nullmenge. Dann gibt es zu jedem $\epsilon > 0$ eine integrierbare offene Menge $U \subset \mathbb{R}^n$ mit*

$$A \subset U \quad \textit{und} \quad \mathrm{Vol}(U) < \epsilon.$$

Beweis. Da $\int^* 2\chi_A(x)\,dx = 0$, gibt es nach Definition des Oberintegrals eine Funktion $h \in \mathcal{H}^\uparrow(\mathbb{R}^n)$ mit

$$2\chi_A \leqq h \quad \text{und} \quad \int h(x)\,dx < \epsilon.$$

Da h von unten halbstetig ist, ist die Menge

$$U := \{x \in \mathbb{R}^n : h(x) > 1\}$$

offen und es gilt $\chi_A \leqq \chi_U \leqq h$. Daraus folgt die Behauptung.

Satz 5. *Eine Teilmenge $A \subset \mathbb{R}^n$ ist genau dann eine Nullmenge, wenn es zu jedem $\epsilon > 0$ eine abzählbare Familie $(Q_i)_{i \in I}$ von Quadern (oder Würfeln) $Q_i \subset \mathbb{R}^n$ gibt mit*

$$A \subset \bigcup_i Q_i \quad \textit{und} \quad \sum_i \mathrm{Vol}(Q_i) < \epsilon.$$

Beweis. Ist $A \subset \bigcup_i Q_i$, so folgt

$$\chi_A \leqq \sum_i \chi_{Q_i},$$

also

$$\|\chi_A\|_{L_1} \leqq \sum_i \|\chi_{Q_i}\|_{L_1} = \sum_i \mathrm{Vol}(Q_i).$$

Daher folgt aus der angegebenen Bedingung, daß A eine Nullmenge ist.

Sei umgekehrt A als Nullmenge vorausgesetzt. Dann gibt es nach Hilfssatz 3 eine offene Menge U mit $A \subset U$ und $\mathrm{Vol}(U) < \epsilon$. Nach Hilfssatz 1 kann man U schreiben als

$$U = \bigcup_{i \in I} Q_i$$

mit einer abzählbaren Familie von Würfeln Q_i, deren Inneres paarweise punktfremd ist. Daher sind alle Durchschnitte $Q_i \cap Q_j$, $i \neq j$, Nullmengen und es folgt

$$\sum_i \operatorname{Vol}(Q_i) \leqq \operatorname{Vol}(U) < \epsilon, \quad \text{q.e.d.}$$

Satz 6. *Sei $U \subset \mathbb{R}^n$ offen und $F\colon U \to \mathbb{R}^n$ eine stetig differenzierbare Abbildung. Dann ist für jede Nullmenge $A \subset U$ das Bild $F(A)$ eine Nullmenge.*

Beweis. Es genügt zu zeigen: Ist $K \subset U$ ein kompakter Quader, so ist $F(A \cap K)$ eine Nullmenge. Denn U läßt sich als Vereinigung abzählbar vieler kompakter Quader darstellen.

Da die partiellen Ableitungen von F auf K beschränkt sind, gibt es eine Konstante $C \in \mathbb{R}_+$, so daß

$$\|F(x) - F(y)\| \leqq C\,\|x - y\| \quad \text{für alle} \quad x, y \in K.$$

Daraus folgt: Ist W ein Würfel mit Seitenlänge a, so ist $F(W \cap K)$ in einem Würfel der Seitenlänge $\sqrt{n}Ca$ enthalten, es gilt also

$$\operatorname{Vol}(F(W \cap K)) \leqq n^{n/2}\, C^n \operatorname{Vol}(W).$$

Da A in einer Vereinigung von Würfeln beliebig kleinen Gesamtvolumens enthalten ist, folgt die Behauptung.

Der Satz von Fubini

Nachdem wir in § 4, Satz 5, den Satz von Fubini bereits für halbstetige Funktionen bewiesen hatten, kommen wir jetzt zu seiner allgemeinen Form für Lebesgue-integrierbare Funktionen.

Satz 7. *Sei $f\colon \mathbb{R}^k \times \mathbb{R}^m \to \mathbb{R} \cup \{\pm\infty\}$ eine integrierbare Funktion. Dann gibt es eine Nullmenge $N \subset \mathbb{R}^m$, so daß für jedes feste $y \in \mathbb{R}^m \setminus N$ die Funktion*

$$\mathbb{R}^k \to \mathbb{R} \cup \{\pm\infty\}$$
$$x \mapsto f(x, y)$$

integrierbar ist. Setzt man

$$F(y) := \int_{\mathbb{R}^k} f(x, y)\, d^k x \quad \text{für} \quad y \in \mathbb{R}^m \setminus N$$

und definiert $F(y)$ für $y \in N$ beliebig, so ist die Funktion $F\colon \mathbb{R}^m \to \mathbb{R} \cup \{\pm\infty\}$ integrierbar und es gilt

$$\int_{\mathbb{R}^{k+m}} f(x, y)\, d^k x\, d^m y = \int_{\mathbb{R}^m} F(y)\, d^m y.$$

Bemerkung. Man benützt hierfür auch die prägnante Schreibweise

$$\int\limits_{\mathbb{R}^{k+m}} f(x,y)\,d^kx\,d^my = \int\limits_{\mathbb{R}^m} \Big(\int\limits_{\mathbb{R}^k} f(x,y)\,d^kx\Big)\,d^my.$$

Da die Vertauschung der Variablen $(x, y) \mapsto (y, x)$ ein linearer Automorphismus des $\mathbb{R}^{k+m}$ mit Determinante ± 1 ist, folgt zusammen mit § 6, Satz 9

$$\int\limits_{\mathbb{R}^m} \Big(\int\limits_{\mathbb{R}^k} f(x,y)\,d^kx\Big)\,d^my = \int\limits_{\mathbb{R}^k} \Big(\int\limits_{\mathbb{R}^m} f(x,y)\,d^my\Big)\,d^kx.$$

Beweis. Wir setzen für $y \in \mathbb{R}^m$

$$F_1(y) := \int_{*\,\mathbb{R}^k} f(x,y)\,dx, \quad F_2(y) := \int\limits_{\mathbb{R}^k}^{*} f(x,y)\,dx.$$

Es gilt $F_1(y) \leqq F_2(y)$ für alle $y \in \mathbb{R}^m$.

Nach Definition der Integrierbarkeit von f über $\mathbb{R}^{k+m}$ gibt es zu jedem $\epsilon > 0$ Funktionen $h_1 \in \mathscr{H}^\downarrow(\mathbb{R}^{k+m})$ und $h_2 \in \mathscr{H}^\uparrow(\mathbb{R}^{k+m})$ mit $h_1 \leqq f \leqq h_2$ und

$$\Big| \int h_i(x,y)\,dx\,dy - \int f(x,y)\,dx\,dy \Big| < \epsilon.$$

Für $y \in \mathbb{R}^m$ sei

$$H_i(y) := \int\limits_{\mathbb{R}^k} h_i(x,y)\,dx.$$

Nach § 4, Satz 5, gilt $H_1 \in \mathscr{H}^\downarrow(\mathbb{R}^m)$, $H_2 \in \mathscr{H}^\uparrow(\mathbb{R}^m)$ und

$$\int\limits_{\mathbb{R}^{k+m}} h_i(x,y)\,dx\,dy = \int\limits_{\mathbb{R}^m} H_i(y)\,dy \neq \pm\infty.$$

Aus $h_1 \leqq f \leqq h_2$ folgt $H_1 \leqq F_1 \leqq F_2 \leqq H_2$. Da $\epsilon > 0$ beliebig war, folgt aus der Definition der Integrierbarkeit, daß F_1 und F_2 integrierbar sind mit

$$\int\limits_{\mathbb{R}^m} F_i(y)\,dy = \int\limits_{\mathbb{R}^{k+m}} f(x,y)\,dx\,dy.$$

Da $F_2 - F_1 \geqq 0$ und $\int (F_2(y) - F_1(y))\,dy = 0$, gibt es nach den Sätzen 3 und 4 eine Nullmenge $N \subset \mathbb{R}^m$, so daß

$$F_1(y) = F_2(y) \neq \pm\infty \quad \text{für alle} \quad y \in \mathbb{R}^m \setminus N.$$

Für jedes dieser $y \in \mathbb{R}^m \setminus N$ ist die Funktion $x \mapsto f(x, y)$ über $\mathbb{R}^k$ integrierbar und $F(y) = F_i(y)$. Mit Satz 2 folgt die Behauptung.

Faltung von Funktionen

Wir wollen den Satz von Fubini dazu benützen, um die Faltung von Funktionen zu definieren.
Seien $f, g \in \mathscr{L}_1(\mathbb{R}^n)$. Nach § 6, Satz 8, gehört die Funktion $(x, y) \mapsto f(x) g(y)$ zu $\mathscr{L}_1(\mathbb{R}^{2n})$. Nach § 6, Satz 9, ist auch die Funktion

$$(x, y) \mapsto f(x) g(y-x)$$

über $\mathbb{R}^{2n}$ integrierbar. Nach dem Satz von Fubini existiert das Integral

$$(f * g)(y) := \int_{\mathbb{R}^n} f(x) g(y-x)\, dx$$

für alle $y \in \mathbb{R}^n$ mit Ausnahme einer Nullmenge $N \subset \mathbb{R}^n$. Definiert man $(f * g)(y)$ für $y \in N$ beliebig, z.B. gleich 0, so erhält man eine integrierbare Funktion $f * g \colon \mathbb{R}^n \to \mathbb{R}$ und es ist

$$\int_{\mathbb{R}^n} (f * g)(y)\, dy = \int_{\mathbb{R}^{2n}} f(x) g(y-x)\, dx\, dy$$

$$= \int_{\mathbb{R}^{2n}} f(x) g(y)\, dx\, dy = \int_{\mathbb{R}^n} f(x)\, dx \cdot \int_{\mathbb{R}^n} g(y)\, dy.$$

Eine analoge Rechnung für das Integral von $|f * g|$ ergibt die Abschätzung

$$\|f * g\|_{L_1} \leqq \|f\|_{L_1} \|g\|_{L_1}.$$

Man nennt $f * g$ Faltung der Funktionen f und g. Die Faltung definiert eine Abbildung

$$\begin{aligned} L_1(\mathbb{R}^n) \times L_1(\mathbb{R}^n) &\to L_1(\mathbb{R}^n), \\ (f, g) &\mapsto f * g. \end{aligned}$$

Wir zeigen noch, daß die Faltung kommutativ ist. Nach Definition ist

$$(g * f)(y) = \int g(x) f(y-x)\, dx \quad \text{fast überall.}$$

Durch die Substitution $\xi = y - x$ erhält man nach § 6, Satz 9,

$$(g * f)(y) = \int g(y-\xi) f(\xi)\, d\xi = \int f(\xi) g(y-\xi)\, d\xi.$$

Das letzte Integral ist aber nach Definition gleich $(f * g)(y)$. Also gilt $f * g = g * f$ fast überall.

Aufgaben

7.1 Es sei $A \subset \mathbb{R}^k$ eine Nullmenge und $B \subset \mathbb{R}^m$ eine beliebige Menge. Man zeige, daß $A \times B \subset \mathbb{R}^{k+m}$ eine Nullmenge ist.

7.2 Sei $U \subset \mathbb{R}^n$ eine offene Teilmenge und $f\colon U \to \mathbb{R}^m$, $(m > n)$, eine stetig differenzierbare Abbildung. Man zeige, daß $f(U) \subset \mathbb{R}^m$ eine Nullmenge ist.

Anleitung. Man führe die Aussage auf Satz 6 zurück.

7.3 Sei $U \subset \mathbb{R}^n$ eine offene Teilmenge und $f\colon U \to \mathbb{R}^n$ eine stetig differenzierbare Abbildung. Es sei

$$M := \{x \in \mathbb{R}^n\colon \det Df(x) = 0\}$$

die Menge der „kritischen Punkte" von f. Man zeige, daß $f(M)$ eine Nullmenge ist.

7.4 Das *Cantorsche Diskontinuum* wird folgendermaßen konstruiert: Aus dem Intervall $[0, 1]$ entferne man das mittlere Drittel $]\frac{1}{3}, \frac{2}{3}[$. Es bleibt die Menge

$$A_1 = \left[0, \frac{1}{3}\right] \cup \left[\frac{2}{3}, 1\right].$$

Aus den beiden Teilintervallen von A_1 entferne man jeweils wieder das mittlere Drittel; der Rest ist die Menge

$$A_2 = \left[0, \frac{1}{9}\right] \cup \left[\frac{2}{9}, \frac{1}{3}\right] \cup \left[\frac{2}{3}, \frac{7}{9}\right] \cup \left[\frac{8}{9}, 1\right].$$

So fortfahrend, erhält man im k-ten Schritt eine Menge A_k, die Vereinigung von 2^k disjunkten kompakten Intervallen ist. Durch Wegnahme der mittleren Drittel dieser Teilintervalle entsteht A_{k+1}. Das Cantorsche Diskontinuum ist definiert als

$$C := \bigcap_{k=1}^{\infty} A_k.$$

Man zeige, daß C eine Nullmenge, aber überabzählbar ist.

7.5 Seien $f, g, h \in L_1(\mathbb{R}^n)$. Man zeige

a) $(f + g) * h = f * h + g * h$,

b) $(f * g) * h = f * (g * h)$.

7.6 Es sei $f = \chi_{[0,1]}$ die charakteristische Funktion des Einheitsintervalls $[0, 1] \subset \mathbb{R}$. Man berechne explizit die Funktionen $g := f * f$ und $h := f * f * f$.

7.7 Für $(\xi, \eta) \in \mathbb{R}^2$ berechne man das Integral

$$f(\xi, \eta) := \int\limits_{x^2 + y^2 < 1} \frac{e^{i(x\xi + y\eta)}}{\sqrt{1 - x^2 - y^2}}\, dx\, dy.$$

Anleitung. Durch eine Drehung des Koordinatensystems kann man sich auf den Fall $\eta = 0$ beschränken. Man verwende den Satz von Fubini. (Vgl. Aufgaben 4.2 und 4.3.)

§ 8. Rotationssymmetrische Funktionen

Wir unterbrechen jetzt wieder die systematische Darstellung der Integrationstheorie und beschäftigen uns mit der Integration von stetigen rotationssymmetrischen Funktionen, die man leicht auf die Integration von Funktionen einer Variablen zurückführen kann. Damit erhalten wir Beispielmaterial für die folgenden Paragraphen.

Seien ρ, R reelle Zahlen mit $0 \leqq \rho < R$ und

$$f: [\rho, R] \to \mathbb{R}$$

eine stetige Funktion. Dann ist

$$x \mapsto f(\|x\|)$$

eine rotationssymmetrische stetige Funktion auf der kompakten Kugelschale

$$K := \{x \in \mathbb{R}^n : \rho \leqq \|x\| \leqq R\}.$$

Der folgende Satz zeigt, wie man das Integral dieser Funktion über K auf ein eindimensionales Integral zurückführen kann.

Satz 1. *Mit den obigen Bezeichnungen gilt*

$$\int_{\rho \leqq \|x\| \leqq R} f(\|x\|)\, d^n x = n\,\tau_n \int_\rho^R f(r)\, r^{n-1}\, dr.$$

Dabei ist

$$\tau_n = \frac{\pi^{n/2}}{\Gamma\left(\frac{n}{2}+1\right)}$$

das Volumen der n-dimensionalen Einheitskugel, vgl. Beispiel (5.7).

Bemerkung. Wir werden Satz 1 später noch einmal als Spezialfall eines viel allgemeineren Satzes erhalten, vgl. Beispiel (14.10).

Beweis. Sei $N \geqq 2$ eine natürliche Zahl. Für $k = 0, 1, \ldots, N$ setzen wir

$$r_k := \rho + \frac{k}{N}\left(R - \rho\right).$$

Wir erhalten so eine äquidistante Unterteilung des Intervalls $[\rho, R]$,

$$\rho = r_0 < r_1 < \ldots < r_N = R.$$

Wir setzen

$$A_1 := \{x \in \mathbb{R}^n : r_0 \leqq \|x\| \leqq r_1\},$$
$$A_k := \{x \in \mathbb{R}^n : r_{k-1} < \|x\| \leqq r_k\} \quad \text{für} \quad k \geqq 2.$$

Die Mengen $A_1, \ldots, A_N$ sind disjunkt und ihre Vereinigung ist gleich $K = \{\rho \leqq \|x\| \leqq R\}$. Für ihr Volumen gilt

$$\mathrm{Vol}(A_k) = \tau_n (r_k^n - r_{k-1}^n).$$

Dies folgt daraus, daß A_k für $k \geqq 2$ die Differenz der kompakten Kugeln der Radien r_k und r_{k-1} ist (vgl. Beispiel (5.7)) und $\{\|x\| = \rho\}$ eine Nullmenge ist (vgl. Beispiel (7.3)).

Nach dem Mittelwertsatz der Differentialrechnung einer Veränderlichen existiert wegen $\frac{d}{dr} r^n = nr^{n-1}$ ein $\xi_k \in]r_{k-1}, r_k[$, so daß

$$\mathrm{Vol}(A_k) = n \tau_n \xi_k^{n-1} (r_k - r_{k-1}).$$

Wir setzen

$$\varphi_N := \sum_{k=1}^{N} f(\xi_k) \chi_{A_k}.$$

Es gilt

$$\begin{aligned}\int_{\mathbb{R}^n} \varphi_N(x)\, d^n x &= \sum_{k=1}^{N} f(\xi_k) \int \chi_{A_k}(x)\, dx \\ &= n \tau_n \sum_{k=1}^{N} f(\xi_k) \xi_k^{n-1} (r_k - r_{k-1}).\end{aligned}$$

Die letzte Summe ist Riemannsche Summe für das Integral

$$\int_\rho^R f(r) r^{n-1}\, dr$$

bzgl. der Unterteilung $r_0 < r_1 < \ldots < r_N$ und den Stützstellen ξ_k. Läßt man deshalb N gegen ∞ gehen (die r_k und ξ_k müßten korrekterweise einen zweiten Index N tragen), erhält man

$$\lim_{N \to \infty} \int_{\mathbb{R}^n} \varphi_N(x)\, d^n x = n \tau_n \int_\rho^R f(r) r^{n-1}\, dr.$$

Andrerseits gibt es wegen der gleichmäßigen Stetigkeit von f auf $[\rho, R]$ zu jedem $\epsilon > 0$ ein $N_0 \in \mathbb{N}$, so daß

$$|f(\|x\|) - \varphi_N(x)| < \epsilon \quad \text{für alle} \quad x \in K \quad \text{und} \quad N \geqq N_0.$$

Daraus folgt

$$\lim_{N \to \infty} \int_{\mathbb{R}^n} \varphi_N(x)\, d^n x = \int_K f(\|x\|)\, d^n x$$

und damit die Behauptung.

Beispiele

(8.1) Sei α eine beliebige reelle Zahl. Dann gilt für $0 < \rho < R < \infty$

$$\int_{\rho \leqq \|x\| \leqq R} \|x\|^\alpha d^n x = n\tau_n \int_\rho^R r^{n+\alpha-1} dr.$$

Damit ergibt sich

$$\int_{\rho \leqq \|x\| \leqq R} \|x\|^\alpha d^n x = \frac{n\tau_n}{n+\alpha}(R^{n+\alpha} - \rho^{n+\alpha}) \quad \text{für} \quad \alpha \neq -n,$$

$$\int_{\rho \leqq \|x\| \leqq R} \|x\|^{-n} d^n x = n\tau_n (\ln R - \ln \rho).$$

(8.2) Sei R eine positive reelle Zahl und $1 \leqq i \leqq n$. Wir wollen das Integral

$$c_i := \int_{\|x\| \leqq R} x_i^2 d^n x$$

berechnen. Zwar ist die Funktion $x \mapsto x_i^2$ nicht rotationssymmetrisch, aber durch einen kleinen Trick läßt sich das Integral auf den rotationssymmetrischen Fall zurückführen. Aus Symmetriegründen ist nämlich

$$c_i = c_j \quad \text{für alle } i, j,$$

(vgl. § 6, Satz 9). Daher ist

$$nc_i = \sum_{j=1}^n c_j = \sum_{j=1}^n \int_{\|x\| \leqq R} x_j^2 d^n x$$

$$= \int_{\|x\| \leqq R} \|x\|^2 d^n x = n\tau_n \int_0^R r^{n+1} dr = \frac{n\tau_n}{n+2} R^{n+2},$$

d.h.

$$\int_{\|x\| \leqq R} x_i^2 d^n x = \frac{\tau_n}{n+2} R^{n+2}.$$

(8.3) Trägheitsmoment einer Kugel

Sei $K \subset \mathbb{R}^3$ ein Kompaktum und $\mu\colon K \to \mathbb{R}$ eine integrierbare Funktion, die als spezifische Dichte des Körpers K interpretiert werde. Weiter sei $L \subset \mathbb{R}^3$ eine Gerade. Für einen

Punkt $x \in \mathbb{R}^3$ bezeichne $\rho(x, L)$ den euklidischen Abstand von x zur Geraden L. Dann versteht man unter dem Trägheitsmoment des Körpers K bzgl. der Achse L das Integral

$$\Theta := \int_K \rho(x, L)^2 \mu(x) d^3x.$$

Sei nun speziell

$$K := \{x \in \mathbb{R}^3 : \|x\| \leqq R\}, \qquad R > 0,$$

eine Kugel mit konstanter Dichte $\mu > 0$. Sei L eine Gerade durch den Mittelpunkt der Kugel. Aus Symmetriegründen können wir annehmen, daß $L = \mathbb{R} \times 0 \times 0$.
Dann ist

$$\rho(x, L)^2 = x_2^2 + x_3^2.$$

Also ergibt sich mit (8.2) für das Trägheitsmoment der Kugel K bzgl. L

$$\Theta = \int_{\|x\| \leqq R} (x_2^2 + x_3^2) \mu d^3x = 2 \cdot \frac{\tau_3}{5} R^5 \mu.$$

Sei M die Masse der Kugel, also

$$M = \int_{\|x\| \leqq R} \mu d^3x = \tau_3 R^3 \mu.$$

Damit erhält man für das Trägheitsmoment der Kugel bzgl. einer Achse durch den Mittelpunkt

$$\Theta = \frac{2}{5} R^2 M.$$

Aufgaben

8.1 Man berechne die Masse und das Trägheitsmoment bzgl. der x-Achse von folgenden Körpern:

a) $Z := \{(x, y, z) \in \mathbb{R}^3 : |x| \leqq a,\ y^2 + z^2 \leqq r^2\}, \quad (a > 0, r > 0).$

b) $E := \left\{(x, y, z) \in \mathbb{R}^3 : \left(\frac{x}{a}\right)^2 + \left(\frac{y}{b}\right)^2 + \left(\frac{z}{c}\right)^2 \leqq 1\right\}, \quad (a, b, c > 0).$

c) $S := \{(x, y, z) \in \mathbb{R}^3 : r^2 \leqq x^2 + y^2 + z^2 \leqq R^2\}, \quad (0 < r < R).$

Dabei sei vorausgesetzt, daß die Körper eine konstante Dichte $\mu > 0$ haben.

8.2 Es sei $K \subset \mathbb{R}^3$ ein Kompaktum und $\mu: K \to \mathbb{R}$ eine stetige Funktion, so daß

$$M := \int_K \mu(x) d^3x > 0.$$

Der Schwerpunkt $s = (s_1, s_2, s_3)$ von K bzgl. der Dichte μ ist definiert durch

$$s_i := \frac{1}{M} \int_K x_i \mu(x)\, d^3x, \quad i = 1, 2, 3.$$

Sei $L \subset \mathbb{R}^3$ eine Gerade durch den Schwerpunkt und L' eine zu L parallele Gerade im Abstand d. Seien Θ_L bzw. $\Theta_{L'}$ die Trägheitsmomente von K bzgl. dieser Achsen. Man beweise den *Satz von Steiner:*

$$\Theta_{L'} = \Theta_L + Md^2.$$

8.3 Sei $0 \leqq r < R$. Man berechne die Integrale

a) $$\int\limits_{r \leqq \|x\| \leqq R} \exp(-\|x\|^2)\, d^4x,$$

b) $$\int\limits_{r \leqq \|x\| \leqq R} x_i^2 \exp(-\|x\|^2)\, d^4x, \quad (i = 1, \ldots, 4).$$

8.4 Für $0 < r < R$ berechne man das Integral

$$\int\limits_{r \leqq \|x\| \leqq R} \ln \|x\|\, d^n x.$$

§ 9. Konvergenzsätze

In diesem Paragraphen beweisen wir die wichtigsten Konvergenzsätze der Lebesgueschen Integrationstheorie, wie den Satz von der monotonen Konvergenz und den Satz von der majorisierten Konvergenz. Diese Sätze erlauben, unter gewissen Voraussetzungen (Monotonie der Folge bzw. Majorisierung durch eine integrierbare Funktion) schon aus der punktweisen Konvergenz auf die Vertauschbarkeit von Integration und Limesbildung zu schließen, ohne daß die Konvergenz gleichmäßig sein muß.

Satz 1 (Satz von der monotonen Konvergenz von B. Levi).
Sei $f_k : \mathbb{R}^n \to \mathbb{R} \cup \{\pm\infty\}$, $k \in \mathbb{N}$, eine Folge integrierbarer Funktionen mit $f_k \leqq f_{k+1}$ für alle $k \in \mathbb{N}$. Falls

$$\lim_{k \to \infty} \int f_k(x)\, dx =: M < \infty,$$

so ist die Funktion

$$f := \lim_{k \to \infty} f_k$$

integrierbar und es gilt

$$\int f(x)\,dx = \lim_{k\to\infty} \int f_k(x)\,dx.$$

Bemerkung. Da die Funktionenfolge (f_k) monoton ist, existiert für jedes $x \in \mathbb{R}^n$ der Limes der Folge $(f_k(x))$ immer eigentlich oder uneigentlich als Element von $\mathbb{R} \cup \{\pm\infty\}$.

Beweis. Wir können annehmen, daß alle Funktionen f_k nur Werte in $\mathbb{R}$ annehmen. Denn

$$N_k := \{x \in \mathbb{R}^n : f_k(x) = \pm\infty\}$$

ist nach § 7, Satz 3, eine Nullmenge. Daher ist auch $N = \bigcup N_k$ eine Nullmenge und wir können die Funktionen f_k ohne Änderung der Integrale so abändern, daß sie überall auf N den Wert 0 annehmen.
Nach § 6, Satz 2 c), gilt für $m \in \mathbb{N}$

$$\|f - f_m\|_{L_1} = \left\| \sum_{k=m}^{\infty} (f_{k+1} - f_k) \right\|_{L_1} \leqq \sum_{k=m}^{\infty} \|f_{k+1} - f_k\|_{L_1}$$

$$= \sum_{k=m}^{\infty} \int (f_{k+1} - f_k)\,dx = \lim_{k\to\infty} \int (f_{k+1} - f_m)\,dx$$

$$= M - \int f_m(x)\,dx.$$

Zu vorgegebenem $\epsilon > 0$ wählen wir m so groß, daß

$$\|f - f_m\|_{L_1} < \frac{\epsilon}{2}.$$

Da f_m integrierbar ist, gibt es ein $g \in \mathscr{C}_c(\mathbb{R}^n)$, so daß

$$\|f_m - g\|_{L_1} < \frac{\epsilon}{2}.$$

Daraus folgt $\|f - g\|_{L_1} < \epsilon$ und

$$|M - \int g\,dx| \leqq |M - \int f_m\,dx| + |\int f_m\,dx - \int g\,dx| < \frac{\epsilon}{2} + \frac{\epsilon}{2} = \epsilon.$$

Nach § 6, Satz 3, ist daher f integrierbar mit $\int f(x)\,dx = M$.

Corollar 1. *Sei $A_0 \subset A_1 \subset A_2 \subset \ldots$ eine aufsteigende Folge integrierbarer Teilmengen des $\mathbb{R}^n$. Falls die Folge der Volumina* $\mathrm{Vol}(A_k)$, $k \in \mathbb{N}$, *beschränkt ist, ist auch die Vereinigung*

$$A := \bigcup_{k=0}^{\infty} A_k$$

integrierbar und es gilt

$$\mathrm{Vol}(A) = \lim_{k\to\infty} \mathrm{Vol}(A_k).$$

Beweis. Dies folgt aus Satz 1, da die Folge der charakteristischen Funktionen χ_{A_k} monoton wachsend gegen χ_A konvergiert.

Corollar 2. *Seien $A_k \subset \mathbb{R}^n$, $k \in \mathbb{N}$, integrierbare Menge derart, daß für jedes Paar $i \neq k$ der Durchschnitt $A_i \cap A_k$ eine Nullmenge ist. Falls*

$$\sum_{k=0}^{\infty} \mathrm{Vol}(A_k) < \infty,$$

ist die Vereinigung $\bigcup A_k$ integrierbar und es gilt

$$\mathrm{Vol}\left(\bigcup_{k=0}^{\infty} A_k\right) = \sum_{k=0}^{\infty} \mathrm{Vol}(A_k).$$

Beweis. Man wende Corollar 1 an auf die Folge der Mengen

$$B_k := \bigcup_{i \leqq k} A_i.$$

Corollar 3. *Sei $A_0 \supset A_1 \supset A_2 \supset \ldots$ eine absteigende Folge integrierbarer Teilmengen des $\mathbb{R}^n$. Dann ist auch der Durchschnitt*

$$A := \bigcap_{k=0}^{\infty} A_k$$

integrierbar und es gilt

$$\mathrm{Vol}(A) = \lim_{k\to\infty} \mathrm{Vol}(A_k).$$

Beweis. Dies folgt aus Satz 1, da die Folge der charakteristischen Funktionen χ_{A_k} monoton fallend gegen χ_A konvergiert.

Satz 2 (Satz von der majorisierten Konvergenz von H. Lebesgue).
Sei $f_k \in \mathscr{L}_1(\mathbb{R}^n)$, $k \in \mathbb{N}$, eine Folge integrierbarer Funktionen, die fast überall auf $\mathbb{R}^n$ punktweise gegen eine Funktion $f\colon \mathbb{R}^n \to \mathbb{R}$ konvergiere. Es gebe eine Funktion $F\colon \mathbb{R}^n \to \mathbb{R}_+ \cup \{\infty\}$ mit $\|F\|_{L_1} < \infty$, so daß

$$|f_k| \leqq F \quad \text{für alle} \quad k \in \mathbb{N}.$$

Dann ist auch f integrierbar und

$$\int f(x)\,dx = \lim_{k\to\infty} \int f_k(x)\,dx.$$

Beweis. Nach Abänderung auf einer Nullmenge kann man annehmen, daß

$$f(x) = \lim_{k \to \infty} f_k(x) \quad \text{für alle} \quad x \in \mathbb{R}^n.$$

Für $k \in \mathbb{N}$ setzen wir

$$g_k := \sup \{f_i \colon i \geqq k\}.$$

Die Funktion g_k ist monoton wachsender Limes der integrierbaren Funktionen

$$g_{k\nu} := \sup \{f_i \colon k \leqq i \leqq \nu\}.$$

Da $\int g_{k\nu}(x)\,dx \leqq \int^* F(x)\,dx = \|F\|_{L_1} < \infty$ für alle $\nu \geqq k$, ist die Funktion g_k nach dem Satz von der monotonen Konvergenz integrierbar. Die Folge (g_k) konvergiert monoton fallend gegen f. Wegen $\int g_k(x)\,dx \geqq -\int^* F(x)\,dx$ kann man wieder den Satz von der monotonen Konvergenz anwenden und erhält, daß f integrierbar ist mit

$$\int f(x)\,dx = \lim_{k \to \infty} \int g_k(x)\,dx.$$

Ebenso schließt man, daß die Funktionen

$$h_k := \inf \{f_i \colon i \geqq k\}, \quad k \in \mathbb{N},$$

integrierbar sind und

$$\int f(x)\,dx = \lim_{k \to \infty} \int h_k(x)\,dx.$$

Da $h_k \leqq f_k \leqq g_k$ für alle k, folgt

$$\int f(x)\,dx = \lim_{k \to \infty} \int f_k(x)\,dx, \quad \text{q.e.d.}$$

Satz 3. *Sei $A_0 \subset A_1 \subset A_2 \subset \ldots$ eine aufsteigende Folge von Teilmengen des $\mathbb{R}^n$ und*

$$A := \bigcup_{k=0}^{\infty} A_k.$$

Weiter sei $f \colon A \to \mathbb{R}$ eine Funktion derart, daß $f|A_k$ für alle k über A_k integrierbar ist. Falls

$$\lim_{k \to \infty} \int_{A_k} |f(x)|\,dx < \infty,$$

ist f über A integrierbar und es gilt

$$\int_A f(x)\,dx = \lim_{k \to \infty} \int_{A_k} f(x)\,dx.$$

Beweis. Wir setzen f unter Beibehaltung der Bezeichnung trivial durch 0 auf ganz $\mathbb{R}^n$ fort. Die Funktionen $f_k: \mathbb{R}^n \to \mathbb{R}$ seien definiert durch

$$f_k(x) := \begin{cases} f(x) & \text{für} \quad x \in A_k, \\ 0 & \text{für} \quad x \in \mathbb{R}^n \setminus A_k. \end{cases}$$

Dann gilt

$$f(x) = \lim_{k \to \infty} f_k(x) \quad \text{für alle} \quad x \in \mathbb{R}^n.$$

Sei $F := |f|$ und $F_k := |f_k|$. Dann gilt $F_k \uparrow F$. Da die Folge der Integrale

$$\int_{\mathbb{R}^n} F_k(x)\,dx = \int_{A_k} |f(x)|\,dx$$

nach Voraussetzung beschränkt ist, ergibt sich aus dem Satz von der monotonen Konvergenz, daß F integrierbar ist. Da $|f_k| \leqq F$ für alle k, läßt sich nun auf die Folge (f_k) der Satz von der majorisierten Konvergenz anwenden und man erhält, daß f integrierbar ist. Außerdem gilt

$$\int_A f(x)\,dx = \int_{\mathbb{R}^n} f(x)\,dx = \lim_{k \to \infty} \int_{\mathbb{R}^n} f_k(x)\,dx = \lim_{k \to \infty} \int_{A_k} f(x)\,dx.$$

Bemerkung. Man kann die Voraussetzung $A = \bigcup A_k$ abschwächen zu

$$A = \bigcup_{k=0}^{\infty} A_k \cup N,$$

wobei N eine Nullmenge ist. Denn man kann wegen § 7, Satz 2, ohne Beschränkung der Allgemeinheit annehmen, daß $f|N = 0$.

Beispiele

(9.1) Für jede reelle Zahl $\alpha < n$ ist die Funktion

$$x \mapsto \frac{1}{\|x\|^\alpha}$$

über die Kugel $\{x \in \mathbb{R}^n : \|x\| \leqq R\}$ integrierbar und es gilt

$$\int_{\|x\| \leqq R} \frac{1}{\|x\|^\alpha}\,d^n x = \frac{n\tau_n}{n-\alpha} R^{n-\alpha}, \quad \tau_n = \frac{\pi^{n/2}}{\Gamma\left(\frac{n}{2}+1\right)}.$$

(Wie die Funktion für $x = 0$ definiert ist, spielt keine Rolle, da $\{0\}$ eine Nullmenge ist.)

Nach Beispiel (8.1) ist nämlich

$$\int\limits_{\rho \leqq \|x\| \leqq R} \frac{1}{\|x\|^{\alpha}} d^n x = \frac{n \tau_n}{n - \alpha} (R^{n-\alpha} - \rho^{n-\alpha}),$$

und die Behauptung folgt aus Satz 3 durch Grenzübergang $\rho \to 0$.

(9.2) Ähnlich wie im vorigen Beispiel beweist man:
Für jede reelle Zahl $\alpha > n$ ist die Funktion $x \mapsto \|x\|^{-\alpha}$ über die Menge

$$\{x \in \mathbb{R}^n : \|x\| \geqq R\}, \quad R > 0,$$

integrierbar und es gilt

$$\int\limits_{\|x\| \geqq R} \frac{1}{\|x\|^{\alpha}} d^n x = \frac{n \tau_n}{\alpha - n} \cdot \frac{1}{R^{\alpha - n}}.$$

(9.3) Sei $s > 1$ eine reelle Zahl. Dann konvergiert die Reihe

$$\zeta(s) := \sum_{n=1}^{\infty} \frac{1}{n^s},$$

vgl. An. 1, Beispiel (20.6).
Für eine natürliche Zahl $k \geqq 1$ definieren wir die Funktion $f_k : \mathbb{R} \to \mathbb{R}_+$ durch

$$f_k(x) = \begin{cases} x^{s-1} e^{-kx} & \text{für } x > 0, \\ 0 & \text{für } x \leqq 0. \end{cases}$$

Mit der Substitution $t = kx$ erhält man für $0 < \epsilon < R < \infty$

$$\int\limits_{\epsilon}^{R} f_k(x)\, dx = \int\limits_{\epsilon}^{R} x^{s-1} e^{-kx} dx = \frac{1}{k^s} \int\limits_{k\epsilon}^{kR} t^{s-1} e^{-t} dt,$$

also ist f_k über $\mathbb{R}$ integrierbar und

$$\int\limits_{\mathbb{R}} f_k(x)\, dx = \frac{\Gamma(s)}{k^s}.$$

Daraus folgt

$$\sum_{k=1}^{\infty} \int\limits_{\mathbb{R}} f_k(x)\, dx = \Gamma(s)\, \zeta(s).$$

Andrerseits ist für $x > 0$

$$\sum_{k=1}^{\infty} f_k(x) = x^{s-1} \sum_{k=1}^{\infty} e^{-kx} = \frac{x^{s-1} e^{-x}}{1 - e^{-x}} = \frac{x^{s-1}}{e^x - 1}.$$

Der Satz von der monotonen Konvergenz liefert daher

$$\int_0^{\infty} \frac{x^{s-1}}{e^x - 1} dx = \Gamma(s)\,\zeta(s) \quad \text{für} \quad s > 1.$$

Dieses Resultat hatten wir bereits in An. 1, Beispiel (21.6) auf mühsamere Weise abgeleitet.

Definition. Eine Funktion $f\colon \mathbb{R}^n \to \mathbb{R}$ heißt *lokal-integrierbar*, wenn für jede kompakte Menge $K \subset \mathbb{R}^n$ die Funktion $f|K$ über K integrierbar ist.
Z.B. ist jede stetige Funktion lokal integrierbar.
Die Menge aller lokal-integrierbaren Funktionen $f\colon \mathbb{R}^n \to \mathbb{R}$ bezeichnen wir mit $\mathscr{L}_1^{loc}(\mathbb{R}^n)$.

Bemerkung. Damit $f\colon \mathbb{R}^n \to \mathbb{R}$ lokal-integrierbar ist, genügt es, daß f über jede Kugel $K(R) = \{\|x\| \leqq R\}$ integrierbar ist. Denn ein beliebiges Kompaktum $K \subset \mathbb{R}^n$ ist in einem $K(R)$ enthalten und wegen

$$f\chi_K = f\chi_{K(R)}\chi_K$$

folgt aus der Integrierbarkeit von $f\chi_{K(R)}$ mit § 6, Satz 6, die Integrierbarkeit von $f\chi_K$.

Ebenso zeigt man: $f\colon \mathbb{R}^n \to \mathbb{R}$ ist genau dann lokal-integrierbar, wenn jeder Punkt $a \in \mathbb{R}^n$ eine Umgebung U besitzt, so daß $f|U$ über U integrierbar ist.

Satz 4. *Eine Funktion $f\colon \mathbb{R}^n \to \mathbb{R}$ ist genau dann integrierbar, falls $f \in \mathscr{L}_1^{loc}(\mathbb{R}^n)$ und $\|f\|_{L_1} < \infty$.*

Beweis. Sei $f \in \mathscr{L}_1^{loc}(\mathbb{R}^n)$, $\|f\|_{L_1} < \infty$ und

$$A_k := \{x \in \mathbb{R}^n\colon \|x\| \leqq k\}, \quad k \in \mathbb{N}.$$

Dann ist $f|A_k$ integrierbar und

$$\int_{A_k} |f(x)|\,dx \leqq \|f\|_{L_1} < \infty \quad \text{für alle } k.$$

Aus Satz 3 folgt daher, daß f über $\mathbb{R}^n$ integrierbar ist. Die Umkehrung ist trivial.

Corollar. *Sei $f\colon \mathbb{R}^n \to \mathbb{R}$ eine lokal-integrierbare Funktion. Es gebe Konstanten $\epsilon > 0$ sowie $M \geqq 0$, $r_0 > 0$, so daß*

$$|f(x)| \leqq \frac{M}{\|x\|^{n+\epsilon}} \quad \text{für alle } x \text{ mit } \|x\| \geqq r_0.$$

Dann ist f über $\mathbb{R}^n$ integrierbar.

Beweis. Dies folgt aus Satz 4 und Beispiel (9.2).

(9.4) Wir betrachten die Funktion

$$f\colon \mathbb{R}^n \to \mathbb{R}\,, f(x) := e^{-\|x\|^2}.$$

Da

$$e^{-\|x\|^2} \leqq \frac{1}{\|x\|^{n+1}} \quad \text{für} \quad \|x\| \geqq r_0,$$

ist f integrierbar. Um das Integral

$$\gamma_n := \int_{\mathbb{R}^n} e^{-\|x\|^2}\, d^n x$$

zu berechnen, wenden wir § 8, Satz 1, an und erhalten

$$\int_{\|x\| \leqq R} e^{-\|x\|^2}\, d^n x = n\tau_n \int_0^R e^{-r^2} r^{n-1}\, dr = \frac{n\tau_n}{2} \int_0^{R^2} e^{-t} t^{n/2-1}\, dt,$$

wobei die Substitution $t = r^2$ benutzt wurde. Nach Definition der Gammafunktion (An. 1, § 20) ist

$$\lim_{R\to\infty} \int_0^{R^2} e^{-t} t^{n/2-1}\, dt = \Gamma\left(\frac{n}{2}\right).$$

Daraus folgt

$$\gamma_n = \int_{\mathbb{R}^n} e^{-\|x\|^2}\, d^n x = \frac{n}{2}\tau_n \Gamma\left(\frac{n}{2}\right) = \tau_n \Gamma\left(\frac{n}{2}+1\right).$$

Insbesondere ist

$$\gamma_2 = \tau_2 \Gamma(2) = \pi.$$

Da $e^{-\|x\|^2} = e^{-x_1^2} e^{-x_2^2} \cdot \ldots \cdot e^{-x_n^2}$, gilt andrerseits nach § 6, Satz 8,

$$\gamma_n = \prod_{i=1}^{n} \int_{\mathbb{R}} e^{-x_i^2} dx_i = \gamma_1^n.$$

Speziell ist $\gamma_1 = \sqrt{\gamma_2} = \sqrt{\pi}$, wir haben also wieder die schon in An. 1, Beispiel (20.8) auf andere Weise abgeleitete Formel

$$\int_{\mathbb{R}} e^{-x^2} dx = \sqrt{\pi}$$

erhalten. Weiter erhält man damit

$$\gamma_n = \tau_n \Gamma\left(\frac{n}{2}+1\right) = \gamma_1^n = \pi^{n/2},$$

also

$$\tau_n = \frac{\pi^{n/2}}{\Gamma\left(\frac{n}{2}+1\right)},$$

womit wir auf eine neue Weise das schon in § 5 berechnete Volumen der n-dimensionalen Einheitskugel erhalten haben.

Aufgaben

9.1 Für welche $\alpha > 0$ existiert das Integral

$$\int_{\|x\| < 1} \frac{1}{(1 - \|x\|^2)^\alpha} d^n x.$$

Man berechne gegebenenfalls den Wert des Integrals.

9.2 Es sei $\mu: \mathbb{R}^n \to \mathbb{R}$, $(n \geqq 3)$, eine lokal-integrierbare Funktion mit kompaktem Träger. Man zeige die Existenz des Integrals

$$F(y) := \int_{\mathbb{R}^n} \frac{\mu(x)}{\|x - y\|^{n-2}} d^n x, \quad (y \in \mathbb{R}^n).$$

Bemerkung: In physikalischer Interpretation ist F bis auf einen konstanten Faktor das von der Ladungsdichte μ erzeugte Newton-Potential.

9.3 Es seien $a_1, a_2, \ldots, a_m \in \mathbb{R}^n$, $(m > n > 1)$, paarweise voneinander verschiedene Punkte und

$$f(x) := \prod_{i=1}^{m} \|x - a_i\| \quad \text{für} \quad x \in \mathbb{R}^n.$$

Man zeige die Existenz des Integrals

$$\int_{\mathbb{R}^n} \frac{1}{f(x)} d^n x.$$

§ 10. Die L_p-Räume

Wir führen jetzt die L_p-Räume ($p \geqq 1$) ein, die in der Analysis eine wichtige Rolle spielen. Sie bestehen aus allen lokal-integrierbaren Funktionen f, für die das Integral von $|f|^p$ endlich ist. Die p-te Wurzel aus diesem Integral definiert eine Norm auf L_p, bzgl. der L_p vollständig ist. Insbesondere ergibt sich, daß L_2 ein Hilbertraum ist.

Die L_p-Norm

Sei $p \geqq 1$ eine reelle Zahl. Wir führen auf dem Raum $\mathfrak{F}(\mathbb{R}^n)$ aller Funktionen $f: \mathbb{R}^n \to \mathbb{R} \cup \{\pm\infty\}$ folgende Pseudonorm ein:

$$\|f\|_{L_p} := \left(\int_{\mathbb{R}^n}^* |f(x)|^p \, dx \right)^{1/p} \in \mathbb{R}_+ \cup \{\infty\}.$$

Dies verallgemeinert die schon in § 6 eingeführte Pseudonorm $\|\ \|_{L_1}$.
Für alle $f \in \mathfrak{F}(\mathbb{R}^n)$ und $\lambda \in \mathbb{R}$ gilt

$$\|\lambda f\|_{L_p} = |\lambda| \cdot \|f\|_{L_p}.$$

Lemma 1 (Höldersche Ungleichung). *Seien p und q reelle Zahlen* > 1 *mit*

$$\frac{1}{p} + \frac{1}{q} = 1.$$

Dann gilt für je zwei Funktionen $f, g \in \mathfrak{F}(\mathbb{R}^n)$

$$\|fg\|_{L_1} \leqq \|f\|_{L_p} \cdot \|g\|_{L_q}.$$

Beweis. Ohne Beschränkung der Allgemeinheit sei $f \geqq 0$, $g \geqq 0$. Falls $\|f\|_{L_p} = 0$, folgt aus § 7, Satz 4, daß $f = 0$ fast überall, also auch $fg = 0$ fast überall, d.h. $\|fg\|_{L_1} = 0$. Daher gilt die Ungleichung trivialerweise.
Man darf daher voraussetzen, daß $\|f\|_{L_p} > 0$ und $\|g\|_{L_q} > 0$. Falls eine der beiden Normen gleich ∞ ist, gilt die Ungleichung ebenfalls trivialerweise. Daher ist ohne Beschränkung der Allgemeinheit

$$0 < \|f\|_{L_p} < \infty, \quad 0 < \|g\|_{L_q} < \infty.$$

Wir setzen

$$\varphi := f^p / \|f\|_{L_p}^p, \quad \psi := g^q / \|g\|_{L_q}^q.$$

Nach Definition der L_p-Norm ist dann

$$\int^* |\varphi(x)| \, dx = 1, \quad \int^* |\psi(x)| \, dx = 1.$$

Nach An. 1, § 16, Hilfssatz, gilt für beliebige reelle Zahlen $a, b \geqq 0$

$$a^{1/p} b^{1/q} \leqq \frac{a}{p} + \frac{b}{q}.$$

Daraus folgt

$$\frac{fg}{\|f\|_{L_p} \|g\|_{L_q}} \leqq \frac{1}{p}\varphi + \frac{1}{q}\psi.$$

Bildet man das Oberintegral von beiden Seiten, so erhält man

$$\frac{1}{\|f\|_{L_p} \|g\|_{L_q}} \int^* f(x)\, g(x)\, dx \leqq \frac{1}{p} + \frac{1}{q} = 1,$$

d.h. $\|fg\|_{L_1} \leqq \|f\|_{L_p} \|g\|_{L_q}$, q.e.d.

Corollar (Minkowskische Ungleichung). *Für alle $f, g \in \mathfrak{F}(\mathbb{R}^n)$ und jedes $p \geqq 1$ gilt*

$$\|f+g\|_{L_p} \leqq \|f\|_{L_p} + \|g\|_{L_p}.$$

Dabei sei unter $f + g$ irgendeine Funktion mit Werten in $\mathbb{R} \cup \{\pm\infty\}$ verstanden, so daß $(f+g)(x) = f(x) + g(x)$ für alle $x \in \mathbb{R}^n$ mit $f(x), g(x) \in \mathbb{R}$. Es gilt dann $|f+g| \leqq |f| + |g|$ auf ganz $\mathbb{R}^n$.

Beweis. Für $p = 1$ wurde die Ungleichung schon in § 6, Satz 2, bewiesen. Sei also $p > 1$ und q definiert durch $1/p + 1/q = 1$. Es sei $h: \mathbb{R}^n \to \mathbb{R}_+ \cup \{\infty\}$ die Funktion

$$h := |f+g|^{p-1}.$$

Dann ist

$$h^q = |f+g|^{q(p-1)} = |f+g|^p,$$

also

$$\|h\|_{L_q} = \|f+g\|_{L_p}^{p/q}.$$

Außerdem ist

$$|f+g|^p = |f+g|\, h \leqq |fh| + |gh|,$$

die Höldersche Ungleichung liefert also

$$\begin{aligned} \|f+g\|_{L_p}^p &= \int^* |f+g|^p\, dx \leqq \|fh\|_{L_1} + \|gh\|_{L_1} \\ &\leqq (\|f\|_{L_p} + \|g\|_{L_p})\, \|h\|_{L_q} \\ &= (\|f\|_{L_p} + \|g\|_{L_p})\, \|f+g\|_{L_p}^{p/q}. \end{aligned}$$

Da $p - (p/q) = 1$, folgt die Behauptung.

Definition. Für eine reelle Zahl $p \geqq 1$ bestehe $\mathscr{L}_p(\mathbb{R}^n)$ aus allen Funktionen $f \in \mathscr{L}_1^{loc}(\mathbb{R}^n)$ mit $\|f\|_{L_p} < \infty$.

Wegen § 9, Satz 4, erhält man für $p = 1$ eine zur ursprünglichen Definition äquivalente Definition von $\mathscr{L}_1(\mathbb{R}^n)$.

Satz 1. *Für jedes $p \geqq 1$ ist $\mathscr{L}_p(\mathbb{R}^n)$ ein Vektorraum.*

Beweis. Seien $f, g \in \mathscr{L}_p(\mathbb{R}^n)$ und $\lambda \in \mathbb{R}$. Dann gilt auch $\lambda f, f+g \in \mathscr{L}_1^{loc}(\mathbb{R}^n)$. Außerdem ist

$$\|\lambda f\|_{L_p} = |\lambda| \cdot \|f\|_{L_p} < \infty,$$

$$\|f+g\|_{L_p} \leqq \|f\|_{L_p} + \|g\|_{L_p} < \infty,$$

d.h. $\lambda f, f+g \in \mathscr{L}_p(\mathbb{R}^n)$.

Satz 2. *Seien $p, q > 1$ reelle Zahlen mit $1/p + 1/q = 1$ und $f \in \mathscr{L}_p(\mathbb{R}^n)$, $g \in \mathscr{L}_q(\mathbb{R}^n)$. Dann gilt $|f|^p \in \mathscr{L}_1(\mathbb{R}^n)$ und $fg \in \mathscr{L}_1(\mathbb{R}^n)$.*

Beweis. Da aus $f \in \mathscr{L}_p(\mathbb{R}^n)$ folgt $|f|, f_+, f_- \in \mathscr{L}_p(\mathbb{R}^n)$, genügt es, den Satz für $f \geqq 0$, $g \geqq 0$ zu beweisen.
Für $k \in \mathbb{N}$ sei

$$f_k(x) := \begin{cases} \min(f(x), k) & \text{für } \|x\| \leqq k, \\ 0 & \text{für } \|x\| > k. \end{cases}$$

Da $f \in \mathscr{L}_1^{loc}(\mathbb{R}^n)$, folgt $f_k \in \mathscr{L}_1(\mathbb{R}^n)$. Da f_k beschränkt ist, folgt aus § 6, Satz 7, daß $|f_k|^p \in \mathscr{L}_1(\mathbb{R}^n)$. Außerdem gilt

$$\int |f_k(x)|^p \, dx \leqq \|f\|_{L_p}^p .$$

Da $|f_k|^p$ monoton wachsend gegen $|f|^p$ konvergiert, folgt aus dem Satz von der monotonen Konvergenz, daß $|f|^p \in \mathscr{L}_1(\mathbb{R}^n)$.
Die Funktionen g_k seien analog zu f_k definiert. Aus § 6, Satz 6, folgt $f_k g_k \in \mathscr{L}_1(\mathbb{R}^n)$. Mit Lemma 1 ergibt sich

$$\int f_k(x)\, g_k(x)\, dx \leqq \int^* |f(x)\, g(x)|\, dx \leqq \|f\|_{L_p} \, \|g\|_{L_q} .$$

Da $f_k g_k \uparrow fg$, folgt aus dem Satz von der monotonen Konvergenz $fg \in \mathscr{L}_1(\mathbb{R}^n)$, q.e.d.

Satz 3. *Für jedes $p \geqq 1$ liegt $\mathscr{C}_c(\mathbb{R}^n)$ dicht in $\mathscr{L}_p(\mathbb{R}^n)$, d.h. zu jedem $f \in \mathscr{L}_p(\mathbb{R}^n)$ und jedem $\epsilon > 0$ existiert ein $\varphi \in \mathscr{C}_c(\mathbb{R}^n)$ mit*

$$\|f - \varphi\|_{L_p} < \epsilon.$$

Beweis. Es genügt, die Aussage für $f \geqq 0$ zu beweisen. Wir definieren die Funktionen $f_k \in \mathscr{L}_1(\mathbb{R}^n)$, $k \in \mathbb{N}$, wie im vorigen Beweis. Da $|f_k - f|^p \leqq |f|^p$, folgt aus dem Satz von der majorisierten Konvergenz, daß $\lim \|f_k - f\|_{L_p} = 0$. Wir wählen k so groß, daß

$$(*) \quad \|f_k - f\|_{L_p} < \frac{\epsilon}{2} .$$

Nach § 6, Satz 3, gibt es ein $\varphi \in \mathscr{C}_c(\mathbb{R}^n)$, so daß

$$\|f_k - \varphi\|_{L_1} < \epsilon' := \frac{\epsilon^p}{2^p \, k^{p-1}} .$$

Da $0 \leqq f_k \leqq k$, kann man annehmen, daß auch $0 \leqq \varphi \leqq k$, also $|f_k - \varphi| \leqq k$. Daraus folgt

$$|f_k - \varphi|^p \leqq k^{p-1} |f_k - \varphi|,$$

also

$$\|f_k - \varphi\|_{L_p}^p \leqq k^{p-1} \|f_k - \varphi\|_{L_1} \leqq k^{p-1} \epsilon' = \left(\frac{\epsilon}{2}\right)^p.$$

Zusammen mit (*) folgt $\|f - \varphi\|_{L_p} < \epsilon$, q.e.d.

Corollar. *Für jedes $p \geqq 1$ liegt $\mathscr{C}_c^\infty(\mathbb{R}^n)$ bzgl. der L_p-Norm dicht in $\mathscr{L}_p(\mathbb{R}^n)$.*

Beweis. Wegen Satz 3 genügt es zu zeigen, daß $\mathscr{C}_c^\infty(\mathbb{R}^n)$ bzgl. der L_p-Norm dicht in $\mathscr{C}_c(\mathbb{R}^n)$ liegt.
Seien $f \in \mathscr{C}_c(\mathbb{R}^n)$ und $\epsilon > 0$ vorgegeben. Der Träger von f liegt in einer genügend großen Kugel $K(R)$. Sei

$$c := \mathrm{Vol}(K(R+1)), \quad \epsilon_1 := c^{-1/p} \epsilon.$$

Es gibt eine Funktion $\varphi \in \mathscr{C}_c^\infty(\mathbb{R}^n)$ mit

$$\mathrm{Supp}(\varphi) \subset K(R+1) \quad \text{und} \quad \sup_{x \in \mathbb{R}^n} |f(x) - \varphi(x)| < \epsilon_1$$

vgl. Aufgabe 3.9. Damit ist

$$\|f - \varphi\|_{L_p}^p = \int |f(x) - g(x)|^p \, dx < c\epsilon_1^p = \epsilon^p,$$

d.h. $\|f - \varphi\|_{L_p} < \epsilon$, q.e.d.
Im folgenden studieren wir den Zusammenhang zwischen verschiedenen Konvergenzbegriffen.

Konvergenz fast überall. Eine Funktionenfolge $f_k : \mathbb{R}^n \to \mathbb{R}$, $k \in \mathbb{N}$, konvergiert nach Definition fast überall gegen die Funktion $f: \mathbb{R}^n \to \mathbb{R}$, falls eine Nullmenge $N \subset \mathbb{R}^n$ existiert, so daß

$$\lim_{k \to \infty} f_k(x) = f(x) \quad \text{für alle} \quad x \in \mathbb{R}^n \setminus N.$$

L_p-Konvergenz. Man sagt, eine Folge $f_k \in \mathscr{L}_p(\mathbb{R}^n)$ konvergiere im Sinne der L_p-Norm gegen $f \in \mathscr{L}_p(\mathbb{R}^n)$, falls

$$\lim_{k \to \infty} \|f_k - f\|_{L_p} = 0.$$

Dies bedeutet

$$\lim_{k \to \infty} \int |f_k(x) - f(x)|^p \, dx = 0.$$

Deshalb spricht man für $p = 1$ auch von Konvergenz im absoluten Mittel und für $p = 2$ von Konvergenz im quadratischen Mittel.

L_p-Cauchyfolgen. Eine Folge $f_\nu \in \mathscr{L}_p(\mathbb{R}^n)$, $\nu \in \mathbb{N}$, heißt L_p-Cauchyfolge, falls zu jedem $\epsilon > 0$ ein $k_0 \in \mathbb{N}$ existiert, so daß

$$\|f_\nu - f_\mu\|_{L_p} < \epsilon \quad \text{für alle} \quad \mu, \nu \geqq k_0.$$

Bemerkung. Konvergiert $(f_\nu)_{\nu \in \mathbb{N}}$ im Sinne der L_p-Norm gegen eine Funktion f, so ist (f_ν) eine Cauchyfolge. Denn zu jedem $\epsilon > 0$ gibt es ein $k_0 \in \mathbb{N}$, so daß

$$\|f_\nu - f\|_{L_p} < \frac{\epsilon}{2} \quad \text{für alle} \quad \nu \geqq k_0.$$

Daraus folgt

$$\|f_\nu - f_\mu\|_{L_p} \leqq \|f_\nu - f\|_{L_p} + \|f - f_\mu\|_{L_p} < \epsilon.$$

Daß umgekehrt jede Cauchyfolge in $\mathscr{L}_p(\mathbb{R}^n)$ gegen eine Funktion $f \in \mathscr{L}_p(\mathbb{R}^n)$ konvergiert, ist tieferliegend und der Beweis bedarf einiger Vorbereitungen.
Zunächst verallgemeinern wir den Satz von der majorisierten Konvergenz auf $\mathscr{L}_p$-Funktionen.

Lemma 2. *Sei $p \geqq 1$ und $f_\nu \in \mathscr{L}_p(\mathbb{R}^n)$, $\nu \in \mathbb{N}$, eine Funktionenfolge, die fast überall gegen die Funktion $f: \mathbb{R}^n \to \mathbb{R}$ konvergiere. Es gebe eine Funktion $F: \mathbb{R}^n \to \mathbb{R}_+ \cup \{\infty\}$ mit $\|F\|_{L_p} < \infty$, so daß*

$$|f_\nu| \leqq F \quad \textit{für alle} \quad \nu \in \mathbb{N}.$$

Dann gilt auch $f \in \mathscr{L}_p(\mathbb{R}^n)$ und

$$\lim_{\nu \to \infty} \|f_\nu - f\|_{L_p} = 0.$$

Beweis. Da $\mathscr{L}_p(\mathbb{R}^n) \subset \mathscr{L}_1^{loc}(\mathbb{R}^n)$, gilt $f_\nu \chi_K \in \mathscr{L}_1(\mathbb{R}^n)$ für jedes Kompaktum $K \subset \mathbb{R}^n$. Außerdem gilt

$$f_\nu \chi_K \to f \chi_K \quad \text{fast überall.}$$

Nach der Hölderschen Ungleichung ist für $1/q + 1/p = 1$

$$\|F\chi_K\|_{L_1} \leqq \|F\|_{L_p} \|\chi_K\|_{L_q} < \infty.$$

Da $|f_\nu \chi_K| \leqq F\chi_K$ für alle ν, folgt aus dem Satz von der majorisierten Konvergenz $f\chi_K \in \mathscr{L}_1(\mathbb{R}^n)$, d.h. $f \in \mathscr{L}_1^{loc}(\mathbb{R}^n)$. Nach Abänderung auf einer Nullmenge gilt außerdem

$$|f| \leqq F, \quad \text{also} \quad \|f\|_{L_p} \leqq \|F\|_{L_p} < \infty,$$

d.h. $f \in \mathscr{L}_p(\mathbb{R}^n)$. Weiter ist

$$|f_\nu - f|^p \leqq (|f_\nu| + |f|)^p \leqq 2^p F^p.$$

Da $|f_\nu - f|^p \to 0$ fast überall, folgt wiederum aus dem Satz von der majorisierten Konvergenz

$$\lim_{\nu \to \infty} \int |f_\nu(x) - f(x)|^p \, dx = 0,$$

also $\lim \|f_\nu - f\|_{L_p} = 0$, q.e.d.

Lemma 3. *Sei $p \geqq 1$ und $g_\nu \in \mathscr{L}_p(\mathbb{R}^n)$, $\nu \in \mathbb{N}$, eine Funktionenfolge mit*

$$\sum_{\nu=0}^{\infty} \|g_\nu\|_{L_p} =: M < \infty .$$

Dann konvergiert die Reihe $\sum_{\nu=0}^{\infty} g_\nu$ fast überall gegen eine Funktion $g \in \mathscr{L}_p(\mathbb{R}^n)$ und es gilt

$$\lim_{k\to\infty} \|g - \sum_{\nu=0}^{k} g_\nu\|_{L_p} = 0.$$

Beweis. Wir setzen

$$G_k := \sum_{\nu=0}^{k} |g_\nu|, \quad G := \sum_{\nu=0}^{\infty} |g_\nu| .$$

Es gilt $G_k \in \mathscr{L}_p(\mathbb{R}^n)$, also $G_k^p \in \mathscr{L}_1(\mathbb{R}^n)$ und

$$\int G_k(x)^p \, dx = \|G_k\|_{L_p}^p \leqq \left(\sum_{\nu=0}^{k} \|g_\nu\|_{L_p} \right)^p \leqq M^p$$

für alle $k \in \mathbb{N}$. Da $G_k^p \uparrow G^p$, folgt aus dem Satz von der monotonen Konvergenz $G^p \in \mathscr{L}_1(\mathbb{R}^n)$, also

$$\|G^p\|_{L_1} = \|G\|_{L_p}^p < \infty .$$

Deshalb gibt es eine Nullmenge $N \subset \mathbb{R}^n$, so daß

$$G(x) < \infty \quad \text{für alle} \quad x \in \mathbb{R}^n \setminus N.$$

Für alle $x \in \mathbb{R}^n \setminus N$ existiert deshalb der Limes

$$g(x) := \sum_{\nu=0}^{\infty} g_\nu(x)$$

bei absoluter Konvergenz. Wir setzen $g(x) := 0$ für alle $x \in N$. Für alle Partialsummen gilt die Majorisierung

$$\left| \sum_{\nu=0}^{k} g_\nu \right| \leqq G_k \leqq G ,$$

also folgt die Behauptung aus Lemma 2.

Wir werden jetzt zeigen, daß in $\mathscr{L}_p(\mathbb{R}^n)$ jede Cauchyfolge konvergiert.

Satz 4. *Sei $p \geqq 1$ und $f_\nu \in \mathscr{L}_p(\mathbb{R}^n)$, $\nu \in \mathbb{N}$, eine L_p-Cauchyfolge. Dann gilt:*

a) *Es gibt eine Teilfolge $(f_{\nu_k})_{k \in \mathbb{N}}$ und eine Funktion $f: \mathbb{R}^n \to \mathbb{R}$ mit*

$$f_{\nu_k} \to f \quad \textit{fast überall.}$$

b) *Diese Funktion f gehört zu $\mathscr{L}_p(\mathbb{R}^n)$ und*

$$\lim_{\nu \to \infty} \|f_\nu - f\|_{L_p} = 0.$$

Beweis. Nach Definition der Cauchyfolge gibt es eine Indexfolge $\nu_0 < \nu_1 < \nu_2 < \ldots$, so daß

$$\|f_{\nu_k} - f_{\nu_{k+1}}\|_{L_p} \leqq 2^{-k} \quad \text{für alle} \quad k \in \mathbb{N}.$$

Auf die Reihe

$$\sum_{k=0}^{\infty} (f_{\nu_{k+1}} - f_{\nu_k})$$

kann deshalb Lemma 3 angewendet werden. Man erhält die Existenz einer Funktion $f \in \mathscr{L}_p(\mathbb{R}^n)$ mit $f_{\nu_k} \to f$ fast überall und

$$\lim_{k \to \infty} \|f_{\nu_k} - f\|_{L_p} = 0.$$

Da (f_ν) eine L_p-Cauchyfolge ist, folgt daraus

$$\lim_{\nu \to \infty} \|f_\nu - f\|_{L_p} = 0.$$

Corollar. *Seien $f, f_\nu \in \mathscr{L}_p(\mathbb{R}^n)$, $\nu \in \mathbb{N}$, Funktionen mit*

$$\lim_{\nu \to \infty} \|f_\nu - f\|_{L_p} = 0.$$

Dann gibt es eine Teilfolge (f_{ν_k}), die punktweise fast überall gegen f konvergiert.

Beweis. Da (f_ν) eine Cauchyfolge ist, gibt es nach Satz 4 eine Teilfolge (f_{ν_k}), die fast überall gegen eine Funktion $g \in \mathscr{L}_p(\mathbb{R}^n)$ konvergiert. Außerdem gilt $\lim \|f_{\nu_k} - g\|_{L_p} = 0$. Daraus folgt mit Hilfe der Dreiecksungleichung $\|f - g\|_{L_p} = 0$, d.h. $f = g$ fast überall. Daher konvergiert (f_{ν_k}) auch fast überall gegen f.

Die Banachräume $L_p(\mathbb{R}^n)$

Die Menge

$$\mathscr{N} := \{f \in \mathscr{L}_p(\mathbb{R}^n) : \|f\|_{L_p} = 0\}$$

ist ein Untervektorraum von $\mathscr{L}_p(\mathbb{R}^n)$ und besteht aus allen Funktionen $f: \mathbb{R}^n \to \mathbb{R}$ mit $f = 0$ fast überall. Wir setzen

$$L_p(\mathbb{R}^n) := \mathscr{L}_p(\mathbb{R}^n)/\mathscr{N}, \quad (p \geqq 1).$$

Die Pseudonorm $\| \ \|_{L_p}$ induziert eine Norm auf $L_p(\mathbb{R}^n)$. Satz 4 sagt, daß $L_p(\mathbb{R}^n)$ bzgl. dieser Norm vollständig, also ein Banachraum ist.

Alle diese Begriffsbildungen lassen sich leicht auf komplex-wertige Funktionen übertragen und man erhält so die Räume $\mathscr{L}_p(\mathbb{R}^n, \mathbb{C})$, $L_p(\mathbb{R}^n, \mathbb{C})$. Besonders interessant ist der Fall $p = 2$. Auf $\mathscr{L}_2(\mathbb{R}^n, \mathbb{C})$ definiert man ein Skalarprodukt

$$\langle f, g \rangle := \int_{\mathbb{R}^n} \overline{f(x)}\, g(x)\, dx \in \mathbb{C}.$$

Aus Satz 2 folgt, daß $\bar{f}g \in \mathscr{L}_1(\mathbb{R}^n, \mathbb{C})$, falls $f, g \in \mathscr{L}_2(\mathbb{R}^n, \mathbb{C})$; das Integral ist also definiert. Das Skalarprodukt ist antilinear im ersten und linear im zweiten Argument, außerdem hermitesch, d.h.

$$\langle g, f \rangle = \overline{\langle f, g \rangle}.$$

Für alle $f \in \mathscr{L}_2(\mathbb{R}^n, \mathbb{C})$ gilt

$$\langle f, f \rangle = \|f\|_{L_2}^2 \geqq 0$$

und $\langle f, f \rangle = 0$ genau dann, wenn $f = 0$ fast überall. Auf dem Quotienten $L_2(\mathbb{R}^n, \mathbb{C})$ erhält man somit ein positiv-definites Skalarprodukt. Da $L_2(\mathbb{R}^n, \mathbb{C})$ bzgl. der L_2-Norm überdies vollständig ist, ist es ein *Hilbertraum.*

Aufgaben

10.1 Es sei $f \in \mathscr{L}_p(\mathbb{R}^n)$, $(1 \leqq p < \infty)$, und $K \subset \mathbb{R}^n$ ein Kompaktum. Man zeige, daß f über K integrierbar ist und daß gilt

$$\int_K |f(x)|\, dx \leqq \operatorname{Vol}(K)^{1-1/p}\, \|f\|_{L_p}.$$

10.2 Es sei $f_k : \mathbb{R} \to \mathbb{R}$, $k \in \mathbb{N}$, die wie folgt definierte Funktion:

$$f_k(x) := \begin{cases} \sin^k(k\pi x) & \text{für} \quad 0 \leqq x \leqq 1, \\ 0 & \text{sonst.} \end{cases}$$

Man zeige, daß für jedes $p \in [1, \infty[$ gilt:

$$\lim_{k \to \infty} \|f_k\|_{L_p} = 0.$$

10.3 Es sei

$$A := \{x \in \mathbb{R}^n : 0 < \|x\| \leqq 1\},$$

$$B := \{x \in \mathbb{R}^n : \|x\| \geqq 1\}.$$

Für $\alpha \in \mathbb{R}_+$ seien Funktionen $f_\alpha, g_\alpha: \mathbb{R}^n \to \mathbb{R}$ definiert durch

$$f_\alpha(x) := \frac{\chi_A(x)}{\|x\|^\alpha}, \quad g_\alpha(x) := \frac{\chi_B(x)}{\|x\|^\alpha}.$$

Für welche $p \in [1, \infty[$ gehören die Funktionen f_α bzw. g_α zu $\mathscr{L}_p(\mathbb{R}^n)$?

10.4 Sei $1 \leqq p < q < \infty$. Man zeige:

a) Es gibt Funktionen

$$f \in \mathscr{L}_p(\mathbb{R}^n) \setminus \mathscr{L}_q(\mathbb{R}^n) \quad \text{und} \quad g \in \mathscr{L}_q(\mathbb{R}^n) \setminus \mathscr{L}_p(\mathbb{R}^n).$$

b) Ist $f: \mathbb{R}^n \to \mathbb{R}$ beschränkt und gilt $f \in \mathscr{L}_p(\mathbb{R}^n)$, so gilt auch $f \in \mathscr{L}_q(\mathbb{R}^n)$.

c) Ist $f \in \mathscr{L}_p(\mathbb{R}^n) \cap \mathscr{L}_q(\mathbb{R}^n)$, so folgt

$$f \in \mathscr{L}_s(\mathbb{R}^n) \quad \text{für alle} \quad s \in [p, q].$$

10.5 Für $n \in \mathbb{N}$ sei

$$H_n(x) := (-1)^n e^{x^2} \left(\frac{d}{dx}\right)^n e^{-x^2}, \quad (x \in \mathbb{R}),$$

das n-te Hermitesche Polynom (vgl. An. 2, § 12, (12.6.b)). Man zeige: Die Funktionen

$$h_n(x) := H_n(x) e^{-x^2/2}$$

gehören zu $\mathscr{L}_2(\mathbb{R})$ und es gilt

$$\langle h_n, h_m \rangle = 0 \quad \text{für} \quad n \neq m.$$

§ 11. Parameterabhängige Integrale

Häufig sind Funktionen definiert durch Integrale der Gestalt $g(t) = \int f(x, t)\, dx$. Wir untersuchen in diesem Paragraphen, unter welchen Voraussetzungen für f die entstehende Funktion g stetig bzw. differenzierbar von t abhängt. Unter Benutzung der Konvergenzsätze der Lebesgueschen Integrationstheorie ergeben sich hier viel stärkere Sätze als bei den entsprechenden Untersuchungen in An. 2, § 9, im Rahmen der Riemannschen Integrationstheorie.

Satz 1. *Sei U eine Teilmenge des $\mathbb{R}^m$, $a \in U$ ein Punkt und*

$$f: \mathbb{R}^n \times U \to \mathbb{R}, \qquad (x, t) \mapsto f(x, t),$$

eine Funktion mit folgenden Eigenschaften:

a) Für jedes feste $x \in \mathbb{R}^n$ ist die Funktion $t \mapsto f(x, t)$ stetig im Punkt a.

b) Für jedes feste $t \in U$ ist die Funktion $x \mapsto f(x, t)$ über $\mathbb{R}^n$ integrierbar.

c) Es gibt eine integrierbare Funktion $F: \mathbb{R}^n \to \mathbb{R}_+ \cup \{\infty\}$ mit

$$|f(x, t)| \leqq F(x) \quad \textit{für alle} \quad (x, t) \in \mathbb{R}^n \times U.$$

Dann ist die durch

$$g(t) := \int_{\mathbb{R}^n} f(x, t)\, dx$$

definierte Funktion $g: U \to \mathbb{R}$ *im Punkt* a *stetig.*

Beweis: Sei $t_k \in U$, $k \in \mathbb{N}$, irgendeine Punktfolge mit $\lim t_k = a$. Wir setzen

$$f_k(x) := f(x, t_k) \quad \text{und} \quad f_*(x) := f(x, a)\,.$$

Wegen a) gilt

$$\lim_{k \to \infty} f_k(x) = f_*(x) \quad \text{für alle} \quad x \in \mathbb{R}^n\,.$$

Wegen b) und c) sind die Voraussetzungen des Satzes von der majorisierten Konvergenz (§ 9, Satz 2) erfüllt; es gilt deshalb

$$\lim_{k \to \infty} g(t_k) = \lim_{k \to \infty} \int f_k(x)\, dx = \int f_*(x)\, dx = g(a)\,, \qquad \text{q.e.d.}$$

Satz 2. *Sei* $I \subset \mathbb{R}$ *ein Intervall und*

$$f: \mathbb{R}^n \times I \to \mathbb{R}\,, \qquad (x, t) \mapsto f(x, t)\,,$$

eine Funktion mit folgenden Eigenschaften:

a) Für jedes feste $x \in \mathbb{R}^n$ *ist die Funktion* $t \mapsto f(x, t)$ *differenzierbar auf* I.

b) Für jedes feste $t \in I$ *ist die Funktion* $x \mapsto f(x, t)$ *über* $\mathbb{R}^n$ *integrierbar.*

c) Es gibt eine integrierbare Funktion $F: \mathbb{R}^n \to \mathbb{R}_+ \cup \{\infty\}$ *mit*

$$\left| \frac{\partial f}{\partial t}(x, t) \right| \leqq F(x) \quad \text{für alle} \quad (x, t) \in \mathbb{R}^n \times I\,.$$

Dann ist die durch

$$g(t) := \int_{\mathbb{R}^n} f(x, t)\, dx$$

definierte Funktion $g: I \to \mathbb{R}$ *differenzierbar. Für jedes* $t \in I$ *ist die Funktion* $x \mapsto \frac{\partial f}{\partial t}(x, t)$ *über* $\mathbb{R}^n$ *integrierbar und es gilt*

$$g'(t) = \int_{\mathbb{R}^n} \frac{\partial f}{\partial t}(x, t)\, dx\,.$$

Beweis: Sei $t \in I$ und $h \neq 0$ eine reelle Zahl derart, daß $t + h \in I$. Wir setzen

$$f_h(x) := \frac{f(x, t+h) - f(x, t)}{h}\,.$$

Es ist $\lim_{h \to 0} f_h(x) = \frac{\partial f}{\partial t}(x, t)$.

Nach dem Mittelwertsatz der Differentialrechnung existiert außerdem ein $\theta = \theta(x, h) \in [0, 1]$ mit

$$f_h(x) := \frac{\partial f}{\partial t}(x, t + \theta h) .$$

Wegen c) gilt $|f_h(x)| \leqq F(x)$ für alle $x \in \mathbb{R}^n$.
Nun folgt aus dem Satz von der majorisierten Konvergenz

$$g'(t) = \lim_{h \to 0} \frac{g(t+h) - g(t)}{h} = \lim_{h \to 0} \int f_h(x)\, dx = \int \frac{\partial f}{\partial t}(x, t)\, dt .$$

Beispiele

(11.1) Wir wollen das von dem Parameter $t \in \mathbb{R}$ abhängende Integral

$$g(t) := \int\limits_{\mathbb{R}} e^{-x^2/2} e^{-ixt} dx$$

auswerten. Nach Beispiel (9.4) ist $g(0) = \sqrt{2\pi}$.
Satz 2 gilt natürlich auch für komplexwertige Funktionen. Mit

$$f(x, t) := e^{-x^2/2} e^{-ixt}$$

gilt

$$\frac{\partial f}{\partial t}(x, t) = -ix\, e^{-x^2/2} e^{-ixt}$$

also

$$\left| \frac{\partial f}{\partial t}(x, t) \right| \leqq |x|\, e^{-x^2/2} \quad \text{für alle} \quad (x, t) \in \mathbb{R}^2 .$$

Da die Funktion $x \mapsto |x|\, e^{-x^2/2}$ integrierbar ist, folgt

$$g'(t) = -i \int\limits_{\mathbb{R}} x\, e^{-x^2/2} e^{-ixt} dx.$$

Durch partielle Integration erhält man

$$\int\limits_{-R}^{R} x\, e^{-x^2/2} e^{-ixt} dx = -e^{-x^2/2} e^{-ixt} \Bigg|_{-R}^{R} - it \int\limits_{-R}^{R} e^{-x^2/2} e^{-ixt} dx ,$$

also

$$g'(t) = -t \int\limits_{-\infty}^{\infty} e^{-x^2/2} e^{-ixt} dx = -t g(t) .$$

Die Funktion g genügt also der linearen Differentialgleichung

$$\frac{dy}{dt} = -ty$$

mit der Lösung $y(t) = y(0)\, e^{-t^2/2}$. Daher ergibt sich

$$\int_{\mathbb{R}} e^{-x^2/2}\, e^{-ixt}\, dx = \sqrt{2\pi}\, e^{-t^2/2}.$$

(11.2) Für eine Funktion $f \in \mathscr{C}_c^k(\mathbb{R}^3)$, $k \geqq 1$, betrachten wir das Integral

$$u(x) := \int_{\mathbb{R}^3} \frac{f(y)}{\|y-x\|}\, d^3y\,.$$

In physikalischer Interpretation stellt u das von der Ladungsverteilung f erzeugte Potential dar. Das Integral existiert nach Beispiel (9.1).

Behauptung: Die Funktion u ist k-mal stetig differenzierbar und für jedes $\alpha \in \mathbb{N}^3$ mit $|\alpha| \leqq k$ gilt

$$D^\alpha u(x) = \int_{\mathbb{R}^3} \frac{D^\alpha f(y)}{\|y-x\|}\, d^3y\,.$$

Beweis: Wir führen die Substitution $\xi = y - x$ durch und erhalten

$$u(x) = \int_{\mathbb{R}^3} \frac{f(x+\xi)}{\|\xi\|}\, d^3\xi\,.$$

Sei $1 \leqq i \leqq 3$ und M eine obere Schranke für die Funktion $|D_i f|$. Da

$$\left| \frac{\partial}{\partial x_i} \left(\frac{f(x+\xi)}{\|\xi\|} \right) \right| \leqq \frac{M}{\|\xi\|} \qquad \text{für } \xi \neq 0$$

und die Funktion $\xi \mapsto M/\|\xi\|$ über jedem Kompaktum integrierbar ist, folgt aus Satz 2

$$D_i u(x) = \int \frac{D_i f(x+\xi)}{\|\xi\|}\, d^3\xi = \int \frac{D_i f(y)}{\|y-x\|}\, d^3y\,.$$

Nach Satz 1 ist $D_i u$ stetig, also u einmal stetig partiell differenzierbar. Wiederholung des Verfahrens ergibt die Behauptung.

(11.3) Bessel-Funktionen. Häufig werden parameterabhängige Integrale zur Definition von Funktionen benutzt. Dazu betrachten wir folgendes Beispiel: Sei $p \geqq 0$ eine reelle Zahl. Die Funktion $f_p\colon \mathbb{R} \to \mathbb{C}$ werde definiert durch

$$f_p(x) := \int_0^\pi \sin^{2p} t\; e^{-ix\cos t}\, dt\,.$$

(Dieses Beispiel läßt sich im Rahmen des elementaren Riemannschen Integrals für Funktionen einer Veränderlichen behandeln.) f_p ist beliebig oft differenzierbar und Differentiation unter dem Integral liefert

$$\left(\frac{d}{dx}\right)^k f_p(x) = (-\mathrm{i})^k \int_0^\pi \cos^k t \sin^{2p} t\, \mathrm{e}^{-\mathrm{i}x\cos t}\, dt\,.$$

Daraus ergibt sich wegen $\cos^2 t = 1 - \sin^2 t$ die Formel

$$f_p'' = f_{p+1} - f_p\,. \tag{1}$$

Für f_p' erhält man mit partieller Integration

$$\begin{aligned} f_p'(x) &= -\mathrm{i} \int_0^\pi \sin^{2p} t\, \mathrm{e}^{-\mathrm{i}x\cos t}\, d\sin t \\ &= \mathrm{i} \int_0^\pi \sin t\, d\left(\sin^{2p} t\, \mathrm{e}^{-\mathrm{i}x\cos t}\right) \\ &= 2p\,\mathrm{i} \int_0^\pi \cos t \sin^{2p} t\, \mathrm{e}^{-\mathrm{i}x\cos t}\, dt - x \int_0^\pi \sin^{2p+2} t\, \mathrm{e}^{-\mathrm{i}x\cos t}\, dt \\ &= -2p f_p'(x) - x f_{p+1}(x)\,, \end{aligned}$$

also

$$(2p+1) f_p'(x) = -x f_{p+1}(x)\,. \tag{2}$$

Aus (1) und (2) zusammen folgt, daß f_p eine Lösung der Differentialgleichung

$$f_p'' + \frac{2p+1}{x} f_p' + f_p = 0\,, \qquad (x \neq 0)\,, \tag{3}$$

ist. Die durch

$$J_p(x) := \frac{1}{\sqrt{\pi}} \frac{(x/2)^p}{\Gamma(p+\frac{1}{2})} \int_0^\pi \sin^{2p} t\, \mathrm{e}^{-\mathrm{i}x\cos t}\, dt \tag{4}$$

definierte Funktion $J_p : \mathbb{R}_+^* \to \mathbb{C}$ heißt *Besselfunktion der Ordnung* p. Da $J_p = \mathrm{const.}\, x^p f_p$, folgt leicht aus (3), daß $y = J_p(x)$ der Differentialgleichung

$$y'' + \frac{1}{x} y' + \left(1 - \frac{p^2}{x^2}\right) y = 0\,, \qquad (x > 0)\,, \tag{5}$$

genügt. Dies ist die Besselsche Differentialgleichung, die wir schon in An. 2, § 12, betrachtet haben. Aus (2) folgt die Rekursionsformel

$$\frac{d}{dx}(x^{-p} J_p(x)) = -x^{-p} J_{p+1}(x)$$

oder

$$J_{p+1}(x) = -J_p'(x) + \frac{p}{x} J_p(x) .$$

Für $p = \frac{1}{2}$ erhält man aus der Definition (4) durch eine elementare Integration

$$J_{1/2}(x) = \sqrt{\frac{2}{\pi}} \cdot \frac{\sin x}{\sqrt{x}} .$$

Daraus erhält man rekursiv alle Besselfunktionen halbganzer Ordnung $p = k + \frac{1}{2}$, $k \in \mathbb{N}$. Die Besselfunktionen ganzer Ordnung lassen sich nicht so einfach mittels der elementaren transzendenten Funktionen ausdrücken. Wir werden später in (13.2) die Reihenentwicklung der Besselfunktionen beliebiger Ordnung ableiten.

Aufgaben

11.1 Man zeige, daß man die Funktion

$$f(x) = \int_0^\infty e^{-xt} dt = \frac{1}{x}, \qquad (x > 0) ,$$

beliebig oft unter dem Integral differenzieren darf und leite daraus die Formel

$$\int_0^\infty t^n e^{-t} dt = n!$$

ohne Benutzung partieller Integration her.

11.2 Man zeige, daß die Gamma-Funktion beliebig oft differenzierbar ist mit

$$\Gamma^{(n)}(x) = \int_0^\infty e^{-t} t^{x-1} (\ln t)^n dt , \qquad (x > 0) .$$

11.3

a) Man beweise, daß für $\varphi \in \mathbb{R}$ mit $|\varphi| < \frac{\pi}{4}$ die Funktion

$$x \mapsto \exp(-e^{2i\varphi} x^2)$$

zu $\mathscr{L}_1(\mathbb{R}, \mathbb{C})$ gehört und zeige

$$F(\varphi) := \int_{-\infty}^{\infty} \exp(-e^{2i\varphi} x^2) dx = \sqrt{\pi} e^{-i\varphi} .$$

Anleitung: Durch Differentiation unter dem Integral leite man die Differentialgleichung $F'(\varphi) = -\mathrm{i}\,F(\varphi)$ her.

b) Man berechne für $a \in \mathbb{R}$ die Integrale

$$\int_{-\infty}^{\infty} e^{-x^2} \sin(ax^2)\,dx\,, \qquad \int_{-\infty}^{\infty} e^{-x^2} \cos(ax^2)\,dx\,.$$

11.4 Für $p \in \mathbb{R}_+$ ist die Struvesche Funktion der Ordnung p definiert durch

$$S_p(x) := \frac{2}{\sqrt{\pi}}\,\frac{(x/2)^p}{\Gamma(p+\frac{1}{2})}\int_0^{\pi/2} \sin^{2p} t\,\sin(x\cos t)\,dt\,, \qquad (x > 0)\,.$$

Man zeige, daß S_p folgender Differentialgleichung genügt:

$$S_p''(x) + \frac{1}{x}S_p'(x) + \left(1 - \frac{p^2}{x^2}\right)S_p(x) = \frac{(x/2)^{p-1}}{\sqrt{\pi}\,\Gamma(p+\frac{1}{2})}\,.$$

§ 12. Fourier-Integrale

Zu den wichtigsten parameterabhängigen Integralen gehören die Fourier-Integrale, die das kontinuierliche Analogon der Fourier-Reihen sind. Bei der Darstellung der Theorie der Fourier-Integrale werden wir Gelegenheit haben, alle bisher gelernten Sätze der Integrations-Theorie anzuwenden.

Vereinbarung: Da wir es im folgenden immer mit komplex-wertigen Funktionen zu tun haben werden, schreiben wir in diesem Paragraphen statt $\mathscr{C}^k(\mathbb{R}^n, \mathbb{C})$, $\mathscr{L}_p(\mathbb{R}^n, \mathbb{C})$ etc. nur $\mathscr{C}^k(\mathbb{R}^n)$, $\mathscr{L}_p(\mathbb{R}^n)$, ...

Definition der Fourier-Transformation

Für jede Funktion $f \in \mathscr{L}_1(\mathbb{R}^n)$ und jedes $\xi \in \mathbb{R}^n$ gehört die Funktion

$$x \mapsto f(x)\,e^{-\mathrm{i}\langle x,\xi\rangle}, \quad \langle x,\xi\rangle := \sum_{\nu=1}^{n} x_\nu \xi_\nu\,,$$

wieder zu $\mathscr{L}_1(\mathbb{R}^n)$, (dies folgt z.B. aus § 9, Satz 4); also existiert das Integral

$$\hat{f}(\xi) := \frac{1}{(2\pi)^{n/2}} \int_{\mathbb{R}^n} f(x)\,e^{-\mathrm{i}\langle x,\xi\rangle}\,d^n x\,.$$

Die dadurch definierte Funktion

$$\hat{f}\colon \mathbb{R}^n \to \mathbb{C}$$

heißt die *Fourier-Transformierte* von f. Aus § 11, Satz 1, folgt, daß $\hat{f}$ stetig ist. Außerdem ist $\hat{f}$ beschränkt mit

$$|\hat{f}(\xi)| \leqq \frac{1}{(2\pi)^{n/2}} \|f\|_{L_1} \quad \text{für alle} \quad \xi \in \mathbb{R}^n .$$

Beispiele

(12.1) Wir berechnen die Fourier-Transformierte der Funktion

$$f(x) := e^{-\|x\|^2/2}, \qquad x = (x_1, \ldots, x_n) \in \mathbb{R}^n .$$

Es ist

$$\hat{f}(\xi) = \frac{1}{(2\pi)^{n/2}} \int\limits_{\mathbb{R}^n} e^{-\|x\|^2/2} e^{-i\langle x, \xi\rangle} d^n x = \prod_{\nu=1}^{n} \left(\frac{1}{\sqrt{2\pi}} \int\limits_{\mathbb{R}} e^{-x_\nu^2/2} e^{-i x_\nu \xi_\nu} dx_\nu \right) =$$

$$= \prod_{\nu=1}^{n} e^{-\xi_\nu^2/2} = e^{-\|\xi\|^2/2}$$

nach Beispiel (11.1). Die Funktion f ist also ihre eigene Fourier-Transformierte.

(12.2) Sei $f \in \mathscr{L}_1(\mathbb{R}^n)$ eine Funktion mit Fourier-Transformierter $\hat{f}$. Für eine reelle Zahl $\lambda \neq 0$ definieren wir

$$g(x) := f(\lambda x) .$$

Dann gilt

$$\hat{g}(\xi) = \frac{1}{(2\pi)^{n/2}} \int f(\lambda x)\, e^{-i\langle x, \xi\rangle} d^n x .$$

Wir machen die Substitution $y = \lambda x$. Damit ergibt sich (§ 6, Satz 9)

$$\hat{g}(\xi) = \frac{1}{|\lambda|^n} \cdot \frac{1}{(2\pi)^{n/2}} \int f(y)\, e^{-i\langle y, \xi\rangle/\lambda} d^n y ,$$

d.h.

$$\hat{g}(\xi) = \frac{1}{|\lambda|^n} \hat{f}\left(\frac{\xi}{\lambda}\right) .$$

Z.B. erhält man damit für die Fourier-Transformation der Funktion

$$f(x) = \exp(-\|x\|^2/2a^2), \qquad a > 0, \qquad \hat{f}(\xi) = a^n \exp(-a^2 \|\xi\|^2/2) .$$

(12.3) Sei $f\colon \mathbb{R} \to \mathbb{R}$ die charakteristische Funktion des Intervalls $[-1, 1]$, d.h.

$$f(x) := \begin{cases} 1 & \text{für } |x| \leqq 1 , \\ 0 & \text{für } |x| > 1 . \end{cases}$$

Dann ist

$$\hat{f}(\xi) = \frac{1}{\sqrt{2\pi}} \int_{-1}^{1} e^{-ix\xi}\, dx = \frac{1}{\sqrt{2\pi}} \left[\frac{e^{-ix\xi}}{-i\xi}\right]_{x=-1}^{x=1} =$$

$$= \frac{1}{\sqrt{2\pi}} \frac{e^{i\xi} - e^{-i\xi}}{i\xi} = \sqrt{\frac{2}{\pi}}\, \frac{\sin\xi}{\xi}.$$

(Für $\xi = 0$ ist $\frac{\sin\xi}{\xi}$ als 1 zu interpretieren.)

Dies ist das Beispiel einer Funktion $f \in \mathscr{L}_1$, für die $\hat{f}$ nicht mehr zu $\mathscr{L}_1$ gehört. Denn wäre die Funktion

$$g(x) := \frac{\sin x}{x}$$

integrierbar, so müßte nach § 6, Satz 4, auch $|g|$ integrierbar sein. Nun ist aber für jede natürliche Zahl $k > 0$

$$\int_{(k-1)\pi}^{k\pi} \left|\frac{\sin x}{x}\right| dx \geqq \frac{1}{k\pi} \int_{(k-1)\pi}^{\pi} |\sin x|\, dx = \frac{2}{k},$$

also

$$\int_{-k\pi}^{k\pi} \left|\frac{\sin x}{x}\right| dx \geqq \frac{4}{\pi} \sum_{\nu=1}^{k} \frac{1}{\nu}.$$

Da die harmonische Reihe divergiert, ist $\|g\|_{L_1} = \infty$. Jedoch ist g uneigentlich integrierbar, d.h. es existiert der Grenzwert

$$\lim_{R\to\infty} \int_{-R}^{R} \frac{\sin x}{x}\, dx =: \int_{-\infty}^{\infty} \frac{\sin x}{x}\, dx \in \mathbb{R}.$$

Dies sieht man z.B. durch Vergleich mit der Leibnizschen Reihe

$$\sum_{\nu=1}^{\infty} (-1)^{\nu-1} \cdot \frac{1}{\nu}.$$

(12.4) Wir berechnen jetzt die Fourier-Transformierte der charakteristischen Funktion der n-dimensionalen Einheitskugel $K_n(1)$. Sei $f := \chi_{K_n(1)}$. Dann ist

$$\hat{f}(\xi) = \frac{1}{(2\pi)^{n/2}} \int_{\|x\| \leqq 1} e^{-i\langle \xi, x\rangle}\, d^n x.$$

Wir setzen $\rho := \|\xi\|$. Wegen der Rotationsinvarianz des Integrals und des Skalarprodukts gilt

$$\hat{f}(\xi) = \hat{f}(\xi^*) \quad \text{mit} \quad \xi^* = (0, \ldots, 0, \rho),$$

also

$$\hat{f}(\xi) = \frac{1}{(2\pi)^{n/2}} \int\limits_{\|x\| \leqq 1} e^{-i\rho x_n} dx_1 \ldots dx_n =$$

$$= \frac{1}{(2\pi)^{n/2}} \int\limits_{-1}^{1} \operatorname{Vol}(K_{n-1}(\sqrt{1-x_n^2}))\, e^{-i\rho x_n} dx_n =$$

$$= \frac{\tau_{n-1}}{(2\pi)^{n/2}} \int\limits_{-1}^{1} (1-x_n^2)^{(n-1)/2} e^{-i\rho x_n} dx_n =$$

$$= \frac{1}{(2\pi)^{n/2}} \cdot \frac{\pi^{(n-1)/2}}{\Gamma(\frac{n}{2}+\frac{1}{2})} \int\limits_0^{\pi} \sin^n t\, e^{-i\rho\cos t} dt,$$

wobei $x_n = \cos t$ substituiert wurde. Nach Beispiel (11.3) kann man das Integral durch eine Besselfunktion ausdrücken und erhält

$$\hat{f}(\xi) = \frac{1}{\rho^{n/2}} J_{n/2}(\rho), \qquad \rho = \|\xi\|.$$

Wie alle Fourier-Transformierten von L_1-Funktionen ist $\hat{f}$ im Nullpunkt stetig und man erhält durch direkte Rechnung

$$\hat{f}(0) = \frac{1}{(2\pi)^{n/2}} \operatorname{Vol}(K_n(1)) = \frac{1}{2^{n/2}\,\Gamma(\frac{n}{2}+1)}.$$

Für $n = 1$ ergibt sich wieder die im vorigen Beispiel berechnete Fourier-Transformierte.

(12.5) Sei $f\colon \mathbb{R} \to \mathbb{R}$ definiert durch

$$f(x) = e^{-|x|}.$$

Dann gilt

$$\hat{f}(\xi) = \frac{1}{\sqrt{2\pi}} \int\limits_{\mathbb{R}} e^{-|x|} e^{-ix\xi} dx = \frac{1}{\sqrt{2\pi}} \int\limits_0^{\infty} e^{-x}(e^{-ix\xi} + e^{ix\xi})\, dx =$$

$$= \frac{1}{\sqrt{2\pi}} \lim_{R\to\infty} \left[\frac{e^{-x(1+i\xi)}}{-1-i\xi} + \frac{e^{-x(1-i\xi)}}{-1+i\xi}\right]_{x=0}^{x=R} = \sqrt{\frac{2}{\pi}}\,\frac{1}{1+\xi^2}.$$

Satz 1. *Seien $f, g \in \mathscr{L}_1(\mathbb{R}^n)$ und $\hat{f}, \hat{g}$ ihre Fourier-Transformierten.*

a) Sei $a \in \mathbb{R}^n$ und $(\tau_a f)(x) := f(x-a)$ die um a translatierte Funktion. Dann gilt

$$(\tau_a f)^\wedge(\xi) = \hat{f}(\xi)\, e^{-i\langle a, \xi\rangle}.$$

b) Es gilt $(f * g)^\wedge = (2\pi)^{n/2}\hat{f}\hat{g}$.

c) Ist $f \in \mathscr{C}_c^1(\mathbb{R}^n)$, so gilt

$$(D_\nu f)^\wedge(\xi) = i\,\xi_\nu \hat{f}(\xi).$$

d) Ist die Funktion $x \mapsto x_\nu f$ integrierbar, so ist $\hat{f}$ nach ξ_ν stetig partiell differenzierbar und es gilt

$$(x_\nu f)^\wedge = i\, D_\nu \hat{f}.$$

e) Die Funktionen $\hat{f} g$ und $f\hat{g}$ sind integrierbar und es gilt

$$\int_{\mathbb{R}^n} \hat{f}(x)\, g(x)\, d^n x = \int_{\mathbb{R}^n} f(y)\, \hat{g}(y)\, d^n y.$$

Beweis:

a) Nach Definition ist

$$(\tau_a f)^\wedge(\xi) = \frac{1}{(2\pi)^{n/2}} \int f(x-a)\, e^{-i\langle x, \xi\rangle} d^n x =$$

$$= \frac{1}{(2\pi)^{n/2}} \int f(y)\, e^{-i\langle y+a, \xi\rangle} d^n y = \hat{f}(\xi)\, e^{-i\langle a, \xi\rangle}.$$

b) Da $(f * g)(x) = \int f(t)\, g(x-t)\, d^n t$, (vgl. § 7), ist

$$(f * g)^\wedge(\xi) = \frac{1}{(2\pi)^{n/2}} \int \left(\int f(t)\, g(x-t)\, dt\right) e^{-i\langle x, \xi\rangle} dx =$$

$$= \frac{1}{(2\pi)^{n/2}} \int \left(\int g(x-t)\, e^{-i\langle x-t, \xi\rangle} dx\right) f(t)\, e^{-i\langle t, \xi\rangle} dt =$$

$$= \int \hat{g}(\xi)\, f(t)\, e^{-i\langle t, \xi\rangle} dt = (2\pi)^{n/2}\hat{f}(\xi)\,\hat{g}(\xi),$$

wobei der Satz von Fubini verwendet wurde.

c) Mittels partieller Integration (§ 3, Satz 2) erhält man

$$(2\pi)^{n/2}(D_\nu f)^\wedge(\xi) = \int \frac{\partial f(x)}{\partial x_\nu} e^{-i\langle x, \xi\rangle} dx = -\int f(x) \frac{\partial}{\partial x_\nu} e^{-i\langle x, \xi\rangle} dx =$$

$$= -\int f(x)(-i\,\xi_\nu)\, e^{-i\langle x, \xi\rangle} dx = (2\pi)^{n/2}\, i\,\xi_\nu \hat{f}(\xi).$$

d) Aus § 11, Satz 2, folgt

$$i\, D_\nu \hat{f}(\xi) = \frac{i}{(2\pi)^{n/2}} \int f(x) \frac{\partial}{\partial \xi_\nu} e^{-i\langle x, \xi\rangle} dx =$$

$$= \frac{1}{(2\pi)^{n/2}} \int x_\nu f(x)\, e^{-i\langle x, \xi\rangle} dx = (x_\nu f)^\wedge(\xi).$$

e) Da $\hat{f}$ und $\hat{g}$ stetig und beschränkt sind, sind $\hat{f}g$ und $f\hat{g}$ integrierbar. Mit dem Satz von Fubini erhält man

$$\int f(x)\hat{g}(x)\,dx = \frac{1}{(2\pi)^{n/2}}\iint f(x)g(y)\,e^{-i\langle y,x\rangle}dx\,dy =$$

$$= \frac{1}{(2\pi)^{n/2}}\int(\int f(x)\,e^{-i\langle x,y\rangle}dx)\,g(y)\,dy = \int\hat{f}(y)\,g(y)\,dy\,.$$

(12.6) Beispiel. Ist $f = \chi_{[-1,1]}$ die charakteristische Funktion des Intervalls $[-1,1]$, so gilt für $g := f * f$, wie man einfach nachrechnet

$$g(x) = \sup(0, 2 - |x|), \qquad \text{(Bild 12.1)}.$$

Da $\hat{f}(\xi) = \sqrt{\frac{2}{\pi}}\frac{\sin\xi}{\xi}$, folgt aus Satz 1b)

$$\hat{g}(\xi) = 2\sqrt{\frac{2}{\pi}}\left(\frac{\sin\xi}{\xi}\right)^2.$$

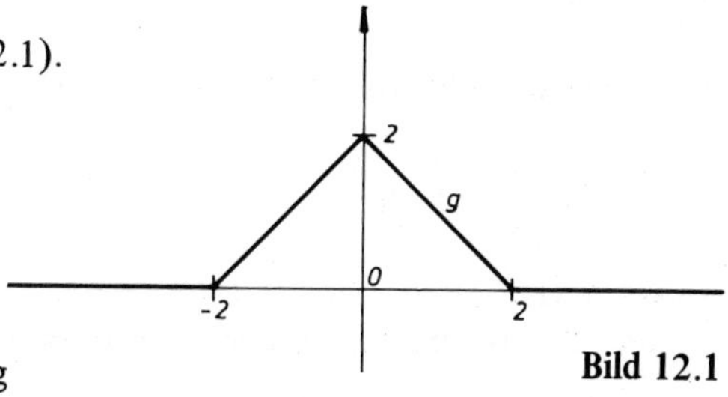

Bild 12.1

Wir ziehen noch eine interessante Folgerung aus Punkt c) von Satz 1.

Corollar 1. *Zu jeder Funktion* $f \in \mathscr{C}_c^k(\mathbb{R}^n)$, $(k \in \mathbb{N})$, *gibt es eine Konstante* $M \in \mathbb{R}_+$, *so daß*

$$|\hat{f}(\xi)| \leq M(1 + \|\xi\|)^{-k} \quad \textit{für alle} \quad \xi \in \mathbb{R}^n.$$

Insbesondere ist für jedes $f \in \mathscr{C}_c^{n+1}(\mathbb{R}^n)$ *die Fourier-Transformierte* $\hat{f}$ *integrierbar, vgl. Beispiel (9.2).*

Beweis: Durch wiederholte Anwendung von Satz 1c) erhält man für jeden Multiindex $\alpha \in \mathbb{N}^n$ mit

$$|\alpha| = \alpha_1 + \ldots + \alpha_n \leq k \qquad (D^\alpha f)^\wedge(\xi) = i^{|\alpha|}\xi^\alpha\hat{f}(\xi)\,,$$

also

$$|\xi^\alpha\hat{f}(\xi)| \leq \frac{1}{(2\pi)^{n/2}}\|D^\alpha f\|_{L_1}\,.$$

Deshalb gibt es eine Konstante $M \in \mathbb{R}_+$, so daß

$$(1 + |\xi_1| + \ldots + |\xi_n|)^k\,|\hat{f}(\xi)| \leq M \quad \text{für alle} \quad \xi \in \mathbb{R}^n.$$

Daraus folgt

$$|\hat{f}(\xi)| \leq M(1 + \|\xi\|)^{-k}, \quad \text{q.e.d.}$$

Corollar 2. *Für jede Funktion* $f \in \mathscr{L}_1(\mathbb{R}^n)$ *gilt*

$$\lim_{\|\xi\|\to\infty}\hat{f}(\xi) = 0\,.$$

Beweis: Ist $g \in \mathscr{C}_c^1(\mathbb{R}^n)$, so folgt aus Corollar 1, daß

$$\lim_{\|\xi\| \to \infty} \hat{g}(\xi) = 0 .$$

Zu jedem $f \in \mathscr{L}_1(\mathbb{R}^n)$ und $\epsilon > 0$ gibt es aber nach § 10, Corollar zu Satz 3, ein $g \in \mathscr{C}_c^1(\mathbb{R}^n)$ mit $\|f - g\|_{L_1} < \epsilon$. Daraus folgt

$$|\hat{f}(\xi) - \hat{g}(\xi)| \leq \frac{\epsilon}{(2\pi)^{n/2}} \quad \text{für alle} \quad \xi \in \mathbb{R}^n .$$

Daraus folgt die Behauptung.

Bemerkung: Es bezeichne $\mathscr{C}_0(\mathbb{R}^n)$ den Vektorraum aller stetigen Funktionen $f\colon \mathbb{R}^n \to \mathbb{C}$ mit

$$\lim_{\|x\| \to \infty} f(x) = 0 .$$

Es gilt $\mathscr{C}_c(\mathbb{R}^n) \subset \mathscr{C}_0(\mathbb{R}^n) \subset \mathscr{C}(\mathbb{R}^n)$. Corollar 2 läßt sich dann so aussprechen: Die Fourier-Transformation definiert eine lineare Abbildung

$$\mathscr{F}\colon \mathscr{L}_1(\mathbb{R}^n) \to \mathscr{C}_0(\mathbb{R}^n) , \qquad f \mapsto \hat{f} .$$

Da die Fourier-Transformierte einer Funktion, die fast überall null ist, identisch verschwindet, induziert $\mathscr{F}$ eine mit demselben Buchstaben bezeichnete Abbildung

$$\mathscr{F}\colon L_1(\mathbb{R}^n) \to \mathscr{C}_0(\mathbb{R}^n) .$$

Wir wollen uns jetzt mit der Umkehrung der Fourier-Transformation beschäftigen. Dazu brauchen wir folgendes Lemma.

Lemma 1. *Sei $\psi \in \mathscr{L}_1(\mathbb{R}^n)$ eine Funktion mit*

$$\int_{\mathbb{R}^n} \psi(x)\, dx = 1 .$$

Für $\lambda > 0$ setzen wir

$$\psi_\lambda(x) := \frac{1}{\lambda^n} \psi\left(\frac{x}{\lambda}\right) .$$

Dann gilt für jede Funktion $f \in \mathscr{L}_1(\mathbb{R}^n)$

$$\lim_{\lambda \to 0} \|f - f * \psi_\lambda\|_{L_1} = 0 .$$

Beweis: Wir behandeln zuerst den Fall, daß $f \in \mathscr{C}_c(\mathbb{R}^n)$. Dann gibt es eine Kugel $K(R) \subset \mathbb{R}^n$, so daß $\operatorname{Supp}(f) \subset K(R)$. Da f gleichmäßig stetig ist, gibt es eine Funktion $\omega\colon \mathbb{R}_+ \to \mathbb{R}_+$ mit

$$\lim_{\delta \searrow 0} \omega(\delta) = 0 ,$$

so daß

$$|f(x) - f(y)| \leqq \omega(\|x - y\|) \quad \text{für alle} \quad x, y \in \mathbb{R}^n .$$

Die Substitution $t = x/\lambda$ zeigt (vgl. § 6, Satz 9)

$$\int \psi_\lambda(t)\, dt = \int \psi(x)\, dx = 1 ,$$

also

$$f(x) = \int f(x)\, \psi_\lambda(t)\, dt .$$

Da nach Definition

$$(f * \psi_\lambda)(x) = \int f(x - t)\, \psi_\lambda(t)\, dt ,$$

folgt

$$(f - f * \psi_\lambda)(x) = \int_{\mathbb{R}^n} (f(x) - f(x - t))\, \psi_\lambda(t)\, dt .$$

Sei $\delta \in \,]0, 1]$ beliebig. Dann ist

$$\|f - f * \psi_\lambda\|_{L_1} \leqq \int_{\mathbb{R}^n} \left(\int_{\|t\| \leqq \delta} |f(x) - f(x - t)|\, |\psi_\lambda(t)|\, dt \right) dx +$$

$$+ \int_{\mathbb{R}^n} \left(\int_{\|t\| > \delta} |f(x) - f(x - t)|\, |\psi_\lambda(t)|\, dt \right) dx .$$

Wir bezeichnen den ersten Summanden der rechten Seite mit I, den zweiten mit II. Dann kann man wie folgt abschätzen:

$$|I| \leqq \int_{\|x\| \leqq R+1} \left(\int_{\mathbb{R}^n} \omega(\delta)\, |\psi_\lambda(t)|\, dt \right) dx \leqq \operatorname{Vol}(K(R + 1)) \cdot \omega(\delta) \cdot \|\psi\|_{L_1} .$$

Zu vorgegebenem $\epsilon > 0$ können wir deshalb δ so klein wählen, daß $|I| < \epsilon/2$. Für den zweiten Summanden erhalten wir mit Fubini

$$|II| = \int_{\|t\| > \delta} \left(\int_{\mathbb{R}^n} |f(x) - f(x - t)|\, dx \right) |\psi_\lambda(t)|\, dt \leqq 2\, \|f\|_{L_1} \left(\int_{\|t\| > \delta} |\psi_\lambda(t)|\, dt \right) =$$

$$= 2\, \|f\|_{L_1} \left(\int_{\|t\| > \delta/\lambda} |\psi(x)|\, dx \right) .$$

Da $|\psi|$ integrierbar ist, strebt das letzte Integral für $\lambda \to 0$ gegen 0. Man kann deshalb λ so klein wählen, daß $|II| < \epsilon/2$. Insgesamt ergibt sich

$$\|f - f * \psi_\lambda\|_{L_1} < \epsilon .$$

Damit ist die Aussage des Lemmas für $f \in \mathscr{C}_c(\mathbb{R}^n)$ bewiesen. Für allgemeines $f \in \mathscr{L}_1(\mathbb{R}^n)$ approximieren wir f nach § 10, Satz 3, durch eine Funktion $g \in \mathscr{C}_c(\mathbb{R}^n)$, so daß

$$\|f-g\|_{L_1} < \frac{\epsilon}{2(1+\|\psi\|_{L_1})}$$

und wählen $\lambda > 0$ so klein, daß

$$\|g - g * \psi_\lambda\|_{L_1} < \frac{\epsilon}{2}.$$

Mit $h := f - g$ gilt dann

$$\|f-f * \psi_\lambda\|_{L_1} \leqq \|g-g * \psi_\lambda\|_{L_1} + \|h-h * \psi_\lambda\|_{L_1} < \frac{\epsilon}{2} + \|h\|_{L_1}(1+\|\psi\|_{L_1}) < \epsilon ,$$

q.e.d.

Satz 2 (Umkehrformel). *Sei $f \in \mathscr{L}_1(\mathbb{R}^n)$ eine Funktion derart, daß auch $\hat{f} \in \mathscr{L}_1(\mathbb{R}^n)$. Dann gilt nach evtl. Abänderung auf einer Nullmenge $f \in \mathscr{C}_0(\mathbb{R}^n)$ und*

$$f(x) = \frac{1}{(2\pi)^{n/2}} \int_{\mathbb{R}^n} \hat{f}(\xi)\, e^{i\langle \xi, x\rangle} d\xi \quad \textit{für alle} \quad x \in \mathbb{R}^n .$$

Bemerkungen

a) Die Umkehrformel läßt sich als Antwort auf folgendes Problem auffassen: Man möchte eine Funktion f im $\mathbb{R}^n$ als Superposition der einfachen Funktionen $x \mapsto e^{i\langle \xi, x\rangle}$, $(\xi \in \mathbb{R}^n)$, d.h. als Integral

$$f(x) = \int a(\xi)\, e^{i\langle \xi, x\rangle} d\xi$$

darstellen. Satz 2 zeigt, daß dies unter gewissen Voraussetzungen an f möglich ist und man

$$a(\xi) = \frac{1}{(2\pi)^n} \int f(x)\, e^{-i\langle x, \xi\rangle} dx$$

zu wählen hat. Die Voraussetzungen sind nach Corollar 1 zu Satz 1 insbesondere für alle $f \in \mathscr{C}_c^{n+1}(\mathbb{R}^n)$ erfüllt.

b) Satz 2 zeigt auch, daß eine Funktion $f \in \mathscr{L}_1(\mathbb{R}^n)$ durch ihre Fourier-Transformierte eindeutig (bis auf Nullmengen) bestimmt ist. Denn gilt $\hat{f} = \hat{g}$, so folgt aus Satz 2, angewandt auf die Differenz $f - g$, daß $f = g$ fast überall.

c) Schreibt man $\mathscr{F} f$ für $\hat{f}$ und definiert den Operator $\overline{\mathscr{F}}$ durch

$$(\overline{\mathscr{F}} f)(x) := \frac{1}{(2\pi)^{n/2}} \int_{\mathbb{R}^n} f(\xi)\, e^{i\langle \xi, x\rangle} d\xi ,$$

so gilt

$$\overline{\mathscr{F}}(f) = \overline{\mathscr{F}(\bar{f})} \quad \text{für alle} \quad f \in \mathscr{L}_1(\mathbb{R}^n) .$$

Satz 2 läßt sich dann so aussprechen:
Ist $f \in \mathscr{L}_1(\mathbb{R}^n)$ und $\mathscr{F}f \in \mathscr{L}_1(\mathbb{R}^n)$, so gilt

$$\overline{\mathscr{F}}\,\mathscr{F}f = f \quad \text{und} \quad \mathscr{F}\,\overline{\mathscr{F}}f = f\,.$$

Beweis: Da $\hat{f} \in \mathscr{L}_1(\mathbb{R}^n)$, folgt aus Corollar 2 zu Satz 1, daß $\overline{\mathscr{F}}\hat{f} \in \mathscr{C}_0(\mathbb{R}^n)$. Wir haben zu zeigen, daß $\overline{\mathscr{F}}\hat{f} = f$ fast überall. Dazu verwenden wir Satz 1a) und e). Für eine beliebige Funktion $\varphi \in \mathscr{L}_1(\mathbb{R}^n)$ gilt

$$(*) \quad \int \hat{f}(\xi)\, e^{i\langle \xi, x\rangle}\, \varphi(\xi)\, d\xi = \int (\tau_{-x} f)^{\wedge}(\xi)\, \varphi(\xi)\, d\xi =$$
$$= \int (\tau_{-x} f)(y)\, \hat{\varphi}(y)\, dy = \int f(x+y)\, \hat{\varphi}(y)\, dy = \int f(x-y)\, \hat{\varphi}(-y)\, dy\,.$$

Wir spezialisieren jetzt die Funktion φ. Sei

$$\psi(\xi) := \frac{1}{(2\pi)^{n/2}}\, e^{-\|\xi\|^2/2}\,.$$

Nach den Beispielen (12.1) und (9.4) ist

$$\hat{\psi}(\xi) = \psi(\xi) \quad \text{und} \quad \int \psi(\xi)\, d\xi = 1\,.$$

Sei $\lambda > 0$. Für die Funktion $\varphi(\xi) := \psi(\lambda\xi)$ gilt dann

$$\hat{\varphi}(\xi) = \frac{1}{\lambda^n}\, \psi\left(\frac{\xi}{\lambda}\right) =: \psi_\lambda(\xi)\,.$$

Damit erhalten wir aus $(*)$

$$\frac{1}{(2\pi)^{n/2}} \int \hat{f}(\xi)\, e^{i\langle \xi, x\rangle}\, e^{-\lambda^2 \|\xi\|^2/2}\, d\xi = \int f(x-y)\, \psi_\lambda(y)\, dy = (f * \psi_\lambda)(x)\,.$$

Für $\lambda \to 0$ strebt $\exp(-\lambda^2 \|\xi\|^2/2)$ monoton wachsend gegen 1, die linke Seite konvergiert daher nach dem Satz von der majorisierten Konvergenz gegen $(\overline{\mathscr{F}}\hat{f})(x)$. Andererseits konvergiert $f * \psi_\lambda$ nach Lemma 1 in der L_1-Norm gegen f. Eine Teilfolge konvergiert also (§ 10, Corollar zu Satz 4) fast überall gegen f. Daraus folgt $\overline{\mathscr{F}}\hat{f} = f$ fast überall, q.e.d.

Beispiele

(12.7) Auf die in Beispiel (12.6) untersuchte Funktion $\sup(0, 2-|x|)$ läßt sich die Umkehrformel anwenden und man erhält

$$\sup(0, 2-|\xi|) = \frac{2}{\pi} \int_{\mathbb{R}} \left(\frac{\sin x}{x}\right)^2 e^{ix\xi}\, dx = \frac{2}{\pi} \int_{\mathbb{R}} \left(\frac{\sin x}{x}\right)^2 \cos(x\xi)\, dx\,,$$

insbesondere für $\xi = 0$

$$\int_{-\infty}^{\infty} \left(\frac{\sin x}{x}\right)^2 dx = \pi\,.$$

(12.8) Nach Beispiel (12.5) ist $g(\xi) = \sqrt{\frac{2}{\pi}} \cdot \frac{1}{1+\xi^2}$ die Fourier-Transformierte von $f(x) = e^{-|x|}$, also gilt umgekehrt $\bar{\mathscr{F}} g = f$, und da beide Funktionen reell sind, auch $\mathscr{F} g = f$. Daraus folgt

$$\frac{1}{\pi} \int_{-\infty}^{\infty} \frac{\cos(x\xi)}{1+x^2}\, dx = e^{-|\xi|} .$$

(12.9) Für $\sigma > 0$ sei G_σ: $\mathbb{R} \to \mathbb{R}$ die Funktion

$$G_\sigma(x) := \frac{1}{\sigma\sqrt{2\pi}} \exp(-x^2/2\sigma^2) .$$

Es gilt $\int G_\sigma(x)\, dx = 1$. In wahrscheinlichkeitstheoretischer Interpretation ist G_σ die Dichte der Gaußschen Wahrscheinlichkeitsverteilung mit Mittelwert 0 und Varianz σ^2. Nach (12.2) gilt

$$\hat{G}_\sigma(\xi) = \frac{1}{\sqrt{2\pi}} \exp(-\sigma^2 x^2/2) .$$

Nach Satz 1b) gilt $(G_\sigma * G_\tau)^\wedge = \sqrt{2\pi}\, \hat{G}_\sigma \hat{G}_\tau$, also

$$(G_\sigma * G_\tau)^\wedge(\xi) = \frac{1}{\sqrt{2\pi}} \exp(-(\sigma^2 + \tau^2)\xi^2/2) = \hat{G}_{\sqrt{\sigma^2+\tau^2}} .$$

Da eine Funktion durch ihre Fourier-Transformierte eindeutig bestimmt ist, folgt

$$G_\sigma * G_\tau = G_{\sqrt{\sigma^2+\tau^2}} .$$

(12.10) Für $a > 0$ sei F_a: $\mathbb{R} \to \mathbb{R}$ die Funktion

$$F_a(x) := \frac{1}{\pi} \frac{a}{a^2+x^2} = \frac{1}{a} F_1\left(\frac{x}{a}\right) .$$

Es gilt $\int F_a(x)\, dx = 1$. In wahrscheinlichkeitstheoretischer Interpretation ist F_a die Dichte der Cauchyschen Wahrscheinlichkeitsverteilung mit Parameter a. Nach Beispiel (12.5) ist

$$\hat{F}_a(\xi) = \frac{1}{\sqrt{2\pi}} e^{-a|\xi|} .$$

Es folgt

$$(F_a * F_b)^\wedge(\xi) = \frac{1}{\sqrt{2\pi}} e^{-(a+b)|\xi|} = \hat{F}_{a+b}(\xi) .$$

Daraus folgt $F_a * F_b = F_{a+b}$.

Wir wollen jetzt die Fourier-Transformation auf $L_2(\mathbb{R}^n)$ ausdehnen. Dazu benötigen wir folgendes Lemma.

Lemma 2. *Sei $f \in \mathscr{L}_1(\mathbb{R}^n) \cap \mathscr{L}_2(\mathbb{R}^n)$. Dann gibt es zu jedem $\epsilon > 0$ ein $\varphi \in \mathscr{C}_c^\infty(\mathbb{R}^n)$, so daß gleichzeitig*

$$\|f - \varphi\|_{L_1} < \epsilon \quad \textit{und} \quad \|f - \varphi\|_{L_2} < \epsilon .$$

Beweis: Für $\lambda > 0$ sei

$$h_\lambda(x) := e^{-\lambda \|x\|^2} .$$

Es gilt $h_\lambda \uparrow 1$ für $\lambda \to 0$. Daher konvergiert für $p = 1, 2$ das Integral

$$\|f - fh_\lambda\|_{L_p}^p = \int |f(x)|^p \, |1 - h_\lambda(x)|^p \, dx$$

nach dem Satz von der monotonen Konvergenz gegen 0. Wir wählen $\lambda > 0$ so klein, daß

$$\|f - fh_\lambda\|_{L_p} < \frac{\epsilon}{2} \quad \text{für} \quad p = 1, 2 .$$

Nach § 10, Corollar zu Satz 3, gibt es eine Funktion $\psi \in \mathscr{C}_c^\infty(\mathbb{R}^n)$ mit

$$\|f - \psi\|_{L_2} < \min\left(\frac{\epsilon}{2}, \frac{\epsilon}{2\,\|h_\lambda\|_{L_2}}\right) .$$

Da $|fh_\lambda - \psi h_\lambda| = |f - \psi| \, |h_\lambda| \leqq |f - \psi|$, gilt

$$\|fh_\lambda - \psi h_\lambda\|_{L_2} \leqq \|f - \psi\|_{L_2} < \frac{\epsilon}{2}$$

und nach der Hölderschen Ungleichung

$$\|fh_\lambda - \psi h_\lambda\|_{L_1} \leqq \|f - \psi\|_{L_2} \, \|h_\lambda\|_{L_2} < \frac{\epsilon}{2} .$$

Die Funktion $\varphi := \psi h_\lambda$ erfüllt also die Bedingungen des Lemmas.

Satz 3. *Ist $f \in \mathscr{L}_1(\mathbb{R}^n) \cap \mathscr{L}_2(\mathbb{R}^n)$, so gehört $\hat{f}$ zu $\mathscr{L}_2(\mathbb{R}^n)$ und es gilt*

$$\|f\|_{L_2} = \|\hat{f}\|_{L_2} .$$

Beweis:

a) Sei zunächst $f \in \mathscr{C}_c^\infty(\mathbb{R}^n)$. Dann gilt $\mathscr{F}f = \hat{f} \in \mathscr{L}_1(\mathbb{R}^n)$. Wir setzen $g := \overline{\mathscr{F}f}$. Aus Satz 2 folgt $\hat{g} = \mathscr{F}\overline{\mathscr{F}}\,\overline{f} = \overline{f}$. Nach Satz 1e) ist in abkürzender Schreibweise

$$\|\hat{f}\|_{L_2}^2 = \int (\mathscr{F}f)\,(\overline{\mathscr{F}f}) = \int \hat{f} g = \int f \hat{g} = \int f \overline{f} = \|f\|_{L_2}^2 .$$

b) Sei jetzt $f \in \mathscr{L}_1(\mathbb{R}^n) \cap \mathscr{L}_2(\mathbb{R}^n)$ beliebig. Nach Lemma 2 gibt es eine Folge $f_k \in \mathscr{C}_c^\infty(\mathbb{R}^n)$ mit

$$\lim_{k \to \infty} \|f_k - f\|_{L_p} = 0 \quad \text{für} \quad p = 1, 2 .$$

Daraus folgt insbesondere $\lim \|f_k\|_{L_2} = \|f\|_{L_2}$. Nach Teil a) gilt

$$\|\hat{f}_k\|_{L_2} = \|f_k\|_{L_2} \quad \text{und} \quad \|\hat{f}_k - \hat{f}_m\|_{L_2} = \|f_k - f_m\|_{L_2}$$

für alle k, m. Deshalb ist $(\hat{f}_k)$ eine L_2-Cauchyfolge, konvergiert also in der L_2-Norm gegen eine gewisse Funktion $g \in \mathscr{L}_2(\mathbb{R}^n)$. Da

$$|\hat{f}_k(\xi) - \hat{f}(\xi)| \leqq \frac{1}{(2\pi)^{n/2}} \|f_k - f\|_{L_1},$$

konvergiert die Folge $(\hat{f}_k)$ punktweise gegen $\hat{f}$; es muß also $\hat{f} = g$ fast überall sein. Infolgedessen ist

$$\|f\|_{L_2} = \lim_{k\to\infty} \|f_k\|_{L_2} = \lim_{k\to\infty} \|\hat{f}_k\|_{L_2} = \|\hat{f}\|_{L_2} \qquad \text{q.e.d.}$$

(12.11) Wir wollen untersuchen, was die Gleichung

$$\|\chi_{K_n(1)}\|_{L_2} = \|\hat{\chi}_{K_n(1)}\|_{L_2}$$

konkret bedeutet, vgl. (12.4). Es ist

$$\|\chi_{K_n(1)}\|_{L_2}^2 = \mathrm{Vol}\,(K_n(1)) =: \tau_n .$$

Mit Satz 1 aus § 8 erhält man andererseits

$$\|\hat{\chi}_{K_n(1)}\|_{L_2}^2 = \int_{\mathbb{R}^n} \|\xi\|^{-n} J_{n/2}(\|\xi\|)^2 \, d^n\xi = n\,\tau_n \int_0^\infty r^{-n} |J_{n/2}(r)|^2 r^{n-1} dr .$$

Es ergibt sich also die Gleichung

$$\int_0^\infty |J_{n/2}(r)|^2 \frac{dr}{r} = \frac{1}{n} \quad \text{für alle} \quad n \geqq 1 .$$

Corollar (Satz von Plancherel). *Es gibt einen eindeutig bestimmten Isomorphismus*

$$T\colon L_2(\mathbb{R}^n) \to L_2(\mathbb{R}^n)$$

mit folgenden Eigenschaften:

a) $\|Tf\|_{L_2} = \|f\|_{L_2}$ *für alle* $f \in L_2(\mathbb{R}^n)$.

b) $Tf = \mathscr{F} f$ *für alle* $f \in L_1(\mathbb{R}^n) \cap L_2(\mathbb{R}^n)$.

c) $T^{-1} g = \overline{\mathscr{F}} g$ *für alle* $g \in L_1(\mathbb{R}^n) \cap L_2(\mathbb{R}^n)$.

Beweis: Da $\mathscr{C}_c^\infty \subset L_1 \cap L_2 \subset L_2$ und $\mathscr{C}_c^\infty$ bzgl. der L_2-Norm dicht in L_2 liegt, liegt auch $L_1 \cap L_2$ dicht in L_2. Zu jedem $f \in L_2$ gibt es deshalb eine Folge $f_\nu \in L_1 \cap L_2$, die in der L_2-Norm gegen f konvergiert. Da die Fourier-Transformation auf $L_1 \cap L_2$ nach Satz 3 längentreu ist, ist $(\hat{f}_\nu)$ eine L_2-Cauchyfolge und man setzt

$$Tf := \lim \hat{f}_\nu , \qquad \text{(Limes bzgl. } L_2\text{-Norm).}$$

Diese Definition ist unabhängig von der ausgewählten Folge. Damit erhält man eine lineare, längentreue, also auch injektive Abbildung von L_2 in L_2. Da nach Satz 2 gilt $\mathscr{F}(\overline{\mathscr{F}} f) = f$

für alle $f \in \mathscr{C}_c^\infty$, umfaßt das Bild den dichten Unterraum $\mathscr{C}_c^\infty \subset L_2$. Da T längentreu ist, folgt daraus die Surjektivität. Außerdem folgt $T^{-1}f = \overline{\mathscr{F}}f$ für $f \in L_1 \cap L_2$.

Bezeichnung: Wir schreiben wieder $\hat{f}$ oder $\mathscr{F}f$ für Tf. Man beachte aber folgenden Unterschied der Fourier-Transformation auf L_1 und L_2: Während $\hat{f}$ für $f \in L_1$ eine stetige Funktion ist und man eindeutig von den Werten $f(\xi)$ sprechen kann, ist $\hat{f}$ für $f \in L_2$ nur bis auf Gleichheit fast überall bestimmt.

Bemerkung: Sei $f \in \mathscr{L}_2(\mathbb{R}^n)$ und R_ν eine Folge von Radien mit $R_\nu \to \infty$. Dann liegen die Funktionen

$$f_\nu := f\chi_{K_n(R_\nu)}$$

in $\mathscr{L}_1 \cap \mathscr{L}_2$ und die Folge (f_ν) konvergiert bzgl. der L_2-Norm gegen f. Es ist

$$\hat{f}_\nu(\xi) = \frac{1}{(2\pi)^{n/2}} \int\limits_{\|x\| \leqq R_\nu} f(x)\, e^{-i\langle \xi, x\rangle}\, dx\,.$$

Nach Definition konvergiert die Folge $\hat{f}_\nu$ in der L_2-Norm gegen $\hat{f}$. Man schreibt dafür

$$\hat{f}(\xi) = \underset{R\to\infty}{\text{l.i.m}} \frac{1}{(2\pi)^{n/2}} \int\limits_{\|x\| \leqq R} f(x)\, e^{-i\langle \xi, x\rangle}\, dx\,,$$

wobei l.i.m (“limit in mean”) andeuten soll, daß es sich hierbei nicht um punktweise Konvergenz, sondern um Konvergenz im quadratischen Mittel handelt. Analog gilt

$$f(x) = \underset{R\to\infty}{\text{l.i.m}} \frac{1}{(2\pi)^{n/2}} \int\limits_{\|\xi\| \leqq R} \hat{f}(\xi)\, e^{i\langle \xi, x\rangle}\, d\xi\,.$$

(12.12) Nach (12.3) gilt

$$\chi_{[-1,1]}(x) = \underset{R\to\infty}{\text{l.i.m}} \frac{1}{\pi} \int\limits_{|t| \leqq R} \frac{\sin t}{t} e^{ixt}\, dt = \underset{R\to\infty}{\text{l.i.m}} \frac{1}{\pi} \int\limits_{|t| \leqq R} \frac{\sin t \cos xt}{t}\, dt\,.$$

Aufgrund der Überlegungen in (12.3) existiert der Grenzwert

$$A := \lim_{R\to\infty} \int_{-R}^{R} \frac{\sin t}{t}\, dt\,.$$

Daraus folgt für jedes $\lambda > 0$

$$\lim_{R\to\infty} \int_{-R}^{R} \frac{\sin \lambda t}{t}\, dt = \lim_{R\to\infty} \int_{-\lambda R}^{\lambda R} \frac{\sin u}{u}\, du = A.$$

Da $\sin t \cos xt = \frac{1}{2} \sin(1+x)t + \frac{1}{2} \sin(1-x)t$, erhält man für alle $|x| < 1$

$$\lim_{R\to\infty} \frac{1}{\pi} \int_{-R}^{R} \frac{\sin t \cos xt}{t} dt = \frac{A}{\pi}.$$

Wegen der Konvergenz im quadratischen Mittel muß aber eine Teilfolge fast überall gegen $\chi_{[-1,1]}$ konvergieren. Daher ist $A = \pi$, also

$$\lim_{R\to\infty} \int_{-R}^{R} \frac{\sin t}{t} dt = \pi.$$

Aufgaben

12.1 Es sei $f: \mathbb{R} \to \mathbb{C}$ eine Funktion der Gestalt

$$f(x) = p(x)\, e^{-x^2/2},$$

wobei p ein Polynom n-ten Grades ist. Man zeige, daß für ihre Fourier-Transformierte gilt

$$\hat{f}(x) = q(x)\, e^{-x^2/2}$$

mit einem Polynom n-ten Grades q.

12.2 Es sei H_n das n-te Hermitesche Polynom und

$$h_n(x) = H_n(x)\, e^{-x^2/2},$$

vgl. Aufgabe 10.5. Man zeige, daß h_n Eigenfunktion der Fourier-Transformation

$$\mathcal{F}: L^2(\mathbb{R}) \to L^2(\mathbb{R})$$

ist, d.h. $\hat{h}_n = c_n h_n$ mit einer Konstanten $c_n \in \mathbb{C}$.

12.3 Man berechne die Integrale

$$\int_0^\infty \left(\frac{\sin x}{x}\right)^3 dx, \qquad \int_0^\infty \left(\frac{\sin x}{x}\right)^4 dx.$$

12.4 Sei $f \in L^1(\mathbb{R}^n)$ und $A \in GL(n, \mathbb{R})$. Man zeige

$$(f \circ A)^\wedge = \frac{1}{|\det A|} \hat{f} \circ (A^T)^{-1}.$$

12.5 Sei $A \in M(n \times n, \mathbb{R})$ eine symmetrische, positiv-definite Matrix. Man berechne die Fourier-Transformierte der Funktion

$$f: \mathbb{R}^n \to \mathbb{R},\ f(x) := e^{-\langle x, Ax\rangle}.$$

12.6 Es bezeichne $\mathscr{S}(\mathbb{R}^n)$ den Vektorraum aller Funktionen $f \in \mathscr{C}^\infty(\mathbb{R}^n)$ mit folgender Eigenschaft:

$$\sup_{x \in \mathbb{R}^n} |x^\beta D^\alpha f(x)| < \infty \quad \text{für alle} \quad \alpha, \beta \in \mathbb{N}^n .$$

Man zeige:

a) $\mathscr{S}(\mathbb{R}^n) \subset \mathscr{L}_p(\mathbb{R}^n)$ für alle $p \geqq 1$.

b) Für alle $f \in \mathscr{S}(\mathbb{R}^n)$ gilt $\hat{f} \in \mathscr{S}(\mathbb{R}^n)$ und die Abbildung

$$\mathscr{S}(\mathbb{R}^n) \to \mathscr{S}(\mathbb{R}^n), \quad f \mapsto \hat{f},$$

ist ein Isomorphismus von Vektorräumen.

12.7 Man berechne die Fourier-Transformation folgender Funktionen $f_j \colon \mathbb{R} \to \mathbb{R}$, $j = 1, \ldots, 6$.

a) $f_1(x) = \begin{cases} e^{-x} & \text{für } x \geqq 0 , \\ 0 & \text{für } x < 0 . \end{cases}$

b) $f_2(x) = \begin{cases} x^2 & \text{für } 0 \leqq x \leqq 1 , \\ 0 & \text{sonst.} \end{cases}$

c) $f_3(x) := e^{-x^2} \sin(ax^2)$, $(a > 0)$.

d) $f_4(x) := e^{-x^2} \cos(ax^2)$, $(a > 0)$.

e) $f_5(x) := \begin{cases} \sqrt{1-x^2} & \text{für } |x| \leqq 1 , \\ 0 & \text{für } |x| > 1 . \end{cases}$

f) $f_6(x) := \begin{cases} \dfrac{1}{\sqrt{1-x^2}} & \text{für } |x| < 1 , \\ 0 & \text{für } |x| \geqq 1 . \end{cases}$

Hinweis: Für c) und d) vgl. Aufgabe 11.3. Bei den Aufgaben e) und f) treten Besselfunktionen auf.

§ 13. Die Transformationsformel für Lebesgue-integrierbare Funktionen

Wir übertragen jetzt die Transformationsformel für Integrale bei differenzierbaren Parametertransformationen, die wir in § 2 für stetige Funktionen mit kompaktem Träger bewiesen hatten, durch Grenzübergang auf beliebige Lebesgue-integrierbare Funktionen.

Für eine Teilmenge $U \subset \mathbb{R}^n$ bezeichnen wir mit $\mathscr{L}_1(U)$ den Vektorraum aller integrierbaren Funktionen $f: U \to \mathbb{R}$. Nach Definition ist $f: U \to \mathbb{R}$ genau dann integrierbar, wenn die triviale Fortsetzung $\tilde{f}: \mathbb{R}^n \to \mathbb{R}$ mit $\tilde{f} \mid U = f$, $\tilde{f} \mid \mathbb{R}^n \setminus U = 0$, integrierbar ist. $\mathscr{L}_1(U)$ ist deshalb isomorph zum Untervektorraum

$$\{g \in \mathscr{L}_1(\mathbb{R}^n) : g \mid \mathbb{R}^n \setminus U = 0\}.$$

Für $f \in \mathscr{L}_1(U)$ ist $\|f\|_{L_1} := \int\limits_U |f(x)|\, dx$ gleich der L_1-Norm der trivial fortgesetzten Funktion.

Satz 1. *Sei $U \subset \mathbb{R}^n$ offen und $f \in \mathscr{L}_1(U)$. Dann gibt es zu jedem $\epsilon > 0$ ein $\varphi \in \mathscr{C}_c(U)$ mit*

$$\|f - \varphi\|_{L_1} < \epsilon.$$

Beweis: Sei $\tilde{f}$ die triviale Fortsetzung von f. Nach § 6, Satz 3, gibt es eine Funktion $g \in \mathscr{C}_c(\mathbb{R}^n)$ mit

$$\|\tilde{f} - g\|_{L_1} < \frac{\epsilon}{2}, \quad \text{also auch} \quad \|\tilde{f} - g\chi_U\|_{L_1} < \frac{\epsilon}{2}.$$

Da χ_U von unten halbstetig ist, gibt es eine Folge $h_\nu \in \mathscr{C}_c(\mathbb{R}^n)$ mit $h_\nu \uparrow \chi_U$. Man kann die h_ν zusätzlich so wählen, daß $h_\nu \geqq 0$ und $\operatorname{Supp}(h_\nu)$ eine kompakte Teilmenge von U ist. Die Folge (gh_ν) konvergiert punktweise gegen $g\chi_U$. Da $|gh_\nu| \leqq |g|$, folgt aus dem Satz von der majorisierten Konvergenz

$$\lim_{\nu \to \infty} \|g\chi_U - gh_\nu\|_{L_1} = 0.$$

Wir wählen k so groß, daß $\|g\chi_U - gh_k\|_{L_1} < \frac{\epsilon}{2}$. Dann gilt

$$\|\tilde{f} - gh_k\|_{L_1} < \epsilon$$

und die Funktion $\varphi := gh_k \mid U \in \mathscr{C}_c(U)$ erfüllt die Bedingung des Satzes.

Satz 2. *Seien $U, V \subset \mathbb{R}^n$ offene Mengen, und $\Phi: U \to V$ eine $\mathscr{C}^1$-invertierbare Abbildung. Eine Funktion $f: V \to \mathbb{R}$ ist genau dann integrierbar, wenn die Funktion $(f \circ \Phi)\,|\det D\Phi|$ über U integrierbar ist und es gilt dann*

$$\int\limits_U f(\Phi(\xi))\,|\det D\Phi(\xi)|\, d^n\xi = \int\limits_V f(x)\, d^n x.$$

Beweis: Sei $f \in \mathscr{L}_1(V)$. Nach Satz 1 gibt es eine Folge $f_\nu \in \mathscr{C}_c(V)$, $\nu \in \mathbb{N}$, die in der L_1-Norm gegen f konvergiert. Nach evtl. Übergang zu einer Teilfolge gibt es eine Nullmenge $N \subset V$, so daß

$$f(x) = \lim_{\nu \to \infty} f_\nu(x) \quad \text{für alle} \quad x \in V \setminus N .$$

Sei $g_\nu := (f_\nu \circ \Phi) \, |\det D\Phi|$ und $g := (f \circ \Phi) \, |\det D\Phi|$. Dann gilt

$$g(\xi) = \lim_{\nu \to \infty} g_\nu(\xi) \quad \text{für alle} \quad \xi \in U \setminus \Phi^{-1}(N) .$$

Nach § 7, Satz 6, ist $\Phi^{-1}(N)$ eine Nullmenge. Da die Transformationsformel für stetige Funktionen mit kompaktem Träger gilt, ist $\|g_\nu - g_\mu\|_{L_1} = \|f_\nu - f_\mu\|_{L_1}$, also (g_ν) eine Cauchyfolge in $\mathscr{L}_1(U)$. Daraus folgt (§ 10, Satz 4), daß $g \in \mathscr{L}_1(U)$ und

$$\int_U g(\xi)\, d\xi = \lim_{\nu \to \infty} \int_U g_\nu(\xi)\, d\xi = \lim_{\nu \to \infty} \int_V f_\nu(x)\, dx = \int_V f(x)\, dx .$$

Sei umgekehrt $g := (f \circ \Phi) \, |\det D\Phi|$ als integrierbar über U vorausgesetzt. Dann wende man den ersten Teil des Beweises auf die Umkehrabbildung $\Psi := \Phi^{-1} : V \to U$ an. Da $(D\Phi) \circ \Psi = (D\Psi)^{-1}$ (vgl. An. 2, § 8, Satz 3), folgt

$$(g \circ \Psi) \, |\det D\Psi| = (f \circ \Phi \circ \Psi) \, |\det D\Phi \circ \Psi| \; |\det D\Psi| = f ,$$

also ist $f \in \mathscr{L}_1(V)$, q.e.d.

Corollar 1 (Ebene Polarkoordinaten). *Sei*

$$\Phi \colon \mathbb{R}_+ \times [0, 2\pi] \to \mathbb{R}^2$$

die Abbildung

$$\Phi(r, \varphi) := (r \cos\varphi, r \sin\varphi) .$$

Dann ist eine Funktion $f \colon \mathbb{R}^2 \to \mathbb{R}$ genau dann integrierbar, wenn die Funktion $(r, \varphi) \mapsto r f(\Phi(r, \varphi))$ über $\mathbb{R}_+ \times [0, 2\pi]$ integrierbar ist und es gilt dann

$$\int_{\mathbb{R}^2} f(x, y)\, dx\, dy = \int_0^{2\pi} \int_0^{\infty} f(r \cos\varphi, r \sin\varphi)\, r dr d\varphi .$$

Beweis: Sei $U := \mathbb{R}_+^* \times \,]0, 2\pi[$ und $V := \mathbb{R}^2 \setminus (\mathbb{R}_+ \times 0)$. Dann liefert Φ eine $\mathscr{C}^1$-invertierbare Abbildung von U auf V. Wir haben bereits in § 3, Beispiel (3.5), berechnet, daß $|\det D\Phi(r, \varphi)| = r$. Die Behauptung folgt deshalb aus Satz 2, da $\mathbb{R}^2 \setminus V$ und $(\mathbb{R}_+ \times [0, 2\pi]) \setminus U$ Nullmengen sind.

Beispiele

(13.1) Eulersche Betafunktion. Für reelle Zahlen $p > 0, q > 0$ ist $B(p, q)$ definiert durch

$$B(p,q) := \int_0^1 t^{p-1}(1-t)^{q-1}\,dt.$$

Man überlegt sich leicht, daß das Integral existiert. Mit der Substitution $t = \sin^2\varphi$ erhält man wegen $dt = 2\sin\varphi\cos\varphi\,d\varphi$

$$B(p,q) = 2\int_0^{\pi/2} (\sin\varphi)^{2p-1}(\cos\varphi)^{2q-1}\,d\varphi.$$

Wir multiplizieren $B(p, q)$ mit $r^{2p+2q-1}e^{-r^2}$ und integrieren über r von 0 bis ∞:

$$\int_0^\infty B(p,q)\,r^{2p+2q-1}e^{-r^2}\,dr = \frac{1}{2}B(p,q)\,\Gamma(p+q),$$

da

$$\int_0^\infty r^{2m-1}e^{-r^2}\,dr = \frac{1}{2}\int_0^\infty t^{m-1}e^{-t}\,dt = \frac{1}{2}\Gamma(m).$$

Andererseits erhält man durch Integration der linken Seite und Umkehrung der Polarkoordinaten-Transformation

$$\frac{1}{2}B(p,q)\,\Gamma(p+q) = 2\int_0^\infty\int_0^{\pi/2}(r\sin\varphi)^{2p-1}(r\cos\varphi)^{2p-1}e^{-r^2}\,r\,d\varphi\,dr =$$

$$= 2\int_{\mathbb{R}_+\times\mathbb{R}_+} x^{2p-1}y^{2q-1}e^{-x^2-y^2}\,dx\,dy =$$

$$= 2\int_0^\infty x^{2p-1}e^{-x^2}\,dx\cdot\int_0^\infty y^{2q-1}e^{-y^2}\,dy = \frac{1}{2}\Gamma(p)\,\Gamma(q).$$

Daraus folgt die Formel

$$B(p,q) = \frac{\Gamma(p)\,\Gamma(q)}{\Gamma(p+q)}.$$

(13.2) Reihenentwicklung der Besselfunktionen

Wir werden jetzt die gerade abgeleitete Formel benützen, um die in Beispiel (11.3) definierten Besselfunktionen in Potenzreihen zu entwickeln.
Für jedes feste $x \in \mathbb{R}$ gilt

$$e^{-ix\cos t} = \sum_{\nu=0}^{\infty} (-i)^\nu \frac{x^\nu}{\nu!} \cos^\nu t$$

und die Konvergenz ist gleichmäßig in t. Daher erhält man für die Funktion

$$f_p(x) = \int_0^\pi \sin^{2p} t\, e^{-ix\cos t}\, dt\,, \qquad (p \geqq 0)\,,$$

die Entwicklung

$$f_p(x) = \sum_{\nu=0}^{\infty} (-i)^\nu \frac{x^\nu}{\nu!} \int_0^\pi \sin^{2p} t \cos^\nu t\, dt\,.$$

Da $\cos t = -\cos(\pi - t)$, verschwindet das Integral für ungerades ν und für $\nu = 2k$, $k \in \mathbb{N}$, erhält man

$$\int_0^\pi \sin^{2p} t \cos^{2k} t\, dt = 2\int_0^{\pi/2} \sin^{2p} t \cos^{2k} t\, dt = B\left(p + \frac{1}{2}, k + \frac{1}{2}\right) = \frac{\Gamma(p + \frac{1}{2})\,\Gamma(k + \frac{1}{2})}{\Gamma(p + k + 1)}\,.$$

Nun war aber $J_p(x)$ definiert durch

$$J_p(x) = \frac{1}{\sqrt{\pi}} \frac{(x/2)^p}{\Gamma(p + \frac{1}{2})} f_p(x)\,, \qquad (x > 0)\,,$$

also ist

$$J_p(x) = \left(\frac{x}{2}\right)^p \sum_{k=0}^{\infty} (-1)^k c_k x^{2k}$$

mit

$$c_k = \frac{1}{\sqrt{\pi}} \cdot \frac{1}{(2k)!} \cdot \frac{\Gamma(k + \frac{1}{2})}{\Gamma(p + k + 1)} = \frac{1}{\sqrt{\pi}} \cdot \frac{(k - \frac{1}{2})(k - \frac{3}{2}) \cdot \ldots \cdot \frac{1}{2}}{(2k)!} \frac{\Gamma(\frac{1}{2})}{\Gamma(p + k + 1)} =$$

$$= \frac{1}{2^{2k} k!\, \Gamma(p + k + 1)}\,.$$

Daraus folgt

$$J_p(x) = \left(\frac{x}{2}\right)^p \sum_{k=0}^{\infty} \frac{(-1)^k}{k!\,\Gamma(p + k + 1)} \left(\frac{x}{2}\right)^{2k}\,.$$

Die unendliche Reihe konvergiert für alle $x \in \mathbb{R}$, während der Faktor $(x/2)^p$ für nicht-ganzes p nur für $x > 0$ definiert ist.

Corollar 2 (Räumliche Polarkoordinaten). *Sei*

$$\Phi: \mathbb{R}_+ \times [0, \pi] \times [0, 2\pi] \to \mathbb{R}^3$$

die Abbildung

$$\Phi(r, \vartheta, \varphi) := (r \sin\vartheta \cos\varphi, r \sin\vartheta \sin\varphi, r \cos\vartheta) .$$

Dann ist eine Funktion $f: \mathbb{R}^3 \to \mathbb{R}$ *genau dann integrierbar, wenn die Funktion*

$$(r, \vartheta, \varphi) \mapsto f(\Phi(r, \vartheta, \varphi))\, r^2 \sin\vartheta$$

über $\mathbb{R}_+ \times [0, \pi] \times [0, 2\pi]$ *integrierbar ist und es gilt dann*

$$\int_{\mathbb{R}^3} f(x, y, z)\, dx\, dy\, dz = \int_0^{2\pi} \int_0^{\pi} \int_0^{\infty} f(\Phi(r, \vartheta, \varphi))\, r^2 \sin\vartheta\, dr\, d\vartheta\, d\varphi .$$

Dies wird wie Corollar 1 bewiesen, vgl. auch Beispiel (3.6).

Beispiele

(13.3) Unter Benutzung von Polarkoordinaten berechnen wir noch einmal das Volumen der dreidimensionalen Kugel vom Radius R.

$$\operatorname{Vol}(K_3(R)) = \int_{K_3(R)} dx\, dy\, dz = \int_0^{2\pi} \int_0^{\pi} \int_0^{R} r^2 \sin\vartheta\, dr\, d\vartheta\, d\varphi =$$

$$= \left(\int_0^R r^2\, dr\right)\left(\int_0^{\pi} \sin\vartheta\, d\vartheta\right)\left(\int_0^{2\pi} d\varphi\right) = \frac{4\pi}{3} R^3 .$$

(13.4) Newton-Potential einer Kugel

Ein kompakter Körper $K \subset \mathbb{R}^3$ der Dichte $\mu: K \to \mathbb{R}$ (die wir als stetig voraussetzen), erzeugt im Punkt $Q \in \mathbb{R}^3 \setminus K$ (bis auf einen Normierungsfaktor) das Potential

$$u(Q) = \int_K \frac{\mu(x)}{\rho(x, Q)}\, d^3x ,$$

wobei $\rho(x, Q)$ den Abstand zwischen den Punkten x und Q bedeutet. Wir setzen jetzt speziell voraus, daß

$$K := \{x \in \mathbb{R}^3 : \|x\| \leq r_0\}$$

die Kugel vom Radius $r_0 > 0$ und $\mu: K \to \mathbb{R}$ rotationssymmetrisch ist. Es gilt also $\mu(x) = \tilde{\mu}(\|x\|)$ mit einer Funktion $\tilde{\mu}: [0, r_0] \to \mathbb{R}$. Wir werden jedoch unter leichtem Mißbrauch der Bezeichnung statt $\tilde{\mu}$ wieder μ schreiben.
Um $u(Q)$ zu berechnen, können wir wegen der Rotationssymmetrie annehmen, daß $Q = (0, 0, R)$, wobei $R = \rho(0, Q) = \|Q\|$. Hat der Punkt x die Polarkoordinaten (r, ϑ, φ), so gilt (vgl. Bild 13.1)

$$\rho(x, Q)^2 = (R - r\cos\vartheta)^2 + r^2 \sin^2\vartheta = R^2 + r^2 - 2Rr\cos\vartheta .$$

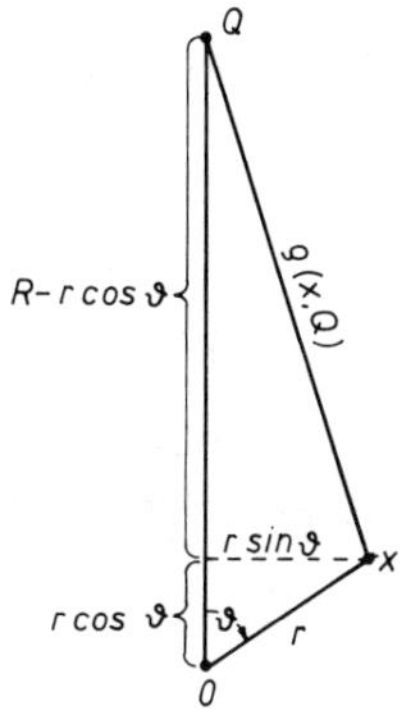

Bild 13.1

Damit wird

$$u(Q) = \int_0^{2\pi}\int_0^{\pi}\int_0^{r_0} \frac{\mu(r)\, r^2 \sin\vartheta}{\sqrt{R^2 + r^2 - 2Rr\cos\vartheta}}\, dr\, d\vartheta\, d\varphi$$

$$= 2\pi \int_0^{r_0} \left(\int_0^{\pi} \frac{\sin\vartheta\, d\vartheta}{\sqrt{R^2 + r^2 - 2Rr\cos\vartheta}} \right) \mu(r)\, r^2\, dr .$$

Um das innere Integral zu berechnen, machen wir die Substitution $t = -\cos\vartheta$ und erhalten

$$\int_{-1}^{1} \frac{dt}{\sqrt{R^2 + r^2 + 2Rrt}} = \frac{1}{Rr} \sqrt{R^2 + r^2 + 2Rrt}\,\Bigg|_{t=-1}^{t=1} =$$

$$= \frac{1}{Rr}\left(\sqrt{R^2 + r^2 + 2Rr} - \sqrt{R^2 + r^2 - 2Rr}\right) =$$

$$= \frac{1}{Rr}\{(R + r) - (R - r)\} = \frac{2}{R} .$$

Somit ist

$$u(Q) = \frac{4\pi}{R} \int_0^{r_0} \mu(r)\, r^2\, dr .$$

Andererseits berechnet man für die Gesamtmasse M von K

$$M = \int_K \mu(x)\, d^3x = \int_0^{2\pi}\int_0^{\pi}\int_0^{r_0} \mu(r)\, r^2 \sin\vartheta\, dr\, d\vartheta\, d\varphi = 4\pi \int_0^{r_0} \mu(r)\, r^2\, dr .$$

Also erhält man insgesamt

$$u(Q) = \frac{M}{R} .$$

Das Potential der Kugel verhält sich also so, als ob die gesamte Masse im Mittelpunkt konzentriert wäre.

Aufgaben

13.1 Sei $E := \{(x, y) \in \mathbb{R}^2 : x^2 + y^2 \leqq 1\}$. Für $n, m \in \mathbb{N}$ berechne man das Integral

$$\int_E x^n y^m \, dx \, dy .$$

13.2 Sei $K := \{x \in \mathbb{R}^3 : r \leqq \|x\| \leqq R\}$, $0 < r < R$. Man berechne das Integral

$$F(\xi) := \int_K \frac{d^3 x}{\|x - \xi\|}$$

für die Fälle $\|\xi\| < r$, $r \leqq \|\xi\| \leqq R$ und $\|\xi\| > R$.

13.3 Man berechne das Volumen des Kugelsektors, der in dreidimensionalen Polarkoordinaten durch die Ungleichungen

$$0 \leqq r \leqq r_0, \quad 0 \leqq \vartheta \leqq \vartheta_0$$

gegeben ist ($r_0 > 0$, $0 < \vartheta_0 < \pi$).

13.4 Es sei $Y_{lm}(\vartheta, \varphi)$ die in Aufgabe 3.8 definierte Kugelfunktion. Man integriere die Funktion

$$\frac{1}{r^2} |Y_{lm}(\vartheta, \varphi)|^2$$

über die Einheitskugel des $\mathbb{R}^3$.

13.5

a) Es sei $U := \{\xi \in \mathbb{R}^{n-1} : \|\xi\| < 1\}$. Man zeige, daß

$$\Phi : U \times \mathbb{R}_+^* \to \mathbb{R}^{n-1} \times \mathbb{R}_+^* ,$$

$$(\xi_1, \ldots, \xi_{n-1}, r) \mapsto (r\xi_1, \ldots, r\xi_{n-1}, r\sqrt{1 - \|\xi\|^2})$$

eine $\mathscr{C}^1$-invertierbare Abbildung ist mit

$$\det D\Phi(\xi, r) = \frac{r^{n-1}}{\sqrt{1 - \|\xi\|^2}} .$$

b) Sei $f : \mathbb{R}^{n-1} \times \mathbb{R}_+^* \to \mathbb{R}$ eine integrierbare Funktion. Man zeige

$$\int_{x_n > 0} f(x) \, d^n x = \int_0^\infty \left(\int_{\|\xi\| < 1} \frac{f(r\xi, r\sqrt{1 - \|\xi\|^2})}{\sqrt{1 - \|\xi\|^2}} \, d^{n-1}\xi \right) r^{n-1} \, dr .$$

c) Seien $f : \mathbb{R}_+^* \to \mathbb{R}$ und $g : \mathbb{R} \to \mathbb{R}$ lokal-integrierbare Funktionen derart, daß die Funktion

$$x = (x_1, \ldots, x_n) \mapsto f(\|x\|) \, g(x_n)$$

über $\mathbb{R}^n$ integrierbar ist ($n \geqq 2$). Man zeige

$$\int_{\mathbb{R}^n} f(\|x\|)\, g(x_n)\, d^n x =$$

$$= \frac{2\pi^{(n-1)/2}}{\Gamma(\frac{n-1}{2})} \int_0^\infty \left(\int_0^\pi \sin^{n-2} t\, g(r \cos t)\, dt \right) f(r)\, r^{n-1}\, dr\,.$$

13.6 Sei $F \in \mathscr{L}_1(\mathbb{R}^n, \mathbb{C})$ eine rotationssymmetrische Funktion, d.h. es gebe eine Funktion $f\colon \mathbb{R}_+^* \to \mathbb{R}$ mit

$$F(x) = f(\|x\|)\,.$$

Sei $G := \hat{F}$ die Fourier-Transformierte von F. Man zeige: G ist ebenfalls rotationssymmetrisch und es gilt $G(\xi) = g(\|\xi\|)$ mit

$$g(\rho)\, \rho^{\frac{n-1}{2}} = \int_0^\infty \sqrt{\rho r}\, J_{n/2-1}(\rho r)\, f(r)\, r^{\frac{n-1}{2}}\, dr\,, \qquad (\rho > 0)\,.$$

Anleitung: Man verwende Aufgaben 12.4 und 13.5 c).

Bemerkung: Die Abbildung, die einer Funktion $\varphi\colon \mathbb{R}_+^* \to \mathbb{C}$ die Funktion $\psi\colon \mathbb{R}_+^* \to \mathbb{C}$ mit

$$\psi(\rho) := \int_0^\infty \sqrt{\rho r}\, J_p(\rho r)\, \varphi(r)\, dr$$

zuordnet, heißt *Hankel-Transformation* der Ordnung p.

§ 14. Integration auf Untermannigfaltigkeiten

In diesem Paragraphen soll präzisiert werden, was es heißt, Funktionen über Flächen zu integrieren und wie der Flächeninhalt (von gekrümmten Flächen im Raum) definiert ist. Der klassische Fall sind die zweidimensionalen Flächen im dreidimensionalen Raum. Wir behandeln jedoch gleich allgemeiner k-dimensionale Untermannigfaltigkeiten im $\mathbb{R}^n$, die lokal als Nullstellengebilde von $n-k$ differenzierbaren Funktionen beschrieben werden, deren Funktionalmatrix maximalen Rang hat.

Definition. Eine Teilmenge $M \subset \mathbb{R}^n$ heißt k-dimensionale Untermannigfaltigkeit der Klasse $\mathscr{C}^\alpha$, $(\alpha \geqq 1)$, wenn es zu jedem Punkt $a \in M$ eine offene Umgebung $U \subset \mathbb{R}^n$ und α-mal stetig differenzierbare Funktionen

$$f_1, \ldots, f_{n-k} \colon U \to \mathbb{R}$$

gibt, so daß gilt

a) $M \cap U = \{x \in U \colon f_1(x) = \ldots = f_{n-k}(x) = 0\}$,

b) $\operatorname{Rang} \dfrac{\partial(f_1, \ldots, f_{n-k})}{\partial(x_1, \ldots, x_n)}(a) = n-k$.

Dabei bezeichnet

$$\frac{\partial(f_1, \ldots, f_{n-k})}{\partial(x_1, \ldots, x_n)} = \begin{pmatrix} \dfrac{\partial f_1}{\partial x_1} & \cdots & \dfrac{\partial f_1}{\partial x_n} \\ \vdots & & \vdots \\ \dfrac{\partial f_{n-k}}{\partial x_1} & \cdots & \dfrac{\partial f_{n-k}}{\partial x_n} \end{pmatrix} = Df$$

die Funktionalmatrix von $f = (f_1, \ldots, f_{n-k})$.

Die Bedingung $\operatorname{Rang} \dfrac{\partial(f_1, \ldots, f_{n-k})}{\partial(x_1, \ldots, x_n)}(a) = n-k$ läßt sich so umformulieren:

Die Gradienten

$$\operatorname{grad} f_1, \ldots, \operatorname{grad} f_{n-k}$$

sind im Punkt a linear unabhängig.

Vereinbarung: Untermannigfaltigkeit ohne weiteren Zusatz bedeute Untermannigfaltigkeit der Klasse $\mathscr{C}^1$.

(14.1) Beispiel. Die $(n-1)$-dimensionalen Untermannigfaltigkeiten des $\mathbb{R}^n$ bezeichnet man als *Hyperflächen.* Sie werden lokal definiert als Nullstellengebilde einer Funktion mit nicht-verschwindendem Gradienten. Ein Beispiel ist die $(n-1)$-dimensionale Einheitssphäre

$$S_{n-1} := \{x \in \mathbb{R}^n \colon \|x\| = 1\}.$$

Mit $f(x) := x_1^2 + \ldots + x_n^2 - 1$ gilt nämlich

$$S_{n-1} = \{x \in \mathbb{R}^n : f(x) = 0\}$$

und wegen $\operatorname{grad} f(x) = (2x_1, \ldots, 2x_n)$ ist $\operatorname{grad} f(x) \neq 0$ für alle $x \in S_{n-1}$.
Wir zeigen jetzt, daß sich eine k-dimensionale Untermannigfaltigkeit lokal als Graph einer Funktion von k Variablen darstellen läßt.

Satz 1. *Sei $M \subset \mathbb{R}^n$ eine k-dimensionale Untermannigfaltigkeit der Klasse $\mathscr{C}^\alpha$ und $a = (a_1, \ldots, a_n) \in M$. Dann gibt es nach evtl. Umnumerierung der Koordinaten offene Umgebungen*

$$U' \subset \mathbb{R}^k \quad \textit{von} \quad a' := (a_1, \ldots, a_k)\,,$$
$$U'' \subset \mathbb{R}^{n-k} \quad \textit{von} \quad a'' := (a_{k+1}, \ldots, a_n)$$

sowie eine α-mal stetig differenzierbare Abbildung

$$g\colon U' \to U''\,,$$

so daß

$$M \cap (U' \times U'') = \{(x', x'') \in U' \times U'' : x'' = g(x')\}\,.$$

Dabei wurde gesetzt

$$x' = (x_1, \ldots, x_k) \quad \textit{und} \quad x'' = (x_{k+1}, \ldots, x_n)\,.$$

Beweis: Nach Definition gibt es eine offene Umgebung U von a und eine α-mal stetig differenzierbare Abbildung

$$f = (f_1, \ldots, f_{n-k})\colon U \to \mathbb{R}^{n-k}$$

mit

$$M \cap U = \{x \in U : f(x) = 0\}$$

und

$$\operatorname{Rang} Df(a) = n - k\,.$$

Daraus folgt, daß für mindestens ein $(n-k)$-tupel $1 \leqq i_1 < \ldots < i_{n-k} \leqq n$ gilt

$$\det \frac{\partial(f_1, \ldots, f_{n-k})}{\partial(x_{i_1}, \ldots, x_{i_{n-k}})}(a) \neq 0\,.$$

Wegen der Stetigkeit der Funktional-Determinante können wir ohne Beschränkung der Allgemeinheit annehmen, daß diese Determinante auf ganz U von null verschieden ist (sonst verkleinere man U). Wir numerieren die Koordinaten so um, daß $(i_1, \ldots, i_{n-k}) = (k+1, \ldots, n)$.
Nun wenden wir den Satz über implizite Funktionen an (An. 2, § 8, Satz 2) und erhalten offene Umgebungen U' von a' und U'' von a'' mit $U' \times U'' \subset U$ sowie eine stetig differenzierbare Abbildung $g\colon U' \to U''$ mit

$$M \cap (U' \times U'') = \{(x', x'') \in U' \times U'' : x'' = g(x')\}\,.$$

Für die Funktionalmatrix von g gilt

$$\frac{\partial g}{\partial x'} = - \frac{\partial f}{\partial x'} \cdot \left(\frac{\partial f}{\partial x''}\right)^{-1} .$$

Da alle Komponenten der Matrizen $\frac{\partial f}{\partial x'}$ und $\frac{\partial f}{\partial x''}$ $(\alpha - 1)$-mal stetig differenzierbar sind, folgt daß g α-mal stetig differenzierbar ist, q.e.d.

(14.2) Beispiel. Wir betrachten die Sphäre

$$S_{n-1} = \{x \in \mathbb{R}^n \colon \|x\| = 1\}$$

in der Umgebung eines Punktes $a = (a_1, \ldots, a_n) \in S_{n-1}$. Sei $a_n > 0$. Wir setzen

$$U' := \{x' \in \mathbb{R}^{n-1} \colon \|x'\| < 1\}$$

und

$$g \colon U' \to \mathbb{R}_+^*, \; g(x_1, \ldots, x_{n-1}) := \sqrt{1 - x_1^2 - \ldots - x_{n-1}^2} .$$

Dann ist

$$a \in S_{n-1} \cap (U' \times \mathbb{R}_+^*) = \{(x', x_n) \in U' \times \mathbb{R}_+^* \colon x_n = g(x')\} .$$

Ist $a_n < 0$, so ist S_{n-1} in einer Umgebung von a Graph der Funktion $-\sqrt{1 - x_1^2 - \ldots - x_{n-1}^2}$. Falls aber $a_n = 0$, gibt es einen anderen Index m mit $a_m \neq 0$ und nach Umnumerierung der Koordinaten hat man wieder einen der oben behandelten Fälle.

Als nächstes zeigen wir, daß sich k-dimensionale Untermannigfaltigkeiten nach differenzierbaren Koordinatentransformationen lokal wie k-dimensionale Ebenen im $\mathbb{R}^n$ verhalten. Wir verwenden folgende Bezeichnungen: Seien $U, V \subset \mathbb{R}^n$ offene Mengen. Eine Abbildung

$$F \colon U \to V$$

heißt *$\mathscr{C}^\alpha$-invertierbar* oder *Diffeomorphismus* der Klasse $\mathscr{C}^\alpha$, falls F bijektiv ist und sowohl F wie F^{-1} α-mal stetig differenzierbar sind.

Satz 2. *Es bezeichne $E_k \subset \mathbb{R}^n$ die k-dimensionale Ebene*

$$E_k := \{(x_1, \ldots, x_n) \in \mathbb{R}^n \colon x_{k+1} = \ldots = x_n = 0\} .$$

Eine Teilmenge $M \subset \mathbb{R}^n$ ist genau dann k-dimensionale Untermannigfaltigkeit der Klasse $\mathscr{C}^\alpha$, falls es zu jedem $a \in M$ eine offene Umgebung $U \subset \mathbb{R}^n$ und eine $\mathscr{C}^\alpha$-invertierbare Abbildung

$$F \colon U \to V$$

von U auf eine offene Menge $V \subset \mathbb{R}^n$ gibt, so daß

$$F(M \cap U) = E_k \cap V ,$$

(vgl. Bild 14.1).

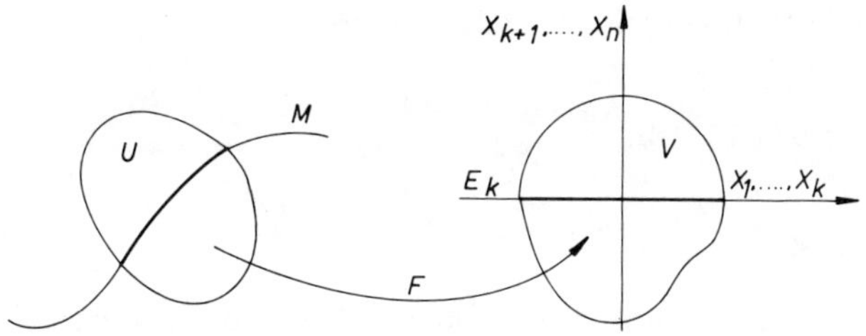

Bild 14.1

Beweis:

a) Sei $M \subset \mathbb{R}^n$ eine k-dimensionale Untermannigfaltigkeit und $a \in M$. Nach Satz 1 ist M in einer Umgebung von a als Graph darstellbar. Mit den Bezeichnungen von Satz 1 können wir schreiben

$$M \cap (U' \times U'') = \{(x', x'') \in U' \times U'' : x'' = g(x')\}.$$

Wir definieren nun eine Abbildung

$$F: U := U' \times U'' \to \mathbb{R}^n$$

durch

$$F(x', x'') := (x', x'' - g(x')).$$

Offensichtlich ist $V := F(U) \subset \mathbb{R}^n$ offen und $F: U \to V$ ein Diffeomorphismus mit

$$F(M \cap U) = E_k \cap V.$$

b) Sei umgekehrt eine $\mathscr{C}^\alpha$-invertierbare Abbildung

$$F = (F_1, \ldots, F_n): U \to V$$

mit $F(M \cap U) = E_k \cap V$ vorgegeben. Dann gilt

$$M \cap U = \{x \in U: F_{k+1}(x) = \ldots = F_n(x) = 0\}$$

und

$$\text{Rang}\, \frac{\partial(F_{k+1}, \ldots, F_n)}{\partial(x_1, \ldots, x_n)} = n - k,$$

da

$$\text{Rang}\, \frac{\partial(F_1, \ldots, F_n)}{\partial(x_1, \ldots, x_n)} = n.$$

Also ist $M \cap U$ eine k-dimensionale Untermannigfaltigkeit, q.e.d.

Relativ-Topologie

Für das folgende brauchen wir einige topologische Überlegungen. Da $\mathbb{R}^n$ ein metrischer Raum ist, ist auch jede Teilmenge $M \subset \mathbb{R}^n$ ein metrischer Raum mit der induzierten Metrik (vgl. An. 2, § 1, (1.2)). Infolgedessen ist auch der Begriff der *offenen Teilmenge*

$V \subset M$ relativ M definiert. Nach Definition ist V genau dann offen in M, wenn zu jedem Punkt $a \in V$ ein $\epsilon > 0$ existiert, so daß

$$V \supset \{x \in M: \|x - a\| < \epsilon\} = B(a, \epsilon) \cap M ,$$

wobei

$$B(a, \epsilon) := \{x \in \mathbb{R}^n: \|x - a\| < \epsilon\} .$$

Eine offene Teilmenge von M ist im allgemeinen nicht offen in $\mathbb{R}^n$. Ist jedoch U eine offene Teilmenge des $\mathbb{R}^n$, so ist $M \cap U$ eine offene Teilmenge von M, wie unmittelbar aus der Definition folgt. Ist umgekehrt eine offene Teilmenge $V \subset M$ vorgegeben, so gibt es stets eine offene Teilmenge $U \subset \mathbb{R}^n$ mit $V = M \cap U$. Dies sieht man so: Zu jedem $a \in V$ gibt es eine offene Menge $U_a \subset \mathbb{R}^n$ mit

$$a \in U_a \cap M \subset V .$$

(Für U_a kann man eine Kugel $B(a, \epsilon)$ wählen.) Die Menge

$$U := \bigcup_{a \in V} U_a$$

ist dann als Vereinigung offener Mengen offen in $\mathbb{R}^n$ und es gilt $V = M \cap U$.
Die offenen Teilmengen von M sind also genau die Mengen der Gestalt $M \cap U$, U offen in $\mathbb{R}^n$. Damit zeigt man leicht:
Eine Teilmenge

$$K \subset M \subset \mathbb{R}^n$$

ist genau dann *kompakt* relativ M, wenn K kompakt in $\mathbb{R}^n$ ist (siehe Definition der Kompaktheit in An. 2, § 3).
Sind M_1 und M_2 metrische Räume (oder allgemeiner topologische Räume), so heißt eine Abbildung

$$\Phi: M_1 \to M_2$$

Homöomorphismus (oder homöomorphe Abbildung), wenn sie bijektiv ist und sowohl Φ wie auch Φ^{-1} stetig sind.

Immersionen

Sei $T \subset \mathbb{R}^k$ offen. Eine stetig differenzierbare Abbildung

$$\varphi = (\varphi_1, \ldots, \varphi_n): T \to \mathbb{R}^n$$

heißt Immersion, falls

$$\text{Rang}\, D\varphi(t) = k \quad \text{für alle} \quad t \in T .$$

Bemerkung: Da stets Rang $D\varphi(t) \leqq \min(k, n)$, ist dann notwendigerweise $k \leqq n$ (oder $T = \emptyset$).

Satz 3. *Sei* $\Omega \subset \mathbb{R}^k$ *offen und*

$$\varphi = (\varphi_1, \ldots, \varphi_n): \Omega \to \mathbb{R}^n$$

eine Immersion der Klasse $\mathscr{C}^\alpha$ $(\alpha \geqq 1)$. *Dann gibt es zu jedem* $c \in \Omega$ *eine offene Umgebung* $T \subset \Omega$, *so daß* $\varphi(T)$ *eine k-dimensionale Untermannigfaltigkeit der Klasse* $\mathscr{C}^\alpha$ *und*

$$\varphi: T \to \varphi(T)$$

ein Homöomorphismus ist.

Beweis: Da $\operatorname{Rang} D\varphi(c) = k$, kann man nach Umnumerierung der Koordinaten im $\mathbb{R}^n$ annehmen, daß

$$\det \frac{\partial(\varphi_1, \ldots, \varphi_k)}{\partial(t_1, \ldots, t_k)}(c) \neq 0 .$$

Es gibt daher nach dem Satz über die Umkehrabbildung (An. 2, § 8, Satz 3) eine offene Umgebung $T \subset \Omega \subset \mathbb{R}^k$ von c und eine offene Menge $V \subset \mathbb{R}^k$, so daß

$$(\varphi_1, \ldots, \varphi_k): T \to V$$

ein $\mathscr{C}^\alpha$-Diffeomorphismus ist. Wir definieren nun eine Abbildung

$$\Phi = (\Phi_1, \ldots, \Phi_n): T \times \mathbb{R}^{n-k} \to V \times \mathbb{R}^{n-k}$$

durch

$$\Phi_i(t_1, \ldots, t_n) := \varphi_i(t_1, \ldots, t_k) \quad \text{für} \quad 1 \leqq i \leqq k ,$$
$$\Phi_j(t_1, \ldots, t_n) := \varphi_j(t_1, \ldots, t_k) + t_j \quad \text{für} \quad k+1 \leqq j \leqq n .$$

Offensichtlich ist Φ ein $\mathscr{C}^\alpha$-Diffeomorphismus von $T \times \mathbb{R}^{n-k}$ auf $V \times \mathbb{R}^{n-k}$ und

$$\Phi(T \times 0) = \varphi(T) .$$

Daraus folgt, daß $\varphi(T)$ eine k-dimensionale Untermannigfaltigkeit der Klasse $\mathscr{C}^\alpha$ ist (Satz 2) und T durch φ homöomorph auf $\varphi(T)$ abgebildet wird.

(14.3) Beispiel. Sei $\Omega :=]0, \pi[\times \mathbb{R} \subset \mathbb{R}^2$ und

$$\varphi: \Omega \to \mathbb{R}^3$$
$$(t_1, t_2) \mapsto (\cos t_2 \sin t_1, \sin t_2 \sin t_1, \cos t_1) .$$

Es ist

$$\frac{\partial(\varphi_1, \varphi_2, \varphi_3)}{\partial(t_1, t_2)} = \begin{pmatrix} \cos t_2 \cos t_1 & -\sin t_2 \sin t_1 \\ \sin t_2 \cos t_1 & \cos t_2 \sin t_1 \\ -\sin t_1 & 0 \end{pmatrix} .$$

Daraus liest man ab, daß in jedem Punkt $t \in \Omega$ gilt $\operatorname{Rang} D\varphi(t) = 2$, also φ eine Immersion ist. $\varphi(\Omega)$ ist die Einheits-Sphäre $S_2 \subset \mathbb{R}^3$ ohne den Nordpol $(0, 0, 1)$ und Südpol $(0, 0, -1)$. Jedoch wird Ω durch φ nicht homöomorph auf die Untermannigfaltigkeit

$$M := S_2 \setminus \{(0, 0, 1), (0, 0, -1)\} \subset \mathbb{R}^3$$

abgebildet, φ ist nicht einmal injektiv.

Für $\alpha \in \mathbb{R}$ sei

$$T_\alpha := \,]0, \pi[\, \times \,]\alpha, \alpha + 2\pi[\, \subset \Omega\,.$$

Dann ist $\varphi\colon T_\alpha \to \varphi(T_\alpha)$ ein Homöomorphismus, $\varphi(T_\alpha)$ ist die offene Teilmenge von S_2, die durch Wegnahme des Meridians des Längengrades α entsteht.

Satz 4 (Parameterdarstellung). *Eine Teilmenge $M \subset \mathbb{R}^n$ ist dann und nur dann eine k-dimensionale Untermannigfaltigkeit der Klasse $\mathscr{C}^\alpha$, wenn es zu jedem Punkt $a \in M$ eine offene Umgebung $V \subset M$ relativ M, eine offene Teilmenge $T \subset \mathbb{R}^k$ und eine Immersion*

$$\varphi\colon T \to \mathbb{R}^n$$

der Klasse $\mathscr{C}^\alpha$ gibt, die T homöomorph auf V abbildet.

Bezeichnung: Der Homöomorphismus

$$\varphi\colon T \xrightarrow{\sim} V \subset M \subset \mathbb{R}^n$$

mit den im Satz genannten Eigenschaften heißt lokale *Parameterdarstellung* oder *Karte* der Untermannigfaltigkeit M.
(Wir verwenden manchmal den Pfeil $\xrightarrow{\sim}$, um eine bijektive Abbildung anzudeuten.)

Beweis: „dann". Diese Implikation folgt aus Satz 3.
„nur dann". Wir stellen M gemäß Satz 1 in einer Umgebung von a als Graph dar

$$M \cap (U' \times U'') = \{(x', x'') \in U' \times U''\colon x'' = g(x')\}\,.$$

Setzt man $V := M \cap (U' \times U'')$, $T := U'$ und definiert

$$\varphi\colon T \to \mathbb{R}^n,\ \varphi(t) := (t, g(t))\,,$$

so ist φ eine $\mathscr{C}^\alpha$-Immersion, die T homöomorph auf V abbildet, q.e.d.

Satz 5 (Parameter-Transformation). *Sei $M \subset \mathbb{R}^n$ eine k-dimensionale Untermannigfaltigkeit der Klasse $\mathscr{C}^\alpha$ und seien*

$$\varphi_j\colon T_j \xrightarrow{\sim} V_j \subset M,\ j = 1, 2\,,$$

zwei Karten der Klasse $\mathscr{C}^\alpha$ mit $V := V_1 \cap V_2 \neq \emptyset$. Dann sind $W_j := \varphi_j^{-1}(V)$ offene Teilmengen von T_j und

$$\tau := \varphi_2^{-1} \circ \varphi_1\colon W_1 \to W_2$$

ist ein $\mathscr{C}^\alpha$-Diffeomorphismus (vgl. Bild 14.2).

Beweis: Da V offene Teilmenge von V_j und φ_j stetig ist, ist W_j offen. Nach Konstruktion ist τ bijektiv. Sei jetzt $c_1 \in W_1$ ein beliebiger Punkt und

$$a := \varphi_1(c_1),\ c_2 := \varphi_2^{-1}(a) = \tau(c_1)\,.$$

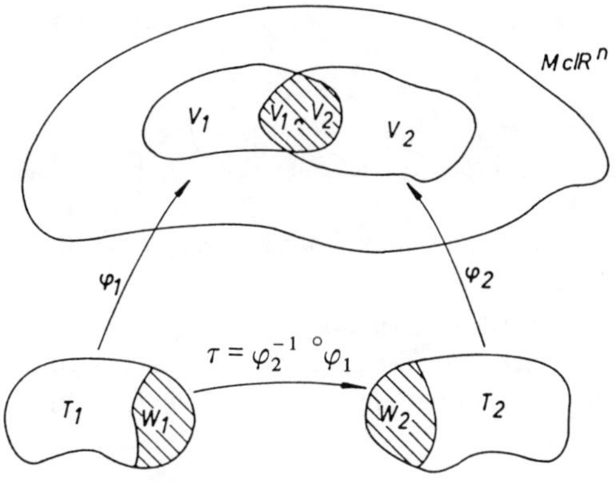

Bild 14.2

Nach Satz 2 existiert eine offene Umgebung $U \subset \mathbb{R}^n$ von a, eine offene Menge $U' \subset \mathbb{R}^n$ und ein $\mathscr{C}^\alpha$-Diffeomorphismus

$$F\colon U \to U' \quad \text{mit} \quad F(M \cap U) = E_k \cap U' ,$$

wobei $E_k = \mathbb{R}^k \times 0 \subset \mathbb{R}^n$. Wir dürfen annehmen, daß $M \cap U \subset V$. Sei $W_j' := \varphi_j^{-1}(M \cap U)$. Auf W_1' bzw. W_2' können wir schreiben

$$F \circ \varphi_1 = (g_1, \ldots, g_k, 0, \ldots, 0) , \qquad F \circ \varphi_2 = (h_1, \ldots, h_k, 0, \ldots, 0) .$$

Da Rang $D\varphi_j = k$ und die Matrix DF invertierbar ist, gilt

$$\text{Rang}\,\frac{\partial(g_1, \ldots, g_k)}{\partial(t_1, \ldots, t_k)} = k \quad \text{und} \quad \text{Rang}\,\frac{\partial(h_1, \ldots, h_k)}{\partial(t_1, \ldots, t_k)} = k ,$$

und es folgt, daß

$$g = (g_1, \ldots, g_k)\colon W_1' \to E_k \cap U' \quad \text{und}$$
$$h = (h_1, \ldots, h_k)\colon W_2' \to E_k \cap U'$$

$\mathscr{C}^\alpha$-Diffeomorphismen sind. (Dabei werde $E_k \cap U'$ als offene Teilmenge von $\mathbb{R}^k$ aufgefaßt.) Nun ist auf W_1

$$\tau = \varphi_2^{-1} \circ \varphi_1 = (F \circ \varphi_2)^{-1} \circ (F \circ \varphi_1) = h^{-1} \circ g ,$$

also liefert τ eine $\mathscr{C}^\alpha$-invertierbare Abbildung von W_1' auf W_2'. Da $c_1 \in W_1$ beliebig war, folgt die Behauptung.

Maßtensor

Sei $M \subset \mathbb{R}^n$ eine k-dimensionale Untermannigfaltigkeit und

$$\varphi\colon T \to V \quad (T \subset \mathbb{R}^k,\ V \subset M \text{ offene Teilmengen})$$

eine Karte von M. Bezüglich dieser Karte definieren wir (ähnlich wie in § 3) eine Matrix („Maßtensor") aus Funktionen $g_{ij}: T \to \mathbb{R}$, $1 \leqq i, j \leqq k$ durch

$$g_{ij}(t) := \left\langle \frac{\partial \varphi(t)}{\partial t_i}, \frac{\partial \varphi(t)}{\partial t_j} \right\rangle = \sum_{\nu=1}^{n} \frac{\partial \varphi_\nu(t)}{\partial t_i} \cdot \frac{\partial \varphi_\nu(t)}{\partial t_j}.$$

Wir bezeichnen mit $g := \det(g_{ij})$ ihre Determinante. Sie heißt *Gramsche Determinante* von M bzgl. der Karte $\varphi: T \to V$.

Wir wollen nun das Verhalten von (g_{ij}) bzw. g bei Kartenwechsel untersuchen. Sei dazu $\widetilde{\varphi}: \widetilde{T} \to \widetilde{V}$ eine weitere Karte und $V \cap \widetilde{V} \neq \emptyset$. Nach evtl. Verkleinerung der Karten können wir voraussetzen, daß $V \cap \widetilde{V} = V = \widetilde{V}$. Nach Satz 5 gibt es eine $\mathscr{C}^\alpha$-invertierbare Abbildung

$$\tau: \widetilde{T} \to T \quad \text{mit} \quad \widetilde{\varphi} = \varphi \circ \tau.$$

Bezeichnen wir die Variablen in $\widetilde{T}$ mit $\xi_1, \ldots, \xi_k$, so gilt nach der Kettenregel

$$\frac{\partial \widetilde{\varphi}_\nu}{\partial \xi_l}(\xi) = \sum_{i=1}^{k} \frac{\partial \varphi_\nu}{\partial t_i}(\tau(\xi)) \frac{\partial \tau_i}{\partial \xi_l}(\xi),$$

und wir erhalten für die Matrix

$$\widetilde{g}_{lm}(\xi) := \left\langle \frac{\partial \widetilde{\varphi}(\xi)}{\partial \xi_l}, \frac{\partial \widetilde{\varphi}(\xi)}{\partial \xi_m} \right\rangle$$

in abgekürzter Schreibweise

$$\widetilde{g}_{lm} = \sum_{\nu=1}^{n} \left(\sum_{i=1}^{k} \frac{\partial \varphi_\nu}{\partial t_i} \frac{\partial \tau_i}{\partial \xi_l} \right) \left(\sum_{j=1}^{k} \frac{\partial \varphi_\nu}{\partial t_j} \frac{\partial \tau_j}{\partial \xi_m} \right) =$$

$$= \sum_{i=1}^{k} \sum_{j=1}^{k} \frac{\partial \tau_i}{\partial \xi_l} \left(\sum_{\nu=1}^{n} \frac{\partial \varphi_\nu}{\partial t_i} \frac{\partial \varphi_\nu}{\partial t_j} \right) \frac{\partial \tau_j}{\partial \xi_m} = \sum_{i,j=1}^{k} \frac{\partial \tau_i}{\partial \xi_l} \cdot g_{ij} \cdot \frac{\partial \tau_j}{\partial \xi_m}.$$

Für die Gramschen Determinanten ergibt sich daraus die Transformationsformel

$$\widetilde{g}(\xi) = |\det D\tau(\xi)|^2 \, g(\tau(\xi)).$$

Die Gramsche Determinante läßt sich noch auf eine andere Weise aus der Funktionalmatrix $D\varphi$ berechnen. Dazu benötigen wir folgenden Satz aus der linearen Algebra.

Satz 6. *Sei $k \leqq n$ und seien A, B zwei $n \times k$-Matrizen (mit Koeffizienten aus einem beliebigen Körper K). Für $1 \leqq i_1 < \ldots < i_k \leqq n$ bezeichne $A_{i_1 \ldots i_k}$ die Matrix, die aus den Zeilen $i_1, \ldots, i_k$ der Matrix A besteht. Entsprechend seien Untermatrizen von B bezeichnet. Dann gilt*

$$\det(A^T B) = \sum_{i_1 < \ldots < i_k} \det(A_{i_1 \ldots i_k}) \det(B_{i_1 \ldots i_k}).$$

Bemerkung: Für $k = n$ besteht die Summe nur aus einem Summanden und Satz 6 geht in den Determinanten-Multiplikationssatz über.

Beweis: Wir halten A fest und untersuchen, für welche Matrizen B die Formel gilt.

i) Zunächst sieht man sofort, daß die Formel gilt, falls

$$B = (e_{j_1}, \ldots, e_{j_k}),$$

wobei e_j die (Spalten-)Einheitsvektoren des K^n bezeichnen.
Aus den Linearitäts-Eigenschaften der Determinante folgt weiter:

ii) Gilt die Formel für die Matrix

$$B = (b_1, \ldots, b_k),$$

so gilt sie auch für die Matrix

$$B' = (b_1, \ldots, \lambda b_i, \ldots, b_k),$$

in der die i-te Spalte von B mit einem Skalar λ multipliziert worden ist.

iii) Die Formel gelte für die Matrizen

$$B' = (b_1, \ldots, b_i', \ldots, b_k) \quad \text{und} \quad B'' = (b_1, \ldots, b_i'', \ldots, b_k).$$

Dann gilt sie auch für die Matrix

$$B = (b_1, \ldots, b_i' + b_i'', \ldots, b_k).$$

Aus i)–iii) ergibt sich, daß die Formel für eine beliebige Matrix B gilt, q.e.d.

Corollar 1. *Sei A eine $n \times k$-Matrix $(k \leqq n)$. Dann gilt*

$$\det(A^T A) = \sum_{i_1 < \ldots < i_k} (\det A_{i_1 \ldots i_k})^2 .$$

Bemerkung: Für $k = 2$, $n = 3$ ergibt sich eine bekannte Formel aus der Vektorrechnung. Seien $a, b \in \mathbb{R}^3$. Wendet man das Corollar auf die Matrix $A = (a, b)$ an, erhält man

$$\|a \times b\|^2 = \|a\|^2 \, \|b\|^2 - \langle a, b \rangle^2 .$$

Corollar 2. *Sei $\varphi: T \to V \subset M$ eine Karte für die k-dimensionale Untermannigfaltigkeit $M \subset \mathbb{R}^n$ und $g: T \to \mathbb{R}$ die zugehörige Gramsche Determinante. Dann gilt*

$$g = \sum_{i_1 < \ldots < i_k} \left(\det \frac{\partial(\varphi_{i_1}, \ldots, \varphi_{i_k})}{\partial(t_1, \ldots, t_k)} \right)^2 .$$

Dies folgt daraus, daß man die Matrix $(g_{ij}) =: G$ schreiben kann als

$$G = (D\varphi)^T D\varphi .$$

Insbesondere ergibt sich aus dem Corollar, daß die Gramsche Determinante stets positiv ist.

Definition des Integrals über Untermannigfaltigkeiten

Sei $M \subset \mathbb{R}^n$ eine k-dimensionale Untermannigfaltigkeit und

$$f: M \to \mathbb{R}$$

eine Funktion. Es soll das Integral von f über M erklärt werden. Dies geschieht mittels Karten.

a) Sei zunächst vorausgesetzt, daß es eine Karte

$$\varphi: T \xrightarrow{\sim} V \subset M\,, \qquad (T \subset \mathbb{R}^k \text{ offen}),$$

von M gibt, so daß $f|M \setminus V = 0$. Es sei g die Gramsche Determinante bzgl. φ. Dann heißt f *integrierbar* über M, falls die Funktion

$$t \mapsto f(\varphi(t))\sqrt{g(t)}$$

über T integrierbar ist und man setzt

$$\int_M f(x)\,dS(x) := \int_T f(\varphi(t))\sqrt{g(t)}\,d^k t\,.$$

Man merkt sich diese Formel am besten durch die symbolische Gleichung

$$dS(x) = \sqrt{g(t)}\,d^k t \quad \text{für} \quad x = \varphi(t)\,.$$

Man nennt $dS(x)$ das k-dimensionale Flächenelement (S von engl. oder frz. surface). Es ist noch zu zeigen, daß die obige Definition nicht von der gewählten Karte abhängt. Sei

$$\tilde{\varphi}: \tilde{T} \to \tilde{V} \subset M$$

eine weitere Karte mit $f|M \setminus \tilde{V} = 0$. Wir dürfen annehmen, daß $V = \tilde{V}$. Es gibt dann eine $\mathscr{C}^1$-invertierbare Abbildung

$$\tau: \tilde{T} \to T \quad \text{mit} \quad \tilde{\varphi} = \varphi \circ \tau\,.$$

Bezeichnet $\tilde{g}$ die Gramsche Determinante bzgl. $\tilde{\varphi}$, so gilt

$$\sqrt{\tilde{g}(\xi)} = |\det D\tau(\xi)|\,\sqrt{g(\tau(\xi))}$$

und die Transformationsformel (§ 13, Satz 2) liefert

$$\int_T f(\varphi(t))\sqrt{g(t)}\,dt = \int_{\tilde{T}} f(\varphi(\tau(\xi)))\,|\det D\tau(\xi)|\,\sqrt{g(\tau(\xi))}\,d\xi = \int_{\tilde{T}} f(\tilde{\varphi}(\xi))\sqrt{\tilde{g}(\xi)}\,d\xi\,,$$

also die Unabhängigkeit von der Karte.

b) Wir behandeln nicht den allgemeinsten Fall, sondern setzen voraus, daß es endlich viele Karten

$$\varphi_j: T_j \xrightarrow{\sim} V_j \subset M\,, \qquad j = 1, \ldots, m\,,$$

gibt mit $\bigcup V_j = M$. Wir wählen eine der Überdeckung (V_j) untergeordnete lokal-integrierbare Teilung der Eins, d.h. Funktionen

$$\alpha_j\colon M \to \mathbb{R}\,, \qquad j = 1, \ldots, m\,,$$

mit folgenden Eigenschaften:

i) $0 \leqq \alpha_j \leqq 1\,, \quad \alpha_j | M \setminus V_j = 0\,.$

ii) $\sum\limits_{j=1}^{m} \alpha_j(x) = 1$ für alle $x \in M$.

iii) Die Funktion $t \mapsto \alpha_j(\varphi_j(t))$ ist lokal-integrierbar auf T_j.

Beispielsweise erhält man eine solche Teilung der Eins durch

$$\alpha_j := \chi_{W_j}\,, \quad \text{wobei} \quad W_j := V_j \setminus \Big(\bigcup_{i<j} V_i\Big)\,.$$

Eine Funktion $f\colon M \to \mathbb{R}$ heißt dann über M integrierbar, falls $f | V_j$ für alle j integrierbar ist und man setzt

$$\int_M f(x)\, dS(x) = \sum_{j=1}^{m} \int_M \alpha_j(x) f(x)\, dS(x)\,.$$

Bemerkung: Sei g_j die Gramsche Determinante bzgl. φ_j. Nach Voraussetzung ist $(f \circ \varphi_j)\sqrt{g_j}$ über T_j integrierbar. Da $\alpha_j \circ \varphi_j$ lokal-integrierbar und beschränkt ist, ist dann auch die Funktion

$$t \mapsto \alpha_j(\varphi_j(t)) f(\varphi_j(t)) \sqrt{g_j(t)}$$

über T_j integrierbar (§ 6, Satz 6 und § 9, Satz 4), also $\alpha_j f_j$ im Sinne von a) über M integrierbar.

Es muß noch gezeigt werden, daß die Definition unabhängig von der Überdeckung von M durch Karten und der Teilung der Eins ist. Seien $\widetilde{\varphi}_l\colon \widetilde{T}_l \to \widetilde{V}_l$, $l = 1, \ldots, p$, andere Karten mit $\bigcup \widetilde{V}_l = M$ und (β_l) eine dieser Überdeckung untergeordnete lokal-integrierbare Teilung der Eins. Es gilt dann

$$\sum_{l=1}^{p} \alpha_j \beta_l = \alpha_j\,, \qquad \sum_{j=1}^{m} \alpha_j \beta_l = \beta_l\,,$$

also

$$\sum_{l=1}^{p} \int_M \alpha_j(x) \beta_l(x) f(x)\, dS(x) = \int_M \alpha_j(x) f(x)\, dS(x)$$

und

$$\sum_{j=1}^{m} \int_M \alpha_j(x) \beta_l(x) f(x)\, dS(x) = \int_M \beta_l(x) f(x)\, dS(x)\,,$$

da im ersten Fall alle Funktionen auf $M \setminus V_j$ und im zweiten Fall auf $M \setminus \tilde{V}_l$ verschwinden. Summation über j bzw. l ergibt

$$\sum_{j=1}^{m} \int \alpha_j(x) f(x)\, dS(x) = \sum_{l=1}^{p} \int \beta_l(x) f(x)\, dS(x)\,, \qquad \text{q.e.d.}$$

Im folgenden sei von allen Untermannigfaltigkeiten vorausgesetzt, daß sie durch endlich viele Karten überdeckt werden können. (Dies ist z.B. für kompakte Untermannigfaltigkeiten erfüllt.)

k-dimensionales Volumen

Sei $M \subset \mathbb{R}^n$ eine k-dimensionale Untermannigfaltigkeit. Eine Teilmenge $A \subset M$ heißt integrierbare Teilmenge von M, falls die charakteristische Funktion χ_A über M integrierbar ist und man setzt

$$\mathrm{Vol}_k(A) := \int_M \chi_A(x)\, dS(x)\,.$$

$\mathrm{Vol}_k(A)$ heißt k-dimensionales Volumen oder k-dimensionaler Flächeninhalt von A. Eine Funktion $f\colon M \to \mathbb{R}$ heißt über A integrierbar, falls $f\chi_A$ über M integrierbar ist und man definiert

$$\int_A f(x)\, dS(x) := \int_M f(x)\chi_A(x)\, dS(x)\,.$$

Damit läßt sich also schreiben

$$\mathrm{Vol}_k(A) = \int_A dS(x)\,.$$

Eine Teilmenge $N \subset M$ heißt *k-dimensionale Nullmenge*, falls N integrierbar ist mit $\mathrm{Vol}_k(N) = 0$. Ähnlich wie in § 7 zeigt man: Ändert man eine integrierbare Funktion $F\colon M \to \mathbb{R}$ auf einer Nullmenge ab, so bleibt sie integrierbar mit dem gleichen Integral.

Beispiele

(14.4) Sei $I \subset \mathbb{R}$ ein offenes Intervall und

$$\varphi\colon I \to \mathbb{R}^n$$

eine stetig differenzierbare Kurve mit folgenden Eigenschaften:

i) $\varphi'(t) \neq 0$ für alle $t \in I$.

ii) φ bildet I homöomorph auf $\varphi(I)$ ab.

Dann ist $\varphi(I)$ eine eindimensionale Untermannigfaltigkeit von $\mathbb{R}^n$ und $\varphi\colon I \to \varphi(I)$ eine globale Karte. Für die Gramsche Determinante gilt hier nach Corollar 2 zu Satz 6

$$g(t) = \sum_{\nu=1}^{n} \left(\frac{d\varphi_\nu(t)}{dt}\right)^2 = \|\varphi'(t)\|^2 .$$

Für jedes kompakte Teilintervall $J \subset I$ ist $\varphi(J)$ eine integrierbare Teilmenge von $\varphi(I)$ und

$$\mathrm{Vol}_1(\varphi(J)) = \int_J \|\varphi'(t)\|\, dt .$$

In diesem Fall stimmt also das eindimensionale Volumen mit der schon in An. 2, § 4, definierten Kurvenlänge überein.

(14.5) Wir betrachten folgende Karte der 2-Sphäre $S_2 \subset \mathbb{R}^3$:

$$\Phi\colon]0, \pi[\times]0, 2\pi[\to \mathbb{R}^3$$
$$(\vartheta, \varphi) \mapsto (\cos\varphi \sin\vartheta, \sin\varphi \sin\vartheta, \cos\vartheta) ,$$

vgl. Beispiel (14.3). Der Maßtensor lautet hier

$$(g_{ij}(\vartheta, \varphi)) = \begin{pmatrix} 1 & 0 \\ 0 & \sin^2\vartheta \end{pmatrix} ,$$

also

$$\sqrt{g(\vartheta, \varphi)} = \sin\vartheta .$$

Da der Nullmeridian offensichtlich eine zweidimensionale Nullmenge ist, gilt für jede integrierbare Funktion $f\colon S_2 \to \mathbb{R}$

$$\int_{S_2} f(x)\, dS(x) = \int_0^{2\pi} \left(\int_0^{\pi} f(\Phi(\vartheta, \varphi)) \sin\vartheta\, d\vartheta \right) d\varphi .$$

Insbesondere ist

$$\mathrm{Vol}_2(S_2) = \int_0^{2\pi} \left(\int_0^{\pi} \sin\vartheta\, d\vartheta \right) d\varphi = \int_0^{2\pi} 2\, d\varphi = 4\pi .$$

Die Oberfläche der Einheitskugel im $\mathbb{R}^3$ ist also gleich 4π.

(14.6) Rotationsflächen. Sei $f\colon I \to \mathbb{R}_+^*$ eine stetig differenzierbare Funktion auf dem offenen Intervall $I \subset \mathbb{R}$. Die Menge

$$M := \{(x, y, z) \in \mathbb{R}^3 : z \in I,\ x^2 + y^2 = f(z)^2\}$$

ist eine zweidimensionale Untermannigfaltigkeit des $\mathbb{R}^3$, die bis auf eine Nullmenge durch die Karte

$$\Phi: I \times]0, 2\pi[\to \mathbb{R}^3, \quad \Phi(t, \varphi) =: (x, y, z)$$

mit

$$x = f(t) \cos\varphi, \qquad y = f(t) \sin\varphi, \qquad z = t,$$

dargestellt wird. Da

$$\frac{\partial(x, y, z)}{\partial(t, \varphi)} = \begin{pmatrix} f'(t)\cos\varphi & -f(t)\sin\varphi \\ f'(t)\sin\varphi & f(t)\cos\varphi \\ 1 & 0 \end{pmatrix},$$

ergibt sich hier für den Maßtensor

$$(g_{ij}(t, \varphi)) = \begin{pmatrix} 1 + f'(t)^2 & 0 \\ 0 & f(t)^2 \end{pmatrix},$$

also

$$\sqrt{g(t, \varphi)} = f(t)\sqrt{1 + f'(t)^2}\,.$$

Daher ist

$$\mathrm{Vol}_2(M) = \int_0^{2\pi} \left(\int_I f(t)\sqrt{1 + f'(t)^2}\, dt \right) d\varphi = 2\pi \int_I f(t)\sqrt{1 + f'(t)^2}\, dt\,,$$

falls das Integral existiert (z.B. falls I endlich ist sowie f und f' auf I beschränkt sind).

(14.7) Sei $T \subset \mathbb{R}^{n-1}$ offen und

$$F: T \to \mathbb{R}$$

eine stetig differenzierbare Funktion. Ihr Graph

$$M := \{(x_1, \ldots, x_n) \in T \times \mathbb{R} : x_n = F(x_1, \ldots, x_{n-1})\}$$

ist eine Hyperfläche im $\mathbb{R}^n$ mit der Parameterdarstellung

$$\Phi: T \to M\,,$$
$$(t_1, \ldots, t_{n-1}) \mapsto (t_1, \ldots, t_{n-1}, F(t_1, \ldots, t_{n-1}))\,.$$

Die Funktionalmatrix von Φ ist

$$D\Phi(t) = \begin{pmatrix} E \\ \operatorname{grad} F(t) \end{pmatrix},$$

wobei E die $(n-1)$-reihige Einheitsmatrix bezeichnet. Für die Gramsche Determinante erhält man hier mit Corollar 2 zu Satz 6

$$g(t) = 1 + \|\operatorname{grad} F(t)\|^2\,.$$

Also ist

$$\operatorname{Vol}_{n-1}(M) = \int_T \sqrt{1 + \|\operatorname{grad} F(t)\|^2}\, d^{n-1}t\,,$$

vorausgesetzt, das Integral konvergiert.

(14.8) Wir betrachten die obere Halbsphäre vom Radius $r > 0$

$$M := \{x \in \mathbb{R}^n \colon \|x\| = r,\ x_n > 0\}\,.$$

Sie läßt sich darstellen als Graph der Funktion

$$F\colon T \to \mathbb{R}\,,\ F(t_1, \ldots, t_{n-1}) = \sqrt{r^2 - t_1^2 - \ldots - t_{n-1}^2}\,,$$

wobei $T = \{t \in \mathbb{R}^{n-1} \colon \|t\| < r\}$. Da

$$\frac{\partial F(t)}{\partial t_j} = \frac{-t_j}{F(t)},$$

ist nach (14.7)

$$g(t) = 1 + \frac{\|t\|^2}{|F(t)|^2} = \frac{r^2}{|F(t)|^2}\,.$$

Für jede integrierbare Funktion $f\colon M \to \mathbb{R}$ erhält man deshalb

$$\int_M f(x)\, dS(x) = \int_{\|t\| < r} f(t, \sqrt{r^2 - \|t\|^2})\, \frac{r}{\sqrt{r^2 - \|t\|^2}}\, d^{n-1}t =$$

$$= \int_{\|\xi\| < 1} f(r\xi, r\sqrt{1 - \|\xi\|^2})\, \frac{r^{n-1}}{\sqrt{1 - \|\xi\|^2}}\, d^{n-1}\xi\,,$$

wobei die Substitution $t = r\xi$ benützt wurde.

Satz 7 (Verhalten bei Homothetien). *Für $r > 0$ sei θ_r die Homothetie*

$$\theta_r\colon \mathbb{R}^n \to \mathbb{R}^n\,,\ x \mapsto rx\,.$$

Weiter sei $M \subset \mathbb{R}^n$ eine k-dimensionale Untermannigfaltigkeit. Dann ist $\theta_r(M)$ ebenfalls eine k-dimensionale Untermannigfaltigkeit. Eine Funktion

$$f\colon \theta_r(M) \to \mathbb{R}$$

ist genau dann über $\theta_r(M)$ integrierbar, wenn die Funktion $f \circ \theta_r$ über M integrierbar ist und es gilt

$$\int_{\theta_r(M)} f(x)\, dS(x) = \int_M f(r\xi)\, r^k\, dS(\xi)\,.$$

Insbesondere ist für jede integrierbare Teilmenge $A \subset M$ die Teilmenge $\theta_r(A) \subset \theta_r(M)$ integrierbar und

$$\mathrm{Vol}_k(\theta_r(A)) = r^k \, \mathrm{Vol}_k(A) .$$

Bemerkung: Man merkt sich den obigen Sachverhalt am leichtesten durch die symbolische Gleichung für die k-dimensionalen Flächenelemente

$$dS(r\xi) = r^k dS(\xi) .$$

Beweis: Für jede Karte $\varphi: T \to V \subset M$ von M ist

$$\tilde{\varphi} := \theta_r \circ \varphi: T \to \theta_r(V) \subset \theta_r(M)$$

eine Karte von $\theta_r(M)$. Wegen $\tilde{\varphi}(t) = r\varphi(t)$ gilt

$$\left\langle \frac{\partial \tilde{\varphi}}{\partial t_i}, \frac{\partial \tilde{\varphi}}{\partial t_j} \right\rangle = r^2 \left\langle \frac{\partial \varphi}{\partial t_i}, \frac{\partial \varphi}{\partial t_j} \right\rangle,$$

also folgt für die Gramschen Determinanten

$$\tilde{g}(t) = r^{2k} g(t) , \quad \text{d.h.} \quad \sqrt{\tilde{g}(t)} = r^k \sqrt{g(t)} .$$

Daraus ergibt sich die Behauptung.

Satz 8. *Sei $f: \mathbb{R}^n \to \mathbb{R}$ eine integrierbare Funktion. Dann ist für Lebesgue-fast alle $r \in \mathbb{R}_+^*$ die Funktion f über die Sphäre $\{x \in \mathbb{R}^n: \|x\| = r\}$ integrierbar und es gilt*

$$\int_{\mathbb{R}^n} f(x)\, d^n x = \int_0^\infty \Big(\int_{\|x\| = r} f(x)\, dS(x) \Big) dr = \int_0^\infty \Big(\int_{\|\xi\| = 1} f(r\xi)\, dS(\xi) \Big) r^{n-1} dr .$$

Beweis: Sei $H_\pm := \{(x_1, \ldots, x_n) \in \mathbb{R}^n: \pm x_n > 0\}$ der obere (bzw. untere) Halbraum. Da

$$f = f\chi_{H_+} + f\chi_{H_-} \quad \text{fast überall}$$

und der Durchschnitt jeder Sphäre mit der Hyperebene $\{x_n = 0\}$ eine $(n-1)$-dimensionale Nullmenge ist, genügt es, die Aussage für die Funktionen $f\chi_{H_+}$ und $f\chi_{H_-}$ zu beweisen. Wir behandeln nur den Fall des oberen Halbraums, da der andere Fall ganz analog ist. Zur Vereinfachung der Schreibweise nehmen wir an, daß $f = f\chi_{H_+}$.
Sei $U := \{\xi \in \mathbb{R}^{n-1}: \|\xi\| < 1\}$ die offene Einheitskugel und $\Phi: U \times \mathbb{R}_+^* \to H_+$ definiert durch

$$\Phi(\xi_1, \ldots, \xi_{n-1}, r) := (r\xi_1, \ldots, r\xi_{n-1}, r\sqrt{1 - \|\xi\|^2}) .$$

Φ ist eine $\mathscr{C}^1$-invertierbare Abbildung mit

$$\det D\Phi(\xi, r) = \frac{r^{n-1}}{\sqrt{1 - \|\xi\|^2}} ,$$

vgl. Aufgabe 13.5. Daher gilt (§ 13, Satz 2)

$$\int_{H_+} f(x)\,d^n x = \int_{U\times\mathbb{R}_+^*} f(r\xi, r\sqrt{1-\|\xi\|^2})\frac{r^{n-1}}{\sqrt{1-\|\xi\|^2}}\,d^{n-1}\xi\,dr\,.$$

Aus dem Satz von Fubini folgt

$$\int_{H_+} f(x)\,d^n x = \int_0^\infty \left(\int_U f(r\xi, r\sqrt{1-\|\xi\|^2})\frac{r^{n-1}}{\sqrt{1-\|\xi\|^2}}\,d^{n-1}\xi\right) dr\,.$$

Das in der Klammer stehende Integral ist aber nach Beispiel (14.8) gleich

$$\int_{\|x\|=r} f(x)\,dS(x)\,.$$

Daraus folgt die Behauptung.

Beispiele

(14.9) Oberfläche der Einheitskugel

Sei $K_n := \{x \in \mathbb{R}^n : \|x\| \leqq 1\}$ die n-dimensionale Einheitskugel und $S_{n-1} = \partial K_n$ die $(n-1)$-dimensionale Einheitssphäre. Für das Volumen von K_n haben wir bereits in (5.7) berechnet

$$\tau_n = \mathrm{Vol}_n(K_n) = \frac{\pi^{n/2}}{\Gamma(\frac{n}{2}+1)}\,.$$

Sei

$$\omega_n := \mathrm{Vol}_{n-1}(S_{n-1})\,.$$

Wendet man Satz 8 auf die charakteristische Funktion χ_{K_n} an, erhält man

$$\tau_n = \int_{\|x\|\leqq 1} d^n x = \int_0^1 \left(\int_{\|x\|=r} dS(x)\right) dr = \int_0^1 \omega_n r^{n-1}\,dr = \frac{\omega_n}{n}\,,$$

also

$$\omega_n = n\,\tau_n = \frac{n\,\pi^{n/2}}{\Gamma(\frac{n}{2}+1)} = \frac{2\,\pi^{n/2}}{\Gamma(n/2)}\,,$$

insbesondere $\omega_2 = 2\pi$, $\omega_3 = 4\pi$, $\omega_4 = 2\pi^2$.
Für die Fläche der Sphäre vom Radius $r > 0$

$$S_{n-1}(r) := \{x \in \mathbb{R}^n : \|x\| = r\}$$

hat man nach Satz 7

$$\mathrm{Vol}_{n-1}(S_{n-1}(r)) = \omega_n r^{n-1}\,.$$

(14.10) Rotationssymmetrische Funktionen

Sei $f\colon \mathbb{R}_+ \to \mathbb{R}$ eine Funktion derart, daß die Funktion

$$\mathbb{R}^n \to \mathbb{R}\,,\ x \mapsto f(\|x\|)\,,$$

integrierbar ist. Dann gilt nach Satz 8

$$\int_{\mathbb{R}^n} f(\|x\|)\,d^n x = \int_0^\infty \left(\int_{\|\xi\|=1} f(r)\,dS(\xi)\right) r^{n-1}\,dr = \omega_n \int_0^\infty f(r)\,r^{n-1}\,dr\,.$$

Damit erhalten wir wieder Satz 1 aus § 8.

Aufgaben

14.1 Die Funktionen $f, g\colon \mathbb{R}^3 \to \mathbb{R}$ seien definiert durch

$$f(x,y,z) := x^2 + xy - y - z\,, \qquad g(x,y,z) := 2x^2 + 3xy - 2y - 3z\,.$$

Man zeige, daß

$$C := \{(x,y,z) \in \mathbb{R}^3 : f(x,y,z) = g(x,y,z) = 0\}$$

eine eindimensionale Untermannigfaltigkeit des $\mathbb{R}^3$ ist und daß

$$\varphi\colon \mathbb{R} \to \mathbb{R}^3\,,\ \varphi(t) := (t, t^2, t^3)$$

eine globale Parameterdarstellung von C ist.

14.2 Die Funktionen $f_i\colon \mathbb{R}^4 \to \mathbb{R}$, $i = 1, 2, 3$, seien definiert durch

$$f_1(x_1,\ldots,x_4) := x_1 x_3 - x_2^2\,,$$
$$f_2(x_1,\ldots,x_4) := x_2 x_4 - x_3^2\,,$$
$$f_3(x_1,\ldots,x_4) := x_1 x_4 - x_2 x_3\,.$$

Man zeige, daß

$$M := \{x \in \mathbb{R}^4 \setminus \{0\} : f_1(x) = f_2(x) = f_3(x) = 0\}$$

eine zweidimensionale Untermannigfaltigkeit des $\mathbb{R}^4$ ist.

14.3

a) Seien $M \subset \mathbb{R}^m$ eine k-dimensionale und $N \subset \mathbb{R}^n$ eine l-dimensionale Untermannigfaltigkeit. Man zeige, daß $M \times N \subset \mathbb{R}^{m+n}$ eine $(k+l)$-dimensionale Untermannigfaltigkeit ist.

b) Seien $A \subset M$ und $B \subset N$ integrierbare Teilmengen. Man zeige: $A \times B$ ist eine integrierbare Teilmenge von $M \times N$ und es gilt

$$\mathrm{Vol}_{k+l}(A \times B) = \mathrm{Vol}_k(A)\,\mathrm{Vol}_l(B)\,.$$

14.4 Sei $M \subset \mathbb{R}^n$ eine k-dimensionale Untermannigfaltigkeit und $A \subset M$ eine integrierbare Teilmenge. Sei

$$F: \mathbb{R}^n \to \mathbb{R}^n, \ F(x) := a + Tx \ ,$$

eine längentreue Abbildung ($a \in \mathbb{R}^n$ und $T \in \mathrm{O}(n)$ eine orthogonale Matrix). Man zeige, daß $F(A)$ eine integrierbare Teilmenge der Untermannigfaltigkeit $F(M) \subset \mathbb{R}^n$ ist mit

$$\mathrm{Vol}_k(F(A)) = \mathrm{Vol}_k(A).$$

14.5 Es sei A die bzgl. Polarkoordinaten (φ, ϑ) auf der Einheitssphäre $S_2 \subset \mathbb{R}^3$ durch die Ungleichungen

$$\varphi_1 \leqq \varphi \leqq \varphi_2 \, , \qquad \vartheta_1 \leqq \vartheta \leqq \vartheta_2 \ ,$$

$(0 \leqq \varphi_1 < \varphi_2 \leqq 2\pi, \ 0 \leqq \vartheta_1 < \vartheta_2 \leqq \pi)$ gegebene Teilmenge. Man berechne ihre Fläche.

14.6 Man berechne die Fläche des Rotationsellipsoids

$$M := \left\{(x, y, z) \in \mathbb{R}^3 : \left(\frac{x}{a}\right)^2 + \left(\frac{y}{a}\right)^2 + \left(\frac{z}{b}\right)^2 = 1\right\} , \qquad a, b \in \mathbb{R}_+^* \, .$$

14.7 Seien r, R reelle Zahlen mit $0 < r < R$ und K die Kreislinie

$$K := \{(x, y, z) \in \mathbb{R}^3 : (x - R)^2 + z^2 = r^2 \, , \ y = 0\} \, .$$

Durch Rotation von K um die z-Achse entsteht ein Torus $T \subset \mathbb{R}^3$. Man berechne seine Fläche.

14.8 Es sei S_+ die folgende Teilmenge der Einheitssphäre im $\mathbb{R}^n$:

$$S_+ := \{x \in \mathbb{R}^n : \|x\| = 1, \ x_i \geqq 0 \ \text{ für } i = 1, \ldots, n\} \, .$$

Für $p_1, \ldots, p_n \in \mathbb{R}_+$ zeige man

$$\int\limits_{S_+} x_1^{p_1} \cdot \ldots \cdot x_n^{p_n} \, dS(x) = \frac{\Gamma\left(\frac{p_1+1}{2}\right) \cdot \ldots \cdot \Gamma\left(\frac{p_n+1}{2}\right)}{2^{n-1} \, \Gamma\left(\frac{p_1 + \ldots + p_n + n}{2}\right)} \, .$$

Anleitung: Man wende auf das Integral

$$\int\limits_{\mathbb{R}_+^n} x_1^{p_1} \cdot \ldots \cdot x_n^{p_n} \, e^{-\|x\|^2} \, d^n x$$

den Satz 8 an.

§ 15. Der Gaußsche Integralsatz

Wir kommen jetzt zum wichtigsten Satz der Integralrechnung im $\mathbb{R}^n$, dem Gaußschen Integralsatz. Er erlaubt, das Volumenintegral über die Divergenz eines Vektorfeldes durch ein Oberflächenintegral zu ersetzen. Dies ist das n-dimensionale Analogon des Fundamentalsatzes der Integral- und Differentialrechnung für Funktionen einer Veränderlichen. Der Gaußsche Integralsatz hat viele Anwendungen in der mathematischen Physik, wovon wir einige in den folgenden Paragraphen kennenlernen werden.

Tangentialvektoren

Unter einem Tangentialvektor an eine Untermannigfaltigkeit versteht man einen Tangentialvektor einer in der Untermannigfaltigkeit verlaufenden Kurve (Bild 15.1). Präziser ausgedrückt lautet die Definition wie folgt:
Sei $M \subset \mathbb{R}^n$ eine Untermannigfaltigkeit und $a \in M$ ein Punkt. Ein Vektor $v \in \mathbb{R}^n$ heißt Tangentialvektor an M im Punkt a, wenn es eine stetig differenzierbare Kurve

$$\psi:]-\epsilon, \epsilon[\to M \subset \mathbb{R}^n, \qquad (\epsilon > 0),$$

gibt mit

$$\psi(0) = a \quad \text{und} \quad \psi'(0) = v .$$

Die Gesamtheit aller Tangentialvektoren an M in a wird mit $T_a M$ bezeichnet.

Satz 1. *Sei $M \subset \mathbb{R}^n$ eine k-dimensionale Untermannigfaltigkeit und $a \in M$. Dann gilt:*

a) $T_a M$ ist ein k-dimensionaler Untervektorraum von $\mathbb{R}^n$.

b) Sei $\varphi: \Omega \to V \subset M$, ($\Omega$ offen in $\mathbb{R}^k$, V offen in M) eine Karte von M und $c \in \Omega$ ein Punkt mit $\varphi(c) = a$. Dann bilden die Vektoren

$$\frac{\partial \varphi}{\partial t_1}(c), \ldots, \frac{\partial \varphi}{\partial t_k}(c)$$

eine Basis von $T_a M$.

c) Sei $U \subset \mathbb{R}^n$ eine offene Umgebung von a und seien $f_1, \ldots, f_{n-k} \to \mathbb{R}$ stetig differenzierbare Funktionen mit

$$M \cap U = \{x \in U: f_1(x) = \ldots = f_{n-k}(x) = 0\}$$

und

$$\text{Rang}\, \frac{\partial(f_1, \ldots, f_{n-k})}{\partial(x_1, \ldots, x_n)}(a) = n - k .$$

Dann gilt

$$T_a M = \{v \in \mathbb{R}^n: \langle v, \operatorname{grad} f_j(a)\rangle = 0 \;\; \text{für } j = 1, \ldots, n-k\} .$$

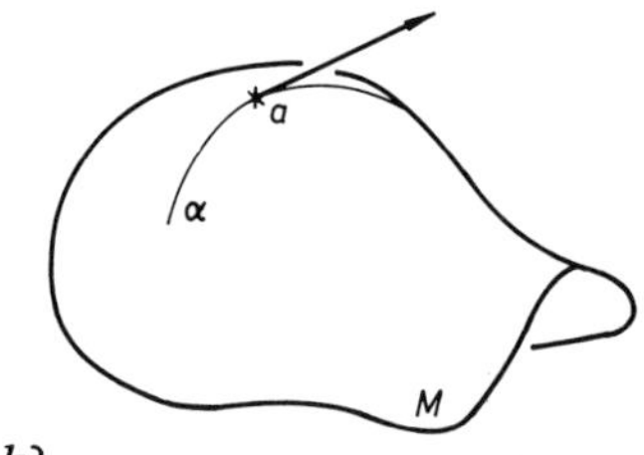

Bild 15.1

Beweis: Es sei T_1 der von $\frac{\partial \varphi}{\partial t_1}(c), \ldots, \frac{\partial \varphi}{\partial t_k}(c)$ aufgespannte Vektorraum und

$$T_2 := \{v \in \mathbb{R}^n : \langle v, \operatorname{grad} f_j(a) \rangle = 0,\ j = 1, \ldots, n-k\}.$$

Wir zeigen

$$T_1 \subset T_a M \subset T_2 .$$

Da T_1 und T_2 beides k-dimensionale Untervektorräume von $\mathbb{R}^n$ sind, ist dann notwendig $T_1 = T_a M = T_2$ und der Satz bewiesen.

i) Beweis der Inklusion $T_1 \subset T_a M$.

Sei

$$v = \lambda_1 \frac{\partial \varphi}{\partial t_1}(c) + \ldots + \lambda_k \frac{\partial \varphi}{\partial t_k}(c)$$

ein beliebiger Vektor aus T_1. Wir definieren eine Kurve

$$\psi :]-\epsilon, \epsilon[\to M \subset \mathbb{R}^n$$

durch

$$\psi(\tau) := \varphi(c_1 + \lambda_1 \tau, \ldots, c_k + \lambda_k \tau) .$$

Es gilt $\psi(0) = \varphi(c) = a$ und nach der Kettenregel ist

$$\psi'(0) = \lambda_1 \frac{\partial \varphi}{\partial t_1}(c) + \ldots + \lambda_k \frac{\partial \varphi}{\partial t_k}(c) = v ,$$

d.h. $v \in T_a M$.

ii) Beweis der Inklusion $T_a M \subset T_2$.

Sei $v \in T_a M$, d.h. $v = \psi'(0)$ für eine stetig differenzierbare Kurve

$$\psi :]-\epsilon, \epsilon[\to M \subset \mathbb{R}^n$$

mit $\psi(0) = a$. Da die Kurve in M verläuft, gilt für $j = 1, \ldots, n-k$

$$f_j(\psi(\tau)) = 0 \quad \text{für } |\tau| < \epsilon_1, \qquad (0 < \epsilon_1 \leqq \epsilon) .$$

Differentiation nach τ ergibt

$$0 = \sum_{i=1}^{n} \frac{\partial f_j}{\partial x_i}(\psi(0)) \frac{d\psi_i}{d\tau}(0) = \langle \operatorname{grad} f_j(a), \psi'(0) \rangle = \langle v, \operatorname{grad} f_j(a) \rangle ,$$

d.h. $v \in T_2$, q.e.d.

Normalenvektoren

Sei $M \subset \mathbb{R}^n$ eine k-dimensionale Untermannigfaltigkeit und $a \in M$. Ein Vektor $v \in \mathbb{R}^n$ heißt Normalenvektor von M in a, wenn er auf $T_a M$ senkrecht steht, d.h.

$$\langle v, w \rangle = 0 \quad \text{für alle } w \in T_a M .$$

Die Normalenvektoren von M in a bilden deshalb einen $(n-k)$-dimensionalen Untervektorraum $N_a M \subset \mathbb{R}^n$. Nach Satz 1 c) ist mit den dortigen Bezeichnungen

$$\operatorname{grad} f_1(a), \ldots, \operatorname{grad} f_{n-k}(a)$$

eine Basis von $N_a M$.

Kompakta mit glattem Rand

Sei $A \subset \mathbb{R}^n$ eine kompakte Teilmenge. Wir sagen, A habe glatten Rand, falls es zu jedem Randpunkt $a \in \partial A$ eine offene Umgebung $U \subset \mathbb{R}^n$ und eine stetig differenzierbare Funktion $\psi: U \to \mathbb{R}$ mit folgenden Eigenschaften gibt (vgl. Bild 15.2):

i) $A \cap U = \{x \in U: \psi(x) \leqq 0\}$,

ii) $\operatorname{grad} \psi(x) \neq 0$ für alle $x \in U$.

Behauptung: Es gilt dann

$$\partial A \cap U = \{x \in U: \psi(x) = 0\}.$$

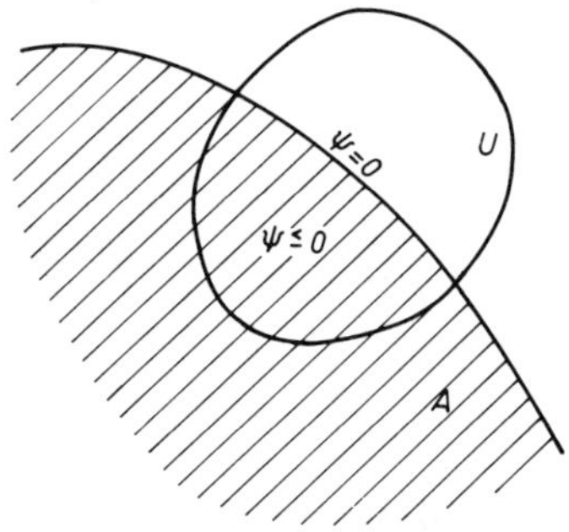

Bild 15.2

Beweis:

a) Wir zeigen zunächst die Inklusion „⊂". Dazu genügt es zu zeigen: Ist $x \in U$ ein Punkt mit $\psi(x) < 0$, so ist $x \notin \partial A$. Dies folgt daraus, daß es wegen der Stetigkeit von ψ eine ganze Umgebung $V \subset U$ von x gibt mit $\psi(y) < 0$ für alle $y \in V$. Also ist $V \subset A$, d.h. x kein Randpunkt von A.

b) Beweis der Inklusion „⊃". Sei $a \in U$ mit $\psi(a) = 0$. Es ist zu zeigen $a \in \partial A$. Sei $v := \operatorname{grad} \psi(a) \neq 0$. Die Taylorentwicklung bis zu Gliedern 1. Ordnung von ψ im Punkt a lautet

$$\psi(a+\xi) = \psi(a) + \langle \operatorname{grad} \psi(a), \xi \rangle + o(\xi) = \langle v, \xi \rangle + o(\xi).$$

Setzt man speziell $\xi = tv$, erhält man

$$\psi(a+tv) = t\,\|v\|^2 + o(tv).$$

Es gibt deshalb ein $\epsilon > 0$, so daß

$$\psi(a+tv) > 0 \quad \text{für alle } t \text{ mit } 0 < t < \epsilon,$$
$$\psi(a+tv) < 0 \quad \text{für alle } t \text{ mit } -\epsilon < t < 0.$$

Daraus folgt

$$a + t \operatorname{grad} \psi(a) \notin A \quad \text{für } 0 < t < \epsilon,$$
$$a + t \operatorname{grad} \psi(a) \in A \quad \text{für } -\epsilon < t < 0.$$

In jeder Umgebung von a liegen deshalb sowohl Punkte von A als auch Punkte des Komplements von A. Deshalb ist a ein Randpunkt von A, q.e.d.

Folgerung. *Der Rand eines Kompaktums $A \subset \mathbb{R}^n$ mit glattem Rand ist eine kompakte $(n-1)$-dimensionale Untermannigfaltigkeit des $\mathbb{R}^n$.*

Wir werden nun einen eindeutig bestimmten Normalenvektor in einen Randpunkt von A auszeichnen.

Satz 2. *Sei $A \subset \mathbb{R}^n$ ein Kompaktum mit glattem Rand und $a \in \partial A$. Dann existiert genau ein Vektor $\nu(a) \in \mathbb{R}^n$ mit folgenden Eigenschaften:*

1) $\nu(a)$ *steht senkrecht auf* $T_a(\partial A)$.

2) $\|\nu(a)\| = 1$.

3) *Es gibt ein* $\epsilon > 0$, *so daß*

$$a + t\nu(a) \notin A \quad \textit{für alle} \quad t \in]0, \epsilon[.$$

Der Vektor $\nu(a)$ heißt *äußerer Normalen-Einheitsvektor* von A im Punkt a.

Beweis:
a) Existenz.
Sei U eine offene Umgebung von a und $\psi: U \to \mathbb{R}$ eine stetig differenzierbare Funktion mit $\operatorname{grad} \psi \neq 0$ und

$$A \cap U = \{x \in U : \psi(x) \leqq 0\}.$$

Dann hat der Vektor

$$\nu(a) := \frac{\operatorname{grad} \psi(a)}{\|\operatorname{grad} \psi(a)\|}$$

die Eigenschaften 1) bis 3).
b) Eindeutigkeit.
Da der Normalenvektorraum von ∂A im Punkt a eindimensional mit Basis $\operatorname{grad} \psi(a)$ ist, folgt

$$\nu(a) = \lambda \operatorname{grad} \psi(a), \qquad \lambda \in \mathbb{R}.$$

Wegen 2) ist $|\lambda| = 1/\|\operatorname{grad} \psi(a)\|$ und aus 3) folgt, daß $\lambda > 0$. Also ist $\nu(a)$ durch die drei Bedingungen eindeutig festgelegt, q.e.d.

Zu jedem Kompaktum $A \subset \mathbb{R}^n$ mit glattem Rand gibt es deshalb ein stetiges Vektorfeld

$$\nu: \partial A \to \mathbb{R}^n,$$

wo $\nu(a)$ für $a \in \partial A$ der äußere Normalen-Einheitsvektor ist.

Beispiele

(15.1) Sei $A := \{x \in \mathbb{R}^n : \|x\| \leqq r\}$ die Kugel vom Radius $r > 0$. A hat glatten Rand, als Funktion ψ im Sinne der Definition kann man $\psi(x) = \|x\|^2 - r^2$ wählen. Für den Einheits-Normalenvektor in einem Randpunkt

$$a \in \partial A = \{x \in \mathbb{R}^n : \|x\| = r\}$$

erhält man

$$\nu(a) = \frac{a}{r}.$$

(15.2) Sei $A \subset \mathbb{R}^n$ ein Kompaktum mit glattem Rand und

$$a = (a_1, \ldots, a_n) \in \partial A .$$

In einer Umgebung von a kann ∂A als Graph einer Funktion von $n-1$ Variablen dargestellt werden. Es gibt deshalb nach evtl. Umnumerierung der Koordinaten eine offene Umgebung $U' \subset \mathbb{R}^{n-1}$ von $(a_1, \ldots, a_{n-1})$, ein Intervall $I =]\alpha, \beta[$, $\alpha < a_n < \beta$, sowie eine stetig differenzierbare Funktion

$$g \colon U' \to \mathbb{R},$$

so daß

$$A \cap (U' \times I) = \{(x', x_n) \in U' \times I \colon x_n \leqq g(x')\},$$

(bzw. statt der letzten Ungleichung $x_n \geqq g(x')$). Mit $\psi(x) = x_n - g(x')$ berechnet man für das äußere Einheits-Normalenvektorfeld

$$\nu = \frac{(-\operatorname{grad} g, 1)}{\sqrt{1 + \|\operatorname{grad} g\|^2}},$$

wobei $\operatorname{grad} g = \left(\frac{\partial g}{\partial x_1}, \ldots, \frac{\partial g}{\partial x_{n-1}}\right)$. (Im Fall, daß A durch die Ungleichung $x_n \geqq g(x')$ gegeben wird, ergibt sich der entgegengesetzte Wert.)
Das nächste Lemma stellt bereits einen Spezialfall des Gaußschen Integralsatzes dar.

Lemma. *Sei $U' \subset \mathbb{R}^{n-1}$ eine offene Menge, $I =]\alpha, \beta[$ ein Intervall und*

$$g \colon U' \to I \subset \mathbb{R}$$

eine stetig differenzierbare Funktion. Wir setzen

$$A := \{(x', x_n) \in U' \times I \colon x_n \leqq g(x')\},$$
$$M := \{(x', x_n) \in U' \times I \colon x_n = g(x')\}.$$

Dann gilt für jede stetig differenzierbare Funktion $f \colon U' \times I \to \mathbb{R}$ mit kompaktem Träger in $U' \times I$ und alle $i = 1, \ldots, n$

$$\int_A \frac{\partial f(x)}{\partial x_i} d^n x = \int_M f(x)\, \nu_i(x)\, dS(x),$$

wobei

$$\nu_i(x) = -(1 + \|\operatorname{grad} g(x')\|^2)^{-1/2} \frac{\partial g(x')}{\partial x_i} \quad \text{für} \quad 1 \leqq i \leqq n-1,$$

$$\nu_n(x) = (1 + \|\operatorname{grad} g(x')\|^2)^{-1/2},$$

$x = (x_1, \ldots, x_n)$, $x' = (x_1, \ldots, x_{n-1})$.

Beweis: Wir bemerken zunächst, daß das Flächenelement von M bzgl. der Parameterdarstellung $x' \mapsto (x', g(x'))$ folgende Form hat

$$dS(x) = \sqrt{1 + \|\operatorname{grad} g(x')\|^2}\, d^{n-1}x' ,$$

vgl. § 14, Beispiel (14.7). Beim Beweis der Integralformel haben wir zwei Fälle zu unterscheiden.

1. Fall: $1 \leqq i \leqq n-1$.
Sei $F\colon U' \times I \to \mathbb{R}$ definiert durch

$$F(x', z) := \int_{\alpha}^{z} f(x', x_n)\, dx_n .$$

Es gilt

$$\frac{\partial F(x', z)}{\partial z} = f(x', z) , \qquad \frac{\partial F(x', z)}{\partial x_i} = \int_{\alpha}^{z} \frac{\partial f}{\partial x_i}(x', x_n)\, dx_n .$$

Daraus folgt mit der Kettenregel

$$\frac{\partial}{\partial x_i} \int_{\alpha}^{g(x')} f(x', x_n)\, dx_n = \frac{\partial}{\partial x_i} F(x', g(x')) =$$

$$= \int_{\alpha}^{g(x')} \frac{\partial f}{\partial x_i}(x', x_n)\, dx_n + f(x', g(x'))\, \frac{\partial g(x')}{\partial x_i} .$$

Da die Funktion $x' \mapsto \int_{\alpha}^{g(x')} f(x', x_n)\, dx_n$ kompakten Träger in U' hat, gilt nach § 3, Satz 2

$$\int_{U'} \frac{\partial}{\partial x_i} \left(\int_{\alpha}^{g(x')} f(x', x_n)\, dx_n \right) d^{n-1}x' = 0 .$$

Damit erhalten wir

$$\int_A \frac{\partial f(x)}{\partial x_i}\, d^n x = \int_{U'} \left(\int_{\alpha}^{g(x')} \frac{\partial f}{\partial x_i}(x', x_n)\, dx_n \right) d^{n-1}x' =$$

$$= \int_{U'} \frac{\partial}{\partial x_i} \left(\int_{\alpha}^{g(x')} f(x', x_n)\, dx_n \right) d^{n-1}x' -$$

$$- \int_{U'} f(x', g(x'))\, \frac{\partial g(x')}{\partial x_i}\, d^{n-1}x' = \int_M f(x)\, \nu_i(x)\, dS(x) .$$

2. Fall: $i = n$.

Da für jedes $x' \in U$ die Funktion $x_n \mapsto f(x', x_n)$ kompakten Träger in $I =]\alpha, \beta[$ hat, folgt aus dem Fundamentalsatz der Integral- und Differentialrechnung einer Veränderlichen

$$\int_{\alpha}^{g(x')} \frac{\partial f}{\partial x_n}(x', x_n)\, dx_n = f(x', g(x')),$$

also

$$\int_A \frac{\partial f(x)}{\partial x_n} d^n x = \int_{U'} \left(\int_{\alpha}^{g(x')} \frac{\partial f}{\partial x_n}(x', x_n)\, dx_n \right) d^{n-1}x' =$$

$$= \int_{U'} f(x', g(x'))\, d^{n-1}x' = \int_M f(x)\, \nu_n(x)\, dS(x), \qquad \text{q.e.d.}$$

Der Beweis des Gaußschen Integralsatzes im allgemeinen Fall wird durch eine Teilung der Eins auf den vorstehenden Spezialfall zurückgeführt werden. Dazu brauchen wir folgenden Hilfssatz.

Hilfssatz (Lebesguesches Lemma). *Sei $A \subset \mathbb{R}^n$ kompakt und $(U_i)_{i \in I}$ eine Familie offener Teilmengen $U_i \subset \mathbb{R}^n$ mit*

$$A \subset \bigcup_{i \in I} U_i .$$

Dann existiert eine reelle Zahl $\lambda > 0$ (Lebesguesche Zahl) *mit folgender Eigenschaft: Jede Teilmenge $K \subset \mathbb{R}^n$, die A trifft (d.h. $A \cap K \neq \emptyset$) und die einen Durchmesser $\leqq \lambda$ hat, ist ganz in einem U_i enthalten.*

Beweis: Zu jedem $a \in A$ gibt es ein $r_a > 0$ und ein $i \in I$, so daß

$$B(a, r_a) = \{x \in \mathbb{R}^n : \|x - a\| < r_a\} \subset U_i .$$

Da die Familie $(B(a, r_a/2))_{a \subset A}$ eine offene Überdeckung des Kompaktums A darstellt, gibt es endlich viele Punkte $a_1, \ldots, a_m \in A$ mit

$$A \subset \bigcup_{k=1}^{m} B(a_k, r_{a_k}/2) .$$

Wir setzen $\lambda := \min(r_{a_1}/2, \ldots, r_{a_m}/2)$. Sei nun $K \subset \mathbb{R}^n$ eine Menge mit $A \cap K \neq \emptyset$ und $\operatorname{diam} K \leqq \lambda$. Wir wählen einen Punkt $a \in A \cap K$. Dazu gibt es ein $k \in \{1, \ldots, m\}$ und ein $i \in I$, so daß

$$a \in B(a_k, r_{a_k}/2) \subset B(a_k, r_{a_k}) \subset U_i .$$

Wegen $\operatorname{diam}(K) \leqq r_{a_k}/2$ folgt

$$K \subset B(a_k, r_{a_k}) \subset U_i\,, \qquad \text{q.e.d.}$$

Wir kommen jetzt zur Formulierung des Gaußschen Integralsatzes. Wir erinnern an den Begriff der Divergenz eines Vektorfeldes. Sei $U \subset \mathbb{R}^n$ offen und

$$F = (F_1, \ldots, F_n) \colon U \to \mathbb{R}^n$$

ein stetig differenzierbares Vektorfeld. Dann ist die Divergenz von F eine Funktion $\operatorname{div} F \colon U \to \mathbb{R}$, definiert durch

$$\operatorname{div} F = \sum_{i=1}^{n} \frac{\partial F_i}{\partial x_i}\,.$$

Satz 3 (Gaußscher Integralsatz). *Sei $A \subset \mathbb{R}^n$ eine kompakte Teilmenge mit glattem Rand, $\nu\colon \partial A \to \mathbb{R}^n$ das äußere Einheits-Normalenfeld und $U \supset A$ eine offene Teilmenge von $\mathbb{R}^n$. Dann gilt für jedes stetig differenzierbare Vektorfeld $F\colon U \to \mathbb{R}^n$*

$$\int\limits_A \operatorname{div} F(x)\, d^n x = \int\limits_{\partial A} \langle F(x), \nu(x)\rangle\, dS(x)\,.$$

Bemerkung: Der Gaußsche Integralsatz gilt auch noch, wenn der Rand von A nicht glatt ist, sondern niederdimensionale Singularitäten (Kanten, Ecken, etc.) hat und das Vektorfeld F nicht in einer vollen Umgebung von A stetig differenzierbar ist. Für eine solche Verallgemeinerung siehe: *H. König,* Ein einfacher Beweis des Gaußschen Integralsatzes, Jahresbericht der DMV, **66** (1964) 119–138.

Beweis: Nach (15.2) ist ∂A in der Umgebung jedes Punktes Graph einer Funktion von $n-1$ Variablen. Deshalb gibt eine Familie $(U_i)_{i\in I}$ offener Teilmengen $U_i \subset \mathbb{R}^n$ mit $\bigcup\limits_{i\in I} U_i \supset A$, so daß für jedes $i \in I$ eine der folgenden Bedingungen erfüllt ist:

(1) Entweder $U_i \subset A \setminus \partial A$ oder

(2) Nach evtl. Umnumerierung der Koordinaten hat U_i die Gestalt

$$U_i = U' \times \,]\alpha, \beta[\,, \qquad U' \text{ offen in } \mathbb{R}^{n-1}\,,$$

und es gibt eine stetig differenzierbare Funktion

$$g\colon U' \to \,]\alpha, \beta[$$

mit

$$U_i \cap A = \{(x', x_n) \in U' \times \,]\alpha, \beta[\,: x_n \leqq g(x'), (\text{bzw. } x_n \geqq g(x'))\}\,.$$

Sei $\lambda > 0$ eine Lebesguesche Zahl bzgl. der Überdeckung $(U_i)_{i\in I}$ von A gemäß dem obigen Hilfssatz. Wir setzen $\epsilon := \lambda/2\sqrt{n}$ und betrachten die anfangs des Paragraphen 3 konstruierte differenzierbare Teilung der Eins $(\alpha_{p\epsilon})_{p\in \mathbb{Z}^n}$. Der Träger jedes $\alpha_{p\epsilon}$ ist ein Würfel der Seitenlänge 2ϵ, hat also einen Durchmesser $\leqq \lambda$. Sei P die (endliche) Menge aller Multiindizes $p \in \mathbb{Z}^n$, so daß

$$\operatorname{Supp}(\alpha_{p\epsilon}) \cap A \neq \emptyset .$$

Dann ist

$$\int_A \operatorname{div} F(x)\, d^n x = \sum_{p \in P} \int_A \operatorname{div}(\alpha_{p\epsilon}(x) F(x))\, d^n x$$

und

$$\int_{\partial A} \langle F(x), \nu(x)\rangle\, dS(x) = \sum_{p \in P} \int_{\partial A} \langle \alpha_{p\epsilon}(x) F(x), \nu(x)\rangle\, dS(x) .$$

Der Satz braucht also nur für die Funktionen $\alpha_{p\epsilon} F$ bewiesen zu werden. Nach Konstruktion ist $\operatorname{Supp}(\alpha_{p\epsilon} F)$ für jedes $p \in P$ ganz in einem U_i enthalten. Falls $U_i \subset A \setminus \partial A$, folgt die Gleichung

$$(*) \qquad \int_A \operatorname{div}(\alpha_{p\epsilon}(x) F(x))\, d^n x = \int_{\partial A} \langle \alpha_{p\epsilon}(x) F(x), \nu(x)\rangle\, dS(x)$$

aus § 3, Satz 2a), da das Randintegral entfällt. Falls aber U_i der Bedingung (2) genügt, ist $(*)$ eine Folgerung aus dem Lemma, angewandt auf die Komponenten der vektorwertigen Funktion $\alpha_{p\epsilon} F$.

(15.3) Beispiel. Wir betrachten das durch den Ortsvektor gegebene Vektorfeld

$$F: \mathbb{R}^n \to \mathbb{R}^n, \; F(x) := x .$$

Es ist dann

$$\operatorname{div} F(x) = \sum_{k=1}^{n} \frac{\partial x_k}{\partial x_k} = n .$$

Für jedes Kompaktum $A \subset \mathbb{R}^n$ mit glattem Rand gilt deshalb

$$\int_A \operatorname{div} F(x)\, d^n x = n \operatorname{Vol}_n(A) ,$$

also folgt aus dem Gaußschen Integralsatz

$$\operatorname{Vol}_n(A) = \frac{1}{n} \int_{\partial A} \langle x, \nu(x)\rangle\, dS(x) .$$

Wählen wir für A speziell die n-dimensionale Einheitskugel K_n, so ist

$$\nu(x) = x \quad \text{für alle } x \in \partial K_n = S_{n-1} ,$$

also $\langle x, \nu(x)\rangle = \|x\|^2 = 1$, woraus folgt

$$\mathrm{Vol}_n(K_n) = \frac{1}{n} \int\limits_{\partial K_n} dS(x) = \frac{1}{n} \mathrm{Vol}_{n-1}(S_{n-1}) .$$

Diese Formel hatten wir schon auf andere Weise in (14.9) abgeleitet.

(15.4) Physikalische Interpretation des Gaußschen Integralsatzes

$$\int\limits_A \operatorname{div} F(x)\, d^n x = \int\limits_{\partial A} \langle F(x), \nu(x)\rangle\, dS(x) .$$

Das Skalarprodukt

$$\langle F(x), \nu(x)\rangle = \|F(x)\| \cos\alpha ,$$

wobei $\alpha = \sphericalangle(F(x), \nu(x))$ den Winkel zwischen den Vektoren $F(x)$ und $\nu(x)$ bezeichnet, ist die Projektion von $F(x)$ auf die äußere Normale. Man kann deshalb $\langle F(x), \nu(x)\rangle\, dS(x)$ als den durch das Oberflächenelement $dS(x)$ austretenden Fluß des Vektorfeldes F interpretieren (Bild 15.3). Das Integral

$$\int\limits_{\partial A} \langle F(x), \nu(x)\rangle\, dS(x)$$

ist daher der Gesamtfluß des Vektorfeldes F durch die Oberfläche von A. Dieser Fluß kann nach dem Satz von Gauß als Volumenintegral der Divergenz von F über A ausgerechnet werden.

Beispielsweise gilt für die Strömung F einer inkompressiblen Flüssigkeit, daß der Gesamtfluß durch die Oberfläche jedes (gedachten) Körpers A gleich null ist. Daraus folgt

$$\int\limits_A \operatorname{div} F(x)\, d^3 x = 0$$

für alle A, also $\operatorname{div} F(x) = 0$.

Analoges gilt für das elektrische Feld E in einem ladungsfreien Raum.

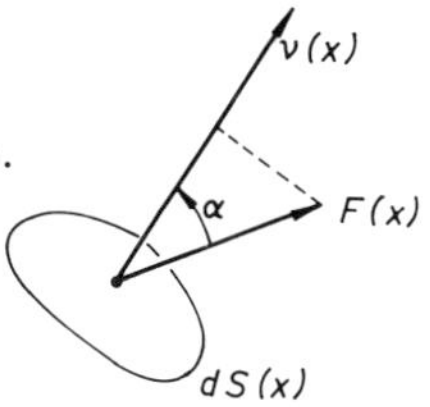

Bild 15.3

(15.5) Archimedisches Prinzip. Ein fester Körper A befinde sich in einer Flüssigkeit der konstanten Dichte $c > 0$, deren Oberfläche mit der Ebene $x_3 = 0$ des (x_1, x_2, x_3)-Raumes zusammenfalle. Im Punkt $x \in \partial A$ übt die Flüssigkeit auf den Körper einen Druck der Größe

$$c x_3\, \nu(x)$$

aus, wobei $\nu(x)$ der äußere Normalenvektor von A im Punkt x ist. (Man beachte, daß x_3 negativ ist; der Druck ist nach innen gerichtet, vgl. Bild 15.4.) Für die gesamte Auftriebskraft $K = (K_1, K_2, K_3)$ erhält man daher

$$K = \int_{\partial A} c x_3 \, \nu(x) \, dS(x) ,$$

d.h.

$$K_i = \int_{\partial A} c x_3 \, \nu_i(x) \, dS(x) .$$

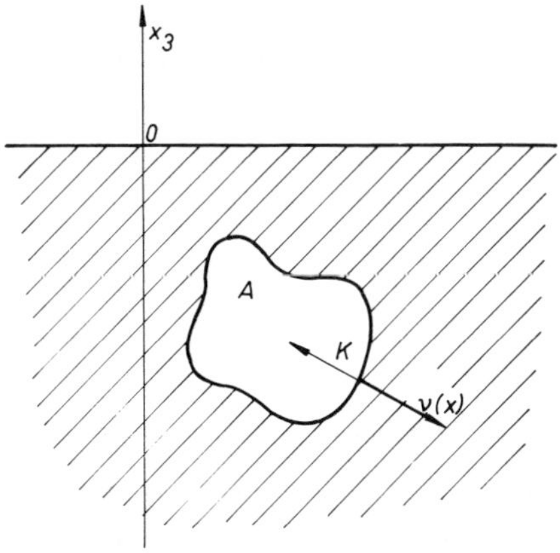

Bild 15.4

Mit dem Satz von Gauß kann man umformen

$$K_i = \int_A c \frac{\partial x_3}{\partial x_i} d^3x ,$$

also $K_1 = K_2 = 0$ und

$$K_3 = c \int_A d^3x = c \operatorname{Vol}(A) .$$

Der Körper erfährt also einen Auftrieb in x_3-Richtung, dessen Betrag gleich dem Gewicht der verdrängten Flüssigkeit ist.

Greensche Formel

Sei $U \subset \mathbb{R}^n$ eine offene Menge, $A \subset U$ ein Kompaktum mit glattem Rand und

$$\nu: \partial A \to \mathbb{R}^n$$

das äußere Einheits-Normalenfeld. Für eine stetig differenzierbare Funktion $f: U \to \mathbb{R}$ werde die Ableitung in Normalenrichtung in einem Punkt $x \in \partial A$ definiert durch

$$\frac{\partial f}{\partial \nu}(x) := \langle \operatorname{grad} f(x), \nu(x) \rangle = \sum_{i=1}^{n} \frac{\partial f(x)}{\partial x_i} \nu_i(x) .$$

Wir führen ferner folgende abkürzende Schreibweise ein

$$\int_A \varphi \, dV := \int_A \varphi(x) \, d^n x$$

für eine stetige Funktion $\varphi: A \to \mathbb{R}$, wobei dV an Volumenelement erinnern soll.

Satz 4 (Greensche Formel). *Mit den obigen Bezeichnungen seien $f, g: U \to \mathbb{R}$ zwei 2-mal stetig differenzierbare Funktionen. Dann gilt*

$$\int_A (f\Delta g - g\Delta f)\, dV = \int_{\partial A} \left(f\frac{\partial g}{\partial \nu} - g\frac{\partial f}{\partial \nu}\right) dS\,.$$

Beweis: Wir wenden den Gaußschen Integralsatz auf das Vektorfeld

$$F := f\nabla g - g\nabla f$$

an. Da

$$\operatorname{div}(f\nabla g) = f\Delta g + \langle \nabla f, \nabla g\rangle\,,$$

(vgl. An. 2, § 5) und einer analogen Formel für $\operatorname{div}(g\nabla f)$, folgt

$$\operatorname{div} F = f\Delta g - g\Delta f\,.$$

Auf ∂A gilt

$$\langle F, \nu\rangle = f\langle \nabla g, \nu\rangle - g\langle \nabla f, \nu\rangle = f\frac{\partial g}{\partial \nu} - g\frac{\partial f}{\partial \nu}\,.$$

Aus

$$\int_A \operatorname{div}(F)\, dV = \int_{\partial A} \langle F, \nu\rangle\, dS$$

folgt deshalb die Behauptung.

Aufgaben

15.1 Sei

$$A := \{(x, y, z) \in \mathbb{R}^3 : \frac{x^2}{4} + y^2 + \frac{z^2}{9} \leqq 1\}$$

und $F: \mathbb{R}^3 \to \mathbb{R}^3$ das Vektorfeld

$$F(x, y, z) := (3x^2 z, y^2 - 2x, z^3)\,.$$

Man berechne das Integral

$$\int_{\partial A} \langle F, \nu\rangle\, dS\,.$$

15.2 Sei $A \subset \mathbb{R}^n$ ein Kompaktum mit glattem Rand, das den Nullpunkt in seinem Innern enthält und

$$\alpha(x) := \measuredangle(x, \nu(x))\,, \qquad x \in \partial A\,,$$

der Winkel zwischen dem Ortsvektor x und dem Normalenvektor $\nu(x)$ an ∂A. Man zeige

$$\int_{\partial A} \frac{\cos\alpha(x)}{\|x\|^{n-1}}\, dS(x) = \omega_n ,$$

wobei ω_n die Oberfläche der n-dimensionalen Einheitskugel ist.

Anleitung: Man wende den Gaußschen Integralsatz auf das Vektorfeld

$$F(x) := \frac{x}{\|x\|^n}$$

und die Menge

$$A_\epsilon := \{x \in A : \|x\| \geqq \epsilon\}$$

für genügend kleines $\epsilon > 0$ an.

15.3 Eine Folge $(A_k)_{k \in \mathbb{N}}$ von nicht-leeren Teilmengen $A_k \subset \mathbb{R}^n$ heiße konvergent gegen einen Punkt $x \in \mathbb{R}^n$, falls gilt:
Zu jedem $\epsilon > 0$ gibt es ein $N \in \mathbb{N}$, so daß

$$A_k \subset B(x, \epsilon) \text{ für alle } k \geqq N .$$

(Dabei ist $B(x, \epsilon)$ die offene Kugel um x mit Radius ϵ.) Man zeige: Sei $U \subset \mathbb{R}^n$ eine offene Menge, a: $U \to \mathbb{R}^n$ ein stetig differenzierbares Vektorfeld und $A_k \subset U$, $k \in \mathbb{N}$, eine gegen den Punkt $x \in U$ konvergente Folge von Teilmengen mit glattem Rand. Dann gilt

$$\operatorname{div} a(x) = \lim_{k \to \infty} \frac{1}{\operatorname{Vol}(A_k)} \int_{\partial A_k} \langle a, \nu \rangle\, dS .$$

15.4 Für eine Funktion f: $\mathbb{R}^n \to \mathbb{R}$ schreiben wir $f = o(r^\alpha)$, wenn es zu jedem $\epsilon > 0$ ein $R > 0$ gibt, so daß

$$|f(x)| \leqq \epsilon \|x\|^\alpha \text{ für } \|x\| \geqq R .$$

Sei a: $\mathbb{R}^n \to \mathbb{R}^n$ ein stetig differenzierbares Vektorfeld mit

$$a_k = o(r^{1-n}), \quad \frac{\partial a_k}{\partial x_k} = o(r^{-n}), \qquad k = 1, \ldots, n .$$

Man zeige

$$\int_{\mathbb{R}^n} \operatorname{div} a(x)\, d^n x = 0 .$$

§ 16. Die Potentialgleichung

In diesem Paragraphen benützen wir die Greensche Integralformel, um Integraldarstellungen für Lösungen der homogenen (inhomogenen) Potentialgleichung $\Delta u = 0$ (bzw. $\Delta u = \rho$) abzuleiten.

Unter der homogenen Potentialgleichung oder Laplaceschen Differentialgleichung versteht man die Differentialgleichung

$$\Delta u = 0 ,$$

wobei $\Delta = \frac{\partial^2}{\partial x_1^2} + \ldots + \frac{\partial^2}{\partial x_n^2}$ der Laplace-Operator im $\mathbb{R}^n$ ist. Eine zweimal stetig differenzierbare Funktion u mit $\Delta u = 0$ heißt *harmonisch*.
Ist ρ eine vorgegebene Funktion in einer offenen Menge des $\mathbb{R}^n$, so heißt

$$\Delta u = \rho$$

inhomogene Potentialgleichung oder Poissonsche Differentialgleichung. In physikalischer Interpretation beschreibt die Gleichung das elektrostatische Potential bei der Ladungsverteilung ρ.
Für die folgenden Untersuchungen brauchen wir spezielle Lösungen der Potentialgleichung mit einer Singularität in einem Punkt $a \in \mathbb{R}^n$, die sog. Newton-Potentiale

$$N_a \colon \mathbb{R}^n \setminus \{a\} \to \mathbb{R} .$$

Sie sind wie folgt definiert:

$$N_a(x) := \begin{cases} \dfrac{-1}{(n-2)\,\omega_n} \cdot \dfrac{1}{\|x-a\|^{n-2}} & \text{für } n \neq 2 , \\[2ex] \dfrac{1}{2\pi} \ln \|x-a\| & \text{für } n = 2 . \end{cases}$$

Dabei ist $\omega_n = \frac{2\pi^{n/2}}{\Gamma(n/2)}$ die Oberfläche der n-dimensionalen Einheitskugel, vgl. (14.9).
Man rechnet leicht nach, daß N_a der Potentialgleichung

$$\Delta N_a = 0 \quad \text{in} \quad \mathbb{R}^n \setminus \{a\}$$

genügt, vgl. An. 2, (5.8). Für den Gradienten von N_a erhält man

$$\operatorname{grad} N_a(x) = \frac{1}{\omega_n} \cdot \frac{x-a}{\|x-a\|^n} .$$

(Hier ist keine Fallunterscheidung $n \neq 2$ und $n = 2$ nötig.)

Hilfssatz 1. *Sei U eine offene Umgebung des Punktes $a \in \mathbb{R}^n$ und $\varphi\colon U \to \mathbb{R}$ eine stetig differenzierbare Funktion. Dann gilt*

$$\varphi(a) = \lim_{\epsilon \to 0} \int\limits_{\|x-a\| = \epsilon} \left(\varphi(x) \frac{\partial N_a(x)}{\partial \nu} - N_a(x) \frac{\partial \varphi(x)}{\partial \nu}\right) dS(x) .$$

Beweis: Wir setzen

$$I_\epsilon := \int\limits_{\|x-a\| = \epsilon} \varphi(x) \frac{\partial N_a(x)}{\partial \nu} dS(x) ,$$

$$II_\epsilon := \int\limits_{\|x-a\| = \epsilon} N_a(x) \frac{\partial \varphi(x)}{\partial \nu} dS(x)$$

und zeigen

$$\lim_{\epsilon \to 0} I_\epsilon = \varphi(a) , \quad \lim_{\epsilon \to 0} II_\epsilon = 0 .$$

i) Der äußere Normalen-Einheitsvektor der Sphäre $\|x - a\| = \epsilon$ lautet

$$\nu(x) = \frac{x-a}{\|x-a\|} .$$

Daraus folgt

$$\frac{\partial N_a(x)}{\partial \nu} = \langle \operatorname{grad} N_a(x), \nu(x) \rangle = \frac{1}{\omega_n \|x-a\|^{n-1}} ,$$

also

$$I_\epsilon = \frac{1}{\omega_n} \int\limits_{\|x-a\| = \epsilon} \varphi(x) \frac{1}{\|x-a\|^{n-1}} dS(x) = \frac{1}{\omega_n \epsilon^{n-1}} \int\limits_{\|x-a\| = \epsilon} \varphi(x)\, dS(x) .$$

Wir machen die Substitution $x - a = \epsilon\xi$, $dS(x) = \epsilon^{n-1} dS(\xi)$, und erhalten

$$I_\epsilon = \frac{1}{\omega_n} \int\limits_{\|\xi\| = 1} \varphi(a + \epsilon\xi)\, dS(\xi) .$$

Da

$$\varphi(a) = \frac{1}{\omega_n} \int\limits_{\|\xi\| = 1} \varphi(a)\, dS(\xi) ,$$

folgt

$$\lim_{\epsilon \to 0} I_\epsilon = \varphi(a) .$$

ii) Da φ einmal stetig differenzierbar ist, gibt es eine Konstante $M \in \mathbb{R}_+$, so daß

$$\left| \frac{\partial \varphi(x)}{\partial \nu} \right| \leqq M \quad \text{für } 0 < \|x - a\| \leqq \epsilon_0 .$$

Somit gilt

$$|II_\epsilon| \leqq \text{const.} \int\limits_{\|x-a\| = \epsilon} \epsilon^{2-n} \, dS(x) \quad \text{für } n \neq 2 ,$$

$$|II_\epsilon| \leqq \text{const.} \int\limits_{\|x-a\| = \epsilon} |\ln \epsilon| \, dS(x) \quad \text{für } n = 2 .$$

In beiden Fällen erhält man

$$\lim_{\epsilon \to 0} II_\epsilon = 0 , \qquad \text{q.e.d.}$$

Wir kommen jetzt zur Lösung der Poisson-Gleichung $\Delta u = \rho$.

Satz 1. *Sei $\rho: \mathbb{R}^n \to \mathbb{R}$ eine zweimal stetig differenzierbare Funktion mit kompaktem Träger. Für $x \in \mathbb{R}^n$ sei*

$$u(x) := \int\limits_{\mathbb{R}^n} N_y(x) \, \rho(y) \, d^n y .$$

Dann ist $u: \mathbb{R}^n \to \mathbb{R}$ zweimal stetig differenzierbar und genügt der Differentialgleichung

$$\Delta u = \rho .$$

Bemerkungen:

1) Die Lösung der Differentialgleichung $\Delta u = \rho$ ist natürlich nicht eindeutig bestimmt. Je zwei Lösungen unterscheiden sich um eine Lösung der homogenen Gleichung $\Delta v = 0$. Wir werden auf die Frage der Eindeutigkeit noch später zurückkommen.
2) Für die Gültigkeit des Satzes genügt es, daß ρ nur einmal stetig differenzierbar ist. Die Voraussetzung $\rho \in \mathscr{C}_c^2(\mathbb{R}^n)$ vereinfacht aber den Beweis.

Beweis: Da $N_y(x) = N_0(y - x)$, erhält man mit der Substitution $z = y - x$

$$u(x) = \int\limits_{\mathbb{R}^n} N_0(z) \, \rho(x + z) \, d^n z .$$

Da die Funktion N_0 lokal integrierbar ist (vgl. Beispiel (9.1)), gilt für jeden Differentialoperator D^α der Ordnung $|\alpha| \leqq 2$

$$D^\alpha u(x) = \int\limits_{\mathbb{R}^n} N_0(z) \, D^\alpha \rho(x + z) \, d^n z$$

(§ 11, Satz 2), also $u \in \mathscr{C}^2(\mathbb{R}^n)$ und

$$\Delta u(x) = \int_{\mathbb{R}^n} N_0(z)\, \Delta\rho(x+z)\, d^n z\ .$$

Wir halten jetzt x fest und wählen $R \in \mathbb{R}_+$ so groß, daß

$$\rho_x(z) := \rho(x+z) = 0 \quad \text{für} \quad \|z\| \geqq R\ .$$

Wir setzen

$$A_\epsilon := \{z \in \mathbb{R}^n\colon \epsilon \leqq \|z\| \leqq R\}, \qquad (0 < \epsilon < R)\ .$$

Dann gilt

$$\Delta u(x) = \lim_{\epsilon \to 0} \int_{A_\epsilon} N_0(z)\, \Delta\rho_x(z)\, d^n z\ .$$

Da $\Delta N_0 = 0$ in $\mathbb{R}^n \setminus 0$, folgt mit der Greenschen Integralformel (§ 15, Satz 4)

$$I_\epsilon := \int_{A_\epsilon} N_0\, \Delta\rho_x\, d^n z = \int_{A_\epsilon} (N_0\, \Delta\rho_x - \rho_x\, \Delta N_0)\, d^n z =$$

$$= \int_{\partial A_\epsilon} \left(N_0 \frac{\partial\rho_x}{\partial\nu} - \rho_x \frac{\partial N_0}{\partial\nu}\right) dS\ .$$

Der Rand ∂A_ϵ besteht aus den beiden Sphären $\{\|z\| = R\}$ und $\{\|z\| = \epsilon\}$. Auf $\{\|z\| = R\}$ verschwindet das Randintegral. Auf dem Randstück $\{\|z\| = \epsilon\}$ gilt

$$\nu(z) = -\bar{\nu}(z)\ ,$$

wobei ν das äußere Normalen-Einheitsfeld von A_ϵ und $\bar{\nu}$ dasjenige von $\{\|z\| \leqq \epsilon\}$ bezeichnet (Bild 16.1). Daraus folgt

$$I_\epsilon = \int_{\|z\| = \epsilon} \left(\rho_x \frac{\partial N_0}{\partial\bar{\nu}} - N_0 \frac{\partial\rho_x}{\partial\bar{\nu}}\right) dS(z)\ .$$

Hilfssatz 1 ergibt nun

$$\lim_{\epsilon \to 0} I_\epsilon = \rho_x(0) = \rho(x)\ , \qquad \text{q.e.d.}$$

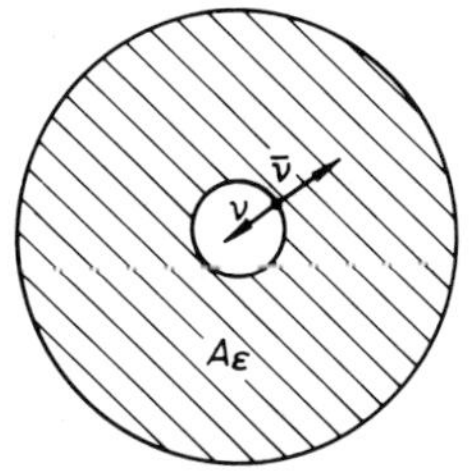

Bild 16.1

Satz 2. *Sei $U \subset \mathbb{R}^n$ eine offene Teilmenge und $A \subset U$ ein Kompaktum mit glattem Rand. Weiter sei $\varphi\colon U \to \mathbb{R}$ eine zweimal stetig differenzierbare Funktion mit*

$$\Delta\varphi = 0 \quad \text{in } \mathring{A}\ .$$

Dann gilt für jeden Punkt $a \in \mathbb{R}^n \setminus \partial A$

$$\int_{\partial A} \left(\varphi \frac{\partial N_a}{\partial\nu} - N_a \frac{\partial\varphi}{\partial\nu}\right) dS = \begin{cases} \varphi(a) & \text{für } a \in \mathring{A} = A \setminus \partial A\ , \\ 0 & \text{für } a \in \mathbb{R}^n \setminus A\ . \end{cases}$$

Beweis:

i) Im Fall $a \in \mathbb{R}^n \setminus A$ ist die Funktion N_a in einer Umgebung von A zweimal stetig differenzierbar mit $\Delta N_a = 0$. Es folgt also aus der Greenschen Integralformel (§ 15, Satz 4)

$$\int_{\partial A} \left(\varphi \frac{\partial N_a}{\partial \nu} - N_a \frac{\partial \varphi}{\partial \nu}\right) dS = \int_A (\varphi \Delta N_a - N_a \Delta \varphi)\, dV = 0 .$$

ii) Es bleibt noch der Fall $a \in \mathring{A}$ zu behandeln. Es gibt dann ein $\epsilon_0 > 0$, so daß

$$K_\epsilon := \{x \in \mathbb{R}^n \colon \|x - a\| \leqq \epsilon\} \subset \mathring{A} \quad \text{für alle } \epsilon \leqq \epsilon_0 .$$

Wir setzen

$$A_\epsilon := A \setminus \mathring{K}_\epsilon .$$

Wie in i) folgt aus der Greenschen Formel

$$\int_{\partial A_\epsilon} \left(\varphi \frac{\partial N_a}{\partial \nu} - N_a \frac{\partial \varphi}{\partial \nu}\right) dS = 0 .$$

Der Rand ∂A_ϵ ist disjunkte Vereinigung von ∂A und ∂K_ϵ. Auf ∂K_ϵ gilt $\nu = -\overline{\nu}$, wobei ν das äußere Normalen-Einheitsfeld von A_ϵ und $\overline{\nu}$ dasjenige von K_ϵ bezeichnet. Also ergibt sich

$$\int_{\partial A} \left(\varphi \frac{\partial N_a}{\partial \nu} - N_a \frac{\partial \varphi}{\partial \nu}\right) dS = \int_{\partial K_\epsilon} \left(\varphi \frac{\partial N_a}{\partial \overline{\nu}} - N_a \frac{\partial \varphi}{\partial \overline{\nu}}\right) dS .$$

Das Integral rechter Hand konvergiert nach Hilfssatz 1 für $\epsilon \to 0$ gegen $\varphi(a)$. Da die linke Seite aber unabhängig von ϵ ist, folgt

$$\int_{\partial A} \left(\varphi \frac{\partial N_a}{\partial \nu} - N_a \frac{\partial \varphi}{\partial \nu}\right) dS = \varphi(a) , \quad \text{q.e.d.}$$

Satz 3 (Mittelwerteigenschaft harmonischer Funktionen). *Sei $U \subset \mathbb{R}^n$ eine offene Menge und $\varphi\colon U \to \mathbb{R}$ eine harmonische Funktion. Sei $a \in U$ und $r > 0$ mit*

$$\{x \in \mathbb{R}^n \colon \|x - a\| \leqq r\} \subset U .$$

Dann gilt

$$\varphi(a) = \frac{1}{\omega_n} \int_{\|\xi\| = 1} \varphi(a + r\xi)\, dS(\xi) .$$

Beweis: Nach Satz 2 gilt

$$\varphi(a) = \int_{\|x-a\| = r} \left(\varphi(x) \frac{\partial N_a(x)}{\partial \nu} - N_a(x) \frac{\partial \varphi(x)}{\partial \nu}\right) dS(x) .$$

Wir werten die beiden Summanden einzeln aus:

$$I := \int\limits_{\|x-a\|=r} \varphi(x) \frac{\partial N_a(x)}{\partial \nu} dS(x) = \frac{1}{\omega_n} \int\limits_{\|x-a\|=r} \varphi(x) \frac{1}{r^{n-1}} dS(x) =$$

$$= \frac{1}{\omega_n} \int\limits_{\|\xi\|=1} \varphi(a + r\xi)\, dS(\xi)\,.$$

Es bleibt also zu zeigen, daß das Integral

$$II := - \int\limits_{\|x-a\|=r} N_a(x) \frac{\partial \varphi(x)}{\partial \nu} dS(x)$$

verschwindet. Auf der Sphäre $\{\|x-a\| = r\}$ ist $N_a(x)$ konstant (d.h. nur von r, aber nicht von x abhängig), es genügt also zu zeigen, daß

$$\int\limits_{\|x-a\|=r} \frac{\partial \varphi}{\partial \nu} dS = 0\,.$$

Dazu verwenden wir wieder die Greensche Integralformel

$$\int\limits_{\|x-a\|=r} \frac{\partial \varphi}{\partial \nu} dS = \int\limits_{\|x-a\|=r} \left(1 \frac{\partial \varphi}{\partial \nu} - \varphi \frac{\partial 1}{\partial \nu}\right) dS = \int\limits_{\|x-a\| \leq r} (1\,\Delta\varphi - \varphi\Delta 1)\, d^n x = 0\,,$$

q.e.d.

Wir können jetzt das Maximum-Prinzip für harmonische Funktionen beweisen. Dabei verwenden wir folgende Bezeichnung:
Eine offene Teilmenge $U \subset \mathbb{R}^n$ heißt *zusammenhängend,* wenn je zwei Punkte $a, b \in U$ durch eine Kurve in U verbunden werden können, d.h. eine stetige Abbildung

$$\alpha: [0, 1] \to U$$

existiert mit $\alpha(0) = a$ und $\alpha(1) = b$. Eine offene zusammenhängende Teilmenge $U \subset \mathbb{R}^n$ heißt *Gebiet.*

Satz 4 (Maximumprinzip für harmonische Funktionen). *Sei $U \subset \mathbb{R}^n$ ein Gebiet und $\varphi: U \to \mathbb{R}$ eine harmonische Funktion. Nimmt φ in einem Punkt $a \in U$ ihr Maximum an, so ist φ konstant.*

Beweis:
a) Wir setzen

$$M := \varphi(a) = \sup\{\varphi(x) : x \in U\}.$$

Wir zeigen zunächst: Sei $x \in U$ ein Punkt mit $\varphi(x) = M$ und $\epsilon > 0$ so, daß die Kugel

$$B(x, \epsilon) = \{y \in \mathbb{R}^n : \|y - x\| < \epsilon\}$$

ganz in U liegt. Dann gilt $\varphi(y) = M$ für alle $y \in B(x, \epsilon)$.

Denn für jedes $r \in]0, \epsilon[$ folgt aus der Mittelwert-Eigenschaft

$$M = \varphi(x) = \frac{1}{\omega_n} \int\limits_{\|\xi\| = 1} \varphi(x + r\xi)\, dS(\xi)\,,$$

daß

$$\int\limits_{\|\xi\| = 1} \{M - \varphi(x + r\xi)\}\, dS(\xi) = 0\,.$$

Da $M - \varphi(x + r\xi) \geqq 0$, kann wegen der Stetigkeit von φ diese Gleichung nur dann gelten, wenn $\varphi(x + r\xi) = M$ für alle $\|\xi\| = 1$.

b) Wäre φ nicht konstant, gäbe es einen Punkt $b \in U$ mit $\varphi(b) < M$. Wir wählen eine Kurve α: $[0, 1] \to U$, die a mit b verbindet, d.h. $\alpha(0) = a$ und $\alpha(1) = b$. Sei

$$t^* := \sup\{t \in [0, 1]: \varphi(\alpha(t)) = M\}\,.$$

Wegen der Stetigkeit der Funktion $\varphi \circ \alpha$ gilt auch $\varphi(\alpha(t^*)) = M$ und wegen $\varphi(b) < M$ ist $t^* < 1$. Nach der in a) bewiesenen Eigenschaft gibt es dann ein $t' > t^*$ mit $\varphi(\alpha(t')) = M$. Dies steht aber im Widerspruch zur Definition von t^*. Also ist φ doch konstant.

Bemerkung: Beim Beweis des Maximumprinzips wurde nur ausgenützt, daß die Funktion φ stetig ist und die Mittelwerteigenschaft hat.

Corollar 1. *Sei $U \subset \mathbb{R}^n$ ein beschränktes Gebiet und φ: $\bar{U} \to \mathbb{R}$ eine stetige Funktion, die in U harmonisch ist. Dann nimmt die Funktion φ ihr Maximum und ihr Minimum auf dem Rand von U an.*

Beweis: Da $\bar{U}$ kompakt ist, nimmt φ sein Maximum auf $\bar{U}$ an (An. 2, § 3, Satz 7). Liegt das Maximum nicht auf dem Rand ∂U, so wird das Maximum in einem Punkt von $U = \bar{U} \setminus \partial U$ angenommen. Nach Satz 4 muß dann aber φ konstant sein, nimmt also das Maximum doch am Rand an. Für das Minimum betrachte man die Funktion $-\varphi$ anstelle von φ.

Corollar 2. *Sei $n \geqq 3$ und ρ: $\mathbb{R}^n \to \mathbb{R}$ eine zweimal stetig differenzierbare Funktion mit kompaktem Träger. Dann besitzt die Differentialgleichung*

$$\Delta u = \rho$$

genau eine Lösung u: $\mathbb{R}^n \to \mathbb{R}$ mit

$$(*) \qquad \lim_{\|x\| \to \infty} |u(x)| = 0\,.$$

Beweis: Die in Satz 1 konstruierte Lösung u hat die Eigenschaft $(*)$, da für das Newton-Potential gilt

$$\lim_{\|x\| \to \infty} N_y(x) = 0\,.$$

Sei u_1 eine weitere Lösung mit (*). Dann gilt für die Differenz $v := u - u_1$

$$\Delta v = 0 \quad \text{und} \quad \lim_{\|x\| \to \infty} |v(x)| = 0 .$$

Zu vorgegebenem $\epsilon > 0$ gibt es daher ein $R > 0$, so daß

$$|v(x)| \leqq \epsilon \quad \text{für alle} \quad x \in \mathbb{R}^n \quad \text{mit} \quad \|x\| \geqq R .$$

Die Funktion $v \mid \{\|x\| \leqq R\}$ nimmt ihr Maximum und Minimum auf dem Rand $\{\|x\| = R\}$ an. Deshalb ist

$$|v(x)| \leqq \epsilon \quad \text{für alle} \quad x \in \mathbb{R}^n .$$

Da $\epsilon > 0$ beliebig war, ist v identisch null.

Dirichletsches Randwertproblem

Unter dem Dirichletschen Randwertproblem für ein beschränktes Gebiet $G \subset \mathbb{R}^n$ versteht man das folgende:
Gegeben sei eine stetige Funktion

$$f\colon \partial G \to \mathbb{R}$$

auf dem Rande von G. Gesucht wird eine stetige Funktion $u\colon \overline{G} \to \mathbb{R}$, die in G harmonisch ist und die vorgegebenen Randwerte annimmt, d.h.

$$\Delta u = 0 \quad \text{in} \quad G$$

und

$$u \mid \partial G = f .$$

Aus Corollar 1 zu Satz 2 folgt sofort, daß die Lösung des Dirichletschen Randwertproblems, falls sie existiert, eindeutig bestimmt ist. Denn die Differenz zweier Lösungen ist in G harmonisch und nimmt die Randwerte 0 an, muß also auch im Innern gleich 0 sein.
Wir wollen das Dirichletsche Randwertproblem für die Einheitskugel

$$B := \{x \in \mathbb{R}^n : \|x\| < 1\}$$

durch eine Integralformel lösen. Dazu brauchen wir einige Vorbereitungen. Wir definieren den sog. *Poissonschen Integralkern*

$$P\colon \{(x, y) \in \mathbb{R}^n \times \mathbb{R}^n : x \neq y\} \to \mathbb{R}$$

durch

$$P(x, y) := \frac{1}{\omega_n} \cdot \frac{\|y\|^2 - \|x\|^2}{\|y - x\|^n} ,$$

wobei ω_n die Oberfläche der n-dimensionalen Einheitskugel ist.

Lemma.

a) Für festes $y \in \mathbb{R}^n$ *ist die Funktion*

$$x \mapsto P(x,y)$$

harmonisch in $\mathbb{R}^n \setminus \{y\}$.

b) Für jedes $\xi \in \mathbb{R}^n$ *mit* $\|\xi\| < 1$ *gilt*

$$\int\limits_{\|y\|=1} P(\xi,y)\, dS(y) = 1 \, .$$

Beweis:

a) Dies bestätigt man durch einfaches Nachrechnen.

b) Falls $\xi = 0$ und $\|y\| = 1$, ist

$$P(0,y) = \frac{1}{\omega_n} \, ,$$

die Behauptung also trivial.

Wir können deshalb $\xi \neq 0$ voraussetzen und definieren den Punkt $\xi^* \in \mathbb{R}^n$ durch

$$\xi^* := \frac{1}{\|\xi\|^2} \cdot \xi \, .$$

(Es gilt also $\|\xi^*\| = 1/\|\xi\|$.)

Wir wenden Satz 2 auf $A = \bar{B}$ und die Funktion $\varphi = 1$ an und erhalten

$$\int\limits_{\|y\|=1} \frac{\partial}{\partial \nu} N_\xi(y)\, dS(y) = 1 \, , \qquad \int\limits_{\|y\|=1} \frac{\partial}{\partial \nu} N_{\xi^*}(y)\, dS(y) = 0 \, .$$

Dabei ist $\frac{\partial}{\partial \nu}$ die Ableitung in Richtung der äußeren Normalen der Einheitskugel, $\nu(y) = y$.

Die Behauptung ist deshalb bewiesen, wenn wir zeigen können, daß für $\|\xi\| < 1$ und $\|y\| = 1$ gilt

$$P(\xi,y) = \frac{\partial}{\partial \nu} \left\{ N_\xi(y) - \frac{1}{\|\xi\|^{n-2}} N_{\xi^*}(y) \right\} \, .$$

Beweis hierfür. Wir stellen zunächst fest, daß

$$\|\xi\| \cdot \|y - \xi^*\| = \left\| \|\xi\|\, y - \frac{1}{\|\xi\|}\, \xi \right\| = \|y - \xi\| \, .$$

Es gilt

$$\operatorname{grad}_y N_\xi(y) = \frac{1}{\omega_n} \cdot \frac{y - \xi}{\|y - \xi\|^n}$$

und

$$\operatorname{grad}_y \left(\frac{1}{\|\xi\|^{n-2}} N_{\xi^*}(y) \right) = \frac{1}{\omega_n \, \|\xi\|^{n-2}} \cdot \frac{y - \xi^*}{\|y - \xi^*\|^n} = \frac{\|\xi\|^2}{\omega_n} \, \frac{y - \xi^*}{\|y - \xi\|^n} \, .$$

Wegen $\frac{\partial}{\partial \nu} = \langle \nu, \text{grad} \rangle$ folgt

$$\frac{\partial}{\partial \nu}\left\{N_\xi(y) - \frac{1}{\|\xi\|^{n-2}} N_{\xi^*}(y)\right\} = \frac{1}{\omega_n \|y-\xi\|^n}\{\langle y-\xi, y\rangle - \|\xi\|^2 \langle y - \xi^*, y\rangle\} =$$

$$= \frac{1}{\omega_n \|y-\xi\|^n}\{1 - \|\xi\|^2 - \langle \xi, y\rangle + \|\xi\|^2 \langle \xi^*, y\rangle\} = \frac{1-\|\xi\|^2}{\omega_n \|y-\xi\|^n} = P(\xi, y), \quad \text{q.e.d.}$$

Satz 5 (Lösung des Dirichletschen Randwertproblems für die Einheitskugel). *Auf dem Rand der Einheitskugel $B \subset \mathbb{R}^n$ sei eine stetige Funktion $f: \partial B \to \mathbb{R}$ vorgegeben. Definiert man $u: \bar{B} \to \mathbb{R}$ durch das Poisson-Integral*

$$u(x) := \int_{\|y\|=1} P(x,y) f(y)\, dS(y) \qquad \textit{für } \|x\| < 1,$$

und

$$u(x) := f(x) \qquad \textit{für } \|x\| = 1,$$

so ist u in $\bar{B}$ stetig und in B harmonisch.

Beweis: Daß u in B harmonisch ist, folgt daraus, daß man unter dem Integral differenzieren darf und die Funktion $x \mapsto P(x, y)$ harmonisch ist. Es ist also nur noch die Stetigkeit von u am Rande von B zu beweisen. Sei $x_0 \in \partial B$. Wir haben zu zeigen

$$\lim_{\substack{x \to x_0 \\ \|x\| < 1}} (u(x) - f(x_0)) = 0\,.$$

Aus Teil b) des Lemmas folgt

$$f(x_0) = \int_{\|y\|=1} P(x,y) f(x_0)\, dS(y),$$

also

$$u(x) - f(x_0) = \int_{\|y\|=1} P(x,y)(f(y) - f(x_0))\, dS(y)\,.$$

Sei $\epsilon > 0$ vorgegeben. Es gibt dann ein $\rho > 0$, so daß

$$|f(y) - f(x_0)| \leqq \frac{\epsilon}{2} \quad \text{für alle } y \in \partial B \text{ mit } \|y - x_0\| \leqq \rho\,.$$

Wir zerlegen nun den Integrationsbereich $\partial B = \{\|y\| = 1\}$ in zwei Teile:

$$A_1 := \{y \in \partial B: \|y - x_0\| \leqq \rho\}, \qquad A_2 := \{y \in \partial B: \|y - x_0\| > \rho\}\,.$$

Setzen wir

$$I_j(x) := \int_{A_j} P(x,y)(f(y) - f(x_0))\, dS(y) \quad \text{für } j = 1, 2,$$

so gilt

$$u(x)-f(x_0)=I_1(x)+I_2(x)\,.$$

Wir schätzen jetzt I_1 und I_2 einzeln ab.

1) Da $P(x,y)>0$ für $x\in B$, $y\in\partial B$, gilt

$$|I_1(x)|\leqq \int_{A_1} P(x,y)\frac{\epsilon}{2}\,dS(y)\leqq\frac{\epsilon}{2}\int_{\partial B} P(x,y)\,dS(y)=\frac{\epsilon}{2}\,.$$

2) Sei $M:=\sup\{|f(y)|: y\in\partial B\}$. Dann gilt stets

$$|f(y)-f(x_0)|\leqq 2M\,,$$

also

$$|I_2(x)|\leqq 2M\int_{A_2} P(x,y)\,dS(y)\,.$$

Wir wollen jetzt

$$P(x,y)=\frac{1}{\omega_n}\,\frac{1-\|x\|^2}{\|y-x\|^n}$$

nach oben abschätzen. Sei

$$\delta:=\min\left\{\frac{\rho}{2},\frac{\epsilon}{8M}\left(\frac{\rho}{2}\right)^n\right\}.$$

Falls $\|x-x_0\|\leqq\delta$ und $y\in A_2$, gilt

$$1-\|x\|^2=(1+\|x\|)(1-\|x\|)\leqq 2\,\|x-x_0\|\leqq 2\delta$$

und

$$\|y-x\|\geqq\|y-x_0\|-\|x-x_0\|\geqq\rho-\delta\geqq\frac{\rho}{2}\,,$$

also

$$\frac{1-\|x\|^2}{\|y-x\|^n}\leqq\frac{2\delta}{(\rho/2)^n}\leqq\frac{\epsilon}{4M}\,.$$

Daraus ergibt sich

$$|I_2(x)|\leqq\frac{2M}{\omega_n}\int_{A_2}\frac{\epsilon}{4M}\,dS(y)\leqq\frac{\epsilon}{2}\,.$$

Aus 1) und 2) erhalten wir insgesamt

$$|u(x)-f(x_0)|\leqq\epsilon \quad \text{für alle } x\in B \text{ mit } \|x-x_0\|\leqq\delta\,.$$

Damit ist Satz 5 bewiesen.

Corollar 1. *Sei* $r > 0$,

$$B(r) = \{x \in \mathbb{R}^n : \|x\| < r\}$$

und $u: \overline{B(r)} \to \mathbb{R}$ *eine stetige Funktion, die in* $B(r)$ *harmonisch ist. Dann gilt für alle* $x \in B(r)$ *die Poissonsche Integralformel*

$$u(x) = \int_{\|y\| = r} P_r(x, y)\, u(y)\, dS(y),$$

wobei

$$P_r(x, y) := \frac{1}{r\,\omega_n} \frac{\|y\|^2 - \|x\|^2}{\|x - y\|^n}.$$

Beweis: Durch die Substitution $x, y \mapsto x/r, y/r$, kann man sich auf den Fall $r = 1$ beschränken. Setzt man

$$v(x) := \int_{\|y\| = 1} P(x, y)\, u(y)\, dS(y),$$

so ist v nach Satz 5 Lösung des Dirichletschen Randwertproblems mit den Randwerten $u \mid \partial B(1)$. Da aber die Lösung dieses Randwertproblems eindeutig bestimmt ist, muß $u = v$ gelten.

Corollar 2. *Sei* $U \subset \mathbb{R}^n$ *eine offene Menge und*

$$u_k : U \to \mathbb{R}, \qquad k \in \mathbb{N},$$

eine Folge in U harmonischer Funktionen, die auf jedem kompakten Teil von U gleichmäßig gegen eine Funktion

$$u: U \to \mathbb{R}$$

konvergiere. Dann ist auch u harmonisch.

Beweis: Da die Konvergenz $u_k \to u$ auf jedem kompakten Teil von U gleichmäßig ist, folgt zunächst, daß u stetig ist (An. 2, § 2, Satz 9). Um zu beweisen, daß u sogar harmonisch ist, wählen wir einen beliebigen Punkt $a \in U$ und ein $r > 0$ so, daß die Kugel

$$B(a, r) = \{x \in \mathbb{R}^n : \|x - a\| < r\}$$

einschließlich ihre Randes in U liegt und zeigen, daß u in $B(a, r)$ harmonisch ist. Wir dürfen $a = 0$ annehmen (sonst Translation des Koordinatensystems). Nach Corollar 1 gilt für jedes $k \in \mathbb{N}$ und alle $x \in B(0, r)$

$$u_k(x) = \int_{\|y\| = r} P_r(x, y)\, u_k(y)\, dS(y).$$

Da u_k auf $\{\|y\| = r\}$ gleichmäßig gegen u konvergiert, kann man Limesbildung und Integration vertauschen und erhält

$$u(x) = \int_{\|y\| = r} P_r(x, y)\, u(y)\, dS(y) .$$

Daraus folgt aber (nach Satz 5), daß u in $B(0, r)$ harmonisch ist, q.e.d.

Corollar 3. *Sei $U \subset \mathbb{R}^n$ offen und $f\colon U \to \mathbb{R}$ eine stetige Funktion, welche die Mittelwerteigenschaft besitzt, d.h. für jede in U enthaltene Kugel*

$$\bar{B}(a, r) = \{x \in \mathbb{R}^n\colon \|x - a\| \leqq r\} \subset U$$

gelte

$$f(a) = \frac{1}{\omega_n} \int_{\|\xi\| = 1} f(a + r\xi)\, dS(\xi) .$$

Dann ist f harmonisch.

Beweis: Sei $\bar{B}(a, r) \subset U$. Wir zeigen, daß f in $B(a, r)$ harmonisch ist. Nach Satz 5 gibt es eine stetige Funktion $u\colon \bar{B}(a, r) \to \mathbb{R}$ mit

$$u \,|\, \partial B(a, r) = f \,|\, \partial B(a, r) ,$$

die in $B(a, r)$ harmonisch ist. Die Funktion $v := f - u$ besitzt deshalb in $B(a, r)$ die Mittelwerteigenschaft, nimmt also nach der Bemerkung zu Satz 4 ihr Maximum und Minimum auf dem Rand $\partial B(a, r)$ an. Da aber $v \,|\, \partial B(a, r) = 0$, ist v identisch null, d.h. $f = u$, also f harmonisch in $B(a, r)$.

Aufgaben

16.1 Sei $U \subset \mathbb{R}^n$ offen, $a \in U$ und

$$e_a\colon U \setminus \{a\} \to \mathbb{R}$$

eine Funktion mit folgender Eigenschaft: Es gibt eine harmonische Funktion $f\colon U \to \mathbb{R}$, so daß

$$e_a = N_a + f ,$$

wobei N_a das Newton-Potential ist. Weiter sei $A \subset U$ ein Kompaktum mit glattem Rand, so daß $a \in \mathring{A}$.

Man zeige: Für jede zweimal stetig differenzierbare Funktion $\varphi\colon U \to \mathbb{R}$ gilt

$$\varphi(a) = \int_{\partial A} \left(\varphi \frac{\partial e_a}{\partial \nu} - e_a \frac{\partial \varphi}{\partial \nu} \right) dS + \int_A e_a \Delta\varphi\, dV .$$

16.2 Sei $U \subset \mathbb{R}^n$ offen und $\varphi\colon U \to \mathbb{R}$ harmonisch, d.h. zweimal stetig differenzierbar mit $\Delta\varphi = 0$. Man zeige, daß φ beliebig oft stetig differenzierbar ist.

Anleitung: Man verwende die Poissonsche Integralformel (Corollar 1 zu Satz 5).

16.3 Sei $B(R) = \{x \in \mathbb{R}^n\colon \|x\| < R\}$ und

$$u\colon B(R) \to \mathbb{R}_+$$

eine nicht-negative harmonische Funktion. Man beweise mit Hilfe der Poissonschen Integralformel (angewendet auf die Kugeln $\bar{B}(r)$, $r < R$) die *Harnacksche Ungleichung:* Für alle $x \in B(R)$ gilt

$$\frac{1 - \|x\|/R}{(1 + \|x\|/R)^{n-1}}\, u(0) \leqq u(x) \leqq \frac{1 + \|x\|/R}{(1 - \|x\|/R)^{n-1}}\, u(0)\,.$$

16.4 Mit Hilfe der Harnackschen Ungleichung beweise man: Jede nach oben (bzw. nach unten) beschränkte harmonische Funktion

$$u\colon \mathbb{R}^n \to \mathbb{R}$$

ist konstant (Satz von Liouville für harmonische Funktionen).

16.5 Sei $G \subset \mathbb{R}^n$ ein Gebiet und

$$u_0 \leqq u_1 \leqq \ldots \leqq u_k \leqq u_{k+1} \leqq \ldots$$

eine monoton wachsende Folge harmonischer Funktionen $u_k\colon G \to \mathbb{R}$. Man zeige mit Hilfe der Harnackschen Ungleichung: Gibt es einen Punkt $x_0 \in G$ mit

$$\lim_{k\to\infty} u_k(x_0) < \infty\,,$$

so konvergiert die Folge $(u_k)_{k\in\mathbb{N}}$ auf jedem kompakten Teil von G gleichmäßig gegen eine harmonische Funktion $u\colon G \to \mathbb{R}$.

16.6 Sei $f\colon \mathbb{R} \to \mathbb{R}$ eine stetige beschränkte Funktion. Die Funktion

$$u\colon \mathbb{R}\times\mathbb{R}_+ \to \mathbb{R}, \quad (x, y) \mapsto u(x, y)\,,$$

werde definiert durch

$$u(x, y) := \frac{1}{\pi}\int_{\mathbb{R}} \frac{y}{|x - t|^2 + y^2}\, f(t)\, dt \quad \text{für } y > 0\,, \qquad u(x, 0) := f(x)\,.$$

Man zeige: u ist in $\mathbb{R}\times\mathbb{R}_+$ stetig und in $\mathbb{R}\times\mathbb{R}_+^*$ harmonisch.

§ 17. Distributionen

In diesem Paragraphen führen wir den Begriff der Distribution ein. Distributionen sind verallgemeinerte Funktionen. Die Klasse der Distributionen hat viele angenehme Eigenschaften, die z.B. innerhalb der kleineren Klasse der stetigen Funktionen nicht gelten. Z.B. ist jede Distribution beliebig oft differenzierbar; bei Distributionen ist Limesbildung und Differentiation immer vertauschbar. Die Distributionen spielen eine wichtige Rolle in der Theorie der partiellen Differentialgleichungen; z.B. läßt sich der Begriff der Fundamental-Lösung (die im vorigen Paragraphen behandelten Newton-Potentiale sind ein Spezialfall davon) erst in der Theorie der Distributionen befriedigend definieren. Wir bestimmen in diesem Paragraphen Fundamental-Lösungen für die Potentialgleichung, die Helmholtzsche Schwingungsgleichung und die Wärmeleitungsgleichung.

Der Raum der Testfunktionen $\mathcal{D}(\mathbb{R}^n)$

Wir führen folgende Bezeichnung ein:

$$\mathcal{D}(\mathbb{R}^n) := \mathscr{C}_c^\infty(\mathbb{R}^n)$$

oder kurz $\mathcal{D}$ sei der Vektorraum aller beliebig oft differenzierbaren Funktionen $\varphi: \mathbb{R}^n \to \mathbb{R}$ mit kompaktem Träger. Wir führen in $\mathcal{D}$ folgenden Konvergenzbegriff ein: Wir sagen, eine Folge $(\varphi_\nu)_{\nu \in \mathbb{N}}$ von Funktionen aus $\mathcal{D}$ konvergiere gegen eine Funktion $\varphi \in \mathcal{D}$, in Zeichen

$$\varphi_\nu \xrightarrow[\mathcal{D}]{} \varphi,$$

falls gilt:

i) Es gibt ein Kompaktum $K \subset \mathbb{R}^n$, so daß $\operatorname{Supp}(\varphi_\nu) \subset K$ für alle $\nu \in \mathbb{N}$ und $\operatorname{Supp}(\varphi) \subset K$.

ii) Für jeden Multiindex $\alpha \in \mathbb{N}^n$ konvergiert die Folge der Ableitungen $D^\alpha \varphi_\nu$ für $\nu \to \infty$ gleichmäßig auf K gegen $D^\alpha \varphi$.

Die Konvergenz in $\mathcal{D}$ ist also eine viel stärkere Bedingung als die punktweise oder gleichmäßige Konvergenz von Funktionenfolgen.

Definition. Eine Distribution im $\mathbb{R}^n$ ist eine stetige lineare Abbildung

$$T: \mathcal{D}(\mathbb{R}^n) \to \mathbb{R}, \qquad \varphi \mapsto T[\varphi].$$

Dabei bedeutet die Stetigkeit von T, daß aus $\varphi_\nu \xrightarrow[\mathcal{D}]{} \varphi$ stets folgt $T[\varphi_\nu] \to T[\varphi]$.

Die Menge aller Distributionen im $\mathbb{R}^n$ bildet in natürlicher Weise einen Vektorraum, der mit $\mathcal{D}'(\mathbb{R}^n)$ oder kurz $\mathcal{D}'$ bezeichnet wird.

Beispiele

(17.1) Sei $f\colon \mathbb{R}^n \to \mathbb{R}$ eine stetige Funktion. Für $\varphi \in \mathscr{D}(\mathbb{R}^n)$ sei

$$T_f[\varphi] := \int_{\mathbb{R}^n} f(x)\,\varphi(x)\,d^n x\,.$$

Es ist klar, daß die Abbildung $\varphi \mapsto T_f[\varphi]$ linear und stetig ist, also eine Distribution definiert. Sind $f_1, f_2 \in \mathscr{C}(\mathbb{R}^n)$ zwei Funktionen mit

$$T_{f_1}[\varphi] = T_{f_2}[\varphi] \quad \text{für alle} \quad \varphi \in \mathscr{D}(\mathbb{R}^n)\,,$$

so folgt $f_1 = f_2$ (vgl. § 3, Hilfssatz 1). Deshalb ist die (lineare) Abbildung

$$\mathscr{C}(\mathbb{R}^n) \to \mathscr{D}'(\mathbb{R}^n), \qquad f \mapsto T_f\,,$$

injektiv. Man kann deshalb die stetigen Funktionen auf $\mathbb{R}^n$ mit den ihnen zugeordneten Distributionen identifizieren.

(17.2) Etwas allgemeiner als im vorherigen Beispiel sei $f \in \mathscr{L}_1^{loc}(\mathbb{R}^n)$. Dann wird ebenfalls durch

$$T_f[\varphi] := \int_{\mathbb{R}^n} f(x)\,\varphi(x)\,d^n x \quad \text{für} \quad \varphi \in \mathscr{D}(\mathbb{R}^n)$$

eine Distribution definiert. Die Abbildung

$$\mathscr{L}_1^{loc}(\mathbb{R}^n) \to \mathscr{D}'(\mathbb{R}^n)\,, \qquad f \mapsto T_f\,,$$

ist jedoch nicht injektiv; ihr Kern besteht aus allen Funktionen, die Lebesgue-fast überall gleich null sind.

(17.3) Diracsche Deltadistribution. Sei $a \in \mathbb{R}^n$. Für $\varphi \in \mathscr{D}(\mathbb{R}^n)$ setzt man

$$\delta_a[\varphi] := \varphi(a)\,.$$

Dadurch wird eine Distribution $\delta_a \in \mathscr{D}'(\mathbb{R}^n)$ definiert, die Diracsche Deltadistribution zum Punkt a. Sie kann nicht durch eine Funktion wie in Beispiel (17.1) oder (17.2) dargestellt werden.
Man kann jedoch die Deltadistribution als Limes von Funktionen darstellen. Dazu führen wir folgenden Konvergenzbegriff für Distributionen ein.

Definition. Seien $T_\nu \in \mathscr{D}'(\mathbb{R}^n)$, $\nu \in \mathbb{N}$, und $T \in \mathscr{D}'(\mathbb{R}^n)$ Distributionen. Man sagt, die Folge $(T_\nu)_{\nu \in \mathbb{N}}$ konvergiere in $\mathscr{D}'$ gegen T, in Zeichen

$$T_\nu \xrightarrow[\mathscr{D}']{} T\,,$$

falls

$$T_\nu[\varphi] \to T[\varphi] \quad \text{für alle} \quad \varphi \in \mathscr{D}(\mathbb{R}^n)\,.$$

Die letzte Konvergenz ist dabei die gewöhnliche Konvergenz von reellen Zahlenfolgen. Die Konvergenz von Distributionen wird so mit Funktionen $\varphi \in \mathscr{D}$ „getestet“.

Beispiel

(17.4) Sei $f_\nu \in \mathscr{C}(\mathbb{R}^n)$, $\nu \in \mathbb{N}$, eine Folge von Funktionen, die auf jedem Kompaktum $K \subset \mathbb{R}^n$ gleichmäßig gegen die Funktion $f \in \mathscr{C}(\mathbb{R}^n)$ konvergiere. Für jedes $\varphi \in \mathscr{D}(\mathbb{R}^n)$ gilt dann

$$\lim_{\nu \to \infty} \int_{\mathbb{R}^n} f_\nu(x)\,\varphi(x)\,dx = \int_{\mathbb{R}^n} f(x)\,\varphi(x)\,dx\,,$$

also

$$T_{f_\nu} \xrightarrow[\mathscr{D}']{} T_f\,.$$

Im folgenden Satz lernen wir einen Fall kennen, in dem eine divergente Funktionenfolge im Sinne der Distributionen konvergiert.

Satz 1. *Sei $f \in \mathscr{L}_1(\mathbb{R}^n)$ eine Lebesgue-integrierbare Funktion auf $\mathbb{R}^n$ mit*

$$\int_{\mathbb{R}^n} f(x)\,d^n x = 1\,.$$

Für $\epsilon > 0$ sei

$$f_\epsilon(x) := \frac{1}{\epsilon^n} f\left(\frac{x}{\epsilon}\right).$$

Dann gilt für jede Funktion $\varphi \in \mathscr{D}(\mathbb{R}^n)$

$$\lim_{\epsilon \searrow 0} \int_{\mathbb{R}^n} f_\epsilon(x)\,\varphi(x)\,d^n x = \varphi(0)\,,$$

d.h.

$$T_{f_\epsilon} \xrightarrow[\mathscr{D}']{} \delta_0 \quad \textit{für} \quad \epsilon \searrow 0\,.$$

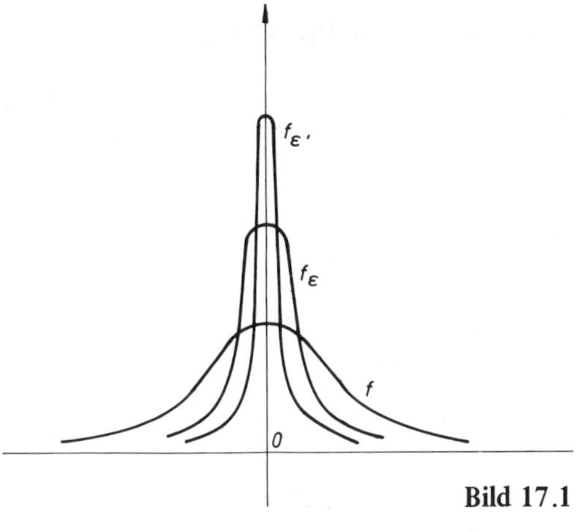

Bild 17.1

Bemerkung. Sei f etwa eine glockenförmige Funktion, wie in Bild 17.1 angedeutet. Die Funktionen f_ϵ sind für $\epsilon \searrow 0$ immer mehr um den Nullpunkt konzentriert und steiler. Deshalb stellt man sich manchmal δ_0 als eine Funktion vor, für die $\delta_0(x) = 0$ für $x \neq 0$, die aber im Nullpunkt so stark unendlich wird, daß

$$\int_{\mathbb{R}^n} \delta_0(x)\,\varphi(x)\,d^n x = \varphi(0)$$

für alle $\varphi \in \mathscr{D}$. Natürlich ist diese Vorstellung unkorrekt, eine solche Funktion gibt es nicht (da $\delta_0(x)\,\varphi(x) = 0$ Lebesgue-fast überall, müßte das Integral verschwinden). Die korrekte Aussage wird durch den Inhalt von Satz 1 gegeben.
Statt $T_{f_\epsilon} \xrightarrow[\mathscr{D}']{} \delta_0$ schreibt man auch suggestiver

$$f_\epsilon \xrightarrow[\mathscr{D}']{} \delta_0\,.$$

Beweis von Satz 1. Mit der Substitution $x = \epsilon y$ erhalten wir

$$\int f_\epsilon(x)\,\varphi(x)\,d^n x = \int \frac{1}{\epsilon^n} f\left(\frac{x}{\epsilon}\right) \varphi(x)\,d^n x = \int f(y)\,\varphi(\epsilon y)\,d^n y\,.$$

Sei $M := \sup\{|\varphi(x)| : x \in \mathbb{R}^n\}$. Dann gilt

$$|f(y)\,\varphi(\epsilon y)| \leqslant M\,|f(y)| \quad \text{für alle} \quad \epsilon > 0 \quad \text{und} \quad y \in \mathbb{R}^n$$

sowie

$$\lim_{\epsilon \searrow 0} f(y)\,\varphi(\epsilon y) = f(y)\,\varphi(0)\,.$$

Aus dem Satz von der majorisierten Konvergenz (§ 9, Satz 2) folgt deshalb

$$\lim_{\epsilon \searrow 0} \int_{\mathbb{R}^n} f(y)\,\varphi(\epsilon y)\,d^n y = \int_{\mathbb{R}^n} f(y)\,\varphi(0)\,d^n y = \varphi(0), \quad \text{q.e.d.}$$

Differentiation von Distributionen

Es sei ein linearer Differentialoperator der Ordnung k auf dem $\mathbb{R}^n$ gegeben,

$$L = \sum_{|\alpha| \leqslant k} c_\alpha D^\alpha, \qquad c_\alpha \in \mathscr{C}^\infty(\mathbb{R}^n)\,,$$

vgl. § 3. Wir wollen eine Abbildung

$$L : \mathscr{D}'(\mathbb{R}^n) \to \mathscr{D}'(\mathbb{R}^n)$$

so erklären, daß für alle $f \in \mathscr{C}^k(\mathbb{R}^n)$ gilt

$$L T_f = T_{Lf}\,,$$

d.h. daß die Anwendung von L auf f als Funktion oder als Distribution auf dasselbe hinausläuft.
Sei L^* der adjungierte Differentialoperator zu L. Dann gilt für $f \in \mathscr{C}^k(\mathbb{R}^n)$ und $\varphi \in \mathscr{D}(\mathbb{R}^n)$

$$\int_{\mathbb{R}^n} (Lf(x))\,\varphi(x)\,d^n x = \int_{\mathbb{R}^n} f(x)\,L^*\varphi(x)\,d^n x\,,$$

(vgl. § 3), d.h.

$$T_{Lf}[\varphi] = T_f[L^*\varphi]\,.$$

Deshalb ist für allgemeines $T \in \mathscr{D}'(\mathbb{R}^n)$ folgende Definition sinnvoll:

$$(LT)[\varphi] := T[L^*\varphi]\,.$$

Offensichtlich ist LT: $\mathscr{D}(\mathbb{R}^n) \to \mathbb{R}$ linear. LT ist aber auch stetig, denn

$$\begin{aligned}\varphi_\nu \xrightarrow[\mathscr{D}]{} \varphi &\Rightarrow L^* \varphi_\nu \xrightarrow[\mathscr{D}]{} L^* \varphi \\ &\Rightarrow T[L^* \varphi_\nu] \to T[L^* \varphi], \qquad \text{(da } T \text{ stetig)} \\ &\Rightarrow (LT)[\varphi_\nu] \to (LT)[\varphi].\end{aligned}$$

Also ist LT wieder eine Distribution im $\mathbb{R}^n$.
Wir wollen noch schnell zeigen, daß für Distributionen Differentiation und Limesbildung vertauschbar sind, d.h.

$$T_\nu \xrightarrow[\mathscr{D}']{} T \quad \Rightarrow \quad LT_\nu \xrightarrow[\mathscr{D}']{} LT .$$

Sei $\varphi \in \mathscr{D}(\mathbb{R}^n)$ beliebig. Es ist zu zeigen, daß

$$\lim_{\nu \to \infty} (LT_\nu)[\varphi] = (LT)[\varphi] .$$

Dies ist gleichbedeutend mit

$$\lim_{\nu \to \infty} T_\nu [L^* \varphi] = T[L^* \varphi] .$$

Letzteres folgt aber aus $T_\nu \xrightarrow[\mathscr{D}']{} T$.

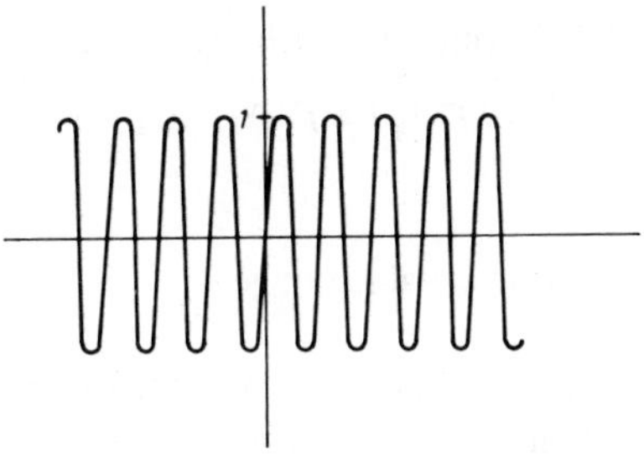

Bild 17.2

Beispiele

(17.5) Für $\nu > 0$ sei f_ν: $\mathbb{R} \to \mathbb{R}$ die Funktion

$$f_\nu(x) := \sin \nu x , \qquad \text{vgl. Bild 17.2.}$$

Wir wollen zeigen, daß

$$f_\nu \xrightarrow[\mathscr{D}']{} 0, \qquad \text{(d.h. } T_{f_\nu} \xrightarrow[\mathscr{D}']{} 0\text{).}$$

(Als Funktionenfolge ist (f_ν) natürlich nicht konvergent.)
Wir betrachten dazu die Funktionen

$$g_\nu(x) := -\frac{1}{\nu} \cos \nu x .$$

Da die Funktionenfolge (g_ν) gleichmäßig gegen 0 konvergiert, gilt nach (17.4)

$$g_\nu \xrightarrow[\mathscr{D}']{} 0 .$$

Differenzieren ergibt

$$f_\nu \xrightarrow[\mathscr{D}']{} 0 .$$

(17.6) Sei H: $\mathbb{R} \to \mathbb{R}$ die *Heavysidesche Sprungfunktion*,

$$H(x) := \begin{cases} 0 & \text{für } x < 0, \\ 1 & \text{für } x \geqslant 0. \end{cases}$$

Die Funktion H ist im Nullpunkt nicht differenzierbar. Faßt man H als Distribution auf, so kann man differenzieren. Wir zeigen

$$DH = \delta_0 \quad \text{in} \quad \mathscr{D}'(\mathbb{R}),$$

d.h. genauer $DT_H = \delta_0$. Dabei ist $D = \frac{d}{dx}$.

Beweis. Für $\varphi \in \mathscr{D}(\mathbb{R})$ gilt nach Definition

$$(DT_H)[\varphi] = T_H[-D\varphi] = -\int_{\mathbb{R}} H(x)\,\varphi'(x)\,dx = -\int_0^\infty \varphi'(x)\,dx = -\int_0^R \varphi'(x)\,dx,$$

falls $\varphi(x) = 0$ für $x \geqslant R$. Also ist

$$(DT_H)[\varphi] = -\varphi(x)\big|_0^R = \varphi(0) = \delta_0[\varphi],$$

d.h. $DT_H = \delta_0$.

Bemerkung. Für den Spezialfall der Differentialoperatoren der Ordnung 0 ist auch die Multiplikation einer Distribution $T \in \mathscr{D}'(\mathbb{R}^n)$ mit einer Funktion $f \in \mathscr{C}^\infty(\mathbb{R}^n)$ definiert. Die Definitionsgleichung lautet

$$(fT)[\varphi] = T[f\varphi] \quad \text{für} \quad \varphi \in \mathscr{D}.$$

Fundamental-Lösungen

Sei L ein linearer Differentialoperator im $\mathbb{R}^n$. Unter einer Fundamental-Lösung (oder Elementar-Lösung) von L bzgl. eines Punktes a versteht man eine Distribution $E_a \in \mathscr{D}'(\mathbb{R}^n)$, so daß

$$LE_a = \delta_a.$$

Dabei ist δ_a die Dirac-Distribution zum Punkt a, siehe Beispiel (17.3).
Ein Beispiel für Fundamental-Lösungen sind die im vorigen Paragraphen eingeführten Newton-Potentiale N_a.

Satz 2. *Das Newton-Potential N_a ist eine Fundamental-Lösung für den Laplace-Operator Δ bzgl. des Punktes $a \in \mathbb{R}^n$, d.h.*

$$\Delta N_a = \delta_a.$$

Bemerkung. Die Funktion N_a ist lokal integrierbar, also ist nach Beispiel (17.2) die Distribution T_{N_a} definiert. Die Gleichung $\Delta N_a = \delta_a$ ist als $\Delta T_{N_a} = \delta_a$ zu interpretieren.

Beweis. Sei $\varphi \in \mathscr{D}(\mathbb{R}^n)$. Nach Definition ist

$$(\Delta N_a)[\varphi] = N_a[\Delta\varphi] = \int N_a(x)\,\Delta\varphi(x)\,d^n x, \qquad \delta_a[\varphi] = \varphi(a).$$

Es ist also zu zeigen

$$\int N_a(x)\,\Delta\varphi(x)\,d^n x = \varphi(a).$$

Nach § 16, Satz 1, gilt für

$$u(z) := \int_{\mathbb{R}^n} N_y(z)\, \varphi(y)\, d^n y$$

$$\Delta u(z) = \varphi(z)\,.$$

Da $N_y(z) = N_0(y - z)$ ergibt sich nach Substitution $\xi = y - z$

$$u(z) = \int N_0(\xi)\, \varphi(\xi + z)\, d^n \xi\,,$$

also

$$\varphi(z) = \Delta u(z) = \int N_0(\xi)\, \Delta\varphi(\xi + z)\, d^n \xi\,.$$

Nochmalige Substitution $x = \xi + z$ liefert

$$\varphi(z) = \int N_0(x - z)\, \Delta\varphi(x)\, d^n x = \int N_z(x)\, \Delta\varphi(x)\, d^n x\,.$$

Für $z = a$ ergibt sich die Behauptung.

Die Helmholtzsche Schwingungsgleichung

Macht man für die Wellengleichung im $\mathbb{R}^n \times \mathbb{R}$

$$\left(\Delta - \frac{1}{c^2} \frac{\partial^2}{\partial t^2}\right) f(x, t) = 0$$

den Ansatz

$$f(x, t) = e^{i \omega t}\, u(x)\,, \qquad \omega \in \mathbb{R}\,,$$

mit einer nur vom Ort abhängigen Funktion $u\colon \mathbb{R}^n \to \mathbb{R}$, so erhält man wegen

$$\frac{1}{c^2} \frac{\partial^2}{\partial t^2} e^{i \omega t} = -\left(\frac{\omega}{c}\right)^2 e^{i \omega t}$$

für u die Differentialgleichung

$$(\Delta + k^2)\, u = 0\,, \qquad k = \frac{\omega}{c}\,.$$

Man nennt diese Differentialgleichung für $k \neq 0$ die Helmholtzsche Schwingungsgleichung. Wir werden für den Differentialoperator $L = \Delta + k^2$ im $\mathbb{R}^3$ eine Fundamental-Lösung bestimmen. Dazu bemerken wir zunächst, daß die Funktion

$$u(x) := \frac{\cos k\,\|x\|}{\|x\|}\,, \qquad x \neq 0\,,$$

eine Lösung der Helmholtzschen Schwingungsgleichung in $\mathbb{R}^3 \setminus 0$ darstellt. Denn für rotationssymmetrische Funktionen in $\mathbb{R}^3 \setminus 0$ lautet der Laplace-Operator (An. 2, Beispiel (5.8))

$$\Delta f(r) = \left(\frac{\partial^2}{\partial r^2} + \frac{2}{r} \frac{\partial}{\partial r}\right) f(r)\,, \qquad (r = \|x\|)\,,$$

und es ist eine einfache Verifikation, daß

$$\left(\frac{\partial^2}{\partial r^2} + \frac{2}{r}\,\frac{\partial}{\partial r} + k^2\right) \frac{\cos kr}{r} = 0 .$$

Satz 3. *Für alle* $k \in \mathbb{R}$ *ist die Funktion*

$$E(x) := -\frac{1}{4\pi} \cdot \frac{\cos k\,\|x\|}{\|x\|}$$

im $\mathbb{R}^3$ *lokal-integrierbar und genügt, als Distribution aufgefaßt, der Differentialgleichung*

$$(\Delta + k^2)E = \delta_0 ,$$

ist also eine Fundamental-Lösung für den Helmholtz-Operator $\Delta + k^2$ *bzgl. des Nullpunkts.*

Bemerkung: Eine Fundamental-Lösung E_a bzgl. eines beliebigen anderen Punktes $a \in \mathbb{R}^3$ wird dann gegeben durch

$$E_a(x) := E(x-a) .$$

Beweis: Daß E im $\mathbb{R}^3$ lokal-integrierbar ist, folgt z.B. aus § 9, Beispiel (9.1).
Der Operator $\Delta + k^2$ ist selbstadjungiert. Wir haben also zu zeigen: Für jede Funktion $\varphi \in \mathscr{D}(\mathbb{R}^3)$ gilt

$$\int_{\mathbb{R}^3} E(x)(\Delta + k^2)\varphi(x)\,d^3x = \varphi(0) .$$

Wir wählen R so groß, daß der Träger von φ ganz in der Kugel $\{\|x\| < R\}$ enthalten ist. Es gilt dann

$$\int_{\mathbb{R}^3} E(x)(\Delta + k^2)\varphi(x)\,d^3x = \lim_{\epsilon \searrow 0} \int_{\epsilon \leqslant \|x\| \leqslant R} E(x)(\Delta + k^2)\varphi(x)\,d^3x .$$

Da $(\Delta + k^2)E(x) = 0$ in $\{\epsilon \leqslant \|x\| \leqslant R\}$, folgt aus der Greenschen Integralformel

$$\int_{\epsilon \leqslant \|x\| \leqslant R} E(x)(\Delta + k^2)\varphi(x)\,d^3x = \int_{\|x\| = \epsilon} \left(\frac{\partial E(x)}{\partial \nu}\varphi(x) - E(x)\frac{\partial \varphi(x)}{\partial \nu}\right) dS(x) ,$$

wobei $\frac{\partial}{\partial \nu}$ die Ableitung in Richtung des äußeren Normalenvektors der Sphäre $\{\|x\| = \epsilon\}$ bedeutet, $\nu(x) = \frac{x}{\|x\|}$. (Dies ist gleich dem Negativen des äußeren Normalenvektors an das Randstück $\{\|x\| = \epsilon\}$ von $\{\epsilon \leqslant \|x\| \leqslant R\}$.) Wir zeigen jetzt:

i) $$\lim_{\epsilon \searrow 0} \int_{\|x\| = \epsilon} E(x)\frac{\partial \varphi(x)}{\partial \nu}\,dS(x) = 0$$

ii) $$\lim_{\epsilon \searrow 0} \int_{\|x\| = \epsilon} \frac{\partial E(x)}{\partial \nu}\varphi(x)\,dS(x) = \varphi(0) .$$

Daraus folgt dann die Behauptung.

Zu i). Da φ überall stetig differenzierbar ist, gibt es eine Konstante $M \in \mathbb{R}_+$, so daß

$$\left| \frac{\partial \varphi(x)}{\partial \nu} \right| \leqslant M \qquad \text{für alle } x\,.$$

Außerdem gilt für $\|x\| = \epsilon$

$$|E(x)| \leqslant \frac{1}{4\pi\epsilon},$$

also

$$\left| \int\limits_{\|x\| = \epsilon} E(x) \frac{\partial \varphi(x)}{\partial \nu} \, dS(x) \right| \leqslant \frac{M}{4\pi\epsilon} \int\limits_{\|x\| = \epsilon} dS(x) = M\epsilon\,.$$

Daraus folgt Behauptung i).

Zu ii). Es ist mit $r = \|x\|$

$$\frac{\partial E(x)}{\partial \nu} = \frac{\partial}{\partial r} \left(- \frac{1}{4\pi} \cdot \frac{\cos kr}{r} \right) = \frac{\cos kr}{4\pi r^2} + \frac{k \sin kr}{4\pi r} = \frac{f(r)}{4\pi r^2},$$

wobei $\lim\limits_{r \to 0} f(r) = 1$. Es folgt

$$\int\limits_{\|x\| = \epsilon} \frac{\partial E(x)}{\partial \nu} \varphi(x) \, dS(x) = \frac{f(\epsilon)}{4\pi\epsilon^2} \int\limits_{\|x\| = \epsilon} \varphi(x) \, dS(x) = \frac{f(\epsilon)}{4\pi} \int\limits_{\|\xi\| = 1} \varphi(\epsilon\xi) \, dS(\xi)\,.$$

Da $\lim\limits_{\epsilon \searrow 0} \frac{1}{4\pi} \int\limits_{\|\xi\| = 1} \varphi(\epsilon\xi) \, dS(\xi) = \varphi(0)$, folgt Behauptung ii).

Damit ist Satz 3 bewiesen.

Bemerkung: In komplexer Form kann man eine Fundamental-Lösung für den Operator $\Delta + k^2$ auch als

$$\frac{e^{ik\|x\|}}{\|x\|}$$

angeben.

Die Wärmeleitungsgleichung

Die Wärmeleitungsgleichung im $\mathbb{R}^n \times \mathbb{R}$ lautet

$$\left(\Delta - \frac{\partial}{\partial t} \right) u(x, t) = 0\,,$$

wobei $\Delta = \frac{\partial^2}{\partial x_1^2} + \ldots + \frac{\partial^2}{\partial x_n^2}$ nur auf die Ortsvariablen $x = (x_1, \ldots, x_n)$ wirkt.

Satz 4. *Die Funktion* $W: \mathbb{R}^n \times \mathbb{R} \to \mathbb{R}$ *sei definiert durch*

$$W(x,t) := \begin{cases} \dfrac{-1}{(4\pi t)^{n/2}} e^{-\|x\|^2/4t} & \text{für } t > 0\,, \\ 0 & \text{für } t \leqslant 0\,. \end{cases}$$

W ist lokal-integrierbar und genügt, als Distribution aufgefaßt, der Differentialgleichung

$$\left(\Delta - \frac{\partial}{\partial t}\right) W = \delta_0\,.$$

Beweis:

a) Wir stellen zunächst fest, daß W in $\mathbb{R}^n \times \mathbb{R} \setminus (0,0)$ beliebig oft stetig differenzierbar ist. Dies beweist man ähnlich wie in An. 1, Beispiel (22.2). Außerdem genügt W dort der Wärmeleitungsgleichung. Dazu benützt man die Darstellung des Laplace-Operators für rotationssymmetrische Funktionen in $\mathbb{R}^n \setminus 0$,

$$\Delta f(r) = \left(\frac{\partial^2}{\partial r^2} + \frac{n-1}{r}\,\frac{\partial}{\partial r}\right) f(r)\,,$$

vgl. An. 2, Beispiel (5.8). Man hat also nur zu verifizieren, daß

$$\left(\frac{\partial^2}{\partial r^2} + \frac{n-1}{r}\,\frac{\partial}{\partial r} - \frac{\partial}{\partial t}\right) t^{-n/2} e^{-r^2/4t} = 0$$

für $r > 0$, $t > 0$.

b) Für jedes $t > 0$ ist

$$\int_{\mathbb{R}^n} (4\pi t)^{-n/2} e^{-\|x\|^2/4t} d^n x = 1\,.$$

Dies folgt aus der in § 9, Beispiel (9.4), hergeleiteten Formel

$$\int_{\mathbb{R}^n} e^{-\|x\|^2} d^n x = \pi^{n/2}.$$

Damit ergibt sich für $T > 0$

$$\lim_{\epsilon \searrow 0} \int_{\mathbb{R}^n \times [\epsilon, T]} |W(x,t)|\, d^n x\, dt = T\,,$$

insbesondere ist W lokal integrierbar.
Mit Hilfe von Satz 1 folgt außerdem für jede Funktion $\psi \in \mathscr{D}(\mathbb{R}^n)$

$$\lim_{\epsilon \searrow 0} \int_{\mathbb{R}^n} (4\pi\epsilon)^{-n/2} e^{-\|x\|^2/4\epsilon} \psi(x)\, d^n x = \psi(0)\,.$$

c) Sei $\varphi \in \mathscr{D}(\mathbb{R}^n \times \mathbb{R})$. Da $(\Delta - \frac{\partial}{\partial t})^* = \Delta + \frac{\partial}{\partial t}$, haben wir zu zeigen

$$\varphi(0,0) = \lim_{\epsilon \searrow 0} \int_{\epsilon}^{\infty} \left(\int_{\mathbb{R}^n} W(x,t) \left(\Delta + \frac{\partial}{\partial t}\right) \varphi(x,t)\, d^n x \right) dt .$$

Für festes $t > 0$ ist (vgl. § 3, Beispiel (3.1))

$$\int W(x,t)\, \Delta\varphi(x,t)\, d^n x = \int (\Delta W(x,t))\, \varphi(x,t)\, d^n x = \int \frac{\partial W(x,t)}{\partial t} \varphi(x,t)\, d^n x ,$$

also

$$\int_{\mathbb{R}^n} W(x,t) \left(\Delta + \frac{\partial}{\partial t}\right) \varphi(x,t)\, d^n x = \int_{\mathbb{R}^n} \frac{\partial}{\partial t} (W(x,t)\, \varphi(x,t))\, d^n x .$$

Daraus folgt

$$\int_{\epsilon}^{\infty} \int_{\mathbb{R}^n} W(x,t) \left(\Delta + \frac{\partial}{\partial t}\right) \varphi(x,t)\, d^n x \quad dt = - \int_{\mathbb{R}^n} W(x,\epsilon)\, \varphi(x,\epsilon)\, d^n x$$

$$= - \int_{\mathbb{R}^n} W(x,\epsilon)\, \varphi(x,0)\, d^n x - \int_{\mathbb{R}^n} W(x,\epsilon)\, (\varphi(x,\epsilon) - \varphi(x,0))\, d^n x .$$

Nach b) gilt für das erste Integral

$$\lim_{\epsilon \searrow 0} \left(- \int W(x,\epsilon)\, \varphi(x,0)\, d^n x\right) = \varphi(0,0) .$$

Das zweite Integral konvergiert für $\epsilon \searrow 0$ gegen 0, da

$$\lim_{\epsilon \searrow 0} \sup_{x \in \mathbb{R}^n} |\varphi(x,\epsilon) - \varphi(x,0)| = 0 .$$

Daraus folgt die Behauptung.

Faltung von Distributionen und Funktionen

Sei $f \in \mathscr{L}_1^{loc}(\mathbb{R}^n)$ und $g \in \mathscr{D}(\mathbb{R}^n)$. Dann hat für jedes $x \in \mathbb{R}^n$ die Funktion

$$y \mapsto f(y)\, g(x-y)$$

kompakten Träger und gehört zu $\mathscr{L}_1(\mathbb{R}^n)$. Also ist das Faltungsintegral

$$(f * g)(x) := \int_{\mathbb{R}^n} f(y)\, g(x-y)\, d^n y$$

wohldefiniert. Faßt man f als Distribution auf,

$$\varphi \mapsto T_f[\varphi] = \int f(y)\,\varphi(y)\,d^n y\,,$$

so kann man die Faltung auch schreiben als

$$(f * g)(x) := T_f[\check{\tau}_x g]\,,$$

wobei

$$(\check{\tau}_x g)(y) := g(x-y)\,.$$

(Der Translationsoperator τ_x ist definiert durch $(\tau_x g)(y) = g(y-x)$.) Dies gibt Anlaß zu folgender

Definition. Sei $T \in \mathscr{D}'(\mathbb{R}^n)$ und $\varphi \in \mathscr{D}(\mathbb{R}^n)$. Dann wird die Faltung

$$T * \varphi : \mathbb{R}^n \to \mathbb{R}$$

definiert durch

$$(T * \varphi)(x) := T[\check{\tau}_x \varphi] \quad \text{für} \quad x \in \mathbb{R}^n\,.$$

Die Faltung ist offenbar linear in beiden Argumenten, d.h.

$$(\lambda T_1 + \mu T_2) * \varphi = \lambda (T_1 * \varphi) + \mu (T_2 * \varphi)\,,$$
$$T * (\lambda \varphi_1 + \mu \varphi_2) = \lambda (T * \varphi_1) + \mu (T * \varphi_2)$$

für $T, T_1, T_2 \in \mathscr{D}'(\mathbb{R}^n)$, $\varphi, \varphi_1, \varphi_2 \in \mathscr{D}(\mathbb{R}^n)$, $\lambda, \mu \in \mathbb{R}$.

(17.7) Beispiel. Sei δ_0 die Delta-Distribution bzgl. des Nullpunkts,

$$\delta_0[\varphi] = \varphi(0)\,.$$

Dann gilt für jedes $\varphi \in \mathscr{D}(\mathbb{R}^n)$

$$\delta_0 * \varphi = \varphi\,,$$

denn

$$(\delta_0 * \varphi)(x) = \delta_0[\check{\tau}_x \varphi] = (\check{\tau}_x \varphi)(0) = \varphi(x)\,.$$

Die Distribution δ_0 wirkt also bzgl. des Faltungsprodukts als Identität.

Satz 5. *Für $T \in \mathscr{D}'(\mathbb{R}^n)$ und $\varphi \in \mathscr{D}(\mathbb{R}^n)$ ist die Funktion $T * \varphi$ beliebig oft stetig differenzierbar, d.h. $T * \varphi \in \mathscr{C}^\infty(\mathbb{R}^n)$. Für den Differentialoperator $D_i = \partial/\partial x_i$ gilt*

$$D_i(T * \varphi) = (D_i T) * \varphi = T * (D_i \varphi)\,.$$

Beweis:

a) Wir zeigen zunächst, daß $T * \varphi$ stetig ist. Da

$$(\check{\tau}_{x'} \varphi)(y) - (\check{\tau}_x \varphi)(y) = \varphi(x'-y) - \varphi(x-y)\,,$$

gilt

$$\check{\tau}_{x'}\varphi \xrightarrow[\mathscr{D}]{} \check{\tau}_x\varphi \qquad \text{für } x' \to x\,,$$

also

$$T[\check{\tau}_{x'}\varphi] \to T[\check{\tau}_x\varphi]\,,$$

d.h.

$$\lim_{x'\to x}(T*\varphi)(x') = (T*\varphi)(x)\,.$$

b) Für $h \in \mathbb{R}^*$ ist

$$\frac{1}{h}(\check{\tau}_{x+he_i}\varphi - \check{\tau}_x\varphi)(y) = \frac{1}{h}(\varphi(x+he_i-y) - \varphi(x-y))\,.$$

Man überlegt sich leicht, daß daraus folgt

$$\frac{1}{h}(\check{\tau}_{x+he_i}\varphi - \check{\tau}_x\varphi) \xrightarrow[\mathscr{D}]{} \check{\tau}_x(D_i\varphi) \qquad \text{für } h \to 0\,.$$

Aus der Linearität und Stetigkeit von T folgt nun

$$\begin{aligned} D_i(T*\varphi)(x) &= \lim_{h\to 0}\frac{1}{h}(T[\check{\tau}_{x+he_i}\varphi] - T[\check{\tau}_x\varphi]) \\ &= \lim_{h\to 0} T\left[\frac{1}{h}(\check{\tau}_{x+he_i}\varphi - \check{\tau}_x\varphi)\right] = T[\check{\tau}_x D_i\varphi] = (T*D_i\varphi)(x)\,. \end{aligned}$$

Also ist $T*\varphi$ nach der i-ten Koordinate partiell differenzierbar und es gilt

$$D_i(T*\varphi) = T*(D_i\varphi)\,.$$

Nach Teil a) ist diese partielle Ableitung stetig. Auf $T*(D_i\varphi)$ kann man nun dasselbe Argument nochmals anwenden,

$$D_jD_i(T*\varphi) = D_j(T*D_i\varphi) = T*(D_jD_i\varphi)\,,$$

und man erhält durch wiederholte Anwendung, daß $T*\varphi$ beliebig oft stetig partiell differenzierbar ist, d.h. $T*\varphi \in \mathscr{C}^\infty(\mathbb{R}^n)$.

c) Wegen $\dfrac{\partial\varphi(x-y)}{\partial y_i} = -\dfrac{\partial\varphi(x-y)}{\partial x_i}$ gilt

$$D_i(\check{\tau}_x\varphi) = -\check{\tau}_x(D_i\varphi)\,,$$

also

$$\begin{aligned} D_i(T*\varphi)(x) &= (T*D_i\varphi)(x) = T[\check{\tau}_x(D_i\varphi)] = \\ &= T[-D_i(\check{\tau}_x\varphi)] = (D_iT)[\check{\tau}_x\varphi] = ((D_iT)*\varphi)(x)\,, \end{aligned}$$

d.h.

$$D_i(T*\varphi) = (D_iT)*\varphi\,, \quad \text{q.e.d.}$$

Satz 6. *Im* $\mathbb{R}^n$ *sei*

$$L = \sum_{|\alpha| \leq k} c_\alpha D^\alpha$$

ein linearer Differentialoperator mit konstanten Koeffizienten $c_\alpha \in \mathbb{R}$. *Es sei* $E \in \mathscr{D}'(\mathbb{R}^n)$ *eine Elementarlösung von* L, *d. h.*

$$LE = \delta_0 \; .$$

Ist dann $\rho \in \mathscr{D}(\mathbb{R}^n)$ *beliebig, so ist die Funktion*

$$u := E * \rho \in \mathscr{C}^\infty(\mathbb{R}^n)$$

eine Lösung der inhomogenen Differentialgleichung

$$Lu = \rho \; .$$

Beweis: Aus Satz 5 folgt

$$Lu = L(E * \rho) = (LE) * \rho = \delta_0 * \rho = \rho \; .$$

Beispiele

(17.8) Wendet man Satz 6 auf die Elementarlösung des Laplace-Operators an, so erhält man wieder Satz 1 aus § 16, abgesehen von den etwas anderen Differenzierbarkeits-Voraussetzungen. (Allerdings ist dies kein neuer Beweis, da wir jenen Satz benützt haben, um zu beweisen, daß die Newton-Potentiale Elementarlösungen sind.)

(17.9) Für den Helmholtz-Operator erhält man: Im $\mathbb{R}^3$ wird eine spezielle Lösung der inhomogenen Gleichung

$$(\Delta + k^2)\, u = \rho \, , \qquad \rho \in \mathscr{D}(\mathbb{R}^3) \, ,$$

gegeben durch

$$u(x) = -\frac{1}{4\pi} \int_{\mathbb{R}^3} \frac{\cos k \, \|y\|}{\|y\|} \, \rho(x - y) \, d^3 y = -\frac{1}{4\pi} \int_{\mathbb{R}^3} \frac{\cos k \, \|y - x\|}{\|y - x\|} \, \rho(y) \, d^3 y \; .$$

(17.10) Aus der Fundamentallösung der Wärmeleitungsgleichung erhält man: Die inhomogene Wärmeleitungsgleichung

$$\left(\Delta - \frac{\partial}{\partial t}\right) u(x, t) = \rho(x, t) \, , \qquad \rho \in \mathscr{D}(\mathbb{R}^n \times \mathbb{R}) \, ,$$

besitzt die spezielle Lösung

$$u(x, t) = -\int_0^\infty \left(\int_{\mathbb{R}^n} \frac{e^{-\|y\|^2/4\tau}}{(4\pi\tau)^{n/2}} \, \rho(x - y, t - \tau) \, d^n y \right) d\tau =$$

$$= \frac{-1}{(4\pi)^{n/2}} \int_{-\infty}^{t} \frac{1}{(t - \tau)^{n/2}} \left(\int_{\mathbb{R}^n} \exp\left(-\frac{\|y - x\|^2}{4(t - \tau)} \right) \rho(y, \tau) \, d^n y \right) d\tau \; .$$

Aufgaben

17.1. Es sei $a_k \in \mathbb{R}^n$, $k \in \mathbb{N}$, eine Punktfolge mit

$$\lim_{\nu \to \infty} \|a_k\| = \infty$$

und $(c_k)_{k \in \mathbb{N}}$ eine beliebige reelle Zahlenfolge. Man zeige, daß die Folge

$$\sum_{k \leqslant N} c_k \, \delta_{a_k}$$

in $\mathscr{D}'(\mathbb{R}^n)$ für $N \to \infty$ gegen eine Distribution $T \in \mathscr{D}'(\mathbb{R}^n)$ konvergiert.

Bezeichnung:

$$T = \sum_{k=0}^{\infty} c_k \, \delta_{a_k} .$$

17.2. Es seien $a_k \in \mathbb{R}$, $k \in \mathbb{Z}$, reelle Zahlen mit $a_k < a_{k+1}$ für alle k und

$$\lim_{k \to \infty} a_{-k} = -\infty \quad \text{und} \quad \lim_{k \to \infty} a_k = \infty .$$

Sei $f\colon \mathbb{R} \to \mathbb{R}$ eine Funktion mit folgenden Eigenschaften:

i) $f \mid\,]a_k, a_{k+1}[$ ist stetig differenzierbar für alle $k \in \mathbb{Z}$.

ii) Für alle $k \in \mathbb{Z}$ existieren die einseitigen Grenzwerte

$$\lim_{x \nearrow a_k} f(x) , \qquad \lim_{x \searrow a_k} f(x) , \qquad \lim_{x \nearrow a_k} f'(x) , \qquad \lim_{x \searrow a_k} f'(x) .$$

Man zeige, daß die Funktionen f und f' lokal-integrierbar sind (f' ist in den Punkten a_k nicht notwendig definiert) und daß gilt

$$D T_f = T_{f'} + \sum_{k \in \mathbb{Z}} c_k \, \delta_{a_k} ,$$

wobei $c_k := \lim_{x \searrow a_k} f(x) - \lim_{x \nearrow a_k} f(x)$.

17.3. Sei $f_k \in \mathscr{L}_p(\mathbb{R}^n)$, $k \in \mathbb{N}$, eine Folge von Funktionen, die in der L_p-Norm gegen die Funktion $f \in \mathscr{L}_p(\mathbb{R}^n)$ konvergiere. Man zeige

$$T_{f_k} \xrightarrow[\mathscr{D}']{} T_f .$$

17.4. Sei $M \subset \mathbb{R}^n$ eine kompakte Untermannigfaltigkeit und $f\colon M \to \mathbb{R}$ eine stetige Funktion. Für $\varphi \in \mathscr{D}(\mathbb{R}^n)$ definiere man

$$(f\,\delta_M)\,[\varphi] := \int_M \varphi(x) f(x) \, dS(x) .$$

Man zeige, daß $f\,\delta_M$ eine Distribution auf $\mathbb{R}^n$ ist.

17.5. Sei $A \subset \mathbb{R}^n$ ein Kompaktum mit glattem Rand und

$$\nu = (\nu_1, \ldots, \nu_n) \colon \partial A \to \mathbb{R}^n$$

das äußere Normalen-Einheitsfeld. Sei χ_A die charakteristische Funktion von A. Man zeige, daß in $\mathscr{D}'(\mathbb{R}^n)$ gilt

$$\frac{\partial}{\partial x_i} \chi_A = -\nu_i \, \delta_{\partial A} .$$

17.6. Sei $\rho \in \mathscr{D}(\mathbb{R}^n)$ eine Funktion mit

$$\int_{\mathbb{R}^n} \rho(x)\, d^n x = 1$$

und

$$\rho_\epsilon(x) := \frac{1}{\epsilon^n} \rho\left(\frac{x}{\epsilon}\right) \qquad \text{für } \epsilon > 0 .$$

Sei $T \in \mathscr{D}'(\mathbb{R}^n)$. Man zeige, daß die Funktionen $T * \rho_\epsilon \in \mathscr{C}^\infty(\mathbb{R}^n)$, als Distributionen aufgefaßt, für $\epsilon \to 0$ gegen T konvergieren.

17.7. Eine komplexwertige Distribution $T \in \mathscr{D}'_{\mathbb{C}}(\mathbb{R}^n)$ hat die Gestalt

$$T = T_1 + \mathrm{i}\, T_2 ,$$

wobei $T_1, T_2 \in \mathscr{D}'(\mathbb{R}^n)$ reellwertige Distributionen sind. Die Wirkung von T auf eine komplexwertige Funktion

$$f = f_1 + \mathrm{i} f_2 , \qquad f_1, f_2 \in \mathscr{D}(\mathbb{R}^n) ,$$

ist definiert durch

$$T[f] = (T_1[f_1] - T_2[f_2]) + \mathrm{i}\,(T_1[f_2] + T_2[f_1]) .$$

Im $\mathbb{R}^2$ seien die Koordinaten mit x, y bezeichnet und $z := x + \mathrm{i}y$. Man zeige, daß für den Differentialoperator

$$\frac{\partial}{\partial \bar{z}} := \frac{1}{2}\left(\frac{\partial}{\partial x} + \mathrm{i}\frac{\partial}{\partial y}\right)$$

die lokal-integrierbare Funktion $\frac{1}{\pi z}$ eine Fundamental-Lösung darstellt, d.h.

$$\frac{\partial}{\partial \bar{z}}\left(\frac{1}{\pi z}\right) = \delta_0 \qquad \text{in } \mathscr{D}'_{\mathbb{C}}(\mathbb{R}^2) .$$

17.8. Für $n \in \mathbb{Z}$ werde die Funktion

$$\mathbb{R} \to \mathbb{C} , \qquad x \mapsto e^{\mathrm{i} n x} ,$$

als komplexwertige Distribution aufgefaßt,

$$\varphi \mapsto \int_{\mathbb{R}} e^{\mathrm{i} n x} \varphi(x)\, dx \qquad \text{für } \varphi \in \mathscr{D}(\mathbb{R}) .$$

Man beweise in $\mathscr{D}'_{\mathbb{C}}(\mathbb{R})$ die Gleichung

$$\frac{1}{2\pi}\sum_{n\in\mathbb{Z}} e^{inx} = \sum_{n\in\mathbb{Z}} \delta_{2\pi n}\,.$$

Anleitung. Sei $T := \sum_{n\in\mathbb{Z}} \delta_{2\pi n}$ und sei T_N die durch $\frac{1}{2\pi}\sum_{n=-N}^{N} e^{inx}$ definierte Distribution. Für $\varphi\in\mathscr{D}(\mathbb{R})$ sei

$$\Phi(x) := \sum_{n\in\mathbb{Z}} \varphi(x+2n\pi)\,.$$

Man zeige

$$T[\varphi] = \Phi(0)$$

und

$$T_N[\varphi] = \sum_{n=-N}^{N} \frac{1}{2\pi}\int_0^{2\pi} e^{inx}\,\Phi(x)\,dx$$

und verwende die Theorie der Fourierreihen (An. 1, § 23).

17.9. Man beweise folgende Gleichung (Transformationsformel der Thetafunktion):

$$\sum_{n\in\mathbb{Z}} e^{-\pi n^2 t} = \frac{1}{\sqrt{t}}\sum_{n\in\mathbb{Z}} e^{-\pi n^2/t} \qquad \text{für alle } t>0\,.$$

Anleitung. Man wende die Distributionen aus Aufgabe 17.8 auf die Funktion

$$\varphi(x) = e^{-x^2/4\pi t}$$

an (man überlege sich, daß dies möglich ist, obwohl φ nicht zu $\mathscr{D}(\mathbb{R})$ gehört), und verwende die Fouriertransformation von Beispiel (12.2).

17.10. Sei $u_0 : \mathbb{R}^n \to \mathbb{R}$ eine stetige beschränkte Funktion. Für $(x, t)\in\mathbb{R}^n\times\mathbb{R}_+$ setze man

$$u(x,t) := \frac{1}{(4\pi t)^{n/2}}\int_{\mathbb{R}^n} e^{-\|x-y\|^2/4t}\,u_0(y)\,d^n y \qquad \text{für } t>0\,,$$

$$u(x,0) := u_0(x)\,.$$

Man zeige, daß u eine Lösung des Anfangswertproblems der Wärmeleitungsgleichung mit der Anfangsbedingung u_0 ist, d.h. u genügt in $\mathbb{R}^n\times\mathbb{R}_+^*$ der Wärmeleitungsgleichung und ist in $\mathbb{R}^n\times\mathbb{R}_+$ stetig.

17.11. Es sei $N_0 : \mathbb{R}_+^* \to \mathbb{R}$ die in An. 2, § 12 angegebene Lösung der Differentialgleichung

$$y'' + \frac{1}{x}y' + y = 0\,, \qquad (x>0)\,,$$

(Neumannsche Funktion 0-ter Ordnung). Man zeige: Im $\mathbb{R}^2$ ist die Funktion

$$F(x) := \tfrac{1}{4} N_0(kr), \qquad r = \sqrt{x_1^2 + x_2^2},$$

eine Fundamental-Lösung der Helmholtzschen Schwingungsgleichung, d.h.

$$(\Delta + k^2) F = \delta_0, \qquad (k > 0).$$

§ 18. Pfaffsche Formen. Kurvenintegrale

In den folgenden vier Paragraphen wollen wir die mehrdimensionale Integration noch einmal von einem anderen Gesichtspunkt aus mit Hilfe des Differentialformen-Kalküls betrachten. Wir definieren zunächst die Differentialformen 1. Ordnung, die sog. Pfaffschen Formen. Sie können über Kurven integriert werden. Dabei interessiert uns insbesondere die Frage, unter welchen Umständen das Integral nur von Anfangs- und Endpunkt der Kurve, nicht aber von der speziellen Kurve selbst abhängt. Als Spezialfall ergibt sich insbesondere der Cauchysche Integralsatz für holomorphe Funktionen.

Tangential- und Cotangential-Vektoren

Sei $U \subset \mathbb{R}^n$ eine offene Menge und $p \in U$. Wir bezeichnen mit $T_p(U)$ den Tangentialvektorraum im Punkt p, d.h. die Menge aller Tangentenvektoren $\alpha'(0)$ stetig differenzierbarer Kurven durch p,

$$\alpha\colon\,]-\epsilon, \epsilon[\to U, \qquad \alpha(0) = p.$$

Da ein beliebig vorgegebenes $v \in \mathbb{R}^n$ Tangentialvektor der Kurve

$$t \mapsto p + tv$$

ist, gilt $T_p(U) = \mathbb{R}^n$. (Deshalb gilt auch $T_p(U) = T_p(V)$ für je zwei offene Mengen $U, V \subset \mathbb{R}^n$, die den Punkt p enthalten.)
Wir bezeichnen mit $T_p^*(U)$ den dualen Vektorraum von $T_p(U)$, d.h. die Menge aller Linearformen

$$\varphi\colon T_p(U) \to \mathbb{R}.$$

Die Elemente $\varphi \in T_p^*(U)$ heißen auch Cotangentialvektoren.

Pfaffsche Formen

Unter einer Pfaffschen Form oder Differentialform 1. Ordnung in einer offenen Menge $U \subset \mathbb{R}^n$ versteht man eine Abbildung

$$\omega: U \to \bigcup_{p \in U} T_p^*(U)$$

mit $\omega(p) \in T_p^*(U)$ für alle $p \in U$. Eine Pfaffsche Form ω in U ordnet also jedem Punkt $p \in U$ einen Cotangentialvektor $\omega(p) \in T_p^*(U)$ zu. Wir bezeichnen den Wert von $\omega(p)$ auf dem Tangentialvektor $v \in T_p(U)$ mit $\langle \omega(p), v \rangle$.
Ein spezielles Beispiel einer Pfaffschen Form ist das totale Differential einer differenzierbaren Funktion.

Definition. Sei $U \subset \mathbb{R}^n$ offen und $f: U \to \mathbb{R}$ eine stetig differenzierbare Funktion. Unter dem *totalen Differential* df von f versteht man die wie folgt definierte Differentialform 1. Ordnung: Für $p \in U$ und $v \in T_p(U)$ sei

$$\langle df(p), v \rangle := \langle \operatorname{grad} f(p), v \rangle = \sum_{i=1}^{n} \frac{\partial f}{\partial x_i}(p)\, v_i \,.$$

Bemerkung. Eine äquivalente Definition von $df(p)$ ist die folgende: Sei

$$\alpha: \,]-\epsilon, \epsilon[\, \to U$$

eine stetig differenzierbare Kurve mit

$$\alpha(0) = p \quad \text{und} \quad \alpha'(0) = v \,.$$

Dann ist

$$\langle df(p), v \rangle := \frac{d}{dt} f(\alpha(t))\,|_{t=0} \,.$$

Denn nach der Kettenregel gilt

$$\frac{d}{dt} f(\alpha(t))\,|_{t=0} = \sum_{i=1}^{n} \frac{\partial f}{\partial x_i}(\alpha(0))\, \alpha_i'(0) = \sum_{i=1}^{n} \frac{\partial f}{\partial x_i}(p)\, v_i \,.$$

Koordinaten-Darstellung Pfaffscher Formen

Wir betrachten jetzt speziell die Differentiale $dx_1, \ldots, dx_n$ der kanonischen Koordinatenfunktionen $x_1, \ldots, x_n$ des $\mathbb{R}^n$. (Die i-te Koordinatenfunktion ist durch

$$x_i: \mathbb{R}^n \to \mathbb{R}, \; (p_1, \ldots, p_n) \mapsto p_i$$

definiert. Eine korrektere, aber unschöne Bezeichnung hierfür wäre pr_i, da es sich um die Projektion auf den i-ten Faktor von $\mathbb{R}^n$ handelt.) Es sei

$$e_j = (0, \dots, 0, \underset{\substack{\uparrow \\ \text{j-te Stelle}}}{1}, 0, \dots, 0)$$

der j-te Basis-Einheitsvektor des $\mathbb{R}^n$. Dann gilt nach Definition

$$\langle dx_i(p), e_j \rangle = \frac{d}{dt} x_i(p + te_j)\Big|_{t=0} = \frac{d}{dt}(p_i + t\delta_{ij})\Big|_{t=0} = \delta_{ij}\,.$$

Also bilden die Cotangentialvektoren $dx_1(p), \dots, dx_n(p)$ eine Basis von $T_p^*(\mathbb{R}^n)$, die duale Basis von $e_1, \dots, e_n$. Jeder Cotangentialvektor $\varphi \in T_p^*(\mathbb{R}^n)$ läßt sich also schreiben als

$$\varphi = \sum_{i=1}^{n} c_i\, dx_i(p)$$

mit eindeutig bestimmten Koeffizienten $c_i \in \mathbb{R}$. Daraus folgt: Jede Pfaffsche Form ω in einer offenen Menge $U \subset \mathbb{R}^n$ läßt sich eindeutig darstellen als

$$\omega = \sum_{i=1}^{n} f_i\, dx_i$$

mit Funktionen $f_i \colon U \to \mathbb{R}$. Dabei bedeutet diese Gleichung

$$\omega(p) = \sum_{i=1}^{n} f_i(p)\, dx_i(p) \qquad \text{für alle } p \in U\,.$$

Die Form ω heißt stetig (bzw. r-mal stetig differenzierbar), falls alle Funktionen f_i stetig (bzw. r-mal stetig differenzierbar) sind.
Wir wollen noch folgende Formel beweisen:
Sei $f\colon U \to \mathbb{R}$ eine stetig differenzierbare Funktion auf einer offenen Menge $U \subset \mathbb{R}^n$. Dann gilt

$$df = \sum_{i=1}^{n} \frac{\partial f}{\partial x_i}\, dx_i\,.$$

Zum Beweis hat man nur zu zeigen, daß in jedem Punkt $p \in U$ die rechte und die linke Seite auf jedem Tangentialvektor $v \in T_p(U)$ denselben Wert ergeben. Da $\langle dx_i(p), v \rangle = v_i$, gilt

$$\Big\langle \sum \frac{\partial f}{\partial x_i}(p)\, dx_i(p), v \Big\rangle = \sum \frac{\partial f}{\partial x_i}(p)\, v_i = \langle df(p), v \rangle\,.$$

Kurvenintegrale

Sei $U \subset \mathbb{R}^n$ offen und

$$\omega = \sum_{i=1}^{n} f_i \, dx_i$$

eine stetige Pfaffsche Form in U. Weiter sei

$$\alpha \colon [a, b] \to U$$

eine stetig differenzierbare Kurve in U. Dann wird das Integral von ω über α definiert als

$$\int_\alpha \omega := \int_a^b \langle \omega(\alpha(t)), \alpha'(t) \rangle \, dt = \int_a^b \left(\sum_{i=1}^{n} f_i(\alpha(t)) \, \alpha_i'(t) \right) dt .$$

Das letztere ist das gewöhnliche Integral einer stetigen Funktion einer Veränderlichen über ein Intervall $[a, b] \subset \mathbb{R}$.
Etwas allgemeiner läßt sich das Integral definieren, falls α nur eine stückweise stetig differenzierbare Kurve ist, d.h.

$$\alpha \colon [a, b] \to U$$

ist stetig und es gibt eine Unterteilung

$$a = t_0 < t_1 < \ldots < t_k = b$$

des Intervalls $[a, b]$, so daß $\alpha \,|\, [t_{j-1}, t_j]$ stetig differenzierbar ist für $j = 1, \ldots, k$. Man setzt dann

$$\int_\alpha \omega = \sum_{j=1}^{k} \int_{\alpha_j} \omega ,$$

wobei α_j die Teilkurve $\alpha \,|\, [t_{j-1}, t_j]$ ist.

Verhalten bei Parametertransformation

Sei ω eine stetige Pfaffsche Form in einer offenen Menge $U \subset \mathbb{R}^n$ und

$$\alpha \colon [a, b] \to U$$

eine stetig differenzierbare Kurve. Sei $[a_1, b_1] \subset \mathbb{R}$ ein weiteres Intervall und

$$\varphi \colon [a_1, b_1] \to [a, b]$$

eine stetig differenzierbare Abbildung mit

$$\varphi(a_1) = a , \quad \varphi(b_1) = b .$$

Dann ist

$$\alpha \circ \varphi \colon [a_1, b_1] \to U$$

ebenfalls eine stetig differenzierbare Kurve mit demselben Anfangs- und Endpunkt wie α.

Behauptung. Es gilt

$$\int_{\alpha \circ \varphi} \omega = \int_{\alpha} \omega .$$

Beweis. Da $(\alpha \circ \varphi)'(u) = \alpha'(\varphi(u))\,\varphi'(u)$, gilt mit $\tilde{\alpha} := \alpha \circ \varphi$

$$\langle \omega(\tilde{\alpha}(u)), \tilde{\alpha}'(u)\rangle = \langle \omega(\alpha(\varphi(u))), \alpha'(\varphi(u))\rangle\,\varphi'(u) .$$

Daher folgt mit der Substitutionsregel für Integrale einer Veränderlichen

$$\int_{\alpha} \omega = \int_a^b \langle \omega(\alpha(t)), \alpha'(t)\rangle\, dt = \int_{a_1}^{b_1} \langle \omega(\alpha(\varphi(u))), \alpha'(\varphi(u))\rangle\, \varphi'(u)\, du =$$

$$= \int_{a_1}^{b_1} \langle \omega(\tilde{\alpha}(u)), \tilde{\alpha}'(u)\rangle\, du = \int_{\tilde{\alpha}} \omega = \int_{\alpha \circ \varphi} \omega, \quad \text{q.e.d.}$$

Ebenso zeigt man: Ist

$$\psi \colon [a_1, b_1] \to [a, b]$$

eine stetig differenzierbare Abbildung mit

$$\psi(a_1) = b, \quad \psi(b_1) = a ,$$

so gilt

$$\int_{\alpha \circ \psi} \omega = -\int_{\alpha} \omega .$$

Als nächstes berechnen wir das Integral eines totalen Differentials.

Satz 1. *Sei $U \subset \mathbb{R}^n$ offen, $F\colon U \to \mathbb{R}$ eine stetig differenzierbare Funktion und*

$$\alpha \colon [a, b] \to U$$

eine stückweise stetig differenzierbare Kurve mit

$$\alpha(a) =: p, \quad \alpha(b) =: q .$$

Dann gilt

$$\int_{\alpha} dF = F(q) - F(p) .$$

Beweis. Sei zunächst α als stetig differenzierbar vorausgesetzt. Für $t \in [a, b]$ gilt dann

$$\langle dF(\alpha(t)), \alpha'(t)\rangle = \sum_{i=1}^{n} \frac{\partial F}{\partial x_i}(\alpha(t))\, \alpha_i'(t) = \frac{d}{dt} F(\alpha(t)) ,$$

also

$$\int_\alpha dF = \int_a^b \frac{d}{dt} F(\alpha(t))\, dt = F(\alpha(t))\Big|_a^b = F(q) - F(p) .$$

Ist α nur stückweise stetig differenzierbar und

$$a = t_0 < t_1 < \ldots < t_m = b$$

eine Unterteilung, so daß $\alpha_j := \alpha | [t_{j-1}, t_j]$ stetig differenzierbar ist, so folgt

$$\int_\alpha dF = \sum_{j=1}^{m} \int_{\alpha_j} dF = \sum_{j=1}^{m} (F(\alpha(t_j)) - F(\alpha(t_{j-1}))) = F(\alpha(t_m)) - F(\alpha(t_0)) = F(q) - F(p).$$

Bemerkung. Satz 1 besagt, daß das Integral eines totalen Differentials dF über eine Kurve nur von Anfangs- und Endpunkt der Kurve, nicht aber von der speziellen Kurve selbst, abhängt. Ist insbesondere

$$\alpha\colon [a, b] \to U$$

eine *geschlossene* Kurve, d.h. $\alpha(a) = \alpha(b)$, so gilt

$$\int_\alpha dF = 0 .$$

Für nicht totale Differentialformen verschwindet das Integral über geschlossene Kurven i.a. nicht, wie folgendes Beispiel zeigt.

(18.1) Beispiel. In $U := \mathbb{R}^2 \setminus \{(0,0)\}$ sei ω die Differentialform

$$\omega := \frac{-y}{x^2 + y^2}\, dx + \frac{x}{x^2 + y^2}\, dy ,$$

wobei mit x, y die kanonischen Koordinatenfunktionen des $\mathbb{R}^2$ bezeichnet seien. Sei $r > 0$, $\varphi \in \mathbb{R}_+$ und α der Kreisbogen

$$\alpha\colon [0, \varphi] \to U , \qquad \alpha(t) := (r \cos t,\ r \sin t) .$$

Dann ist

$$\alpha'(t) = (-r \sin t,\ r \cos t)$$

und

$$\langle \omega(\alpha(t)), \alpha'(t)\rangle = \frac{-r \sin t}{r^2} \cdot (-r \sin t) + \frac{r \cos t}{r^2} \cdot r \cos t = 1 ,$$

also

$$\int_\alpha \omega = \int_0^\varphi dt = \varphi .$$

Insbesondere für $\varphi = 2\pi$ ist α eine geschlossene Kurve, aber das Integral $\neq 0$.

Hilfssatz 1. *Sei $U \subset \mathbb{R}^n$ offen und*

$$\gamma\colon [0, 1] \to U$$

eine (stetige) Kurve mit $\gamma(0) =: p$ und $\gamma(1) =: q$. Dann gibt es auch eine stückweise stetig differenzierbare Kurve

$$\alpha\colon [0, 1] \to U$$

mit $\alpha(0) = p$ und $\alpha(1) = q$.

Beweis. Da $\gamma([0, 1])$ eine kompakte Teilmenge von U und $\mathbb{R}^n \setminus U$ abgeschlossenen ist, gibt es ein $\epsilon > 0$, so daß

$$\|\gamma(t) - y\| \geqq \epsilon \text{ für alle } t \in [0, 1] \text{ und } y \in \mathbb{R}^n \setminus U ,$$

vgl. An. 2, Beispiel (3.3). Da γ gleichmäßig stetig ist, gibt es eine Unterteilung

$$0 = t_0 < t_1 < \ldots < t_m = 1 ,$$

so daß

$$\|\gamma(t_j) - \gamma(t_{j-1})\| < \epsilon \text{ für alle } j = 1, \ldots, m .$$

Wir definieren jetzt α als den Polygonzug mit den Eckpunkten $\gamma(t_j)$, d.h.

$$\alpha(\lambda t_j + (1 - \lambda) t_{j-1}) := \lambda\gamma(t_j) + (1 - \lambda)\gamma(t_{j-1})$$
$$\text{für } 0 \leqq \lambda \leqq 1 \text{ und } j = 1, \ldots, m ,$$

vgl. Bild 18.1. Dann gilt $\alpha([0, 1]) \subset U$ und α ist eine stückweise stetig differenzierbare Kurve, die p mit q verbindet.

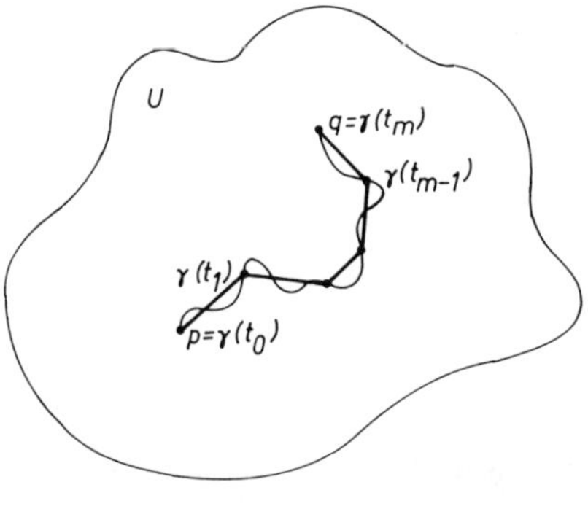

Bild 18.1

Satz 2. *Sei $U \subset \mathbb{R}^n$ ein Gebiet (d.h. eine zusammenhängende offene Teilmenge) und $F\colon U \to \mathbb{R}$ eine stetig differenzierbare Funktion mit $dF = 0$. Dann ist F konstant.*

Beweis. Wir wählen einen festen Punkt $p_0 \in U$. Ist $p \in U$ ein beliebiger Punkt, so gibt es nach dem Hilfssatz eine stückweise stetig differenzierbare Kurve $\alpha\colon [0, 1] \to U$ mit

$$\alpha(0) = p_0 \quad \text{und} \quad \alpha(1) = p .$$

Nach Satz 1 ist

$$0 = \int_\alpha dF = F(p) - F(p_0) .$$

Daher gilt $F(p) = F(p_0)$ für alle $p \in U$, q.e.d.

Definition. Sei ω eine stetige Pfaffsche Form in einer offenen Menge $U \subset \mathbb{R}^n$. Eine stetig differenzierbare Funktion $F\colon U \to \mathbb{R}$ heißt *Stammfunktion* von ω, falls

$$dF = \omega .$$

Bemerkungen

1) Ist F eine Stammfunktion von ω, so ist auch F + const. eine Stammfunktion. Ist U ein Gebiet, so folgt umgekehrt aus Satz 2, daß sich je zwei Stammfunktionen von ω um eine Konstante unterscheiden.

2) Sei $n = 1$ und $U \subset \mathbb{R}$ ein offenes Intervall. Eine stetige Pfaffsche Form in U schreibt sich dann

$$\omega = f\,dx$$

mit einer stetigen Funktion $f\colon U \to \mathbb{R}$. Ist $F\colon U \to \mathbb{R}$ stetig differenzierbar, so gilt

$$dF = F'\,dx ,$$

also $dF = \omega$ genau dann, wenn $F' = f$. Deshalb ist F genau dann Stammfunktion von f im Sinne der Differential- und Integralrechnung einer Veränderlichen, wenn F Stammfunktion der Differentialform $\omega = f\,dx$ im Sinne der obigen Definition ist. Also existiert zu jeder stetigen Pfaffschen Form $\omega = f\,dx$ eine Stammfunktion; man kann eine solche z.B. als Integral

$$F(x) := \int_{x_0}^{x} f(t)\,dt$$

erhalten ($x_0 \in U$ ein beliebiger fester Punkt).

3) Im Gegensatz zum Fall $n = 1$ besitzt für $n \geqq 2$ nicht jede stetige Pfaffsche Form eine Stammfunktion. Ein Gegenbeispiel ist die in (18.1) betrachtete Differentialform in $\mathbb{R}^2 \setminus 0$

$$\omega = \frac{-y}{x^2 + y^2}\,dx + \frac{x}{x^2 + y^2}\,dy .$$

Besäße ω eine Stammfunktion, so müßte nämlich das Integral von ω über die geschlossene Kreislinie vom Radius r verschwinden, was aber nach Beispiel (18.1) nicht der Fall ist. Der nächste Satz gibt eine notwendige und hinreichende Bedingung für die Existenz einer Stammfunktion.

Satz 3. *Sei $U \subset \mathbb{R}^n$ ein Gebiet und ω eine stetige Pfaffsche Form in U. Genau dann besitzt ω eine Stammfunktion, wenn für jede stückweise stetig differenzierbare geschlossene Kurve α in U gilt*

$$\int_\alpha \omega = 0 \, .$$

Beweis:

a) Nach Satz 1 ist die angegebene Bedingung notwendig.

b) Sei jetzt vorausgesetzt, daß das Integral von ω über jede geschlossene Kurve verschwindet. Wir wollen eine Stammfunktion $F\colon U \to \mathbb{R}$ von ω konstruieren. Wir wählen einen festen Punkt $p_0 \in U$ und setzen für $p \in U$

$$F(p) := \int_\alpha \omega \, ,$$

wobei $\alpha\colon [0, 1] \to U$ eine stückweise stetig differenzierbare Kurve ist mit $\alpha(0) = p_0$ und $\alpha(1) = p$. (Eine solche Kurve existiert nach Hilfssatz 1.) Es ist noch zu zeigen, daß die Definition unabhängig von der gewählten Kurve ist. Sei also

$$\beta\colon [0, 1] \to U$$

eine weitere stückweise stetig differenzierbare Kurve mit $\beta(0) = p_0$ und $\beta(1) = p$. Wir definieren die Kurve $\gamma\colon [0, 2] \to U$ durch

$$\gamma(t) := \begin{cases} \alpha(t) & \text{für } 0 \leqq t \leqq 1 \, , \\ \beta(2-t) & \text{für } 1 \leqq t \leqq 2 \, . \end{cases}$$

Dann ist γ eine stückweise stetig differenzierbare geschlossene Kurve, die zuerst α durchläuft und anschließend β rückwärts durchläuft, siehe Bild 18.2. Nach Voraussetzung gilt

$$0 = \int_\gamma \omega = \int_\alpha \omega - \int_\beta \omega \, ,$$

also $\int_\alpha \omega = \int_\beta \omega$. Daher ist $F(p)$ wohldefiniert. Wir schreiben

$$F(p) = \int_{p_0}^{p} \omega \, ,$$

da es nicht auf Kurve ankommt, die p_0 mit p verbindet.

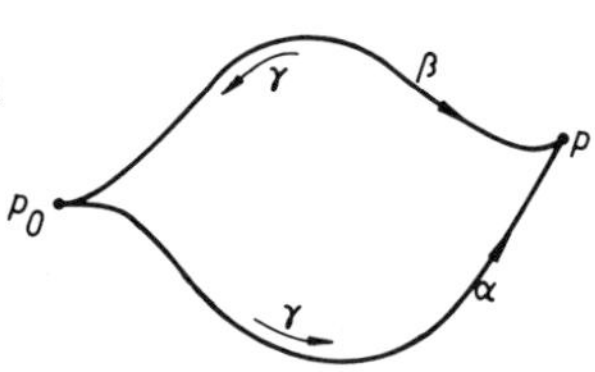

Bild 18.2

c) Wir beweisen jetzt $dF = \omega$. Sei

$$\omega = \sum_{i=1}^{n} f_i \, dx_i \, .$$

Da $dF = \Sigma (\partial F / \partial x_i) \, dx_i$, müssen wir zeigen

$$\frac{\partial F}{\partial x_i} = f_i \quad \text{für} \quad i = 1, \ldots, n \, .$$

Sei $h \neq 0$ eine kleine reelle Zahl. Dann ist

$$F(p + he_i) = \int_{p_0}^{p} \omega + \int_{p}^{p + he_i} \omega \, ,$$

also

$$F(p + he_i) - F(p) = \int_{p}^{p + he_i} \omega \, .$$

Zur Berechnung dieses Integrals verwenden wir die Kurve

$$\beta(t) := p + the_i \, , \qquad 0 \leqq t \leqq 1 \, ,$$

(die, falls nur h genügend klein ist, ganz in U liegt). Wegen $\beta'(t) = he_i$ ist

$$\langle \omega(\beta(t)), \beta'(t) \rangle = hf_i(\beta(t)) \, ,$$

also

$$\int_{\beta} \omega = h \int_{0}^{1} f_i(p + the_i) \, dt \, .$$

Daraus folgt

$$\frac{\partial F}{\partial x_i}(p) = \lim_{h \to 0} \frac{1}{h} (F(p + he_i) - F(p)) = \lim_{h \to 0} \int_{0}^{1} f_i(p + the_i) \, dt = f_i(p) \, , \quad \text{q.e.d.}$$

Geschlossene Pfaffsche Formen

Eine notwendige Bedingung für die Existenz einer Stammfunktion wird durch die folgende Eigenschaft gegeben.

Definition. Sei $U \subset \mathbb{R}^n$ eine offene Menge und

$$\omega = \sum_{i=1}^{n} f_i \, dx_i$$

eine stetig differenzierbare Pfaffsche Form in U. Die Form ω heißt *geschlossen*, falls

$$(*) \qquad \frac{\partial f_i}{\partial x_j} = \frac{\partial f_j}{\partial x_i} \qquad \text{für alle } i, j .$$

Besitzt ω eine Stammfunktion, so ist ω notwendig geschlossen. Denn aus $dF = \omega$ folgt $f_i = \partial F / \partial x_i$, also

$$\frac{\partial f_i}{\partial x_j} = \frac{\partial}{\partial x_j}\left(\frac{\partial F}{\partial x_i}\right) = \frac{\partial}{\partial x_i}\left(\frac{\partial F}{\partial x_j}\right) = \frac{\partial f_j}{\partial x_i} .$$

Diese Bedingung ist jedoch nicht hinreichend, wie die in $U = \mathbb{R}^2 \setminus 0$ definierte Pfaffsche Form

$$\omega = \frac{-y}{x^2 + y^2}\, dx + \frac{x}{x^2 + y^2}\, dy$$

aus Beispiel (18.1) zeigt. Sie besitzt keine Stammfunktion, erfüllt aber Bedingung $(*)$, denn

$$\frac{\partial}{\partial y}\left(\frac{-y}{x^2 + y^2}\right) = \frac{y^2 - x^2}{(x^2 + y^2)^2} = \frac{\partial}{\partial x}\left(\frac{x}{x^2 + y^2}\right) .$$

Unter zusätzlichen Bedingungen über den Definitionsbereich ist die Geschlossenheit der Pfaffschen Form jedoch auch hinreichend für die Existenz einer Stammfunktion. Dazu geben wir folgende

Definition. Eine Teilmenge $U \subset \mathbb{R}^n$ heißt *sternförmig* bzgl. eines Punktes $p \in U$, wenn für jeden Punkt $x \in U$ die ganze Verbindungsstrecke von p nach x

$$\{(1 - t)\, p + tx : 0 \leqq t \leqq 1\}$$

in U liegt (Bild 18.3).

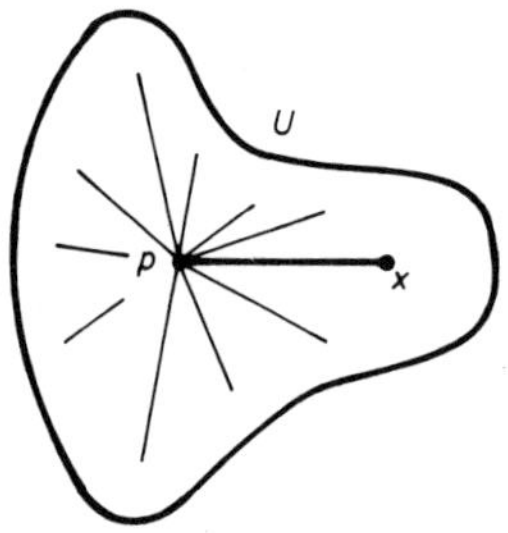

Bild 18.3

Satz 4. *Sei $U \subset \mathbb{R}^n$ ein sternförmiges Gebiet und ω eine stetig differenzierbare geschlossene Pfaffsche Form in U. Dann besitzt ω eine Stammfunktion $F: U \to \mathbb{R}$.*

Beweis. Nach evtl. Translation des Koordinatensystems können wir annehmen, daß U sternförmig bzgl. des Nullpunktes ist. Ist $\omega = \Sigma f_i\, dx_i$, so definiere man F durch das Integral

$$F(x) := \int_0^1 \left(\sum_{i=1}^n f_i(tx)\, x_i\right) dt \quad \text{für } x \in U .$$

Das Integral ist definiert, denn wegen der Sternförmigkeit von U liegt die ganze Strecke tx, $0 \leqq t \leqq 1$, in U. Man rechnet nun unter Benutzung der Bedingung

$$\frac{\partial f_i}{\partial x_j} = \frac{\partial f_j}{\partial x_i}$$

leicht nach (siehe An. 2, Beispiel (9.2)), daß $\partial F / \partial x_i = f_i$, also F Stammfunktion von ω ist.

Bemerkung. Satz 4 wird sich in § 19, Satz 6, noch einmal als Spezialfall eines viel allgemeineren Sachverhalts ergeben.

(18.2) Beispiel. Wir kommen nochmals auf das Beispiel (18.1) zurück. Das Gebiet $U = \mathbb{R}^2 \setminus 0$ ist nicht sternförmig bzgl. irgendeines Punktes $p \in U$. Nimmt man aber die negative x-Achse weg, so ist der Rest

$$V := \mathbb{R}^2 \setminus \{(x, 0) \colon x \leqq 0\}$$

sternförmig bzgl. des Punktes $(1, 0)$. Da die Form

$$\omega = \frac{-y}{x^2 + y^2}\, dx + \frac{x}{x^2 + y^2}\, dy$$

geschlossen ist, besitzt sie in V eine Stammfunktion F. Man kann F als Integral

$$F(x, y) := \int_{(1,0)}^{(x,y)} \omega$$

erhalten, wobei über eine beliebige stückweise stetig differenzierbare Kurve in V von $(1,0)$ nach (x, y) zu integrieren ist. Sei $r := \sqrt{x^2 + y^2}$. Dann ist

$$F(x, y) = \int_{(1,0)}^{(r,0)} \omega + \int_{(r,0)}^{(x,y)} \omega \, .$$

Wir wählen als Kurve von $(1, 0)$ nach $(r, 0)$ die Verbindungsstrecke auf der x-Achse und von $(r, 0)$ nach (x, y) den Kreisbogen, vgl. Bild 18.4. Damit ergibt sich

$$\int_{(1,0)}^{(r,0)} \omega = 0 \, ,$$

und nach Beispiel (18.1)

$$\int_{(r,0)}^{(x,y)} \omega = \varphi \, ,$$

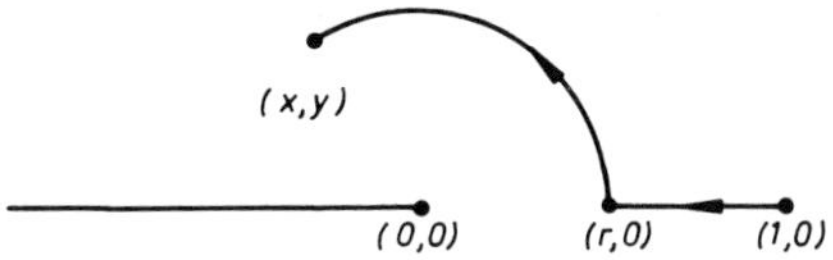

Bild 18.4

wobei φ die durch die Bedingungen

$$x = r \cos\varphi, \quad y = r \sin\varphi, \quad -\pi < \varphi < \pi \, ,$$

eindeutig bestimmte Zahl ist. Es gilt

$$\varphi = F(x, y) = \begin{cases} \arctan(y/x) & \text{für } x > 0 , \\ \pi/2 - \arctan(x/y) & \text{für } y > 0 , \\ -\pi/2 - \arctan(x/y) & \text{für } y < 0 . \end{cases}$$

Die Gleichung $dF(x, y) = \omega$ kann man auch direkt durch Differenzieren verifizieren.

Homotopie von Kurven

Sei $U \subset \mathbb{R}^n$ eine offene Menge, $p_0, p_1 \in U$, und seien

$$\alpha, \beta\colon [0, 1] \to U$$

zwei Kurven von p_0 nach p_1, d.h.

$$\alpha(0) = \beta(0) = p_0, \quad \alpha(1) = \beta(1) = p_1 .$$

Die beiden Kurven heißen *homotop* in U, falls es eine stetige Abbildung

$$A\colon [0, 1] \times [0, 1] \to U, \qquad (u, t) \mapsto A(u, t) ,$$

mit folgenden Eigenschaften gibt:

i) $A(0, t) = \alpha(t)$ und $A(1, t) = \beta(t)$ für alle $t \in [0, 1]$.

ii) $A(u, 0) = p_0$ und $A(u, 1) = p_1$ für alle $u \in [0, 1]$.

Bemerkung. Setzt man

$$\alpha_u(t) := A(u, t) ,$$

so ist $\alpha_u\colon [0, 1] \to U$ eine Kurve von p_0 nach p_1; es gilt

$$\alpha_0 = \alpha \quad \text{und} \quad \alpha_1 = \beta .$$

Die Eigenschaft „α homotop zu β" bedeutet also, daß man die Kurve α über die stetige Schar von Kurven $(\alpha_u)_{0 \leqq u \leqq 1}$ in die Kurve β deformieren kann (Bild 18.5).

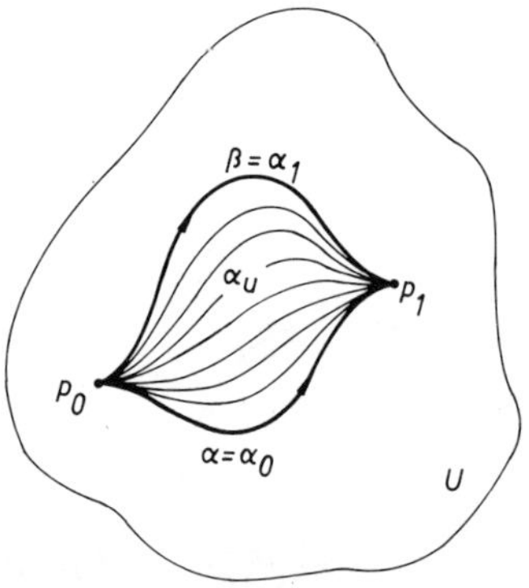

Bild 18.5

Satz 5. *Sei $U \subset \mathbb{R}^n$ offen, $p_0, p_1 \in U$, und seien $\alpha, \beta: [0,1] \to U$ zwei stückweise stetig differenzierbare Kurven von p_0 nach p_1, die in U zueinander homotop sind. Dann gilt für jede stetig differenzierbare geschlossene Pfaffsche Form ω in U*

$$\int_\alpha \omega = \int_\beta \omega .$$

Beweis. Sei $A: [0,1] \times [0,1] \to U$ eine Homotopie zwischen α und β wie in der obigen Definition. Da $A([0,1] \times [0,1])$ kompakt ist, gibt es ein $\epsilon > 0$, so daß

$$(*) \quad \|A(u,t) - y\| \geqq \epsilon$$

für alle $(u,t) \in [0,1] \times [0,1]$ und $y \in \mathbb{R}^n \setminus U$. Wegen der gleichmäßigen Stetigkeit von A gibt es ein $\delta > 0$, so daß

$$(**) \quad \|A(u,t) - A(u',t')\| < \frac{\epsilon}{2}$$

für alle $(u,t), (u',t') \in [0,1] \times [0,1]$ mit

$$\|(u,t) - (u',t')\| < \delta .$$

Sei jetzt

$$0 = t_0 < t_1 < \ldots < t_m = 1$$

eine Unterteilung von $[0,1]$ mit $|t_j - t_{j-1}| < \delta$ für $j = 1, \ldots, m$. Für $u \in [0,1]$ bezeichnen wir mit γ_u den Polygonzug mit den Eckpunkten

$$A(u,t_0),\ A(u,t_1), \ldots, A(u,t_m) .$$

Wir zeigen jetzt

i) $$\int_\alpha \omega = \int_{\gamma_0} \omega, \quad \int_\beta \omega = \int_{\gamma_1} \omega .$$

ii) $$\int_{\gamma_u} \omega = \int_{\gamma_v} \omega \quad \text{für} \quad |u - v| < \delta .$$

Aus i) und ii) zusammen folgt dann die Behauptung.

Zu i). Für $j = 1, \ldots, m$ sei B_j die offene Kugel mit Mittelpunkt

$$a_j := A(0,t_j) = \alpha(t_j) = \gamma_0(t_j)$$

und Radius ϵ. Nach $(*)$ ist B_j ganz in U enthalten und nach $(**)$ gilt

$$\alpha([t_{j-1}, t_j]) \subset B_j \quad \text{und} \quad \gamma_0([t_{j-1}, t_j]) \subset B_j .$$

In B_j besitzt ω nach Satz 4 eine Stammfunktion $F_j\colon B_j \to \mathbb{R}$. Daraus folgt

$$\int_{\alpha|[t_{j-1},t_j]} \omega = F_j(a_j) - F_j(a_{j-1}) = \int_{\gamma_0|[t_{j-1},t_j]} \omega\,,$$

also $\int_\alpha \omega = \int_{\gamma_0} \omega$. Ebenso zeigt man $\int_\beta \omega = \int_{\gamma_1} \omega$.

Zu ii). Bei festem $u \in [0,1]$ bezeichne hier B_j die offene Kugel mit Mittelpunkt $A(u, t_j) = \gamma_u(t_j)$ und Radius ϵ. Nach (*) gilt $B_j \subset U$. Sei $F_j : B_j \to \mathbb{R}$ eine Stammfunktion von ω in B_j. Da $B_j \cap B_{j+1}$ zusammenhängt, gibt es nach Satz 2, Bemerkung 1 eine Konstante $c_j \in \mathbb{R}$ mit

$$F_{j+1} = F_j + c_j \quad \text{in } B_j \cap B_{j+1}\,.$$

Sei jetzt $v \in [0,1]$ ein beliebiger Parameterwert mit $|u - v| < \delta$. Aus (**) folgt, daß

$$\gamma_v(t_j),\ \gamma_v(t_{j-1}) \in B_j\,.$$

Daraus folgt

$$\int_{\gamma_v|[t_{j-1},t_j]} \omega = F_j(\gamma_v(t_j)) - F_j(\gamma_v(t_{j-1}))\,.$$

Summieren über $j = 1, \ldots, m$ ergibt bei geeigneter Zusammenfassung der Terme

$$\int_{\gamma_v} \omega = -F_1(\gamma_v(t_0)) + \sum_{j=1}^{m-1} \left(F_j(\gamma_v(t_j)) - F_{j+1}(\gamma_v(t_j))\right) + F_m(\gamma_v(t_m)) =$$

$$= F_m(p_1) - F_1(p_0) - \sum_{j=1}^{m-1} c_j\,.$$

Da dieses Resultat unabhängig vom speziellen Wert von

$$v \in [0,1] \cap\ ]u - \delta, u + \delta[$$

ist, folgt die Behauptung ii). Damit ist Satz 5 bewiesen.

Einfacher Zusammenhang

Sei $U \subset \mathbb{R}^n$ eine offene Menge und $p_0 \in U$. Wir betrachten *geschlossene* Kurven

$$\alpha\colon [0,1] \to U$$

mit Anfangs- und Endpunkt $p_0 = \alpha(0) = \alpha(1)$. Eine spezielle solche Kurve ist die *Punktkurve in* p_0; sie ist definiert durch

$$\gamma(t) := p_0 \quad \text{für alle } t \in [0,1]\,.$$

Diese Punktkurve ist also eine entartete Kurve; sie verharrt zu allen Zeiten $t \in [0, 1]$ im Punkt p_0.
Eine Kurve α: $[0, 1] \to U$ mit Anfangs- und Endpunkt p_0 heißt *nullhomotop,* falls sie in U homotop zur Punktkurve in p_0 ist (Bild 18.6). Man sagt in diesem Fall auch, daß man die Kurve α auf den Punkt p_0 zusammenziehen kann.

Definition. Ein Gebiet $U \subset \mathbb{R}^n$ heißt *einfach zusammenhängend,* falls es einen Punkt $p_0 \in U$ gibt, so daß jede geschlossene Kurve

$$\alpha: [0, 1] \to U$$

mit Anfangs- und Endpunkt p_0 nullhomotop ist.

Bemerkung. Man kann zeigen, daß dann auch jede geschlossene Kurve in U mit einem anderen Anfangs- und Endpunkt $p_1 \in U$ nullhomotop ist.

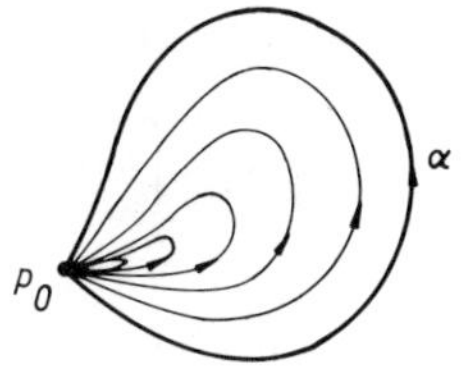

Bild 18.6

Beispiel

(18.3) Sei $U \subset \mathbb{R}^n$ ein bzgl. $p_0 \in U$ sternförmiges Gebiet und α: $[0, 1] \to U$ eine Kurve mit $\alpha(0) = \alpha(1) = p_0$. Definiert man

$$A(u, t) := u\, p_0 + (1 - u)\, \alpha(t)$$

für $(u, t) \in [0, 1] \times [0, 1]$, so liefert A eine Homotopie zwischen α und der Punktkurve in p_0. Dies zeigt, daß ein sternförmiges Gebiet $U \subset \mathbb{R}^n$ einfach zusammenhängend ist. Daraus folgt, daß auch jedes Gebiet $V \subset \mathbb{R}^n$, das zu einem sternförmigen Gebiet homöomorph ist, einfach zusammenhängend ist.

Satz 6. *Sei $U \subset \mathbb{R}^n$ ein einfach zusammenhängendes Gebiet und ω eine stetig differenzierbare geschlossene Pfaffsche Form in U. Dann gilt für jede stückweise stetig differenzierbare geschlossene Kurve α in U*

$$\int_\alpha \omega = 0 \,.$$

Bemerkung. Daraus folgt mit Satz 3: In einem einfach zusammenhängenden Gebiet besitzt jede geschlossene Pfaffsche Form eine Stammfunktion.

Beweis. Sei $p_0 \in U$ ein Punkt im Sinne der obigen Definition des einfachen Zusammenhangs. Hat α Anfangs- und Endpunkt p_0, so ist α zur Punktkurve in p_0 homotop. Nach Satz 5 ist das Integral von ω über α gleich null, da das Integral über eine Punktkurve verschwindet.

Ist der Anfangs- und Endpunkt von α ein anderer Punkt p_1, so wähle man eine stückweise stetig differenzierbare Kurve β: $[0,1] \to U$ von p_0 nach p_1 und konstruiere eine neue Kurve

$$\alpha_1 : [0,3] \to U,$$

$$\alpha_1(t) := \begin{cases} \beta(t) & \text{für } 0 \leqq t \leqq 1, \\ \alpha(t-1) & \text{für } 1 \leqq t \leqq 2, \\ \beta(3-t) & \text{für } 2 \leqq t \leqq 3. \end{cases}$$

Dann ist α_1 eine geschlossene Kurve mit Anfangs- und Endpunkt p_0, also nullhomotop und deshalb

$$\int_{\alpha_1} \omega = 0 .$$

Andererseits ist

$$\int_{\alpha_1} \omega = \int_\beta \omega + \int_\alpha \omega - \int_\beta \omega = \int_\alpha \omega ,$$

woraus die Behauptung folgt.

Bemerkung. Aus Satz 6 und Beispiel (18.1) folgt, daß $\mathbb{R}^2 \setminus 0$ nicht einfach zusammenhängt. Dagegen kann man zeigen, daß $\mathbb{R}^n \setminus 0$ für $n \geqq 3$ einfach zusammenhängend ist.

Komplexwertige Pfaffsche Formen

Sei $U \subset \mathbb{R}^n$ offen. Eine komplexwertige Pfaffsche Form in U hat die Gestalt

$$\omega = \omega_1 + \mathrm{i}\,\omega_2 , \qquad (\mathrm{i} = \sqrt{-1}),$$

wobei ω_1 und ω_2 reelle Pfaffsche Formen in U sind. Ist ω stetig (d.h. ω_1 und ω_2 stetig) und α eine stückweise stetig differenzierbare Kurve in U, so definiert man das Integral

$$\int_\alpha \omega := \int_\alpha \omega_1 + \mathrm{i} \int_\alpha \omega_2 .$$

Ist $f = f_1 + \mathrm{i} f_2 : U \to \mathbb{C}$ eine stetig partiell differenzierbare Funktion (f_1, f_2 reellwertig), so setzt man

$$df := df_1 + \mathrm{i}\, df_2 .$$

Sei jetzt speziell $n = 2$. Wir identifizieren $\mathbb{R}^2$ mit $\mathbb{C}$. Seien x, y die kanonischen Koordinaten in $\mathbb{R}^2$ und $z = x + \mathrm{i}y$. Sei $U \subset \mathbb{C}$ offen und f: $U \to \mathbb{C}$ stetig partiell differenzierbar. Dann gilt

$$df = \frac{\partial f}{\partial x} dx + \frac{\partial f}{\partial y} dy = \frac{1}{2}\left(\frac{\partial f}{\partial x} - \mathrm{i}\frac{\partial f}{\partial y}\right)(dx + \mathrm{i}\,dy) + \frac{1}{2}\left(\frac{\partial f}{\partial x} + \mathrm{i}\frac{\partial f}{\partial y}\right)(dx - \mathrm{i}\,dy) =$$

$$= \frac{1}{2}\left(\frac{\partial f}{\partial x} - \mathrm{i}\frac{\partial f}{\partial y}\right) dz + \frac{1}{2}\left(\frac{\partial f}{\partial x} + \mathrm{i}\frac{\partial f}{\partial y}\right) d\bar{z} .$$

Definiert man daher Differentialoperatoren

$$\frac{\partial}{\partial z} := \frac{1}{2}\left(\frac{\partial}{\partial x} - \mathrm{i}\frac{\partial}{\partial y}\right), \qquad \frac{\partial}{\partial \bar{z}} := \frac{1}{2}\left(\frac{\partial}{\partial x} + \mathrm{i}\frac{\partial}{\partial y}\right),$$

so kann man schreiben

$$df = \frac{\partial f}{\partial z}\,dz + \frac{\partial f}{\partial \bar{z}}\,d\bar{z}\,.$$

Wir bringen jetzt einige Anwendungen der Kurvenintegrale in der Theorie der holomorphen Funktionen. Dies ist nicht als eine Einführung in die Theorie der holomorphen Funktion gedacht, sondern soll nur zeigen, wie sich diese Theorie in den hier betrachteten Zusammenhang einordnen läßt.

Definition. Sei $U \subset \mathbb{C}$ offen. Eine Funktion $f\colon U \to \mathbb{C}$ heißt *holomorph*, wenn sie stetig partiell differenzierbar ist und der Differentialgleichung

$$\frac{\partial f}{\partial \bar{z}} = 0$$

genügt.

Satz 7. *Sei $U \subset \mathbb{C}$ offen und $f\colon U \to \mathbb{C}$ eine stetig partiell differenzierbare Funktion. f ist genau dann holomorph, wenn eine der beiden folgenden Bedingungen erfüllt ist:*

i) Für das totale Differential von f gilt

$$df = g\,dz$$

mit einer stetigen Funktion $g\colon U \to \mathbb{C}$. (Dann ist notwendigerweise $g = \partial f/\partial z$.)

ii) Die Differentialform

$$\omega := f\,dz$$

ist geschlossen.

Beweis

Zu i). Für jeden Punkt $p \in U$ sind $dz(p) = dx(p) + \mathrm{i}\,dy(p)$ und $d\bar{z}(p) = dx(p) - \mathrm{i}\,dy(p)$ linear unabhängig über $\mathbb{C}$, da $dx(p)$ und $dy(p)$ linear unabhängig sind. Da

$$df = \frac{\partial f}{\partial z}\,dz + \frac{\partial f}{\partial \bar{z}}\,d\bar{z}\,,$$

ist $df = g\,dz$ gleichbedeutend mit $\frac{\partial f}{\partial z} = g$ und $\frac{\partial f}{\partial \bar{z}} = 0$.

Zu ii). Da $\omega = f\,dz = f\,dx + \mathrm{i}f\,dy$, ist die Geschlossenheit von ω gleichbedeutend mit

$$\frac{\partial}{\partial y} f = \frac{\partial}{\partial x}\,\mathrm{i}f\,,$$

d.h.

$$0 = \left(\frac{\partial}{\partial y} - \mathrm{i}\frac{\partial}{\partial x}\right) f = -\mathrm{i}\left(\frac{\partial}{\partial x} + \mathrm{i}\frac{\partial}{\partial y}\right) f = -2\mathrm{i}\,\frac{\partial f}{\partial \bar{z}}\,.$$

(18.4) Beispiele. Nach Satz 7 i) ist die Funktion $f(z) := z$ holomorph, denn $df = dz$. Weiter folgt, daß das Produkt zweier holomorpher Funktionen $f_1, f_2 : U \to \mathbb{C}$ holomorph ist, denn

$$d(f_1 f_2) = f_1 df_2 + f_2 df_1 .$$

Also ist auch jedes Polynom

$$P(z) = c_0 + c_1 z + \ldots + c_k z^k, \qquad c_j \in \mathbb{C},$$

holomorph auf ganz $\mathbb{C}$.
Sei f: $U \to \mathbb{C}$ eine holomorphe Funktion, die nirgends verschwindet, und $g := 1/f$. Dann ist auch g holomorph, denn aus $fg = 1$ folgt

$$d(fg) = f\,dg + g\,df = 0 ,$$

also $dg = -(1/f^2)\,df$, und das Kriterium aus Satz 7 i) liefert die Holomorphie von g.

Satz 8 (Cauchyscher Integralsatz). *Sei $U \subset \mathbb{C}$ ein einfach zusammenhängendes Gebiet und f: $U \to \mathbb{C}$ eine holomorphe Funktion. Dann gilt für jede stückweise stetig differenzierbare geschlossene Kurve α in U*

$$\int_\alpha f\,dz = 0 .$$

Beweis. Nach Satz 7 ii) ist die Differentialform $f\,dz$ geschlossen und nach Satz 6 verschwindet das Integral.

Integration bzgl. des Bogenelements

Wir wollen jetzt noch eine andere Interpretation der Kurvenintegrale geben. Sei

$$\alpha: [a, b] \to \mathbb{R}^n$$

eine stückweise stetig differenzierbare Kurve. Dann ist $\alpha([a, b])$ eine kompakte Teilmenge von $\mathbb{R}^n$. Sei weiter eine stetige Funktion

$$f: \alpha([a, b]) \to \mathbb{R}$$

vorgegeben. Dann definiert man

$$\int_\alpha f\,ds := \int_a^b f(\alpha(t))\,\|\alpha'(t)\|\,dt .$$

Bemerkungen

1) Wählt man speziell die Funktion $f = 1$, so stellt

$$\int_\alpha ds = \int_a^b \|\alpha'(t)\|\, dt$$

die Länge der Kurve α dar (vgl. An. 2, § 4, Satz 1). Deshalb nennt man ds auch das Bogenelement oder Streckenelement der Kurve. (Man beachte, daß ds nicht das totale Differential einer Funktion ist!)

2) Sei $I \subset \mathbb{R}$ ein offenes Intervall und

$$\alpha : I \to \mathbb{R}^n$$

eine stetig differenzierbare Kurve mit folgenden Eigenschaften:

i) $\alpha'(t) \neq 0$ für alle $t \in I$

ii) α bildet I homöomorph auf $\varphi(I)$ ab.

Dann ist $M := \alpha(I)$ eine 1-dimensionale Untermannigfaltigkeit des $\mathbb{R}^n$. Wir hatten bereits in § 14 ein Integral über M erklärt. Dies hängt mit dem hier definierten Integral wie folgt zusammen: Sei $[a, b] \subset I$, $K := \alpha([a, b])$ und $f: K \to \mathbb{R}$ stetig. Dann gilt (vgl. (14.4)):

$$\int_{\alpha \mid [a,b]} f\, ds = \int_K f(x)\, dS(x)\,.$$

Für 1-dimensionale Untermannigfaltigkeiten stimmt also das 1-dimensionale Flächenelement mit dem hier definierten Streckenelement überein.

Riemannsche Summen

Sei jetzt wieder $\alpha: [a, b] \to \mathbb{R}^n$ eine beliebige stückweise stetig differenzierbare Kurve und $f: \alpha([a, b]) \to \mathbb{R}$ eine stetige Funktion. Wir wählen eine Unterteilung

$$a = t_0 < t_1 < \ldots < t_m = b$$

des Intervalls und Zwischenstellen

$$t_j' \in [t_{j-1}, t_j]\,.$$

Dann heißt

$$\sum_{j=1}^{m} f(\alpha(t_j'))\, \|\alpha(t_j) - \alpha(t_{j-1})\|$$

Riemannsche Summe für das Integral $\int_\alpha f\, ds$. Setzt man

$$\xi_j := \alpha(t_j')\,, \qquad \Delta s_j := \|\alpha(t_j) - \alpha(t_{j-1})\|\,,$$

so läßt sich die Riemannsche Summe suggestiver schreiben als

$$\sum_{j=1}^{m} f(\xi_j)\, \Delta s_j\,.$$

Geht man zu immer feineren Unterteilungen über, so konvergieren diese Riemannschen Summen gegen das Integral $\int_\alpha f\,ds$. In der Tat gilt: Zu jedem $\epsilon > 0$ gibt es ein $\delta > 0$, so daß für jede Unterteilung

$$a = t_0 < t_1 < \ldots < t_m = b$$

der Feinheit $\leqq \delta$ und jede Wahl der Zwischenstellen $t_j' \in [t_{j-1}, t_j]$ gilt

$$\left| \int_\alpha f\,ds - \sum_{j=1}^{m} f(\alpha(t_j'))\, \|\alpha(t_j) - \alpha(t_{j-1})\| \right| \leqq \epsilon\,.$$

Wir führen den Beweis nicht aus; er verläuft ähnlich wie der von An. 2, § 4, Satz 1.

Zusammenhang mit dem Integral Pfaffscher Formen

Sei $U \subset \mathbb{R}^n$ offen und

$$\omega = \sum_{i=1}^{n} f_i\, dx_i$$

eine stetige Pfaffsche Form in U. Wir fassen die Funktionen f_i zu einem stetigen Vektorfeld

$$f := (f_1, \ldots, f_n)\colon U \to \mathbb{R}^n$$

zusammen. Wir führen außerdem das folgende n-tupel Pfaffscher Formen ein:

$$d\vec{s} := (dx_1, \ldots, dx_n)\,.$$

(Man nennt $d\vec{s}$ das „vektorielle Streckenelement".) Jetzt läßt sich ω formal als Skalarprodukt der beiden Vektoren f und $d\vec{s}$ auffassen,

$$\omega = f \cdot d\vec{s} = \sum_{i=1}^{n} f_i\, dx_i\,.$$

(Aus graphischen Gründen verwenden wir hier für das Skalarprodukt den Punkt anstelle der spitzen Klammern.) Sei nun weiter

$$\alpha\colon [a, b] \to U \subset \mathbb{R}^n$$

eine stetig differenzierbare, injektive und reguläre Kurve, d.h.

$$\alpha'(t) \neq 0 \quad \text{für alle } t \in [a, b]\,.$$

Für einen Kurvenpunkt $x = \alpha(t)$ sei

$$\tau(x) := \frac{\alpha'(t)}{\|\alpha'(t)\|}$$

der Tangenten-Einheitsvektor der Kurve.

Satz 9. *Mit den obigen Bezeichnungen gilt*

$$\int_\alpha f \cdot d\vec{s} = \int_\alpha \langle f, \tau \rangle \, ds \, .$$

Bemerkung. Man kann diesen Sachverhalt symbolisch durch die Gleichung

$$d\vec{s} = \tau \, ds$$

ausdrücken. ds ist der Betrag, und der Tangenten-Einheitsvektor τ die Richtung des Vektors $d\vec{s}$.

Beweis. Nach Definition ist

$$\int_\alpha f \cdot d\vec{s} = \int_a^b \left(\sum_{i=1}^n f_i(\alpha(t)) \, \alpha_i'(t) \right) dt = \int_a^b \langle f(\alpha(t)), \alpha'(t) \rangle \, dt \, .$$

Andererseits ist

$$\int_\alpha \langle f, \tau \rangle \, ds = \int_a^b \langle f(\alpha(t)), \tau(\alpha(t)) \rangle \, \|\alpha'(t)\| \, dt = \int_a^b \langle f(\alpha(t)), \alpha'(t) \rangle \, dt \, .$$

Daraus folgt die Behauptung.

(18.5) Beispiel. In einem Gebiet $U \subset \mathbb{R}^3$ herrsche das (zeitlich konstante) elektrische Feld

$$E = (E_1, E_2, E_3) : U \to \mathbb{R}^3 \, .$$

Auf eine Einheitsprobeladung im Punkt $x \in U$ wirkt dann die Kraft $E(x)$. Die Komponente dieser Kraft in Richtung eines Einheitsvektors τ (d.h. $\|\tau\| = 1$) ist gleich $\langle E(x), \tau \rangle$. Verschiebt man deshalb die Probeladung längs einer Kurve α von p_0 nach p_1 in U, so wird die Arbeit

$$A = \int_\alpha E \cdot d\vec{s}$$

geleistet. Aus physikalischen Gründen ist diese Arbeit unabhängig von der Kurve, die von p_0 nach p_1 läuft (andernfalls könnte man Energie gewinnen). Daher gilt für jede geschlossene Kurve γ in U

$$\int_\gamma E \cdot d\vec{s} = 0 \, .$$

Nach Satz 3 besitzt deshalb die Differentialform

$$\omega = E \cdot d\vec{s} = \sum_{i=1}^{3} E_i \, dx_i$$

eine Stammfunktion. Das Negative dieser Stammfunktion, die bis auf eine Konstante eindeutig bestimmt ist, heißt das *Potential* des elektrischen Feldes E und sei mit Φ bezeichnet. Es gilt also

$$E \cdot d\vec{s} = -d\Phi = -\sum_{i=1}^{3} \frac{\partial \Phi}{\partial x_i} dx_i ,$$

d.h.

$$E = -\operatorname{grad} \Phi .$$

Aufgaben

Bezeichnung. In den Aufgaben 18.1–18.5 bezeichnen x, y die kanonischen Koordinatenfunktionen im $\mathbb{R}^2$ und x, y, z die im $\mathbb{R}^3$.

18.1 Im $\mathbb{R}^2$ sei φ die folgende Kurve:

$$\varphi\colon [a, b] \to \mathbb{R}^2 , \quad \varphi(t) := e^t (\cos t, \sin t) .$$

Man berechne das Integral

$$\int_\varphi (x dy - y dx) .$$

18.2 Im $\mathbb{R}^3$ sei α die Kurve

$$\alpha\colon [0, 2\pi] \to \mathbb{R}^3 ,$$
$$\alpha(t) := (e^{t \sin t}, \, t^2 - 2\pi t, \, \cos \tfrac{t}{2}) .$$

Man berechne die Integrale

$$\int_\alpha (x dx + y dy + z dz), \quad \int_\alpha z \, dy .$$

18.3 Seien $r, c > 0$ und φ die Schraubenlinie

$$\varphi\colon [0, 2\pi] \to \mathbb{R}^3$$
$$\varphi(t) := (r \cos t, \, r \sin t, \, ct) .$$

Man berechne die Integrale

$$\int_\varphi ((x^2 - y^2) \, dx + 3 z dy + 4 x y dz) , \qquad \int_\varphi (x^4 + y^4 + z^4) \, ds .$$

18.4 Sei $U \subset \mathbb{R}^2$ ein einfach zusammenhängendes Gebiet, $a \in U$ und

$$\omega = f\,dx + g\,dy$$

eine in $U \setminus \{a\}$ stetig differenzierbare geschlossene Pfaffsche Form, deren Koeffizienten f und g beschränkte Funktionen seien. Man beweise, daß ω eine Stammfunktion $F: U \setminus \{a\} \to \mathbb{R}$ besitzt, die sich stetig nach U fortsetzen läßt.

18.5 Sei $G \subset \mathbb{R}^2$ ein Gebiet und

$$u: G \to \mathbb{R}$$

eine harmonische Funktion. Eine stetig partiell differenzierbare Funktion

$$v: G \to \mathbb{R}$$

heißt zu u *konjugiert,* falls

$$\frac{\partial u}{\partial x} = \frac{\partial v}{\partial y} \quad \text{und} \quad \frac{\partial u}{\partial y} = -\frac{\partial v}{\partial x}.$$

Man zeige:

a) Ist v zu u konjugiert, so ist v ebenfalls harmonisch und $f := u + \mathrm{i}v$ holomorph.

b) Sei $F: G \to \mathbb{C}$ eine zweimal stetig partiell differenzierbare holomorphe Funktion und

$$F = u + \mathrm{i}v$$

ihre Zerlegung in Real- und Imaginärteil. Dann sind u und v zueinander konjugierte harmonische Funktionen.

c) Ist G einfach zusammenhängend, so existiert zu jeder harmonischen Funktion $u: G \to \mathbb{R}$ eine konjugiert harmonische Funktion.

18.6

a) Sei $G \subset \mathbb{C}$ ein einfach zusammenhängendes Gebiet, $f: G \to \mathbb{C}$ eine holomorphe Funktion und $F: G \to \mathbb{C}$ eine (nach Satz 6 existierende) Stammfunktion von $\omega = f\,dz$. Man zeige, daß F holomorph ist.

b) Man zeige, daß jede in einem Gebiet $G \subset \mathbb{C}$ holomorphe Funktion $f: G \to \mathbb{C}$ beliebig oft stetig partiell differenzierbar ist.

Anleitung: Man kann voraussetzen, daß G einfach zusammenhängt. Man wende auf eine Stammfunktion von $f\,dz$ die Aufgaben 18.5 b) und 16.2 an.

18.7 Sei $U \subset \mathbb{R}^n$ offen, $p, q \in U$ und $\alpha: [0, 1] \to U$ eine stetige Kurve von p nach q. Man zeige, daß α zu einem Polygonzug in U von p nach q homotop ist.

18.8

a) Sei $a \in \mathbb{R}^n \setminus 0$ und

$$U := \mathbb{R}^n \setminus \mathbb{R}_+ a.$$

Man zeige, daß U einfach zusammenhängend ist.

b) Sei γ: $[0, 1] \to \mathbb{R}^n \setminus 0$ ein geschlossener Polygonzug, $n \geqq 3$. Man zeige: Es gibt einen Halbstrahl

$$\mathbb{R}_+ a, \qquad a \in \mathbb{R}^n \setminus 0 ,$$

mit $\gamma([0, 1]) \cap \mathbb{R}_+ a = \emptyset$.

c) Man beweise, daß $\mathbb{R}^n \setminus 0$ für $n \geqq 3$ einfach zusammenhängend ist.

§ 19. Differentialformen höherer Ordnung

Wir führen jetzt die Differentialformen höherer Ordnung ein. Sie sind Linearkombinationen von äußeren Produkten Pfaffscher Formen. Dazu sind zunächst einige algebraische Vorbereitungen über alternierende Multilinearformen nötig. Neben den algebraischen Operationen gibt es für Differentialformen die äußere Ableitung, die aus einer Differentialform der Ordnung k eine der Ordnung $k + 1$ macht und die eine Verallgemeinerung des totalen Differentials von Funktionen ist. Im Differentialformen-Kalkül ist die klassische Vektoranalysis mit ihren Begriffsbildungen wie Gradient, Rotation, Divergenz enthalten.

Alternierende Multilinearformen

In diesem Abschnitt sei V stets ein n-dimensionaler Vektorraum über $\mathbb{R}$. (Später wird dies angewendet auf den Tangentialvektorraum in einem Punkt des $\mathbb{R}^n$.)

Definition. Unter einer *alternierenden k-Form* auf V versteht man eine Abbildung

$$\omega: V^k \to \mathbb{R}$$

mit folgenden Eigenschaften:

i) ω ist linear in jedem Argument, d.h.

$$\omega(\ldots, \lambda v' + \mu v'', \ldots) = \lambda\omega(\ldots, v', \ldots) + \mu\omega(\ldots, v'', \ldots)$$

für alle $\lambda, \mu \in \mathbb{R}$ und $v', v'' \in V$ bei festgehaltenen übrigen Variablen.

ii) Sind zwei Argumente gleich, so verschwindet ω, d.h.

$$\omega(v_1, \ldots, v_k) = 0 ,$$

falls ein Paar $i \neq j$ existiert, so daß $v_i = v_j$.

Die Menge aller alternierenden k-Formen bildet in natürlicher Weise einen Vektorraum, der mit

$$\Lambda^k V^*$$

bezeichnet wird. Für $k = 1$ sind die alternierenden 1-Formen nichts anderes als die Linearformen auf V, da die Bedingung ii) dann leer ist. Also

$$\wedge^1 V^* = V^* .$$

Man setzt noch

$$\wedge^0 V^* := \mathbb{R} .$$

Bemerkung: Die Bedingung ii) ist unter der Voraussetzung von i) mit folgender Bedingung äquivalent:

ii)′ Vertauscht man zwei Argumente, so ändert sich das Vorzeichen, d.h.

$$\omega(\ldots, v', \ldots, v'', \ldots) = -\omega(\ldots, v'', \ldots, v', \ldots)$$

bei festgehaltenen übrigen Variablen.

Beweis: Zur Vereinfachung der Schreibweise nehmen wir $k = 2$ an.

ii)′ ⇒ ii). Nach ii)′ ist $\omega(v, v) = -\omega(v, v)$, also $\omega(v, v) = 0$.
ii) ⇒ ii)′. Unter Benützung von i) und ii) ist

$$\begin{aligned} 0 &= \omega(v' + v'', v' + v'') = \omega(v', v') + \omega(v', v'') + \omega(v'', v') + \omega(v'', v'') = \\ &= \omega(v', v'') + \omega(v'', v') , \end{aligned}$$

also $\omega(v', v'') = -\omega(v'', v')$.

Aus der Bedingung ii)′ folgt weiter: Ist π irgendeine Permutation von $(1, 2, \ldots, k)$, so gilt

$$\omega(v_{\pi(1)}, \ldots, v_{\pi(k)}) = \operatorname{sign}(\pi) \cdot \omega(v_1, \ldots, v_k) .$$

Dabei ist $\operatorname{sign}(\pi)$ das Signum der Permutation π, d.h. $\operatorname{sign}(\pi) = (-1)^r$, wenn π Produkt von r Transpositionen ist.

Definition (Äußeres Produkt oder Dachprodukt von Linearformen). Seien $\varphi_1, \ldots, \varphi_k \in V^*$ Linearformen. Dann wird die Abbildung

$$\varphi_1 \wedge \ldots \wedge \varphi_k : V^k \to \mathbb{R}$$

definiert durch

$$(\varphi_1 \wedge \ldots \wedge \varphi_k)(v_1, \ldots, v_k) := \det \begin{pmatrix} \langle \varphi_1, v_1 \rangle \ldots \langle \varphi_1, v_k \rangle \\ \langle \varphi_2, v_1 \rangle \ldots \langle \varphi_2, v_k \rangle \\ \ldots \quad \ldots \quad \ldots \\ \langle \varphi_k, v_1 \rangle \ldots \langle \varphi_k, v_k \rangle \end{pmatrix} .$$

Aus den Eigenschaften der Determinante folgt unmittelbar, daß $\varphi_1 \wedge \ldots \wedge \varphi_k$ eine alternierende k-Form ist, d.h.

$$\varphi_1 \wedge \ldots \wedge \varphi_k \in \wedge^k V^* .$$

Eigenschaften des Dachprodukts

i) Das Dachprodukt ist linear in jedem Argument, d.h.

$$\varphi_1 \wedge \ldots \wedge (\lambda\varphi_i' + \mu\varphi_i'') \wedge \ldots \wedge \varphi_k = \lambda(\varphi_1 \wedge \ldots \wedge \varphi_i' \wedge \ldots \wedge \varphi_k) + \\ + \mu(\varphi_1 \wedge \ldots \wedge \varphi_i'' \wedge \ldots \wedge \varphi_k) .$$

ii) Das Dachprodukt ist alternierend, d.h.

$$\varphi_{\pi(1)} \wedge \ldots \wedge \varphi_{\pi(k)} = \operatorname{sign}(\pi) \cdot \varphi_1 \wedge \ldots \wedge \varphi_k$$

für jede Permutation π von $1, \ldots, k$.

Satz 1. *Sei $\varphi_1, \ldots, \varphi_n$ eine Basis von V^*. Dann bilden die Elemente*

$$\varphi_{i_1} \wedge \ldots \wedge \varphi_{i_k}, \quad 1 \leqq i_1 < i_2 < \ldots < i_k \leqq n ,$$

eine Basis von $\wedge^k V^*$. Insbesondere gilt

$$\dim \wedge^k V^* = \binom{n}{k} .$$

Für $k > n$ ist $\wedge^k V^* = 0$.

Beweis: Sei $e_1, \ldots, e_n$ eine zu $\varphi_1, \ldots, \varphi_n$ duale Basis von V, d.h.

$$\langle \varphi_i, e_j \rangle = \delta_{ij} .$$

Aus der Definition des Dachproduktes folgt dann für zwei k-tupel $i_1 < \ldots < i_k$ und $j_1 < \ldots < j_k$

$$(\varphi_{i_1} \wedge \ldots \wedge \varphi_{i_k})(e_{j_1}, \ldots, e_{j_k}) = \begin{cases} 1, & \text{falls } (i_1, \ldots, i_k) = (j_1, \ldots, j_k) , \\ 0 & \text{sonst.} \end{cases}$$

Sei $\omega \in \wedge^k V^*$ beliebig. Für $i_1 < \ldots < i_k$ setzen wir

$$c_{i_1 \ldots i_k} := \omega(e_{i_1}, \ldots e_{i_k}) \in \mathbb{R} .$$

Man zeigt jetzt leicht, daß

$$\omega = \sum_{i_1 < \ldots < i_k} c_{i_1 \ldots i_k} \varphi_{i_1} \wedge \ldots \wedge \varphi_{i_k}$$

und daß diese Darstellung eindeutig ist.

Satz 2. *Seien $\varphi_1, \ldots, \varphi_k \in V^*$ und*

$$\psi_i = \sum_{j=1}^{k} a_{ij} \varphi_j , \qquad i = 1, \ldots, k ,$$

mit einer Matrix $(a_{ij}) \in M(k \times k, \mathbb{R})$. Dann gilt

$$\psi_1 \wedge \ldots \wedge \psi_k = \det(a_{ij}) \cdot \varphi_1 \wedge \ldots \wedge \varphi_k .$$

Beweis: Wir bemerken zunächst, daß

$$\det(a_{ij}) = \sum_{\pi \in Per_k} \operatorname{sign}(\pi)\, a_{1\pi(1)} a_{2\pi(2)} \cdot \ldots \cdot a_{k\pi(k)}\,,$$

wobei Per_k die Gruppe aller Permutationen von $1, \ldots, k$ bezeichne. Nun gilt

$$\begin{aligned}
\psi_1 \wedge \ldots \wedge \psi_k &= \left(\sum_{j_1=1}^{k} a_{1j_1}\varphi_{j_1}\right) \wedge \ldots \wedge \left(\sum_{j_k=1}^{k} a_{kj_k}\varphi_{j_k}\right)\\
&= \sum_{j_1,\ldots,j_k=1}^{k} (a_{1j_1} \ldots a_{kj_k})\, \varphi_{j_1} \wedge \ldots \wedge \varphi_{j_k}\\
&= \sum_{\pi \in Per_k} (a_{1\pi(1)} \cdot \ldots \cdot a_{k\pi(k)})\, \varphi_{\pi(1)} \wedge \ldots \wedge \varphi_{\pi(k)}\\
&= \sum_{\pi \in Per_k} \operatorname{sign}(\pi)\, (a_{1\pi(1)} \cdot \ldots \cdot a_{k\pi(k)})\, \varphi_1 \wedge \ldots \wedge \varphi_k\\
&= \det(a_{ij})\, \varphi_1 \wedge \ldots \wedge \varphi_k\,, \qquad \text{q.e.d.}
\end{aligned}$$

Satz 3 (Produkt von k- und l-Formen). *Es gibt genau eine Abbildung*

$$\Lambda^k V^* \times \Lambda^l V^* \to \Lambda^{k+l} V^*, \qquad (\omega, \sigma) \mapsto \omega \wedge \sigma$$

mit folgenden Eigenschaften:

i) $\omega \wedge \sigma$ *ist linear in jedem Faktor, d.h.*

$$(\omega_1 + \omega_2) \wedge \sigma = \omega_1 \wedge \sigma + \omega_2 \wedge \sigma\,, \qquad \omega \wedge (\sigma_1 + \sigma_2) = \omega \wedge \sigma_1 + \omega \wedge \sigma_2\,,$$
$$\lambda(\omega \wedge \sigma) = (\lambda\omega) \wedge \sigma = \omega \wedge (\lambda\sigma)\,.$$

ii) *Sind* $\psi_1, \ldots, \psi_k, \eta_1, \ldots, \eta_l \in V^*$, *so gilt*

$$(\psi_1 \wedge \ldots \wedge \psi_k) \wedge (\eta_1 \wedge \ldots \wedge \eta_l) = \psi_1 \wedge \ldots \wedge \psi_k \wedge \eta_1 \wedge \ldots \wedge \eta_l\,.$$

Beweis: Sei $\varphi_1, \ldots, \varphi_n$ eine Basis von V^*. Man definiere für

$$\omega = \sum_{i_1 < \ldots < i_k} a_{i_1 \ldots i_k} \varphi_{i_1} \wedge \ldots \wedge \varphi_{i_k}\,, \qquad \sigma = \sum_{j_1 < \ldots < j_l} b_{j_1 \ldots j_l} \varphi_{j_1} \wedge \ldots \wedge \varphi_{j_l}$$

das Produkt durch

$$\omega \wedge \sigma := \sum_{\substack{i_1 < \ldots < i_k\\ j_1 < \ldots < j_l}} a_{i_1 \ldots i_k} b_{j_1 \ldots j_l} \varphi_{i_1} \wedge \ldots \varphi_{i_k} \wedge \varphi_{j_1} \wedge \ldots \wedge \varphi_{j_l}\,.$$

Dieses Produkt hat die Eigenschaften i) und ii). Die Eindeutigkeit ist klar.

Bemerkung: Es ist nützlich, auch die Fälle $k = 0$ oder $l = 0$ zuzulassen. Für $a \in \mathbb{R}$ und $\omega \in \wedge^k V^*$ setzt man

$$a \wedge \omega = \omega \wedge a := a\omega .$$

Weitere Rechenregeln

iii) Für $\omega_1 \in \wedge^k V^*$, $\omega_2 \in \wedge^l V^*$, $\omega_3 \in \wedge^m V^*$ gilt

$$(\omega_1 \wedge \omega_2) \wedge \omega_3 = \omega_1 \wedge (\omega_2 \wedge \omega_3) .$$

iv) Sei $\omega \in \wedge^k V^*$ und $\sigma \in \wedge^l V^*$. Dann gilt

$$\omega \wedge \sigma = (-1)^{kl} \sigma \wedge \omega .$$

Dabei folgt iii) ganz einfach aus ii) unter Benutzung von i). Die Regel iv) folgt ebenfalls aus ii), weil die Permutation

$$(1, \ldots, k, k+1, \ldots, k+l) \mapsto (k+1, \ldots, k+l, 1, \ldots, k)$$

das Signum $(-1)^{kl}$ hat.

Differentialformen

Definition. Sei $U \subset \mathbb{R}^n$ eine offene Teilmenge. Unter einer *Differentialform der Ordnung k* (oder kurz *k-Form*) in U versteht man eine Abbildung

$$\omega : U \to \bigcup_{p \in U} \wedge^k T_p^*(U)$$

mit $\omega(p) \in \wedge^k T_p^*(U)$ für alle $p \in U$.

Für $k = 1$ erhält man wieder die Definition der Pfaffschen Formen. Eine Differentialform der Ordnung 0 ist nichts anderes als eine reellwertige Funktion.

Koordinatendarstellung

Seien $x_1, x_2, \ldots, x_n$ die kanonischen Koordinatenfunktionen des $\mathbb{R}^n$. Nach Satz 1 bilden die Elemente

$$dx_{i_1}(p) \wedge \ldots \wedge dx_{i_k}(p), \quad 1 \leqq i_1 < i_2 < \ldots < i_k \leqq n ,$$

eine Basis von $\wedge^k T_p^*(U)$. Jede Differentialform ω der Ordnung k in U läßt sich also darstellen als

$$\omega = \sum_{i_1 < \ldots < i_k} f_{i_1 \ldots i_k} dx_{i_1} \wedge \ldots \wedge dx_{i_k}$$

mit eindeutig bestimmten Funktionen

$$f_{i_1 \dots i_k} \colon U \to \mathbb{R} \, .$$

Die Form ω heißt stetig (bzw. r-mal stetig differenzierbar), wenn alle Koeffizientenfunktionen $f_{i_1 \dots i_k}$ stetig (bzw. r-mal stetig differenzierbar) sind.

Operationen auf Differentialformen

Seien $\omega, \tilde{\omega}$ zwei k-Formen in U und $f\colon U \to \mathbb{R}$ eine Funktion. Dann sind k-Formen $f\omega$ und $\omega + \tilde{\omega}$ definiert durch

$$(f\omega)(p) := f(p)\,\omega(p) \quad \text{und} \quad (\omega + \tilde{\omega})(p) := \omega(p) + \tilde{\omega}(p)$$

für alle $p \in U$. Ist weiter σ eine l-Form in U, so kann man eine $(k+l)$-Form $\omega \wedge \sigma$ definieren durch

$$(\omega \wedge \sigma)(p) := \omega(p) \wedge \sigma(p) \, .$$

Für diese Operationen gelten analoge Rechenregeln wie die oben für alternierende Formen auf Vektorräumen abgeleiteten.

Ableitung von Differentialformen

Sei $U \subset \mathbb{R}^n$ offen und

$$\omega = \sum_{i_1 < \dots < i_k} f_{i_1 \dots i_k} dx_{i_1} \wedge \dots \wedge dx_{i_k}$$

eine stetig differenzierbare k-Form in U. Dann wird eine $(k+1)$-Form $d\omega$ definiert durch

$$d\omega := \sum_{i_1 < \dots < i_k} df_{i_1 \dots i_k} \wedge dx_{i_1} \wedge \dots \wedge dx_{i_k} \, .$$

Man nennt $d\omega$ *äußere Ableitung* oder *Differential* von ω.

Beispiele

(19.1) Pfaffsche Formen. Sei

$$\omega = \sum_{i=1}^{n} f_i \, dx_i$$

eine stetig differenzierbare 1-Form. Da

$$df_i = \sum_{j=1}^{n} \frac{\partial f_i}{\partial x_j} dx_j \, ,$$

gilt

$$d\omega = \sum_{i,j=1}^{n} \frac{\partial f_i}{\partial x_j}\, dx_j \wedge dx_i\,.$$

Wegen $dx_i \wedge dx_i = 0$ und $dx_i \wedge dx_j = -dx_j \wedge dx_i$ folgt schließlich

$$d\omega = \sum_{i<j} \left(\frac{\partial f_j}{\partial x_i} - \frac{\partial f_i}{\partial x_j}\right) dx_i \wedge dx_j\,.$$

(19.2) Differentialformen der Ordnung $n-1$. Der Vektorraum $\wedge^{n-1} T_p^*(U)$ hat die Dimension $\binom{n}{n-1} = n$; wir verwenden als Basis die Elemente

$$(-1)^{i-1}(dx_1 \wedge \ldots \wedge \widehat{dx_i} \wedge \ldots \wedge dx_n)(p)\,, \qquad 1 \leqq i \leqq n\,.$$

Dabei bedeutet das Dach über dx_i, daß dieser Faktor wegzulassen ist. Eine stetig differenzierbare $(n-1)$-Form in U schreibt sich deshalb als

$$\omega = \sum_{i=1}^{n} (-1)^{i-1} f_i\, dx_1 \wedge \ldots \widehat{dx_i} \ldots \wedge dx_n$$

mit stetig differenzierbaren Funktionen $f_i\colon U \to \mathbb{R}$. Da

$$(-1)^{i-1} \sum_{j=1}^{n} \left(\frac{\partial f_i}{\partial x_j}\, dx_j\right) \wedge dx_1 \wedge \ldots \widehat{dx_i} \ldots \wedge dx_n = \frac{\partial f_i}{\partial x_i} dx_1 \wedge \ldots \wedge dx_i \wedge \ldots \wedge dx_n\,,$$

folgt

$$d\omega = \left(\sum_{i=1}^{n} \frac{\partial f_i}{\partial x_i}\right) dx_1 \wedge \ldots \wedge dx_n\,.$$

Dies läßt sich auch folgendermaßen umschreiben: Wir fassen die Funktionen f_i zu einem Vektorfeld

$$f = (f_1, \ldots, f_n)\colon U \to \mathbb{R}^n$$

zusammen und definieren folgendes n-tupel von $(n-1)$-Formen:

$$d\vec{S} := (dS_1, \ldots, dS_n)\,, \qquad dS_i := (-1)^{i-1}\, dx_1 \wedge \ldots \wedge \widehat{dx_i} \wedge \ldots \wedge dx_n\,.$$

(Was $d\vec{S}$ mit dem in § 14 eingeführten Flächenelement dS zu tun hat, werden wir in § 20, Satz 3, untersuchen.)
Damit läßt sich ω formal als Skalarprodukt von f mit $d\vec{S}$ auffassen,

$$\omega = f \cdot d\vec{S} := \sum_{i=1}^{n} f_i\, dS_i\,.$$

Für $d\omega$ kann man nun schreiben

$$d(f \cdot d\vec{S}) = \operatorname{div}(f)\, dx_1 \wedge \ldots \wedge dx_n\,,$$

wobei

$$\operatorname{div}(f) = \sum_{i=1}^{n} \frac{\partial f_i}{\partial x_i}$$

die Divergenz des Vektorfeldes f ist.

Satz 4. *Sei $U \subset \mathbb{R}^n$ eine offene Menge.*

i) *Seien ω_1, ω_2 stetig differenzierbare k-Formen in U und $\lambda, \mu \in \mathbb{R}$. Dann gilt*

$$d(\lambda\omega_1 + \mu\omega_2) = \lambda\, d\omega_1 + \mu\, d\omega_2 \; .$$

ii) *Sei ω eine stetig differenzierbare k-Form und σ eine stetig differenzierbare l-Form in U. Dann gilt*

$$d(\omega \wedge \sigma) = (d\omega) \wedge \sigma + (-1)^k \omega \wedge (d\sigma) \; .$$

iii) *Für jede zweimal stetig differenzierbare k-Form ω in U gilt*

$$d(d\omega) = 0 \; .$$

Bezeichnung: Für die Rechnung mit Differentialformen ist manchmal folgende abkürzende Schreibweise nützlich. Statt

$$\omega = \sum_{i_1 < \ldots < i_k} f_{i_1 \ldots i_k} dx_{i_1} \wedge \ldots \wedge dx_{i_k}$$

schreiben wir kurz

$$\omega = \sum_{|I| = k} f_I \, dx_I \; .$$

Dabei durchläuft I alle strikt aufsteigenden Multiindizes der Länge k,

$$I = (i_1, \ldots, i_k) \;\text{ mit }\; 1 \leqq i_1 < \ldots < i_k \leqq n \; ,$$

und

$$dx_I := dx_{i_1} \wedge \ldots \wedge dx_{i_k} \; .$$

Diese Schreibweise verwenden wir auch im folgenden Beweis.

Beweis von Satz 4

Die Behauptung i) ist trivial.

Zu ii). Wir behandeln zunächst den Fall $k = l = 0$. Es mögen also zwei stetig differenzierbare Funktionen $f, g \colon U \to \mathbb{R}$ vorliegen. Aus der Produktregel

$$\frac{\partial}{\partial x_i}(fg) = \frac{\partial f}{\partial x_i} \cdot g + f \cdot \frac{\partial g}{\partial x_i}$$

folgt

$$d(fg) = g\, df + f\, dg = df \wedge g + f \wedge dg \; .$$

Sei jetzt allgemein

$$\omega = \sum_{|I|=k} f_I \, dx_I , \qquad \sigma = \sum_{|J|=l} g_J \, dx_J ,$$

also

$$\omega \wedge \sigma = \sum_{I,\,J} f_I g_J \, dx_I \wedge dx_J .$$

Dann ist

$$d(\omega \wedge \sigma) = \sum_{I,\,J} (g_J \, df_I + f_I \, dg_J) \wedge dx_I \wedge dx_J$$

$$= \sum_{I,\,J} (g_J \, df_I \wedge dx_I \wedge dx_J + (-1)^k f_I \, dx_I \wedge dg_J \wedge dx_j)$$

$$= (d\omega) \wedge \sigma + (-1)^k \, \omega \wedge (d\sigma) .$$

Zu iii). Wir behandeln wieder zunächst den Fall $k = 0$. Für eine zweimal stetig differenzierbare Funktion $f\colon U \to \mathbb{R}$ gilt

$$df = \sum_{i=1}^{n} \frac{\partial f}{\partial x_i} \, dx_i$$

und nach Beispiel (19.1)

$$d(df) = \sum_{i<j} \left\{ \frac{\partial}{\partial x_i} \left(\frac{\partial f}{\partial x_j} \right) - \frac{\partial}{\partial x_j} \left(\frac{\partial f}{\partial x_i} \right) \right\} dx_i \wedge dx_j = 0 .$$

Für eine zweimal stetig differenzierbare k-Form

$$\omega = \sum_{|I|=k} f_I \, dx_I$$

ist

$$d\omega = \sum_{|I|=k} df_I \wedge dx_I$$

und wegen

$$d(dx_I) = d1 \wedge dx_I = 0$$

folgt aus ii)

$$d(d\omega) = \sum_{I} \{ d(df_I) \wedge dx_I - df_I \wedge d(dx_I) \} = 0 .$$

Definition. Sei $U \subset \mathbb{R}^n$ offen.

i) Eine stetig differenzierbare k-Form ω in U heißt *geschlossen,* falls

$$d\omega = 0 .$$

ii) Für $k \geqq 1$ heißt eine stetige k-Form ω in U *exakt* oder *total,* falls es eine stetig differenzierbare $(k-1)$-Form η in U gibt mit

$$\omega = d\eta .$$

Bemerkungen

1) Für 1-Formen haben wir den Begriff der Geschlossenheit bereits in § 18 definiert. Nach Beispiel (19.1) stimmen beide Definitionen überein. Eine 1-Form ist genau dann exakt, wenn sie eine Stammfunktion besitzt.

2) Wegen $d(d\omega) = 0$ ist eine exakte Differentialform, die Ableitung einer zweimal stetig differenzierbaren Form ist, auch geschlossen. Es erhebt sich die Frage, wann umgekehrt eine geschlossene Differentialform exakt ist. In sternförmigen Gebieten ist das stets der Fall, wie wir in Satz 6 beweisen werden.

Rücktransport von Differentialformen

Sei $U \subset \mathbb{R}^n$ offen und

$$\omega = \sum_{i_1 < \ldots < i_k} f_{i_1 \ldots i_k} dx_{i_1} \wedge \ldots \wedge dx_{i_k}$$

eine k-Form in U. Weiter sei eine offene Menge $V \subset \mathbb{R}^m$ und eine stetig differenzierbare Abbildung

$$\varphi = (\varphi_1, \ldots, \varphi_n) \colon V \to U \subset \mathbb{R}^n$$

vorgegeben. Dann definiert man eine k-Form $\varphi^*\omega$ in V durch

$$\varphi^*\omega := \sum_{i_1 < \ldots < i_k} (f_{i_1 \ldots i_k} \circ \varphi)\, d\varphi_{i_1} \wedge \ldots \wedge d\varphi_{i_k} .$$

Beispiele

Wir wollen einige Spezialfälle genauer betrachten. Wir bezeichnen die kanonischen Koordinatenfunktionen im $\mathbb{R}^m$ mit $t_1, \ldots, t_m$, so daß also

$$d\varphi_i = \sum_{j=1}^{m} \frac{\partial \varphi_i}{\partial t_j} dt_j .$$

(19.3) Sei $k = 1$, also

$$\omega = \sum_{i=1}^{n} f_i \, dx_i \, .$$

Dann ist

$$\varphi^*\omega = \sum_{i=1}^{n} \sum_{j=1}^{m} (f_i \circ \varphi) \frac{\partial \varphi_i}{\partial t_j} dt_j \, ,$$

d.h.

$$\varphi^*\omega = \sum_{j=1}^{m} g_j \, dt_j$$

mit

$$g_j = \sum_{i=1}^{n} (f_i \circ \varphi) \frac{\partial \varphi_i}{\partial t_j} \, .$$

In Matrizenschreibweise läßt sich dies folgendermaßen ausdrücken: Sei

$$D\varphi = \begin{pmatrix} \dfrac{\partial \varphi_1}{\partial t_1} & \cdots & \dfrac{\partial \varphi_1}{\partial t_m} \\ \vdots & & \vdots \\ \dfrac{\partial \varphi_n}{\partial t_1} & \cdots & \dfrac{\partial \varphi_n}{\partial t_m} \end{pmatrix}$$

die Funktionalmatrix von φ und seien

$$f = (f_1, \ldots, f_n), \quad g = (g_1, \ldots, g_m)$$

zu Zeilenvektoren zusammengefaßt. Dann ist

$$g = (f \circ \varphi) \, D\varphi \, .$$

(19.4) Sei $m = k$. Nach Satz 2 ist dann

$$d\varphi_{i_1} \wedge \ldots \wedge d\varphi_{i_k} = \det \frac{\partial (\varphi_{i_1}, \ldots, \varphi_{i_k})}{\partial (t_1, \ldots, t_k)} dt_1 \wedge \ldots \wedge dt_k \, ,$$

wobei

$$\frac{\partial (\varphi_{i_1}, \ldots, \varphi_{i_k})}{\partial (t_1, \ldots, t_k)} \text{ die Matrix } \left(\frac{\partial \varphi_{i_\nu}}{\partial t_\mu} \right)_{1 \leqq \nu, \, \mu \leqq k}$$

bezeichnet. Also folgt für

$$\omega = \sum_{i_1 < \ldots < i_k} f_{i_1 \ldots i_k} dx_{i_1} \wedge \ldots \wedge dx_{i_k}$$

$$\varphi^*\omega = g \, dt_1 \wedge \ldots \wedge dt_k$$

mit

$$g = \sum_{i_1 < \ldots < i_k} (f_{i_1 \ldots i_k} \circ \varphi) \det \frac{\partial (\varphi_{i_1}, \ldots, \varphi_{i_k})}{\partial (t_1, \ldots, t_k)} .$$

(19.5) Sei $m = k = n$. Durch Spezialisierung des vorigen Beispiels erhält man für

$$\omega = f\, dx_1 \wedge \ldots \wedge dx_n$$

$$\varphi^* \omega = g\, dt_1 \wedge \ldots \wedge dt_n$$

mit

$$g = (f \circ \varphi) \det (D\varphi) .$$

Satz 5. *Seien* $U \subset \mathbb{R}^n$ *und* $V \subset \mathbb{R}^m$ *offene Mengen und*

$$\varphi: V \to U$$

eine stetig differenzierbare Abbildung. Weiter seien $\omega, \omega_1, \omega_2$ *Differentialformen der Ordnung k und* σ *eine Differentialform der Ordnung l in U, sowie* $\lambda, \mu \in \mathbb{R}$. *Dann gilt:*

i) $\varphi^* (\lambda \omega_1 + \mu \omega_2) = \lambda \varphi^* \omega_1 + \mu \varphi^* \omega_2$

ii) $\varphi^* (\omega \wedge \sigma) = (\varphi^* \omega) \wedge (\varphi^* \sigma)$

iii) *Ist* ω *stetig differenzierbar und* φ *zweimal stetig differenzierbar, so gilt*

$$d (\varphi^* \omega) = \varphi^* (d\omega) .$$

iv) *Sei außerdem eine offene Menge* $W \subset \mathbb{R}^p$ *und eine stetig differenzierbare Abbildung*

$$\psi: W \to V$$

vorgegeben. Dann gilt

$$\psi^* (\varphi^* \omega) = (\varphi \circ \psi)^* \omega .$$

Beweis: Die Eigenschaften i) und ii) sind mehr oder weniger trivial.

Zu iii). Wir behandeln zunächst den Spezialfall $k = 0$. Sei also $f: U \to \mathbb{R}$ eine stetig differenzierbare Funktion. Nach der Kettenregel gilt

$$d (\varphi^* f) = d (f \circ \varphi) = \sum_{j=1}^{m} \frac{\partial (f \circ \varphi)}{\partial t_j} dt_j$$

$$= \sum_{j=1}^{m} \sum_{i=1}^{n} \left(\frac{\partial f}{\partial x_i} \circ \varphi \right) \frac{\partial \varphi_i}{\partial t_j} dt_j = \sum_{i=1}^{n} \left(\frac{\partial f}{\partial x_i} \circ \varphi \right) d\varphi_i$$

$$= \varphi^* \left(\sum_{i=1}^{n} \frac{\partial f}{\partial x_i} dx_i \right) = \varphi^* (df) .$$

Für eine beliebige stetig differenzierbare k-Form

$$\omega = \sum_I f_I \, dx_I \qquad \text{ist} \qquad \varphi^* \omega = \sum_I (f_I \circ \varphi) \, d\varphi_I$$

mit der Abkürzung

$$d\varphi_I := d\varphi_{i_1} \wedge \ldots \wedge d\varphi_{i_k} \quad \text{für } I = (i_1, \ldots, i_k) .$$

Da die Funktionen f_I stetig differenzierbar und φ_i zweimal stetig differenzierbar sind, ist die Differentialform $\varphi^* \omega$ wieder stetig differenzierbar.

Es folgt weiter unter Benutzung von ii)

$$d(\varphi^* \omega) = \sum d(f_I \circ \varphi) \wedge d\varphi_I = \sum \varphi^*(df_I) \wedge \varphi^*(dx_I) =$$

$$= \varphi^* \left(\sum df_I \wedge dx_I \right) = \varphi^*(d\omega) .$$

Zu iv). Sei $\Phi := \varphi \circ \psi$. Für $1 \leqq i \leqq n$ ist dann

$$\Phi_i = \varphi_i \circ \psi ,$$

also nach iii)

$$d\Phi_i = d(\varphi_i \circ \psi) = \psi^*(d\varphi_i) .$$

Daher folgt mit der Bezeichnung von iii)

$$\psi^*(\varphi^* \omega) = \psi^* \left(\sum_I (f_I \circ \varphi) \, d\varphi_I \right) =$$

$$= \sum (f_I \circ \varphi \circ \psi) \, \psi^*(d\varphi_I) = \sum (f_I \circ \Phi) \, d\Phi_I =$$

$$= \Phi^* \left(\sum f_I \, dx_I \right) = (\varphi \circ \psi)^* \omega , \quad \text{q.e.d.}$$

Hilfssatz. *Sei $U \subset \mathbb{R}^n$ offen und $V \subset \mathbb{R} \times \mathbb{R}^n$ eine offene Menge mit $[0, 1] \times U \subset V$. Die Abbildungen*

$$\psi_0, \psi_1 : U \to V$$

seien definiert durch

$$\psi_0(x) := (0, x), \quad \psi_1(x) := (1, x) .$$

Ist dann σ eine stetig differenzierbare geschlossene k-Form auf V, $(k \geqq 1)$, so gibt es eine stetig differenzierbare $(k-1)$-Form η auf U mit

$$\psi_1^* \sigma - \psi_0^* \sigma = d\eta .$$

Beweis: Wir bezeichnen die Koordinaten in $\mathbb{R} \times \mathbb{R}^n$ mit $t, x_1, \ldots, x_n$. Dann läßt sich σ schreiben als

$$\sigma = \sum_{|I|=k} f_I \, dx_I + \sum_{|J|=k-1} g_J \, dt \wedge dx_J$$

und es ist

$$\psi_1^* \sigma = \sum_I f_I(1,x) \, dx_I, \quad \psi_0^* \sigma = \sum_I f_I(0,x) \, dx_I .$$

Für das Differential $d\sigma$ ergibt sich

$$d\sigma = \sum_I \frac{\partial f_I}{\partial t} dt \wedge dx_I + \sum_I \sum_{i=1}^n \frac{\partial f_I}{\partial x_i} dx_i \wedge dx_I - \sum_J \sum_{i=1}^n \frac{\partial g_J}{\partial x_i} dt \wedge dx_i \wedge dx_J .$$

Da $d\sigma = 0$, gilt

$$\sum_I \frac{\partial f_I}{\partial t} dx_I = \sum_J \sum_i \frac{\partial g_J}{\partial x_i} dx_i \wedge dx_J .$$

Wir integrieren die Koeffizienten auf beiden Seiten über t von 0 bis 1. Da

$$\int_0^1 \frac{\partial f_I}{\partial t}(t,x) \, dt = f_I(1,x) - f_I(0,x)$$

und

$$\int_0^1 \frac{\partial g_J}{\partial x_i}(t,x) \, dt = \frac{\partial}{\partial x_i} \int_0^1 g_J(t,x) \, dt$$

erhält man

$$\psi_1^* \sigma - \psi_0^* \sigma = d\eta$$

mit

$$\eta := \sum_{|J|=k-1} \left(\int_0^1 g_J(t,x) \, dt \right) dx_J .$$

Satz 6 (Poincarésches Lemma). *Sei $U \subset \mathbb{R}^n$ ein sternförmiges Gebiet und ω eine in U stetig differenzierbare geschlossene k-Form ($k \geqq 1$). Dann ist ω exakt.*

Bemerkung: Dies ist eine Verallgemeinerung von § 18, Satz 4.

Beweis: Wir können annehmen, daß U sternförmig bzgl. des Nullpunkts ist. Sei

$$\varphi: \mathbb{R} \times \mathbb{R}^n \to \mathbb{R}^n, \ \varphi(t,x) := tx ,$$

und $V := \varphi^{-1}(U)$. Dann gilt $[0, 1] \times U \subset V$. Seien ψ_0 und ψ_1 wie im vorigen Hilfssatz definiert. Die k-Form

$$\sigma := \varphi^* \omega$$

auf V ist wegen Satz 5 iii) geschlossen, wir können also den Hilfssatz anwenden und erhalten eine $(k-1)$-Form η auf U mit

$$\psi_1^* \sigma - \psi_0^* \sigma = d\eta .$$

Da $\varphi \circ \psi_1 = id_U$ und $\varphi \circ \psi_0$ die konstante Abbildung auf 0 ist, folgt

$$\psi_1^* \sigma = \psi_1^* (\varphi^* \omega) = (\varphi \circ \psi_1)^* \omega = id_U^* \omega = \omega , \quad \psi_0^* \sigma = (\varphi \circ \psi_0)^* \omega = 0 ,$$

also $\omega = d\eta$, q.e.d.

Bemerkung

Man kann das Poincarésche Lemma auf folgende Weise elegant umformulieren.
Sei $U \subset \mathbb{R}^n$ sternförmig und $\Omega^k(U)$ der Vektorraum aller beliebig oft stetig differenzierbaren k-Formen in U. Für $\omega \in \Omega^k(U)$ ist $d\omega$ wieder beliebig oft stetig differenzierbar, also ein Element aus $\Omega^{k+1}(U)$ und es gilt $d(d\omega) = 0$. Ist $d\omega = 0$, so kann man (falls $k \geqq 1$) nach Satz 6 eine $(k-1)$-Form η finden, so daß $d\eta = \omega$. Aus dem Beweis ergibt sich, daß die konstruierte Form η ebenfalls beliebig oft stetig differenzierbar ist. Daraus folgt, daß die Sequenz

$$(*) \quad 0 \to \mathbb{R} \to \Omega^0(U) \xrightarrow{d} \Omega^1(U) \xrightarrow{d} \dots \xrightarrow{d} \Omega^{n-1}(U) \xrightarrow{d} \Omega^n(U) \to 0$$

für sternförmiges U eine *exakte* Vektorraumsequenz ist, d.h. an jeder Stelle stimmen Bild und Kern überein, also

$$\operatorname{Im}(\Omega^{k-1}(U) \xrightarrow{d} \Omega^k(U)) = \operatorname{Ker}(\Omega^k(U) \xrightarrow{d} \Omega^{k+1}(U)) \quad \text{für} \quad k \geqq 1 ,$$
$$\operatorname{Ker}(\Omega^0(U) \xrightarrow{d} \Omega^1(U)) = \mathbb{R} .$$

Die letzte Gleichung ist eine andere Form von § 18, Satz 2. Ist U eine beliebige offene Menge, so ist die Sequenz $(*)$ nicht notwendig exakt, aber wegen $d \circ d = 0$ gilt $\operatorname{Im} \subset \operatorname{Ker}$, man kann also die Quotientenvektorräume

$$H_{DR}^k(U) := \frac{\operatorname{Ker}(\Omega^k(U) \xrightarrow{d} \Omega^{k+1}(U))}{\operatorname{Im}(\Omega^{k-1}(U) \xrightarrow{d} \Omega^k(U))} , \quad (k \geqq 0) ,$$

bilden. (Dabei setzt man $\Omega^{-1}(U) = 0$.)
Man nennt $H_{DR}^k(U)$ die k-te *de Rhamsche Cohomologiegruppe* von U. Das Poincarésche Lemma sagt also, daß

$$H_{DR}^k(U) = 0 \quad \text{für} \quad k \geqq 1, \quad \text{falls } U \text{ sternförmig.}$$

Aus § 18, Satz 6, folgt $H_{DR}^1(U) = 0$ für einfach zusammenhängendes U. Im allgemeinen kann man zeigen, daß $H_{DR}^k(U)$ nur von den topologischen Eigenschaften von U abhängt.

Vektoranalysis im $\mathbb{R}^3$

Wir wollen zeigen, wie sich die klassische Vektoranalysis in den Differentialformen-Kalkül einordnet.
In einer offenen Menge $U \subset \mathbb{R}^3$ sei

$$f: U \to \mathbb{R}$$

eine stetig differenzierbare Funktion und

$$a = (a_1, a_2, a_3): U \to \mathbb{R}^3$$

ein stetig differenzierbares Vektorfeld. Man hat die Operationen

$$\text{grad}\, f := \left(\frac{\partial f}{\partial x_1}, \frac{\partial f}{\partial x_2}, \frac{\partial f}{\partial x_3}\right),$$

$$\text{rot a} := \left(\frac{\partial a_3}{\partial x_2} - \frac{\partial a_2}{\partial x_3}, \frac{\partial a_1}{\partial x_3} - \frac{\partial a_3}{\partial x_1}, \frac{\partial a_2}{\partial x_1} - \frac{\partial a_1}{\partial x_2}\right),$$

$$\text{div a} := \frac{\partial a_1}{\partial x_1} + \frac{\partial a_2}{\partial x_2} + \frac{\partial a_3}{\partial x_3}.$$

Diese Operationen sind alle nur ein Spezialfall der äußeren Ableitung von Differentialformen. Dazu betrachten wir

1) das „vektorielle Streckenelement“

$$d\vec{s} = (dx_1, dx_2, dx_3),$$

2) das „vektorielle Flächenelement“

$$d\vec{S} = (dx_2 \wedge dx_3, dx_3 \wedge dx_1, dx_1 \wedge dx_2),$$

3) das „Volumenelement“

$$dV = dx_1 \wedge dx_2 \wedge dx_3 .$$

Differentialformen der Ordnungen 0, 1, 2, 3 in U schreiben sich damit als

$$\omega_0 = f, \quad \omega_1 = a \cdot d\vec{s}, \quad \omega_2 = b \cdot d\vec{S}, \quad \omega_3 = g\, dV$$

mit Funktionen $f, g: U \to \mathbb{R}$ und Vektorfeldern $a, b: U \to \mathbb{R}^3$. Sind f, a, b stetig differenzierbar, so kann man die Differentiale bilden und erhält

i) $df = \text{grad}\, f \cdot d\vec{s}$,

ii) $d(a \cdot d\vec{s}) = \text{rot}\, a \cdot d\vec{S}$,

iii) $d(b \cdot d\vec{S}) = \text{div}\, b\, dV$.

Dabei folgt i) aus der Formel $df = \sum \frac{\partial f}{\partial x_i} dx_i$, ii) aus Beispiel (19.1) und iii) aus Beispiel (19.2).

Folgerungen aus $d \circ d = 0$

Wendet man die Formel $d(d\omega) = 0$ auf 0- und 1-Formen an, so erhält man:
Sei $f\colon U \to \mathbb{R}$ eine zweimal stetig differenzierbare Funktion und $a\colon U \to \mathbb{R}^3$ ein zweimal stetig differenzierbares Vektorfeld. Dann gilt

$$\operatorname{rot} \operatorname{grad} f = 0, \qquad \operatorname{div} \operatorname{rot} a = 0.$$

Folgerungen aus dem Poincaréschen Lemma

Sei jetzt $U \subset \mathbb{R}^3$ eine sternförmige offene Menge. Das Poincarésche Lemma, zusammen mit den Darstellungen i), ii) und iii) für die äußere Ableitung, ergibt die folgenden Aussagen:

a) Ist $a\colon U \to \mathbb{R}^3$ ein stetig differenzierbares Vektorfeld mit $\operatorname{rot} a = 0$, so existiert eine stetig differenzierbare Funktion $f\colon U \to \mathbb{R}$ mit

$$a = \operatorname{grad} f .$$

b) Ist $b\colon U \to \mathbb{R}^3$ ein stetig differenzierbares Vektorfeld mit $\operatorname{div} b = 0$, so existiert ein stetig differenzierbares Vektorfeld $a\colon U \to \mathbb{R}^3$ mit

$$b = \operatorname{rot} a .$$

Aufgaben

19.1 In einer offenen Menge $U \subset \mathbb{R}^3$ seien drei Vektorfelder $a, b, c\colon U \to \mathbb{R}^3$ gegeben. Man zeige

$$(a \cdot d\vec{s}) \wedge (b \cdot d\vec{s}) = (a \times b) \cdot d\vec{S} ,$$

$$(a \cdot d\vec{s}) \wedge (b \cdot d\vec{S}) = \langle a, b\rangle \, dV ,$$

$$(a \cdot d\vec{s}) \wedge (b \cdot d\vec{s}) \wedge (c \cdot d\vec{s}) = \det(a, b, c)\, dV .$$

Dabei ist

$$a \times b = (a_2 b_3 - a_3 b_2, a_3 b_1 - a_1 b_3, a_1 b_2 - a_2 b_1)$$

das Vektorprodukt von a mit b.

19.2 Im $\mathbb{R}^4 = \mathbb{R}^3 \times \mathbb{R}$ seien die Koordinaten mit x_1, x_2, x_3, t bezeichnet. Sei

$$d\vec{s} = (dx_1, dx_2, dx_3) ,$$

$$d\vec{S} = (dx_2 \wedge dx_3, dx_3 \wedge dx_1, dx_1 \wedge dx_2) ,$$

$$dV = dx_1 \wedge dx_2 \wedge dx_3 .$$

Man zeige, daß sich Differentialformen der Ordnung 0, 1, 2, 3, 4 in einer offenen Menge $U \subset \mathbb{R}^4$ wie folgt schreiben lassen:

$$\omega_0 = f, \quad \omega_1 = a \cdot d\vec{s} + f\,dt, \quad \omega_2 = a \cdot d\vec{s} \wedge dt + b \cdot d\vec{S},$$
$$\omega_3 = a \cdot d\vec{S} \wedge dt + f\,dV, \quad \omega_4 = f\,dV \wedge dt,$$

mit „zeitabhängigen Vektorfeldern"

$$a, b\colon U \to \mathbb{R}^3$$

und „zeitabhängigen Skalarfeldern"

$$f\colon U \to \mathbb{R}.$$

Man berechne die äußeren Ableitungen von ω_j in dieser Schreibweise und ziehe Folgerungen aus $d \circ d = 0$ und dem Poincaréschen Lemma.

19.3 Es sei $\Phi\colon \mathbb{R}^3 \to \mathbb{R}^3$ definiert durch

$$\begin{pmatrix} r \\ \vartheta \\ \varphi \end{pmatrix} \mapsto \begin{pmatrix} x \\ y \\ z \end{pmatrix} = \begin{pmatrix} r \sin\vartheta \cos\varphi \\ r \sin\vartheta \sin\varphi \\ r \cos\vartheta \end{pmatrix}$$

In einer offenen Menge $U \subset \mathbb{R}^3$ seien Differentialformen

$$\omega_1 = f_1\,dx + f_2\,dy + f_3\,dz,$$
$$\omega_2 = F_1\,dy \wedge dz + F_2\,dz \wedge dx + F_3\,dx \wedge dy$$

gegeben. Sei $V = \Phi^{-1}(U)$ und

$$\Phi^*\omega_1 = g_1\,dr + g_2\,d\vartheta + g_3\,d\varphi,$$
$$\Phi^*\omega_2 = G_1\,d\vartheta \wedge d\varphi + G_2\,d\varphi \wedge dr + G_3\,dr \wedge d\vartheta.$$

Man berechne die Funktionen $g_j, G_j\colon V \to \mathbb{R}$.

19.4 Im $\mathbb{R}^3$ sei ω die Differentialform

$$\omega = 2xz\,dy \wedge dz + dz \wedge dx - (z^2 + e^x)\,dx \wedge dy.$$

Man zeige $d\omega = 0$ und bestimme eine 1-Form η mit $\omega = d\eta$.

§ 20. Integration von Differentialformen

Während Pfaffsche Formen über Kurven integriert werden, sind die Integrationsbereiche für k-Formen k-dimensionale Untermannigfaltigkeiten. Dabei spielt der Begriff der Orientierung eine große Rolle, den wir in diesem Paragraphen eingehend diskutieren. Speziell für Hyperflächen ist die Orientierung gleichbedeutend mit der Vorgabe eines Normalen-Einheitsfeldes. Insbesondere kann für ein Kompaktum mit glattem Rand im $\mathbb{R}^n$ der Rand durch das äußere Normalenfeld kanonisch orientiert werden. Wir behandeln in diesem Paragraphen außerdem für Hyperflächen den Zusammenhang zwischen der Integration von $(n-1)$-Formen und der Integration von Funktionen bzgl. des Flächenelements.

Integration von n-Formen

In einer offenen Menge $U \subset \mathbb{R}^n$ sei

$$\omega = f\, dx_1 \wedge dx_2 \wedge \ldots \wedge dx_n$$

eine n-Form. ω heißt integrierbar über eine Teilmenge $A \subset U$, wenn $f|A$ integrierbar ist und man setzt

$$\int_A \omega := \int_A f(x)\, d^n x\,.$$

Insbesondere ist eine stetige n-Form ω in U über jede kompakte Teilmenge $A \subset U$ integrierbar (§ 6, Beispiel (6.3)). Im folgenden beschränken wir uns auf diesen Fall. In einem Anhang zu diesem Paragraphen geben wir an, wie man die Integration stetiger Funktionen auf kompakten Mengen einführen kann, so daß dieser Paragraph unabhängig von der Lebesgueschen Integrationstheorie wird.
Wir werden jetzt die Transformationsformel für mehrfache Integrale umformulieren für Differentialformen. Dazu führen wir folgenden Begriff ein.

Definition. Seien $U, V \subset \mathbb{R}^n$ offene Mengen und sei

$$\varphi\colon U \to V$$

eine $\mathscr{C}^1$-invertierbare Abbildung. Man nennt φ *orientierungstreu,* falls

$$\det D\varphi(x) > 0 \quad \text{für alle} \quad x \in U\,.$$

φ heißt *orientierungsumkehrend,* falls

$$\det D\varphi(x) < 0 \quad \text{für alle} \quad x \in U\,.$$

Bemerkung: Ist U zusammenhängend, so tritt genau eine der beiden Möglichkeiten auf. Denn die Funktion $F := \det D\varphi$ ist auf U stetig und nirgends null. Ist $\alpha\colon [0,1] \to U$ eine (stetige) Kurve in U, so hat die Funktion

$$F \circ \alpha\colon [0,1] \to \mathbb{R}$$

wegen des Zwischenwertsatzes an den Stellen 0 und 1 dasselbe Vorzeichen, d.h. F hat am Anfangs- und Endpunkt der Kurve dasselbe Vorzeichen. Ist deshalb $\det D\varphi(x_0)$ positiv (bzw. negativ) für einen einzigen Punkt $x_0 \in U$, so ist es überall in U positiv (bzw. negativ).

Satz 1. *Seien $U, V \subset \mathbb{R}^n$ offen und*

$$\varphi: U \to V$$

eine $\mathscr{C}^1$-invertierbare Abbildung. Weiter sei ω eine stetige n-Form auf V und $A \subset U$ eine kompakte Teilmenge. Dann gilt

$$\int_{\varphi(A)} \omega = \int_A \varphi^* \omega, \qquad \text{falls } \varphi \text{ orientierungstreu,}$$

$$\int_{\varphi(A)} \omega = -\int_A \varphi^* \omega, \qquad \text{falls } \varphi \text{ orientierungsumkehrend.}$$

Beweis: Sei $\omega = f\,dx_1 \wedge \ldots \wedge dx_n$. Nach § 19, Beispiel (19.5), gilt dann

$$\varphi^* \omega = (f \circ \varphi) \det D\varphi \cdot dx_1 \wedge \ldots \wedge dx_n$$

und die Behauptung folgt aus der Transformationsformel

$$\int_{\varphi(A)} f(x)\, d^n x = \int_A f(\varphi(x))\, |\det D\varphi(x)|\, d^n x\,.$$

Um auch k-Formen integrieren zu können, brauchen wir den Begriff der Orientierung einer Untermannigfaltigkeit.

Orientierung von Untermannigfaltigkeiten

Sei $M \subset \mathbb{R}^n$ eine k-dimensionale Untermannigfaltigkeit ($k \geqq 1$). Wir erinnern an den Begriff der Karte (§ 14, Satz 4):
Dabei handelt es sich um einen Homöomorphismus

$$\varphi: T \xrightarrow{\sim} V \subset M \subset \mathbb{R}^n$$

einer offenen Menge $T \subset \mathbb{R}^k$ auf eine offene Menge $V \subset M$, so daß φ, als Abbildung in den $\mathbb{R}^n$ aufgefaßt, eine Immersion ist, d.h. stetig differenzierbar und

$$\operatorname{Rang} D\varphi(t) = k \quad \text{für alle} \quad t \in T\,.$$

Seien nun

$$\varphi_j: T_j \xrightarrow{\sim} V_j \subset M \subset \mathbb{R}^n,\ j = 1, 2\,,$$

zwei Karten von M und $W_j := \varphi_j^{-1}(V_1 \cap V_2)$. Dann gibt es nach § 14, Satz 5, eine $\mathscr{C}^1$-invertierbare Abbildung („Parameter-Transformation")

$$\tau: W_1 \to W_2\,,$$

so daß $\varphi_1 | W_1 = \varphi_2 \circ \tau$. Man nennt die Karten $\varphi_1: T_1 \to V_1$ und $\varphi_2: T_2 \to V_2$ *gleich orientiert,* falls die Parameter-Transformation τ orientierungstreu ist.
Eine Menge $\mathfrak{A} = \{(\varphi_j: T_j \to V_j): j \in J\}$ von Karten von M heißt *Atlas* von M, falls

$$M = \bigcup_{j \in J} V_j .$$

Der Atlas $\mathfrak{A}$ heißt *orientiert,* wenn je zwei Karten von $\mathfrak{A}$ gleich orientiert sind.
Eine *Orientierung* σ von M wird gegeben durch einen orientierten Atlas von M. Dabei definieren zwei Atlanten $\mathfrak{A}$, $\mathfrak{A}'$ dieselbe Orientierung von M, wenn jede Karte aus $\mathfrak{A}$ mit jeder Karte aus $\mathfrak{A}'$ gleich orientiert ist.
Exakt ausgedrückt ist deshalb eine Orientierung σ von M eine Äquivalenzklasse von orientierten Atlanten von M nach folgender Äquivalenzrelation: Man setzt

$$\mathfrak{A} \sim \mathfrak{A}' ,$$

wenn gilt: Je zwei Karten $(\varphi: T \to V) \in \mathfrak{A}$ und $(\psi: S \to W) \in \mathfrak{A}'$ sind gleich orientiert.
Eine Untermannigfaltigkeit $M \subset \mathbb{R}^n$ heißt *orientierbar,* wenn M einen orientierten Atlas besitzt. Eine *orientierte* Untermannigfaltigkeit ist ein Paar (M, σ), wobei M eine Untermannigfaltigkeit und σ eine Orientierung von M ist.
Sei (M, σ) eine orientierte Untermannigfaltigkeit des $\mathbb{R}^n$ und $\mathfrak{A}$ ein zu σ gehörender orientierter Atlas. Eine Karte

$$\varphi: T \to V \subset M$$

von M heißt *positiv orientiert* bzgl. σ, falls $(\varphi: T \to V)$ mit jeder Karte von $\mathfrak{A}$ gleich orientiert ist. (Dann ist auch

$$\mathfrak{A}' := \mathfrak{A} \cup \{\varphi: T \to V\}$$

ein orientierter Atlas von M und gehört ebenfalls zur Orientierung σ.)

Beispiele

(20.1) Sei $U \subset \mathbb{R}^n$ eine offene Menge. Dann kann U als n-dimensionale Untermannigfaltigkeit von $\mathbb{R}^n$ aufgefaßt werden. Die identische Abbildung

$$id_U: U \to U$$

ist eine Karte und bildet für sich allein einen Atlas von U. Unter der *kanonischen Orientierung* von U versteht man die Orientierung, die durch den aus der Karte $id_U: U \to U$ bestehenden Atlas definiert wird. Sei

$$\varphi: T \to V \subset U$$

eine weitere Karte von U, d.h. ein $\mathscr{C}^1$-Diffeomorphismus einer offenen Menge $T \subset \mathbb{R}^n$ auf eine offene Teilmenge V von U. Genau dann ist φ positiv orientiert bzgl. der kanonischen Orientierung von U, falls

$$\det D\varphi(t) > 0 \quad \text{für alle} \quad t \in T .$$

(20.2) Jede Untermannigfaltigkeit $M \subset \mathbb{R}^n$, die Bild einer einzigen Karte

$$\varphi: T \xrightarrow{\sim} M$$

ist, ist orientierbar mit dem aus dieser einzigen Karte bestehenden Atlas.

(20.3) Die 1-Sphäre

$$S_1 = \{(x_1, x_2) \in \mathbb{R}^2 : x_1^2 + x_2^2 = 1\}$$

ist eine 1-dimensionale Untermannigfaltigkeit des $\mathbb{R}^2$. Es gibt einen aus zwei Karten bestehenden Atlas von S_1:

$$\varphi_1 : T_1 :=]-\pi, \pi[\xrightarrow{\sim} S_1 \setminus (-1, 0)\,,$$
$$\varphi_2 : T_2 :=]0, 2\pi[\xrightarrow{\sim} S_1 \setminus (1, 0)\,,$$

wobei $\varphi_j(t) := (\cos t, \sin t)$ für $t \in T_j$. Für die Parameter-Transformation

$$\tau: T_1 \setminus \{0\} \to T_2 \setminus \{\pi\}$$

mit

$$\tau(t) = \begin{cases} t + 2\pi & \text{für } -\pi < t < 0\,, \\ t & \text{für } 0 < t < \pi\,, \end{cases}$$

gilt $\varphi_1 | T_1 \setminus 0 = \varphi_2 \circ \tau$. Da $\tau'(t) > 0$ für alle $t \in T_1 \setminus 0$, ist $\{\varphi_1, \varphi_2\}$ ein orientierter Atlas, definiert also eine Orientierung von S_1.

Umkehrung der Orientierung

Nicht jede Untermannigfaltigkeit $M \subset \mathbb{R}^n$ ist orientierbar. Wenn jedoch eine Orientierung existiert, so auch eine zweite, dazu entgegengesetzte.
Sei dazu (M, σ) eine (nicht-leere) orientierte k-dimensionale Untermannigfaltigkeit des $\mathbb{R}^n$ und

$$\mathfrak{A} = \{(\varphi_j : T_j \to V_j) : j \in J\}$$

ein zu σ gehörender orientierter Atlas von M. Wir definieren eine orientierungsumkehrende Abbildung

$$\iota: \mathbb{R}^k \to \mathbb{R}^k, \quad \iota(x_1, x_2, \ldots, x_k) := (x_1, \ldots, x_{k-1}, -x_k)\,.$$

Es gilt $\iota^2 = id_{\mathbb{R}^k}$. Wir setzen $\widetilde{T}_j := \iota(T_j)$ und

$$\widetilde{\varphi}_j := \varphi_j \circ \iota : \widetilde{T}_j \to V_j\,.$$

Dann ist $\widetilde{\mathfrak{A}} = \{(\widetilde{\varphi}_j : \widetilde{T}_j \to V_j) : j \in J\}$ wieder ein orientierter Atlas von M, denn für die Parameter-Transformationen gilt

$$\widetilde{\varphi}_j^{-1} \circ \widetilde{\varphi}_l = \iota \circ (\varphi_j^{-1} \circ \varphi_l) \circ \iota\,,$$

(die Bezeichnung der Beschränkung auf den jeweiligen Definitionsbereich wurde weggelassen). Ist $\varphi_j^{-1} \circ \varphi_l$ orientierungstreu, so auch $\widetilde{\varphi}_j^{-1} \circ \widetilde{\varphi}_l$. Die durch $\widetilde{\mathfrak{A}}$ definierte Orien-

tierung wird mit $-\sigma$ bezeichnet. Sie ist von σ verschieden und heißt die σ entgegengesetzte Orientierung. Es gilt $-(-\sigma) = \sigma$.
Eine Karte

$$\varphi: T \xrightarrow{\sim} V \subset M$$

heißt *negativ orientiert* bzgl. σ, wenn sie positiv orientiert bzgl. $-\sigma$ ist.

Bemerkung: Sei (M, σ) eine orientierte Untermannigfaltigkeit und

$$\varphi: T \xrightarrow{\sim} V \subset M$$

eine Karte von M, so daß $T \subset \mathbb{R}^k$ eine *zusammenhängende* offene Menge ist. Dann sieht man leicht, daß φ entweder positiv orientiert oder negativ orientiert bzgl. σ ist. Falls φ negativ orientiert ist, kann man daraus mittels der Transformation ι die positiv orientierte Karte

$$\varphi \circ \iota: \iota(T) \xrightarrow{\sim} V \subset M$$

konstruieren. Es ist klar, daß es Karten $\varphi: T \to V \subset M$ mit unzusammenhängendem T gibt, die weder positiv noch negativ orientiert sind.

Integration von k-Formen

Sei $U \subset \mathbb{R}^n$ offen und ω eine stetige k-Form in U. Sei $M \subset U$ eine in U enthaltene orientierbare k-dimensionale Untermannigfaltigkeit des $\mathbb{R}^n$ und σ eine Orientierung von M. Für eine kompakte Teilmenge $A \subset M$ soll das Integral

$$\int\limits_{(A,\sigma)} \omega$$

definiert werden.

a) Sei zunächst vorausgesetzt, daß es eine positiv orientierte Karte

$$\varphi: T \xrightarrow{\sim} V \subset M$$

von (M, σ) gibt, so daß $A \subset V$. Dann setzt man

$$\int\limits_{(A,\sigma)} \omega := \int\limits_{\varphi^{-1}(A)} \varphi^* \omega .$$

Wir zeigen, daß diese Definition unabhängig von der gewählten Karte ist. Sei

$$\varphi_1: T_1 \xrightarrow{\sim} V_1 \subset M$$

eine weitere positiv orientierte Karte mit $A \subset V_1$. Wir dürfen annehmen, daß $V = V_1$. Es gibt dann eine orientierungstreue Parameter-Transformation

$$\tau: T \to T_1$$

mit $\varphi = \varphi_1 \circ \tau$. Aus Satz 1 folgt nun

$$\int_{\varphi^{-1}(A)} \varphi^* \omega = \int_{\varphi^{-1}(A)} (\varphi_1 \circ \tau)^* \omega = \int_{\tau^{-1}(\varphi_1^{-1}(A))} \tau^* (\varphi_1^* \omega) = \int_{\varphi_1^{-1}(A)} \varphi_1^* \omega .$$

b) Der Fall, daß A nicht in einer Karte enthalten ist, wird mit Hilfe einer Teilung der Eins auf den vorherigen Fall zurückgeführt.
Es gibt in jedem Fall eine endliche Familie $(\alpha_j)_{1 \leqq j \leqq m}$ stetiger Funktionen

$$\alpha_j : M \to \mathbb{R}$$

mit folgenden Eigenschaften:

i) $\sum_{j=1}^{m} \alpha_j(x) = 1$ für alle $x \in A$.

ii) Zu jedem j existiert eine positiv orientierte Karte

$$\varphi_j : T_j \xrightarrow{\sim} V_j \subset M$$

mit $A_j := A \cap \operatorname{Supp}(\alpha_j) \subset V_j$.
Man setzt dann

$$\int_{(A,\sigma)} \omega := \sum_{j=1}^{m} \int_{\varphi_j^{-1}(A_j)} (\alpha_j \circ \varphi_j) \varphi_j^* \omega .$$

Ähnlich wie in § 14 zeigt man, daß diese Definition unabhängig von der gewählten Teilung der Eins und der Wahl der Karten ist.

Bemerkungen

1) In der Bezeichnung läßt man meist die Angabe der Orientierung weg und schreibt nur $\int_A \omega$, wenn klar ist, um welche Orientierung es sich handelt. Man beachte aber, daß das Integral von der gewählten Orientierung abhängt, denn es gilt

$$\int_{(A,-\sigma)} \omega = - \int_{(A,\sigma)} \omega ,$$

wie aus Satz 1 folgt.

2) Sei $M \subset U \subset \mathbb{R}^n$ eine orientierte eindimensionale Untermannigfaltigkeit und

$$\omega = \sum_{i=1}^{n} f_i \, dx_i$$

eine stetige 1-Form in U. Sei

$$\varphi : I \xrightarrow{\sim} V \subset M$$

eine positiv orientierte Karte von M mit einem offenen Intervall $I \subset \mathbb{R}$, also eine stetig differenzierbare Kurve. Sei $[a, b] \subset I$ ein kompaktes Teilintervall und $A := \varphi([a, b])$. Da

$$\varphi^* \omega = \sum_{i=1}^{n} (f_i \circ \varphi) \varphi_i' dt ,$$

stimmt das in § 18 definierte Kurvenintegral

$$\int_{\varphi | [a,b]} \omega = \sum_{i=1}^{n} \int_a^b f_i(\varphi(t)) \varphi_i'(t) \, dt$$

mit dem hier definierten Integral

$$\int_A \omega = \int_{[a,b]} \varphi^* \omega$$

überein.

Orientierung der Tangentialvektorräume

Sei $(v_1, \ldots, v_k)$ eine Basis von $\mathbb{R}^k$. Diese Basis heißt *positiv orientiert* (bzgl. der kanonischen Orientierung des $\mathbb{R}^k$), falls

$$\det(v_1, \ldots, v_k) > 0 .$$

(Hier sind die v_j als Spaltenvektoren aufzufassen.)
Sei jetzt (M, σ) eine k-dimensionale orientierte Untermannigfaltigkeit des $\mathbb{R}^n$ und

$$\varphi \colon \Omega \xrightarrow{\sim} V \subset M \subset \mathbb{R}^n, \quad (\Omega \subset \mathbb{R}^k \text{ offen}) ,$$

eine positiv orientierte Karte. Sei $c \in \Omega$ und $a := \varphi(c)$. In § 15, Satz 1, haben wir gesehen, daß die Vektoren

$$\frac{\partial \varphi}{\partial t_1}(c), \ldots, \frac{\partial \varphi}{\partial t_k}(c)$$

eine Basis von $T_a M \subset \mathbb{R}^n$ bilden. Daraus folgt, daß die Abbildung

$$D\varphi(c) \colon \mathbb{R}^k \to T_a M$$

ein Isomorphismus ist. (Die Funktionalmatrix $D\varphi(c)$ ist eine $n \times k$-Matrix mit den Spalten $\frac{\partial \varphi}{\partial t_j}(c)$, $1 \leqq j \leqq k$.)
Man nennt nun eine Basis $(v_1, \ldots, v_k)$ von $T_a M$ *positiv orientiert* bzgl. σ, falls sie Bild einer positiv orientierten Basis von $\mathbb{R}^k$ bei der Abbildung $D\varphi(c)$ ist. Insbesondere ist die Basis

$$\mathfrak{B} = \left(\frac{\partial \varphi}{\partial t_1}(c), \ldots, \frac{\partial \varphi}{\partial t_k}(c) \right)$$

positiv orientiert, denn sie ist Bild der kanonischen Basis $(e_1, \ldots, e_k)$ des $\mathbb{R}^k$. Jede andere positiv orientierte Basis von T_aM geht aus $\mathfrak{B}$ durch eine lineare Transformation mit positiver Determinante hervor. Daraus folgt auch, daß die Definition unabhängig von der Wahl der positiv orientierten Karte ist, die den Punkt a enthält.

Orientierung von Hyperflächen

Sei $M \subset \mathbb{R}^n$ eine Hyperfläche, d.h. eine $(n-1)$-dimensionale Untermannigfaltigkeit. Unter einem *Einheits-Normalenfeld* von M versteht man eine stetige Abbildung

$$\nu: M \to \mathbb{R}^n ,$$

so daß für jedes $a \in M$ der Vektor $\nu(a)$ ein Normalenvektor von M in a ist (d.h. senkrecht auf T_aM steht) und die Länge 1 hat.
Besitzt M eine Orientierung σ, so heißt das Einheits-Normalenfeld ν *positiv orientiert* bzgl. σ, wenn für jedes $a \in M$ folgende Bedingung erfüllt ist:
Sei $(v_1, \ldots, v_{n-1})$ eine positiv orientierte Basis von T_aM. Dann ist

$$(\nu(a), v_1, \ldots, v_{n-1})$$

eine positiv orientierte Basis von $\mathbb{R}^n$, d.h.

$$\det(\nu(a), v_1, \ldots, v_{n-1}) > 0 .$$

Bemerkung: Gilt

$$\det(\nu(a), v_1, \ldots, v_{n-1}) > 0$$

für eine positiv orientierte Basis $(v_1, \ldots, v_{n-1})$ von T_aM, so gilt auch

$$\det(\nu(a), w_1, \ldots, w_{n-1}) > 0$$

für jede andere positiv orientierte Basis $(w_1, \ldots, w_{n-1})$ von T_aM. Denn

$$(w_1, \ldots, w_{n-1}) = (v_1, \ldots, v_{n-1}) \cdot A ,$$

wobei $A \in M((n-1) \times (n-1), \mathbb{R})$ eine Matrix positiver Determinante ist.
Der folgende Satz gibt den Zusammenhang zwischen der Existenz von Normalenfeldern und Orientierungen.

Satz 2. *Sei $M \subset \mathbb{R}^n$ eine Hyperfläche $(n \geq 2)$.*
a) Besitzt M eine Orientierung σ, so gibt es genau ein Einheits-Normalenfeld

$$\nu: M \to \mathbb{R}^n ,$$

das positiv orientiert bzgl. σ ist.
b) M besitze ein Einheits-Normalenfeld ν. Dann existiert genau eine Orientierung σ von M, bzgl. der ν positiv orientiert ist.

Beweis:

a) Wir zeigen zunächst die Eindeutigkeit. Da der Normalenvektorraum $N_a M$ eindimensional ist, gibt es genau zwei Vektoren $w, -w \in N_a M$ der Länge eins. Sei $v_1, \ldots, v_{n-1}$ eine bzgl. σ positiv orientierte Basis von $T_a M$ und

$$\operatorname{sign}\det(w, v_1, \ldots, v_{n-1}) =: \epsilon \in \{+1, -1\}.$$

Dann ist notwendig $\nu(a) = \epsilon w$.

Um die Existenz zu zeigen, definieren wir $\nu(a)$ für $a \in M$ auf die oben beschriebene Weise. Es bleibt zu zeigen, daß ν auf M stetig ist. Dazu wählen wir einen festen Punkt $p \in M$. In einer Umgebung von p gibt es ein stetiges Feld $\tilde{\nu}$ von Normalen-Einheitsvektoren. Zum Beispiel kann man wählen

$$\tilde{\nu} = \frac{\operatorname{grad} f}{\|\operatorname{grad} f\|},$$

wenn $f = 0$ eine lokale Gleichung von M im Sinne der Definition aus § 14 ist. Indem man nötigenfalls zum Negativen übergeht, kann man annehmen, daß $\tilde{\nu}(p) = \nu(p)$. Sei jetzt

$$\varphi: \Omega \to V \subset M, \quad (\Omega \subset \mathbb{R}^{n-1} \text{ offen}),$$

eine positiv orientierte Karte in einer Umgebung von p und $c \in \Omega$ mit $\varphi(c) = p$. Wir betrachten die Funktion

$$t \mapsto \Delta(t) := \det\left(\tilde{\nu}(\varphi(t)), \frac{\partial\varphi(t)}{\partial t_1}, \ldots, \frac{\partial\varphi(t)}{\partial t_{n-1}}\right),$$

die in einer Umgebung von $c \in \Omega$ definiert und stetig ist. Nach Voraussetzung ist $\Delta(c) > 0$, da $\tilde{\nu}(\varphi(c)) = \nu(p)$. Wegen der Stetigkeit gilt dann auch $\Delta(t) > 0$ für alle t aus einer Umgebung Ω' von c. Daraus folgt umgekehrt $\tilde{\nu}(\varphi(t)) = \nu(\varphi(t))$ für alle $t \in \Omega'$. Also stimmen $\tilde{\nu}$ und ν in einer Umgebung von p überein, d.h. ν ist bei p stetig.

b) Sei ein (stetiges) Einheits-Normalenfeld $\nu: M \to \mathbb{R}^n$ vorgegeben. Wir konstruieren einen orientierten Atlas auf folgende Weise. Zu jedem Punkt $p \in M$ gibt es eine Karte

$$\varphi: \Omega \xrightarrow{\sim} V \subset M,$$

mit $p \in V$, wobei Ω eine zusammenhängende offene Menge in $\mathbb{R}^{n-1}$ ist. Die stetige Funktion $\Delta: \Omega \to \mathbb{R}^*$,

$$\Delta(t) := \det\left(\nu(\varphi(t)), \frac{\partial\varphi(t)}{\partial t_1}, \ldots, \frac{\partial\varphi(t)}{\partial t_{n-1}}\right),$$

hat, da Ω zusammenhängt, überall dasselbe Vorzeichen. Indem man evtl. die Transformation

$$(t_1, t_2, \ldots, t_{n-1}) \mapsto (t_1, \ldots, t_{n-2}, -t_{n-1})$$

vorschaltet, darf man annehmen, daß $\Delta > 0$ auf Ω. Sei $\mathfrak{A}$ die Menge aller solchen Karten. Wir zeigen, daß je zwei Karten

$$\varphi: \Omega \to V \quad \text{und} \quad \tilde{\varphi}: \tilde{\Omega} \to \tilde{V}$$

aus $\mathfrak{A}$ gleich orientiert sind. Sei

$$\tau: W \to \widetilde{W}, \; (W = \varphi^{-1}(V \cap \widetilde{V}), \; \widetilde{W} = \widetilde{\varphi}^{-1}(V \cap \widetilde{V})),$$

die Transformation zwischen diesen beiden Karten, d.h.

$$\varphi | W = \widetilde{\varphi} \circ \tau .$$

Wir setzen $v_j := \partial\varphi/\partial t_j$, $\widetilde{v}_j := \partial\widetilde{\varphi}/\partial t_j$. Für $c \in W$, $\widetilde{c} := \tau(c) \in \widetilde{W}$ gilt dann

$$v_j(c) = \sum_{i=1}^{n-1} \widetilde{v}_i(\widetilde{c})\,\alpha_{ij}, \quad (\alpha_{ij}) := D\tau(c) .$$

Da für $p := \varphi(c) = \widetilde{\varphi}(\widetilde{c})$

$$\det(\nu(p), v_1(c), \dots, v_{n-1}(c)) > 0 ,$$
$$\det(\nu(p), \widetilde{v}_1(\widetilde{c}), \dots, \widetilde{v}_{n-1}(\widetilde{c})) > 0 ,$$

folgt $\det(\alpha_{ij}) = \det D\tau(c) > 0$. Also sind die Karten φ und $\widetilde{\varphi}$ gleich orientiert und der Atlas $\mathfrak{A}$ definiert die gesuchte Orientierung von M. Die Eindeutigkeit ist klar.

Beispiele

(20.4) Sei $A \subset \mathbb{R}^n$ ein Kompaktum mit glattem Rand (siehe § 15). Dann ist der Rand ∂A eine Hyperfläche im $\mathbb{R}^n$ und es existiert das äußere Einheits-Normalenfeld $\nu: \partial A \to \mathbb{R}^n$. Infolgedessen ist ∂A orientierbar. Wir nennen diejenige Orientierung des Randes ∂A, bzgl. derer das äußere Normalenfeld positiv orientiert ist, die *kanonische Orientierung* von ∂A.

(20.5) Die 2-Sphäre

$$S_2 = \{x \in \mathbb{R}^3 : \|x\| = 1\}$$

sei kanonisch orientiert als Rand der Einheitskugel. Wir betrachten folgende Karte:
Sei $\Omega :=]0, \pi[\times]\alpha, \alpha + 2\pi[\subset \mathbb{R}^2$ und

$$\Phi: \Omega \xrightarrow{\sim} \Phi(\Omega) \subset S_2 ,$$
$$\Phi(\vartheta, \varphi) := (\sin\vartheta \cos\varphi, \sin\vartheta \sin\varphi, \cos\vartheta) .$$

Behauptung: Die Karte Φ ist positiv orientiert.

Beweis: Für $x \in S_2$ ist der äußere Normaleneinheitsvektor $\nu(x) = x$. Es ist also zu zeigen, daß

$$\det\left(\Phi(\vartheta, \varphi), \frac{\partial\Phi}{\partial\vartheta}(\vartheta, \varphi), \frac{\partial\Phi}{\partial\varphi}(\vartheta, \varphi)\right) > 0$$

für alle $(\vartheta, \varphi) \in \Omega$. In der Tat berechnet man diese Determinante als

$$\det \begin{pmatrix} \sin\vartheta\cos\varphi & \cos\vartheta\cos\varphi & -\sin\vartheta\sin\varphi \\ \sin\vartheta\sin\varphi & \cos\vartheta\sin\varphi & \sin\vartheta\cos\varphi \\ \cos\vartheta & -\sin\vartheta & 0 \end{pmatrix} = \sin\vartheta > 0 .$$

(20.6) Möbiusband. Für $\varphi, \psi \in \mathbb{R}$ definieren wir Vektoren $a_\varphi, b_\varphi(\psi) \in \mathbb{R}^3$ wie folgt

$$a_\varphi := (\cos\varphi, \sin\varphi, 0)\ ,$$
$$b_\varphi(\psi) := a_\varphi \cos\psi + e_3 \sin\psi, \quad e_3 = (0, 0, 1)\ .$$

Es sei $R > 1$, $I :=]-1,1[\subset \mathbb{R}$ und $B := [-\pi, \pi] \times I$. Wir definieren eine Abbildung Φ durch

$$\Phi: B \to \mathbb{R}^3, \qquad \Phi(\varphi, t) := R\, a_\varphi + t\, b_\varphi(\varphi/2)\ .$$

Dann ist $M := \Phi(B)$ eine zweidimensionale Untermannigfaltigkeit des $\mathbb{R}^3$, das sog. Möbiusband (Bild 20.1). Man beachte, daß Φ nicht injektiv ist. Φ ist jedoch injektiv auf $B \setminus (\{\pi\} \times I)$ und es gilt

$$\Phi(\{\pi\} \times I) = \Phi(\{-\pi\} \times I)\ ,$$

da

$$\Phi(\pi, t) = (-R, 0, t), \qquad \Phi(-\pi, t) = (-R, 0, -t)\ .$$

Man kann sich M aus B entstanden denken durch Identifikation von $\{\pi\} \times I$ mit $\{-\pi\} \times I$ vermöge

$$(\pi, t) \sim (-\pi, -t)\ .$$

Wir wollen zeigen, daß M nicht orientierbar ist. Im Punkt $p := \Phi(\varphi, 0)$ bilden die Vektoren

$$v_1 := \frac{\partial\Phi}{\partial\varphi}(\varphi, 0) = R(-\sin\varphi, \cos\varphi, 0)$$

$$v_2 := \frac{\partial\Phi}{\partial t}(\varphi, 0) = b_\varphi(\varphi/2)$$

eine Basis des Tangentialraums T_pM. Daraus folgt, daß der Normalenvektorraum gleich

$$N_pM = \mathbb{R}\, b_\varphi\left(\frac{\varphi + \pi}{2}\right)$$

ist und die beiden Einheitsvektoren $b_\varphi(\frac{\varphi \pm \pi}{2})$ enthält. Gäbe es ein (stetiges) Einheits-Normalenfeld $\nu: M \to \mathbb{R}^3$, gäbe es auch eines mit

$$\nu(\Phi(0, 0)) = b_0\left(\frac{\pi}{2}\right) = e_3\ .$$

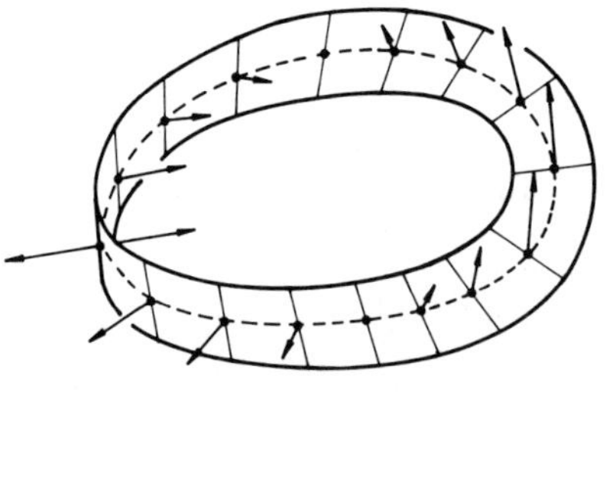

Bild 20.1

Stetige Fortsetzung längs $\Phi(\varphi, 0)$, $-\pi \leqq \varphi \leqq \pi$, würde liefern

$$\nu(\Phi(\varphi, 0)) = b_\varphi\left(\frac{\varphi + \pi}{2}\right).$$

Da $p_1 := \Phi(\pi, 0) = \Phi(-\pi, 0)$, würde folgen

$$\nu(p_1) = \nu(\Phi(\pi, 0)) = b_\pi(\pi) = (1, 0, 0)$$

und

$$\nu(p_1) = \nu(\Phi(-\pi, 0)) = b_{-\pi}(0) = (-1, 0, 0),$$

ein Widerspruch. Also ist das Möbiusband nicht orientierbar.

Integration auf Hyperflächen

Es sei $U \subset \mathbb{R}^n$ eine offene Menge und ω eine stetige $(n-1)$-Form in U. Nach (19.2) läßt sich ω schreiben als

$$\omega = f \cdot d\vec{S} = \sum_{i=1}^{n} f_i \, dS_i,$$

wobei

$$f = (f_1, \ldots, f_n): U \to \mathbb{R}^n$$

ein stetiges Vektorfeld ist und

$$d\vec{S} = (dS_1, \ldots, dS_n), \qquad dS_i = (-1)^{i-1} dx_1 \wedge \ldots \wedge \widehat{dx_i} \wedge \ldots \wedge dx_n.$$

Sei jetzt $M \subset U$ eine in U enthaltene Hyperfläche des $\mathbb{R}^n$, die durch ein Einheits-Normalenfeld

$$\nu: M \to \mathbb{R}^n$$

im Sinne von Satz 2 orientiert sei. Dann läßt sich ω über jede kompakte Teilmenge von M integrieren. Andererseits haben wir in § 14 das Integral von Funktionen über Untermannigfaltigkeiten definiert. Der folgende Satz gibt den Zusammenhang zwischen den beiden Integralbegriffen.

Satz 3. *Mit den obigen Bezeichnungen gilt für jede kompakte Teilmenge $K \subset M$*

$$\int_K f(x) \cdot d\vec{S}(x) = \int_K \langle f(x), \nu(x) \rangle \, dS(x).$$

Bemerkung: Man kann diesen Sachverhalt symbolisch durch die Gleichung

$$d\vec{S} = \nu \, dS$$

ausdrücken. dS ist der Betrag und der Normalen-Einheitsvektor ν die Richtung des „vektoriellen Flächenelements“ $d\vec{S}$.

Beweis: Indem man $\omega = f \cdot d\vec{S}$ mit einer genügend feinen Teilung der Eins multipliziert, kann man annehmen, daß $K \cap \operatorname{Supp}(\omega)$ in einer offenen Menge enthalten ist, in der M Graph einer Funktion von $n-1$ Variablen ist. Wir setzen deshalb für den Beweis voraus, daß

$U = U' \times I$, $U' \subset \mathbb{R}^{n-1}$ Gebiet, $I \subset \mathbb{R}$ offenes Intervall,
$M = \{(x', x_n) \in U' \times I \colon x_n = g(x')\}$,
$g \colon U' \to I$ stetig differenzierbar.

(Falls M beschrieben wird durch $x_k = g(x_1, \ldots, x_{k-1}, x_{k+1}, \ldots, x_n)$, geht der Beweis analog.)
Jetzt kann M durch folgende Karte beschrieben werden:

$$\varphi \colon U' \xrightarrow{\simeq} M$$
$$\varphi(t_1, \ldots, t_{n-1}) := (t_1, \ldots, t_{n-1}, g(t_1, \ldots, t_{n-1})) .$$

Nach § 15, Beispiel (15.2), erhält man ein Einheits-Normalenfeld von M durch

$$\tilde{\nu}(x) = \frac{(-\operatorname{grad} g(x'), 1)}{\sqrt{1 + \|\operatorname{grad} g(x')\|^2}} \qquad \text{für } x = (x', x_n) \in M .$$

Für das vorgegebene Normalenfeld gilt $\nu = \epsilon \tilde{\nu}$ mit $\epsilon = \pm 1$. Wir untersuchen jetzt, ob die Karte φ bzgl. der durch ν definierten Orientierung von M positiv oder negativ orientiert ist. Dazu ist das Vorzeichen von

$$\det\left(\nu, \frac{\partial \varphi}{\partial t_1}, \ldots, \frac{\partial \varphi}{\partial t_{n-1}}\right)$$

zu bestimmen. Diese Determinante ist gleich

$$\frac{\epsilon}{\sqrt{1 + \|\operatorname{grad} g\|^2}} \det \left(\begin{array}{c|ccc} -\dfrac{\partial g}{\partial t_1} & 1 & & \\ \vdots & & \ddots & \\ -\dfrac{\partial g}{\partial t_{n-1}} & & & 1 \\ \hline 1 & \dfrac{\partial g}{\partial t_1} & \cdots & \dfrac{\partial g}{\partial t_{n-1}} \end{array}\right) = \epsilon(-1)^{n-1} \sqrt{1 + \|\operatorname{grad} g\|^2} .$$

Es ergibt sich also: φ ist positiv (negativ) orientiert, je nachdem $\epsilon(-1)^{n-1}$ positiv (bzw. negativ) ist. Deshalb gilt

$$\int_K \omega = \epsilon(-1)^{n-1} \int_{\varphi^{-1}(K)} \varphi^* \omega .$$

Wir berechnen jetzt $\varphi^* \omega$. Es ist

$$\varphi^*(dS_i) = (-1)^{i-1} dt_1 \wedge \ldots \wedge \widehat{dt_i} \wedge \ldots \wedge dt_{n-1} \wedge dg(t) =$$

$$= (-1)^n \frac{\partial g}{\partial t_i} dt_1 \wedge \ldots \wedge dt_{n-1} \quad \text{für } 1 \leqslant i \leqslant n-1$$

und

$$\varphi^*(dS_n) = (-1)^{n-1} dt_1 \wedge \ldots \wedge dt_{n-1} ,$$

$$\varphi^* \omega = (-1)^{n-1} \left(- \sum_{i=1}^{n-1} (f_i \circ \varphi) \frac{\partial g}{\partial t_i} + f_n \circ \varphi \right) dt_1 \wedge \ldots \wedge dt_{n-1} .$$

Wir erhalten

$$\int_K f(x) \cdot d\vec{S}(x) = \epsilon \int_{\varphi^{-1}(K)} F(t)\, d^{n-1} t ,$$

wobei

$$F(t) := - \sum_{i=1}^{n-1} f_i(\varphi(t)) \frac{\partial g(t)}{\partial t_i} + f_n(\varphi(t)) .$$

Andererseits gilt nach Definition des Integrals $\int \langle f, \nu \rangle\, dS$ und Beispiel (14.7)

$$\int_K \langle f(x), \nu(x) \rangle\, dS(x) = \int_{\varphi^{-1}(K)} \langle f(\varphi(t)), \nu(\varphi(t)) \rangle \sqrt{1 + \|\operatorname{grad} g(t)\|^2}\, d^{n-1} t .$$

Wegen

$$\nu(\varphi(t)) = \epsilon \tilde{\nu}(\varphi(t)) = \epsilon \frac{(-\operatorname{grad} g(t), 1)}{\sqrt{1 + \|\operatorname{grad} g(t)\|^2}}$$

ist der Integrand des Integrals auf der rechten Seite gleich $\epsilon F(t)$. Daraus folgt die Behauptung.

(20.7) Beispiel. Sei $U \subset \mathbb{R}^n$ offen und

$$\psi: U \to \mathbb{R}$$

eine stetig differenzierbare Funktion mit

$$\operatorname{grad} \psi(x) \neq 0 \qquad \text{für alle } x \in U .$$

Dann ist

$$M := \{x \in U : \psi(x) = 0\}$$

eine Hyperfläche in U (oder leer). Für $x \in M$ ist

$$\nu(x) := \frac{\operatorname{grad} \psi(x)}{\|\operatorname{grad} \psi(x)\|}$$

ein Normalen-Einheitsvektor von M; wir orientieren M durch dieses Normalenfeld ν. In U hat man die stetige $(n-1)$-Form

$$\omega := \frac{\operatorname{grad} \psi \cdot d\vec{S}}{\|\operatorname{grad} \psi\|} = \sum_{i=1}^{n} \frac{(-1)^{i-1} \frac{\partial \psi}{\partial x_i}}{\|\operatorname{grad} \psi\|} dx_1 \wedge \ldots \widehat{dx_i} \ldots \wedge dx_n .$$

Aus Satz 3 folgt nun für jedes Kompaktum $A \subset M$

$$\operatorname{Vol}_{n-1}(A) = \int_A \omega ,$$

denn

$$\left\langle \frac{\operatorname{grad} \psi}{\|\operatorname{grad} \psi\|}, \nu \right\rangle = 1 .$$

Allgemeiner folgt für jede stetige Funktion $g: U \to \mathbb{R}$

$$\int_A g(x)\, dS(x) = \int_A g\,\omega .$$

Ein Konvergenzsatz

Sei $U \subset \mathbb{R}^n$ offen und $(\omega_m)_{m \in \mathbb{N}}$ eine Folge von k-Formen in U,

$$\omega_m = \sum_{|I|=k} f_{m,I}\, dx_I .$$

Man sagt, die Folge (ω_m) *konvergiere* in U *kompakt* gegen die k-Form

$$\omega = \sum_{|I|=k} f_I\, dx_I ,$$

wenn für jeden Multiindex I die Funktionenfolge $(f_{m,I})_{m \in \mathbb{N}}$ auf jedem kompakten Teil von U gleichmäßig gegen f_I konvergiert. Damit können wir folgenden einfachen Konvergenzsatz formulieren.

Satz 4. *Sei M eine orientierte k-dimensionale Untermannigfaltigkeit einer offenen Menge $U \subset \mathbb{R}^n$ und $(\omega_m)_{m \in \mathbb{N}}$ eine Folge stetiger k-Formen in U, die kompakt gegen die k-Form ω in U konvergiert. Dann gilt für jede kompakte Teilmenge $A \subset M$*

$$\lim_{m \to \infty} \int_A \omega_m = \int_A \omega .$$

Beweis: Sei $\varphi: \Omega \xrightarrow{\sim} V \subset M$ eine positiv orientierte Karte von M. Wir behandeln zunächst den speziellen Fall, daß $A \subset V$. Sei

$$\varphi^* \omega_m =: g_m \, dt_1 \wedge \ldots \wedge dt_k \,, \qquad \varphi^* \omega =: g \, dt_1 \wedge \ldots \wedge dt_k \,.$$

Dann konvergiert die Funktionenfolge $g_m: \Omega \to \mathbb{R}$ auf $\varphi^{-1}(A)$ gleichmäßig gegen g, (vgl. Beispiel (19.4)). Da

$$\int_A \omega_m = \int_{\varphi^{-1}(A)} g_m(t) \, d^k t, \qquad \int_A \omega = \int_{\varphi^{-1}(A)} g(t) \, d^k t \,,$$

folgt die Behauptung aus Satz A2 des Anhangs. Der allgemeine Fall wird auf diesen Spezialfall mithilfe einer Teilung der Eins zurückgeführt.

Anhang

Integral für stetige Funktionen auf kompakten Mengen

Wir zeigen hier, wie man die in diesem Paragraphen benötigte Integration stetiger Funktionen auf kompakten Mengen einführen kann, ohne die Lebesguesche Integrationstheorie zu benützen. Dieser Anhang setzt nur die §§ 1, 2 und 4 voraus.

Integral auf $\mathscr{C}_+(K)$

Für eine kompakte Menge $K \subset \mathbb{R}^n$ bezeichnen wir mit $\mathscr{C}_+(K)$ die Menge aller stetigen nicht-negativen Funktionen

$$f: K \to \mathbb{R}_+ \,.$$

Sei $\tilde{f}: \mathbb{R}^n \to \mathbb{R}_+$ die triviale Fortsetzung von $f \in \mathscr{C}_+(K)$ auf $\mathbb{R}^n$, d.h.

$$\tilde{f}(x) := \begin{cases} f(x) & \text{für } x \in K \,, \\ 0 & \text{für } x \in \mathbb{R}^n \setminus K \,. \end{cases}$$

Dann ist $\tilde{f}$ von oben halbstetig, gehört also nach § 4, Corollar zu Satz 2, zu $\mathscr{H}^\downarrow(\mathbb{R}^n)$. In § 4 war das Integral für Funktionen aus $\mathscr{H}^\downarrow$ definiert worden. Wir setzen jetzt

$$\int_K f(x) \, d^n x := \int_{\mathbb{R}^n} \tilde{f}(x) \, d^n x \in \mathbb{R}_+ \,.$$

Bemerkung: Diese Definition bedeutet folgendes: Es gibt eine Folge von Funktionen $f_k \in \mathscr{C}_c(\mathbb{R}^n)$, $k \in \mathbb{N}$, die monoton fallend gegen $\tilde{f}$ konvergiert (§ 4, Corollar zu Satz 2). Dann ist

$$\int_K f(x) \, d^n x = \lim_{k \to \infty} \int_{\mathbb{R}^n} f_k(x) \, d^n x \,.$$

Diese Definition ist unabhängig von der Auswahl der Folge $f_k \downarrow f$ (§ 4, Hilfssatz 1).

In unserem Fall kann man das Integral auch elementarer definieren. Für einen Multiindex $p = (p_1, \ldots, p_n) \in \mathbb{Z}^n$ und $\epsilon > 0$ sei $W_{p\epsilon}$ der Würfel

$$W_{p\epsilon} := \{(x_1, \ldots, x_n) \in \mathbb{R}^n : |x_\nu - p_\nu \epsilon| \leqslant \epsilon, \nu = 1, \ldots, n\}.$$

Für $f \in \mathscr{C}_+(K)$ setzen wir

$$M_f(p\epsilon) := \sup\{f(x) : x \in K \cap W_{p\epsilon}\}, \qquad \text{falls } K \cap W_{p\epsilon} \neq \emptyset,$$

und $M_f(p\epsilon) := 0$, falls $K \cap W_{p\epsilon} = \emptyset$. Es sei nun

$$\sum_{p \in \mathbb{Z}^n} \tau_{p\epsilon} \Psi_\epsilon = 1$$

die Teilung der Eins aus § 1 und

$$f_\epsilon := \sum_{p \in \mathbb{Z}^n} M_f(p\epsilon) \tau_{p\epsilon} \Psi_\epsilon .$$

Dann ist $f_\epsilon \in \mathscr{C}_c(\mathbb{R}^n)$ und $f_{2^{-k}} \downarrow \tilde{f}$ für $k \to \infty$, wobei $\tilde{f}$ die triviale Fortsetzung von f ist (Übungsaufgabe!). Da

$$S_\epsilon(f) := \sum_{p \in \mathbb{Z}^n} M_f(p\epsilon)\, \epsilon^n = \int_{\mathbb{R}^n} f_\epsilon(x)\, d^n x ,$$

folgt

$$\int_K f(x)\, d^n x = \lim_{k \to \infty} S_{2^{-k}}(f) .$$

Nach § 4, Satz 3, hat dieses Integral auf $\mathscr{C}_+(K)$ folgende Eigenschaften:

i) $$\int_K (f+g)\, dx = \int_K f dx + \int_K g dx .$$

ii) $$\int_K (\lambda f)\, dx = \lambda \int_K f dx \qquad \text{für } \lambda \geqslant 0 .$$

iii) Aus $f \leqslant g$ folgt $\int_K f dx \leqslant \int_K g dx$.

Integral auf $\mathscr{C}(K)$

Sei $\mathscr{C}(K)$ der Vektorraum aller stetigen Funktionen $f: K \to \mathbb{R}$ auf der kompakten Menge $K \subset \mathbb{R}^n$. Jede Funktion $f \in \mathscr{C}(K)$ läßt sich schreiben als

$$f = f_1 - f_2 \quad \text{mit } f_1, f_2 \in \mathscr{C}_+(K).$$

Man definiert nun

$$\int_K f(x)\,d^n x := \int_K f_1(x)\,d^n x - \int_K f_2(x)\,d^n x\,.$$

Diese Definition ist unabhängig von der Zerlegung von f. Denn gilt

$$f = f_1 - f_2 = g_1 - g_2 \quad \text{mit} \quad f_1, f_2, g_1, g_2 \in \mathscr{C}_+(K)\,,$$

so folgt $f_1 + g_2 = g_1 + f_2$, und wegen der Additivität des Integrals für $\mathscr{C}_+(K)$ ergibt sich $\int f_1 - \int f_2 = \int g_1 - \int g_2$. Weiter folgt unmittelbar aus den Eigenschaften i)–iii) des Integrals für $\mathscr{C}_+(K)$:

Satz A1. *Die Abbildung*

$$\mathscr{C}(K) \to \mathbb{R}\,, \qquad f \mapsto \int_K f(x)\,d^n x$$

ist linear und monoton.

Satz A2. *Sei* $f_\nu \in \mathscr{C}(K)$, $\nu \in \mathbb{N}$, *eine Funktionenfolge, die gleichmäßig auf* K *gegen die Funktion* $f \in \mathscr{C}(K)$ *konvergiere. Dann gilt*

$$\lim_{\nu \to \infty} \int_K f_\nu(x)\,d^n x = \int_K f(x)\,d^n x\,.$$

Beweis: Sei $c := \int_K 1\,d^n x$. Aus der Linearität und Monotonie des Integrals folgt

$$\left| \int_K f dx - \int_K f_\nu dx \right| \leqslant c\,\|f - f_\nu\|_K\,,$$

wobei $\|\;\|_K$ die Supremumsnorm bezeichnet. Daraus folgt die Behauptung.

Satz A3 (Transformationsformel). *Seien* $U, V \subset \mathbb{R}^n$ *offene Teilmengen und*

$$\varphi\colon U \to V$$

eine $\mathscr{C}^1$*-invertierbare Abbildung. Sei* $K \subset V$ *eine kompakte Teilmenge und* $f \in \mathscr{C}(K)$. *Dann gilt*

$$\int_K f(x)\,d^n x = \int_{\varphi^{-1}(K)} f(\varphi(\xi))\,|\det D\varphi(\xi)|\,d^n \xi\,.$$

Beweis: Wir führen den Satz auf § 2, Satz 3 zurück.
Es genügt, die Formel für $f \in \mathscr{C}_+(K)$ zu beweisen. Sei $\tilde{f}\colon V \to \mathbb{R}$ die triviale Fortsetzung von f. Es gibt eine Folge $f_\nu \in \mathscr{C}_c(V)$, $\nu \in \mathbb{N}$, mit $f_\nu \downarrow \tilde{f}$. Nach Definition ist

$$\int_K f(x)\,d^n x = \lim_{\nu \to \infty} \int_V f_\nu(x)\,d^n x\,.$$

Sei $g \in \mathscr{C}(\varphi^{-1}(K))$ die Funktion

$$g(\xi) := f(\varphi(\xi))\,|\det D\varphi(\xi)|\,, \quad \xi \in \varphi^{-1}(K)\,,$$

und $\tilde{g}\colon U \to \mathbb{R}$ ihre triviale Fortsetzung. Für die Funktionen

$$g_\nu := (f_\nu \circ \varphi)\,|\det D\varphi| \in \mathscr{C}_c(U)$$

gilt $g_\nu \downarrow \tilde{g}$, also

$$\int\limits_{\varphi^{-1}(K)} f(\varphi(\xi))\,|\det D\varphi(\xi)|\,d^n\xi = \lim_{\nu\to\infty} \int\limits_U g_\nu(\xi)\,d^n\xi\,.$$

Da nach Satz 3 aus § 2

$$\int\limits_U f_\nu(x)\,d^nx = \int\limits_V g_\nu(\xi)\,d^n\xi \qquad \text{für alle } \nu \in \mathbb{N}\,,$$

folgt die Behauptung.

Aufgaben

20.1 Im $\mathbb{R}^3$ sei

$$\omega := 3z\,dy \wedge dz + (x^2+y^2)\,dz \wedge dx + xz\,dx \wedge dy\,.$$

Sei M die folgende zweidimensionale Untermannigfaltigkeit

$$M := \{(x,y,z) \in \mathbb{R}^3 : z = xy\}\,.$$

M sei so orientiert, daß $e_3 = (0,0,1)$ im Nullpunkt positiv orientierter Normalenvektor von M ist.
Man berechne $\int_A \omega$, wobei

$$A := \{(x,y,z) \in M : |x| \leqslant 1, |y| \leqslant 1\}\,.$$

20.2 Im $\mathbb{R}^4$ sei ω die Differentialform

$$\omega := x_2\,dx_2 \wedge dx_3 \wedge dx_4 + x_1\,dx_1 \wedge dx_3 \wedge dx_4 + x_4\,dx_1 \wedge dx_2 \wedge dx_4 + {}$$
$$+ x_3\,dx_1 \wedge dx_2 \wedge dx_3\,.$$

Sei $S_3 \subset \mathbb{R}^4$ die Einheitssphäre, orientiert bzgl. der äußeren Normalen.

a) Man zeige: Für jede kompakte Teilmenge $A \subset S_3$ gilt

$$\int\limits_A \omega = 0\,.$$

b) Man berechne $\int_B x_2\,dx_2 \wedge dx_3 \wedge dx_4$, wobei

$$B := \{(x_1,x_2,x_3,x_4) \in S_3 : x_1 \geqslant 0, x_2 \geqslant 0\}\,.$$

20.3 Die Einheitssphäre $S_{n-1} \subset \mathbb{R}^n$ sei orientiert bzgl. der äußeren Normalen. Man untersuche, welche der folgenden Karten $\varphi_1^+, \ldots, \varphi_n^+, \varphi_1^-, \ldots, \varphi_n^-$ positiv bzw. negativ orientiert sind:

$$T := \{t \in \mathbb{R}^{n-1} : \|t\| < 1\}, \qquad V_k^\pm := \{(x_1, \ldots, x_n) \in S_{n-1} : \pm x_k > 0\},$$

$$\varphi_k^\pm : T \xrightarrow{\sim} V_k^\pm \subset S_{n-1},$$

$$\varphi_k^\pm(t_1, \ldots, t_{n-1}) := (t_1, \ldots, t_{k-1}, \pm\sqrt{1 - t_1^2 - \ldots - t_{n-1}^2}, t_k, \ldots, t_{n-1}).$$

20.4 Man zeige, daß die in Beispiel (20.3) angegebene Orientierung von $S_1 \subset \mathbb{R}^2$ mit der Orientierung bzgl. der äußeren Normalen übereinstimmt.

20.5 Sei $M \subset \mathbb{R}^n$ eine Hyperfläche. Es gebe eine stetige Abbildung

$$v: M \to \mathbb{R}^n,$$

so daß

$$v(p) \notin T_pM \qquad \text{für alle } p \in M.$$

Man zeige, daß M orientierbar ist.

20.7 Seien $v_1, \ldots, v_{n-1} \in \mathbb{R}^n$. Man zeige, daß es genau einen Vektor $w \in \mathbb{R}^n$ mit folgenden Eigenschaften gibt:

i) $\langle w, v_j \rangle = 0 \qquad$ für $j = 1, \ldots, n-1$,

ii) $\|w\|^2 = \det(w, v_1, \ldots, v_{n-1})$.

Der Vektor w heißt *Vektorprodukt* von $v_1, \ldots, v_{n-1}$; Schreibweise

$$w = v_1 \times v_2 \times \ldots \times v_{n-1}.$$

b) Sei A_i die $(n-1) \times (n-1)$-Matrix, die aus $(v_1, \ldots, v_{n-1})$ durch Streichen der i-ten Zeile entsteht. (Die v_j seien als Spaltenvektoren aufgefaßt.) Man zeige: Für das Vektorprodukt $w = v_1 \times \ldots \times v_{n-1}$ gilt

$$w = \begin{pmatrix} w_1 \\ \vdots \\ w_n \end{pmatrix} \qquad \text{mit } w_i = (-1)^{i-1} \det A_i.$$

c) Sei $M \subset \mathbb{R}^n$ eine orientierte Hyperfläche, $\nu: M \to \mathbb{R}^n$ das positiv orientierte Einheits-Normalenfeld und

$$\varphi: T \xrightarrow{\sim} V \subset M, \qquad (T \subset \mathbb{R}^{n-1} \text{ offen}),$$

eine positiv orientierte Karte. Man zeige

$$\nu(\varphi(t)) = \frac{\dfrac{\partial\varphi(t)}{\partial t_1} \times \ldots \times \dfrac{\partial\varphi(t)}{\partial t_{n-1}}}{\left\| \dfrac{\partial\varphi(t)}{\partial t_1} \times \ldots \times \dfrac{\partial\varphi(t)}{\partial t_{n-1}} \right\|}, \qquad (t \in T).$$

d) Mit den Bezeichnungen von c) sei $g\colon T \to \mathbb{R}$ die Gramsche Determinante der Karte φ. Man zeige

$$\sqrt{g(t)} = \left\| \frac{\partial \varphi(t)}{\partial t_1} \times \ldots \times \frac{\partial \varphi(t)}{\partial t_{n-1}} \right\| \qquad \text{für alle } t \in T.$$

20.8 Seien $U, V \subset \mathbb{R}^n$ offen und $F\colon U \xrightarrow{\sim} V$ eine $\mathscr{C}^1$-invertierbare Abbildung. Man zeige:

a) Ist $M \subset U$ eine k-dimensionale Untermannigfaltigkeit, so ist $M' := F(M)$ eine k-dimensionale Untermannigfaltigkeit von V und

$$DF(a) : T_a M \to T_{F(a)} M'$$

ist für jedes $a \in M$ ein Isomorphismus.

b) Sei $A \subset U$ ein Kompaktum mit glattem Rand. Dann ist auch $B := F(A)$ ein Kompaktum mit glattem Rand und $F(\partial A) = \partial B$.

c) Für $a \in \partial A$ und $b := F(a)$ betrachte man die induzierte Abbildung

$$DF(a) : T_a(\partial A) \to T_b(\partial B).$$

Ist $F\colon U \to V$ orientierungstreu (bzw. orientierungsumkehrend), so ist das Bild einer positiv orientierten Basis $v_1, \ldots, v_{n-1} \in T_a(\partial A)$ unter $DF(a)$ eine positiv (bzw. negativ) orientierte Basis von $T_b(\partial B)$. Dabei sei jeweils die Orientierung bzgl. der äußeren Normalen zugrunde gelegt.

20.9 Im $\mathbb{R}^n$ seien $f_1, \ldots, f_n$ homogene Polynome vom Grad m in den Koordinaten $x_1, \ldots, x_n$ und

$$\omega := \sum_{i=1}^n (-1)^{i-1} f_i dx_1 \wedge \ldots \widehat{dx_i} \ldots \wedge dx_n.$$

Sei $S_{n-1} \subset \mathbb{R}^n$ die Einheitssphäre. Man zeige: Ist m gerade, so ist

$$\int_{S_{n-1}} \omega = 0.$$

Anleitung: Man betrachte die Transformation $x \mapsto -x$ des $\mathbb{R}^n$.

§ 21. Der Stokessche Integralsatz

Wir kommen jetzt zum Höhepunkt der Integrationstheorie im $\mathbb{R}^n$, dem allgemeinen Stokesschen Integralsatz für Untermannigfaltigkeiten. Dieser Integralsatz besticht schon durch seine elegante Formulierung

$$\int_A d\omega = \int_{\partial A} \omega .$$

Dabei ist A ein Kompaktum mit glattem Rand ∂A auf einer k-dimensionalen Untermannigfaltigkeit und ω ist eine stetig differenzierbare $(k-1)$-Form in einer Umgebung von A. Der allgemeine Stokessche Satz enthält als Spezialfälle den Gaußschen Integralsatz sowie den klassischen Stokesschen Integralsatz für Flächen im $\mathbb{R}^3$. Wir leiten in diesem Paragraphen außerdem die Cauchysche Integralformel für holomorphe Funktionen einer Veränderlichen sowie die Bochner-Martinellische Integralformel für holomorphe Funktionen mehrerer Veränderlichen aus dem Stokesschen Integralsatz ab und beweisen den Brouwerschen Fixpunktsatz.

Der folgende Satz ist eine Umformulierung des Gaußschen Integralsatzes mithilfe des Differentialformenkalküls.

Satz 1. *Sei $U \subset \mathbb{R}^n$ offen $(n \geqslant 2)$ und ω eine stetig differenzierbare $(n-1)$-Form in U. Dann gilt für jedes Kompaktum $A \subset U$ mit glattem Rand*

$$\int_A d\omega = \int_{\partial A} \omega .$$

Dabei trägt ∂A die durch das äußere Normalenfeld induzierte Orientierung.

Bemerkung: Für $n = 1$ entartet dieser Satz zum Fundamentalsatz der Differential- und Integralrechnung einer Veränderlichen

$$\int_a^b f'(x)\, dx = f(b) - f(a) .$$

Beweis: Sei

$$\omega = \sum (-1)^{i-1} f_i \, dx_1 \wedge \ldots \wedge \widehat{dx_i} \wedge \ldots \wedge dx_n ,$$

d.h. $\omega = f \cdot d\vec{S}$ mit dem stetig differenzierbaren Vektorfeld

$$f = (f_1, \ldots, f_n) : U \to \mathbb{R}^n .$$

Sei $\nu : \partial A \to \mathbb{R}^n$ das äußere Einheits-Normalenfeld. Nach § 20, Satz 3, gilt

$$\int_{\partial A} \omega = \int_{\partial A} \langle f(x), \nu(x) \rangle \, dS(x)$$

und nach Beispiel (19.2) ist

$$d\omega = \operatorname{div}(f)\, dx_1 \wedge \ldots \wedge dx_n \,,$$

also

$$\int_A d\omega = \int_A \operatorname{div} f(x)\, d^n x \,.$$

Die Behauptung ist deshalb gleichbedeutend mit dem Gaußschen Integralsatz (§ 15, Satz 3)

$$\int_A \operatorname{div} f(x)\, d^n x = \int_{\partial A} \langle f(x), \nu(x)\rangle\, dS(x) \,.$$

Bemerkung: Wir werden später (Satz 6) den Satz 1 zum allgemeinen Stokesschen Integralsatz im $\mathbb{R}^n$ verallgemeinern. Für diesen Stokesschen Integralsatz geben wir einen vom Gaußschen Integralsatz unabhängigen Beweis. Damit ergibt sich dann umgekehrt ein neuer Beweis des Gaußschen Integralsatzes.

Beispiele

(21.1) Für die Differentialform

$$\omega = \sum_{i=1}^{n} (-1)^{i-1} x_i\, dx_1 \wedge \ldots \wedge \widehat{dx_i} \wedge \ldots \wedge dx_n$$

im $\mathbb{R}^n$ gilt

$$d\omega = n\, dx_1 \wedge \ldots \wedge dx_n \,.$$

Deshalb folgt für jedes Kompaktum $A \subset \mathbb{R}^n$ mit glattem Rand

$$\operatorname{Vol}(A) = \frac{1}{n} \int_{\partial A} \left(\sum_{i=1}^{n} (-1)^{i-1} x_i\, dx_1 \wedge \ldots \widehat{dx_i} \ldots \wedge dx_n \right) .$$

Speziell im $\mathbb{R}^2$ (mit Koordinaten x, y) erhält man für den Flächeninhalt eines Kompaktums $A \subset \mathbb{R}^2$ mit glattem Rand

$$\operatorname{Vol}_2(A) = \frac{1}{2} \int_{\partial A} (x\, dy - y\, dx) \,.$$

Diese Formel kann man auch elementargeometrisch interpretieren: Man betrachte das Dreieck Δ mit den Eckpunkten

$$(0,0), (x,y), (x + \delta x, y + \delta y) \,,$$

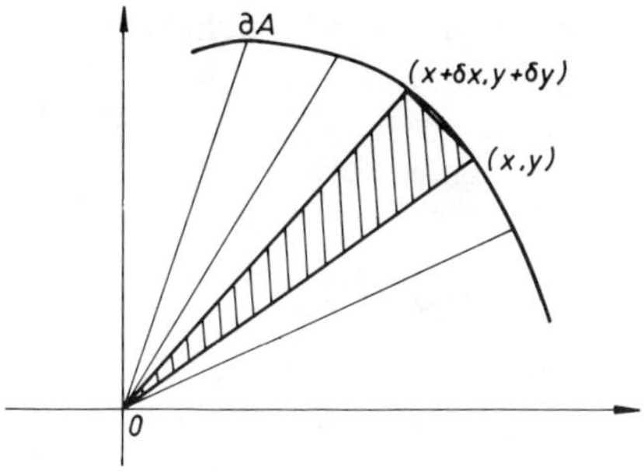

Bild 21.1

vgl. Bild 21.1. (Hier stehen δx und δy als Symbole für kleine Differenzen.) Dann ist

$$\frac{1}{2}\det\begin{pmatrix} x & x+\delta x \\ y & y+\delta y \end{pmatrix} = \frac{1}{2}(x\delta y - y\delta x)$$

der orientierte Flächeninhalt des Dreiecks Δ. Die Fläche von A kann man sich approximativ zusammengesetzt denken aus solch kleinen Dreiecken.

(21.2) Im $\mathbb{R}^2$ spezialisiert sich Satz 1 wie folgt: Sei $U \subset \mathbb{R}^2$ offen und seien f, g: $U \to \mathbb{R}$ stetig partiell differenzierbare Funktionen. Dann gilt für jedes Kompaktum $A \subset U$ mit glattem Rand

$$\int_{\partial A} (f\,dx + g\,dy) = \int_A \left(\frac{\partial g}{\partial x} - \frac{\partial f}{\partial y}\right) dx\,dy\,.$$

Diese Aussage ist auch unter dem Namen *Green-Riemannsche Formel* bekannt.

Corollar. *Sei $U \subset \mathbb{R}^n$ offen, $a \in U$ und ω eine in $U \setminus \{a\}$ stetig differenzierbare geschlossene $(n-1)$-Form. Seien $A, B \subset U$ zwei Kompakta mit glattem Rand, so daß $a \in \mathring{A} \cap \mathring{B}$. Dann gilt*

$$\int_{\partial A} \omega = \int_{\partial B} \omega\,,$$

wobei ∂A und ∂B bzgl. der äußeren Normalen orientiert sind.

Beweis: Wir wählen $\epsilon > 0$ so klein, daß

$$K_\epsilon := \{x \in \mathbb{R}^n : \|x - a\| \leqslant \epsilon\} \subset \mathring{A} \cap \mathring{B}\,.$$

Wir setzen $A_\epsilon := A \setminus \mathring{K}_\epsilon$ und $B_\epsilon := B \setminus \mathring{K}_\epsilon$. Dann sind A_ϵ und B_ϵ Kompakta mit glattem Rand, die in $U \setminus \{a\}$ enthalten sind. Da $d\omega = 0$, folgt aus Satz 1

$$\int_{\partial A_\epsilon} \omega = \int_{\partial B_\epsilon} \omega = 0\,.$$

Der Rand ∂A_ϵ besteht aus ∂A und dem negativ orientierten ∂K_ϵ; ebenso besteht ∂B_ϵ aus ∂B und dem negativ orientierten ∂K_ϵ, vgl. Bild 21.2. Somit folgt

$$\int_{\partial A} \omega - \int_{\partial K_\epsilon} \omega = 0 = \int_{\partial B} \omega - \int_{\partial K_\epsilon} \omega .$$

Daraus ergibt sich die Behauptung.

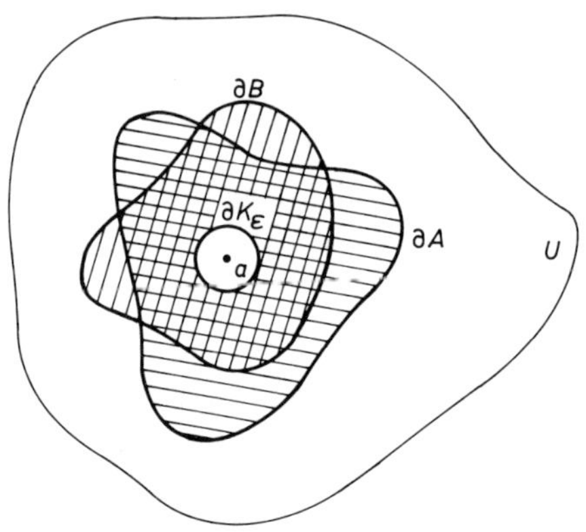

Bild 21.2

Anwendung auf holomorphe Funktionen

Sei $U \subset \mathbb{C} \cong \mathbb{R}^2$ offen. Wir erinnern an die in § 18 gegebene Definition: Eine Funktion

$$f\colon U \to \mathbb{C}$$

heißt holomorph, wenn sie stetig partiell differenzierbar ist und

$$\frac{\partial f}{\partial \bar{z}} = 0, \quad \text{wobei} \quad \frac{\partial}{\partial \bar{z}} := \frac{1}{2}\left(\frac{\partial}{\partial x} + \mathrm{i}\frac{\partial}{\partial y}\right).$$

Hier sind x, y die Koordinaten im $\mathbb{R}^2$ und $z = x + \mathrm{i}y$.
Für $a \in U$ ist nach Beispiel (18.4) die Funktion $z \mapsto \frac{1}{z-a}$ holomorph in $U \setminus \{a\}$. Ist $f\colon U \to \mathbb{C}$ holomorph, so ist deshalb auch $\frac{f(z)}{z-a}$ holomorph in $U \setminus \{a\}$ und nach § 18, Satz 7 ii) die Differentialform

$$\omega = \frac{f(z)}{z-a}\, dz$$

geschlossen in $U \setminus a$. Auf sie kann deshalb das Corollar zu Satz 1 angewendet werden.

Satz 2 (Cauchysche Integralformel). *Sei $U \subset \mathbb{C}$ offen, $f\colon U \to \mathbb{C}$ eine holomorphe Funktion und $A \subset U$ ein Kompaktum mit glattem Rand. Dann gilt für jeden Punkt $a \in \mathring{A}$*

$$f(a) = \frac{1}{2\pi\mathrm{i}} \int_{\partial A} \frac{f(z)}{z-a}\, dz .$$

Beweis: Nach dem Corollar zu Satz 1 gilt für alle genügend kleinen $\epsilon > 0$

$$\int_{\partial A} \frac{f(z)}{z-a}\, dz = \int_{|z-a|=\epsilon} \frac{f(z)}{z-a}\, dz = \frac{1}{\epsilon^2} \int_{|z-a|=\epsilon} (\bar{z}-\bar{a}) f(z)\, dz .$$

Auf das letzte Integral wenden wir noch einmal Satz 1 an. Da die Differentialform $f(z)\,dz$ geschlossen ist, gilt

$$d((\bar{z}-\bar{a})f(z)\,dz) = d(\bar{z}-\bar{a}) \wedge (f(z)\,dz) = f(z)\,d\bar{z} \wedge dz\ .$$

Nun ist aber

$$d\bar{z} \wedge dz = (dx - \mathrm{i}\,dy) \wedge (dx + \mathrm{i}\,dy) = 2\,\mathrm{i}\,dx \wedge dy\ .$$

Somit erhalten wir insgesamt

$$\frac{1}{2\pi\mathrm{i}} \int\limits_{\partial A} \frac{f(z)}{z-a}\,dz = \frac{1}{\pi\epsilon^2} \int\limits_{|z-a|\leqslant\epsilon} f(z)\,dx \wedge dy = \frac{1}{\pi} \int\limits_{|\zeta|\leqslant 1} f(a+\epsilon\zeta)\,d\xi \wedge d\eta\ ,$$

wobei wir die Substitution $\zeta = \xi + \mathrm{i}\eta = \frac{z-a}{\epsilon}$ verwendet haben. Wegen der Stetigkeit von f strebt das letzte Integral für $\epsilon \to 0$ gegen $f(a)$. Andererseits ist die linke Seite unabhängig von ϵ, also muß gelten

$$\frac{1}{2\pi\mathrm{i}} \int\limits_{\partial A} \frac{f(z)}{z-a}\,dz = f(a)\ , \qquad \text{q.e.d.}$$

(21.3) Beispiel. Wählt man speziell $f = 1$ und $a = 0$, erhält man für jedes Kompaktum $A \subset \mathbb{C}$ mit glattem Rand und $0 \in \mathring{A}$

$$\frac{1}{2\pi\mathrm{i}} \int\limits_{\partial A} \frac{dz}{z} = 1\ .$$

Da $\frac{1}{z} = \frac{\bar{z}}{|z|^2} = \frac{x - \mathrm{i}\,y}{x^2+y^2}$, ist

$$\frac{dz}{z} = \frac{x - \mathrm{i}\,y}{x^2+y^2}(dx + \mathrm{i}\,dy) = \frac{x\,dx + y\,dy}{x^2+y^2} + \mathrm{i}\,\frac{x\,dy - y\,dx}{x^2+y^2}\ .$$

Also folgt

$$\int\limits_{\partial A} \frac{x\,dx + y\,dy}{x^2+y^2} = 0\ , \qquad \int\limits_{\partial A} \frac{x\,dy - y\,dx}{x^2+y^2} = 2\pi\ .$$

Das letzte Integral haben wir für den Spezialfall einer Kreisscheibe A schon in Beispiel (18.1) berechnet.

Satz 3 (Taylorentwicklung holomorpher Funktionen). *Sei f eine in der Kreisscheibe*

$$B(a,R) = \{z \in \mathbb{C} : |z-a| < R\},\ (a \in \mathbb{C},\ 0 < R \leqslant \infty)\ ,$$

holomorphe Funktion. Dann gilt für alle $z \in B(a,R)$

$$f(z) = \sum_{k=0}^{\infty} c_k (z-a)^k$$

mit

$$c_k = \frac{1}{2\pi i} \int\limits_{|\zeta - a| = r} \frac{f(\zeta)}{(\zeta - a)^{k+1}} d\zeta .$$

Dabei ist r *eine beliebige Zahl mit* $0 < r < R$.

Bemerkung: Die Reihe konvergiert dann auf jedem kompakten Teil von $B(a, R)$ gleichmäßig (vgl. An. 1, § 21, Satz 3).

Beweis: Durch eine Translation des Koordinatensystems kann man sich auf den Fall $a = 0$ beschränken. Wir halten ein $z \in B(0, R)$ fest und wählen ein r mit $|z| < r < R$. Dann gilt nach Satz 2 unter Umbenennung der Variablen

$$f(z) = \frac{1}{2\pi i} \int\limits_{|\zeta| = r} \frac{f(\zeta)}{\zeta - z} d\zeta .$$

Nun entwickeln wir $(\zeta - z)^{-1}$ in eine geometrische Reihe

$$\frac{1}{\zeta - z} = \frac{1}{\zeta} \cdot \frac{1}{1 - (z/\zeta)} = \frac{1}{\zeta} \sum_{k=0}^{\infty} \left(\frac{z}{\zeta}\right)^k .$$

Die Reihe konvergiert (bei festgehaltenem z) gleichmäßig in ζ auf der Kreislinie $\{|\zeta| = r\}$. Nach § 20, Satz 4 kann man Integration und Limesbildung vertauschen und erhält

$$f(z) = \frac{1}{2\pi i} \int\limits_{|\zeta| = r} f(\zeta) \left(\sum_{k=0}^{\infty} \frac{z^k}{\zeta^{k+1}} \right) d\zeta =$$

$$= \sum_{k=0}^{\infty} \left(\frac{1}{2\pi i} \int\limits_{|\zeta| = r} \frac{f(\zeta)}{\zeta^{k+1}} d\zeta \right) z^k = \sum_{k=0}^{\infty} c_k z^k$$

Nach dem Corollar zu Satz 1 ist das Integral für c_k von $r \in \,]0, R[$ unabhängig. Damit ist Satz 3 bewiesen.

Holomorphe Funktionen mehrerer Veränderlichen

Wir identifizieren den n-dimensionalen komplexen Zahlenraum $\mathbb{C}^n$ mit $\mathbb{R}^{2n}$ durch die Zuordnung

$$(z_1, \ldots, z_n) \mapsto (x_1, y_1, \ldots, x_n, y_n) ,$$

wobei $z_k = x_k + i y_k$ für $k = 1, \ldots, n$. Analog zum Fall $n = 1$ definieren wir lineare Differentialoperatoren

$$\frac{\partial}{\partial z_k} := \frac{1}{2} \left(\frac{\partial}{\partial x_k} - i \frac{\partial}{\partial y_k} \right) , \qquad \frac{\partial}{\partial \bar{z}_k} := \frac{1}{2} \left(\frac{\partial}{\partial x_k} + i \frac{\partial}{\partial y_k} \right) .$$

Für eine in einer offenen Menge $U \subset \mathbb{C}^n$ stetig partiell differenzierbare Funktion $f\colon U \to \mathbb{C}$ gilt dann

$$df = \sum_{k=1}^{n} \left(\frac{\partial f}{\partial x_k} dx_k + \frac{\partial f}{\partial y_k} dy_k \right) = \sum_{k=1}^{n} \frac{\partial f}{\partial z_k} dz_k + \sum_{k=1}^{n} \frac{\partial f}{\partial \bar{z}_k} d\bar{z}_k \,.$$

Definition. Sei $U \subset \mathbb{C}^n$ offen. Eine Funktion $f\colon U \to \mathbb{C}$ heißt *holomorph*, wenn sie stetig partiell differenzierbar ist und den „Cauchy-Riemannschen Differentialgleichungen“

$$\frac{\partial f}{\partial \bar{z}_k} = 0 \quad \text{für} \quad k = 1, \ldots, n$$

genügt.

Wir wollen ein Analogon der Cauchyschen Integralformel im $\mathbb{C}^n$ beweisen. Dazu machen wir einige Vorbereitungen. Es gilt

$$\frac{\partial^2}{\partial z_k \, \partial \bar{z}_k} = \frac{1}{4} \left(\frac{\partial}{\partial x_k} - \mathrm{i} \frac{\partial}{\partial y_k} \right) \left(\frac{\partial}{\partial x_k} + \mathrm{i} \frac{\partial}{\partial y_k} \right) = \frac{1}{4} \left(\frac{\partial^2}{\partial x_k^2} + \frac{\partial^2}{\partial y_k^2} \right),$$

also ist

$$4 \sum_{k=1}^{n} \frac{\partial^2}{\partial z_k \, \partial \bar{z}_k} = \sum_{k=1}^{n} \left(\frac{\partial^2}{\partial x_k^2} + \frac{\partial^2}{\partial y_k^2} \right) = \Delta$$

der Laplace-Operator im $\mathbb{C}^n \cong \mathbb{R}^{2n}$. Wir haben die folgenden harmonischen Funktionen in $\mathbb{C}^n \setminus 0 \cong \mathbb{R}^{2n} \setminus 0$:

$$\frac{1}{\|z\|^{2n-2}} \quad \text{für } n \neq 1 \,, \qquad \ln \|z\| \quad \text{für } n = 1 \,.$$

Dies sind bis auf konstante Faktoren die Newton-Potentiale, vgl. § 16. Da

$$\frac{\partial}{\partial x_k} \left(\frac{1}{\|z\|^{2n-2}} \right) = -(2n-2) \frac{x_k}{\|z\|^{2n}} \,, \qquad \frac{\partial}{\partial y_k} \left(\frac{1}{\|z\|^{2n-2}} \right) = -(2n-2) \frac{y_k}{\|z\|^{2n}} \,,$$

folgt

$$\frac{\partial}{\partial z_k} \left(\frac{1}{\|z\|^{2n-2}} \right) = -(n-1) \frac{\bar{z}_k}{\|z\|^{2n}} \,.$$

Wegen $\Delta(1/\|z\|^{2n-2}) = 0$ ergibt sich die Formel

$$(*) \qquad \sum_{k=1}^{n} \frac{\partial}{\partial \bar{z}_k} \left(\frac{\bar{z}_k}{\|z\|^{2n}} \right) = 0 \quad \text{in} \quad \mathbb{C}^n \setminus 0 \,.$$

Man überzeugt sich leicht, daß diese Formel auch für $n = 1$ gilt.

Für $a = (a_1, \dots, a_n) \in \mathbb{C}^n$ definieren wir jetzt folgende komplexwertige $(2n-1)$-Formen in $\mathbb{C}^n$ bzw. $\mathbb{C}^n \setminus \{a\}$:

$$\eta_a(z) := (-1)^{\frac{n(n-1)}{2}} \sum_{k=1}^{n} (-1)^{k-1} (\bar z_k - \bar a_k)\, dz_1 \wedge \dots \wedge dz_n \wedge d\bar z_1 \wedge \dots \wedge \widehat{d\bar z_k} \wedge \dots \wedge d\bar z_n$$

$$\sigma_a(z) := \frac{1}{\|z-a\|^{2n}} \cdot \eta_a(z).$$

Für $n = 1$ ergibt sich speziell

$$\sigma_a(z) = \frac{1}{z-a}\, dz.$$

Hilfssatz 1. *Für die oben definierten Differentialformen gilt:*

a) $\quad d\eta_a = n(2\,\mathrm{i})^n\, dx_1 \wedge dy_1 \wedge \dots \wedge dx_n \wedge dy_n.$

b) *Ist f eine holomorphe Funktion in der offenen Menge $U \subset \mathbb{C}^n$, so ist die Differentialform*

$$\omega := f\,\sigma_a$$

geschlossen in $U \setminus \{a\}$.

Beweis:

a) Man berechnet

$$d\eta_a = (-1)^{\frac{n(n-1)}{2}} \sum_{k=1}^{n} (-1)^{k-1} d\bar z_k \wedge dz_1 \wedge \dots \wedge dz_n \wedge d\bar z_1 \wedge \dots \wedge \widehat{d\bar z_k} \wedge \dots \wedge d\bar z_n =$$

$$= (-1)^{\frac{n(n-1)}{2}} \sum_{k=1}^{n} (-1)^n dz_1 \wedge \dots \wedge dz_n \wedge d\bar z_1 \wedge \dots \wedge d\bar z_n$$

$$= n(-1)^n (dz_1 \wedge d\bar z_1) \wedge \dots \wedge (dz_n \wedge d\bar z_n)$$

$$= n(2\,\mathrm{i})^n dx_1 \wedge dy_1 \wedge \dots \wedge dx_n \wedge dy_n.$$

b) Es gilt $d\omega = df \wedge \sigma_a + f d\sigma_a$. Da

$$df = \sum_{k=1}^{n} \frac{\partial f}{\partial z_k} dz_k$$

und σ_a alle dz_k als Faktoren enthält, folgt

$$df \wedge \sigma_a = 0.$$

Es ist also nur zu zeigen, daß $d\sigma_a = 0$. Nun ist

$$d\sigma_a = \pm \sum_{k=1}^{n} (-1)^{k-1} \frac{\partial}{\partial \bar{z}_k} \left(\frac{\bar{z}_k - \bar{a}_k}{\|z-a\|^{2n}} \right) d\bar{z}_k \wedge dz_1 \wedge \ldots \wedge dz_n \wedge d\bar{z}_1 \wedge \ldots \wedge \widehat{d\bar{z}_k} \wedge \ldots \wedge d\bar{z}_n$$

$$= \pm \sum_{k=1}^{n} \frac{\partial}{\partial \bar{z}_k} \left(\frac{\bar{z}_k - \bar{a}_k}{\|z-a\|^{2n}} \right) dz_1 \wedge \ldots \wedge dz_n \wedge d\bar{z}_1 \wedge \ldots \wedge d\bar{z}_n = 0$$

wegen der oben bewiesenen Formel (∗), q.e.d.

Satz 4 (Bochner-Martinellische Integralformel). *Sei $U \subset \mathbb{C}^n$ offen, $f\colon U \to \mathbb{C}$ eine holomorphe Funktion und $A \subset U$ ein Kompaktum mit glattem Rand. Dann gilt für jeden Punkt $a \in \mathring{A}$*

$$f(a) = \frac{(n-1)!}{(2\pi i)^n} \int_{\partial A} f(z)\, \sigma_a(z)$$

Bemerkung: Für $n = 1$ ergibt sich als Spezialfall wieder die Cauchysche Integralformel.

Beweis: Da die Differentialform $\omega = f\sigma_a$ in $U \setminus a$ geschlossen ist, gilt nach dem Corollar zu Satz 1 für alle genügend kleinen $\epsilon > 0$

$$\int_{\partial A} f(z)\, \sigma_a(z) = \int_{\|z-a\|=\epsilon} f(z)\, \sigma_a(z) = \frac{1}{\epsilon^{2n}} \int_{\|z-a\|=\epsilon} f(z)\, \eta_a(z)\,.$$

Auf das letzte Integral wenden wir wieder Satz 1 an. Da

$$d(f\eta_a) = df \wedge \eta_a + f d\eta_a = f d\eta_a\,,$$

ergibt sich unter Benutzung von Hilfssatz 1 a)

$$I := \frac{(n-1)!}{(2\pi i)^n} \int_{\partial A} f(z)\, \sigma_a(z) = \frac{(n-1)!}{(2\pi i)^n} \cdot \frac{n(2i)^n}{\epsilon^{2n}} \int_{\|z-a\| \leqslant \epsilon} f(z)\, dV(z)\,,$$

wobei wir die Abkürzung

$$dV(z) := dx_1 \wedge dy_1 \wedge \ldots \wedge dx_n \wedge dy_n$$

verwendet haben. Wir machen die Substitution $\zeta = \frac{z-a}{\epsilon}$. Wegen $dV(z) = \epsilon^{2n} dV(\zeta)$ erhalten wir

$$I = \frac{n!}{\pi^n} \int_{\|\zeta\| \leqslant 1} f(a + \epsilon\zeta)\, dV(\zeta)\,.$$

Da diese Gleichung für jedes $\epsilon > 0$ gilt, gilt sie auch im Limes für $\epsilon \to 0$ und man erhält

$$I = \frac{n!}{\pi^n} \int_{\|\zeta\| \leqslant 1} f(a)\, dV(\zeta) = f(a)\,,$$

denn $\int\limits_{\|\zeta\| \leq 1} dV(\zeta) = \frac{\pi^n}{n!}$ ist das Volumen der $2n$-dimensionalen Einheitskugel, siehe § 5, Beispiel (5.7). Damit ist die Bochner-Martinellische Integralformel bewiesen.

Integral über einen Halbraum

Wir definieren folgenden Standard-Halbraum $H_k \subset \mathbb{R}^k$:

$$H_k := \{(x_1, \ldots, x_k) \in \mathbb{R}^k : x_1 \leq 0\}.$$

Der Rand ∂H_k ist die durch $\{x_1 = 0\}$ beschriebene Hyperebene; das äußere Einheitsnormalenfeld wird durch

$$\nu(x) = e_1 = (1, 0, \ldots, 0) \quad \text{für alle} \quad x \in \partial H_k$$

gegeben (Bild 21.3). ∂H_k besitzt eine globale Karte

$$\beta : \mathbb{R}^{k-1} \to \partial H_k \qquad (t_1, \ldots, t_{k-1}) \mapsto (0, t_1, \ldots, t_{k-1}).$$

Wir orientieren ∂H_k mithilfe dieser Karte. Dann ist das äußere Normalenfeld $\nu = e_1$ positiv orientiert (vgl. § 20).

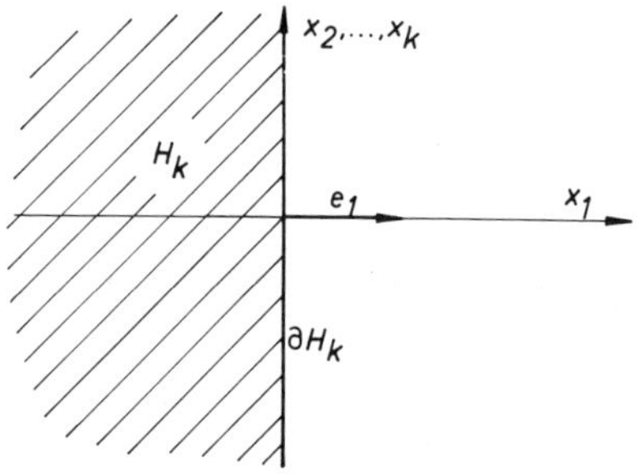

Bild 21.3

Hilfssatz 2. *Sei* ω *eine stetig differenzierbare* $(k-1)$*-Form im* $\mathbb{R}^k$, $(k \geq 2)$, *mit kompaktem Träger. Dann gilt*

$$\int\limits_{H_k} d\omega = \int\limits_{\partial H_k} \omega .$$

Bemerkung: Für $k = 1$ ist $H_1 = \mathbb{R}_- :=]-\infty, 0]$ und $\partial H_1 = \{0\}$. In diesem Fall entartet Hilfssatz 2 zu folgender Aussage: Sei $f: \mathbb{R} \to \mathbb{R}$ eine stetig differenzierbare Funktion mit kompaktem Träger. Dann gilt

$$\int\limits_{-\infty}^{0} df = f(0) .$$

Dies folgt unmittelbar aus dem Fundamentalsatz der Differential- und Integralrechnung für Funktionen einer Veränderlichen.

Beweis:

a) Die $(k-1)$-Form ω hat die Gestalt

$$\omega = \sum_{j=1}^{k} (-1)^{j-1} f_j \, dx_1 \wedge \ldots \wedge \widehat{dx_j} \wedge \ldots \wedge dx_k .$$

Mit der oben definierten Karte $\beta : \mathbb{R}^{k-1} \to \partial H_k$ gilt

$$\beta^* \omega = f_1(0, t_1, \ldots, t_{k-1}) \, dt_1 \wedge \ldots \wedge dt_{k-1} ,$$

also folgt

$$\int_{\partial H_k} \omega = \int_{\mathbb{R}^{k-1}} f_1(0, t_1, \ldots, t_{k-1}) \, d^{k-1} t .$$

b) Wir berechnen jetzt das Integral von

$$d\omega = \sum_{j=1}^{k} \frac{\partial f_j}{\partial x_j} dx_1 \wedge \ldots \wedge dx_k$$

über $H_k = \mathbb{R}_- \times \mathbb{R}^{k-1}$. Da für jedes feste $(x_2, \ldots, x_k) \in \mathbb{R}^{k-1}$

$$\int_{-\infty}^{0} \frac{\partial f_1}{\partial x_1}(x_1, \ldots, x_k) \, dx_1 = f_1(0, x_2, \ldots, x_k) ,$$

folgt

$$\int_{H_k} \frac{\partial f_1}{\partial x_1}(x_1, \ldots, x_k) \, dx_1 \ldots dx_k = \int_{\mathbb{R}^{k-1}} f_1(0, x_2, \ldots, x_k) \, dx_2 \ldots dx_k .$$

Für $2 \leqslant j \leqslant k$ gilt

$$\int_{H_k} \frac{\partial f_j}{\partial x_j} dx_1 \ldots dx_k = \int_{\mathbb{R}_- \times \mathbb{R}^{k-2}} \left(\int_{\mathbb{R}} \frac{\partial f_j}{\partial x_j} dx_j \right) dx_1 \, dx_2 \ldots \widehat{dx_j} \ldots dx_k .$$

Da für festes $(x_1, \ldots, x_{j-1}, x_{j+1}, \ldots, x_k) \in \mathbb{R}_- \times \mathbb{R}^{k-2}$ die Funktion $x_j \mapsto f_j(x_1, \ldots, x_k)$ kompakten Träger mit $\mathbb{R}$ hat, verschwindet das Integral in der Klammer, also ist auch das Integral über H_k null. Insgesamt ergibt sich

$$\int_{H_k} d\omega = \int_{\mathbb{R}^{k-1}} f_1(0, x_2, \ldots, x_k) \, dx_2 \ldots dx_k = \int_{\partial H_k} \omega , \quad \text{q.e.d.}$$

Wir stellen noch einen weiteren Hilfssatz betreffend den Halbraum H_k und seinen Rand bereit.

Hilfssatz 3. *Seien* $\Omega, \Omega' \subset \mathbb{R}^k$ *offene Mengen und*

$$\tau = (\tau_1, \ldots, \tau_k) : \Omega \xrightarrow{\simeq} \Omega'$$

eine $\mathscr{C}^1$*-invertierbare Abbildung mit folgenden Eigenschaften:*

i) $\tau(H_k \cap \Omega) = H_k \cap \Omega'$,

ii) $\tau(\partial H_k \cap \Omega) = \partial H_k \cap \Omega'$,

iii) $\det D\tau(x) > 0$ *für alle* $x \in \Omega$.

Dann gilt

$$\det \frac{\partial(\tau_2, \ldots, \tau_k)}{\partial(x_2, \ldots, x_k)}(x) > 0 \quad \textit{für alle} \quad x \in \partial H_k \cap \Omega .$$

Bemerkung: Da τ ein Homöomorphismus ist, folgt ii) schon aus i).

Beweis:

a) Da $\tau(\partial H_k \cap \Omega) \subset \partial H_k$, gilt

$$\tau_1(0, x_2, \ldots, x_k) = 0 \quad \text{für alle} \quad (0, x_2, \ldots, x_k) \in \Omega .$$

Daraus folgt

$$\frac{\partial \tau_1}{\partial x_j}(x) = 0 \quad \text{für} \quad 2 \leqslant j \leqslant k \quad \text{und alle} \quad x \in \partial H_k \cap \Omega .$$

b) *Behauptung:*

$$\frac{\partial \tau_1}{\partial x_1}(x) \geqslant 0 \quad \text{für alle} \quad x \in \partial H_k \cap \Omega .$$

Beweis hierfür. Sei $(0, x'') \in \partial H_k \cap \Omega, x'' := (x_2, \ldots, x_k)$

Nun ist

$$\frac{\partial \tau_1}{\partial x_1}(0, x'') = \lim_{h \to 0} \frac{\tau_1(h, x'') - \tau_1(0, x'')}{h} = \lim_{h \to 0} \frac{\tau_1(h, x'')}{h} .$$

Da $\tau(H_k \cap \Omega) = H_k \cap \Omega'$, gilt

$$\tau_1(h, x'') \leqslant 0 \quad \text{für} \quad h < 0, \qquad \tau_1(h, x'') > 0 \quad \text{für} \quad h > 0.$$

Daraus folgt die Behauptung.

c) Nach a) hat die Funktionalmatrix $D\tau$ in einem Punkt $x \in \partial H_k \cap \Omega$ die Gestalt

$$D\tau(x) = \left(\begin{array}{c|c} \dfrac{\partial \tau_1}{\partial x_1}(x) & 0 \ldots\ldots\ldots 0 \\ \hline * & \dfrac{\partial(\tau_2, \ldots, \tau_k)}{\partial(x_2, \ldots, x_k)}(x) \end{array}\right).$$

Also ergibt sich

$$0 < \det D\tau(x) = \frac{\partial \tau_1}{\partial x_1}(x) \cdot \det \frac{\partial (\tau_2, \ldots, \tau_k)}{\partial (x_2, \ldots, x_k)}(x).$$

Wegen b) sind beide Faktoren > 0, q.e.d.

Kompakta mit glattem Rand auf Mannigfaltigkeiten

Sei M eine Untermannigfaltigkeit des $\mathbb{R}^n$ und A eine Teilmenge von M. Ein Punkt $p \in M$ heißt Randpunkt von A relativ M, wenn in jeder Umgebung von p sowohl Punkte von A als auch Punkte von $M \setminus A$ liegen. (Es gibt dann also Punktfolgen $x_j \in A$ und $y_j \in M \setminus A$, $j \in \mathbb{N}$, mit $\lim_{j \to \infty} x_j = p$ und $\lim_{j \to \infty} y_j = p$.)
Die Menge aller Randpunkte von A relativ M bezeichnen wir mit ∂A.
Ist A kompakt, so gilt stets $\partial A \subset A$.

Bemerkung: Genau genommen müßte man die Abhängigkeit von M bezeichnen und $\partial_M A$ schreiben. Die Menge der Randpunkte von A relativ $\mathbb{R}^n$ ist im allgemeinen größer. Ist die Dimension von M kleiner als n, so gilt für jede Teilmenge $A \subset M$

$$A \subset \partial_{\mathbb{R}^n} A.$$

Definition. Sei $M \subset \mathbb{R}^n$ eine k-dimensionale Untermannigfaltigkeit und $A \subset M$ eine kompakte Teilmenge. Man sagt A habe *glatten Rand*, falls es zu jedem Randpunkt $p \in \partial A$ eine Karte von M

$$\varphi : \Omega \xrightarrow{\sim} V \subset M, \qquad (\Omega \text{ offen in } \mathbb{R}^k),$$

mit $p \in V$ gibt, so daß gilt

i) $\varphi(H_k \cap \Omega) = A \cap V$,
ii) $\varphi(\partial H_k \cap \Omega) = \partial A \cap V$.

Der Rand von A sieht also dann lokal so aus, wie der Rand des Halbraumes $H_k \subset \mathbb{R}^k$, siehe Bild 21.4.

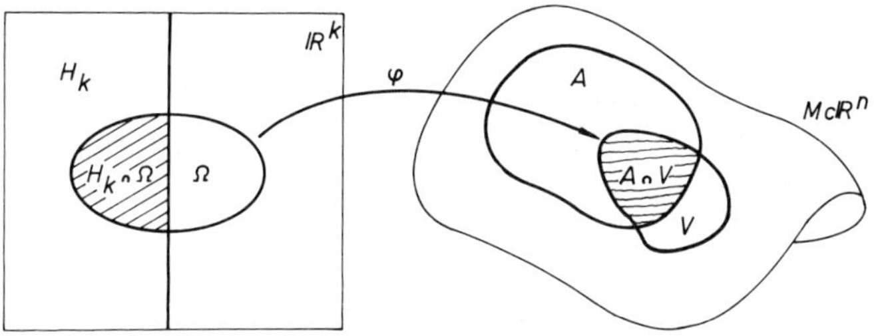

Bild 21.4

Bemerkung: Eine n-dimensionale Untermannigfaltigkeit des $\mathbb{R}^n$ ist nichts anderes als eine offene Teilmenge $U \subset \mathbb{R}^n$. Ist $A \subset U$ kompakt, so hatten wir für diesen Fall den Begriff des glatten Randes bereits in § 15 definiert. Wegen § 14, Satz 2, sind die alte und die neue Definition äquivalent.

Bezeichnung. Sei A eine kompakte Teilmenge mit glattem Rand einer k-dimensionalen Untermannigfaltigkeit $M \subset \mathbb{R}^n$. Wir nennen eine Karte

$$\varphi : \Omega \xrightarrow{\simeq} V \subset M$$

von M *Rand-adaptiert* bzgl. A, falls sie die Bedingungen i) und ii) der obigen Definition erfüllt. (Wenn $\partial A \cap V = \emptyset$, bedeutet dies insbesondere $\partial H_k \cap \Omega = \emptyset$.)
Es ist klar, daß stets ein Atlas von M existiert, dessen sämtliche Karten Rand-adaptiert bzgl. A sind.

Satz 5. *Sei $M \subset \mathbb{R}^n$ eine k-dimensionale Untermannigfaltigkeit und $A \subset M$ ein Kompaktum mit glattem Rand. Dann ist ∂A eine kompakte $(k-1)$-dimensionale Untermannigfaltigkeit von $\mathbb{R}^n$.*

Beweis: Sei $\mathfrak{A}$ ein Atlas von M, der Rand-adaptiert bzgl. A ist. Für jede Karte

$$\varphi : \Omega \xrightarrow{\simeq} V \subset M \subset \mathbb{R}^n, \quad (\Omega \subset \mathbb{R}^k \text{ offen}),$$

die ∂A trifft (d.h. $V \cap \partial A \neq \emptyset$) konstruieren wir eine Karte für ∂A auf folgende Weise: Sei

$$\beta : \mathbb{R}^{k-1} \xrightarrow{\simeq} \partial H_k, \quad \beta(u_1, \ldots, u_{k-1}) := (0, u_1, \ldots, u_{k-1}),$$
$$\Omega_0 := \beta^{-1}(\partial H_k \cap \Omega), \quad V_0 := \partial A \cap V.$$

Ω_0 ist offen in $\mathbb{R}^{k-1}$ und V_0 ist offen relativ ∂A. Wir definieren

$$\psi := \varphi \circ \beta : \Omega_0 \to V_0 \subset \partial A,$$

d.h.

$$\psi(u_1, \ldots, u_{k-1}) = \varphi(0, u_1, \ldots, u_{k-1}).$$

Da $\varphi : \Omega \to V$ ein Homöomorphismus ist und $\varphi(\partial H_k \cap \Omega) = \partial A \cap V$, folgt, daß auch $\psi : \Omega_0 \to V_0$ ein Homöomorphismus ist. Für die Funktionalmatrix von ψ gilt

$$D\psi(u) = \frac{\partial(\varphi_1, \ldots, \varphi_n)}{\partial(t_2, \ldots, t_k)}(0, u).$$

Sie hat den Rang $k-1$, da $D\varphi = \frac{\partial(\varphi_1, \ldots, \varphi_n)}{\partial(t_1, \ldots, t_k)}$ den Rang k hat. Sei $\mathfrak{A}_0$ die Menge aller Karten, die sich so aus den Karten des Atlas $\mathfrak{A}$ ergeben. Aus § 14, Satz 4, folgt, daß ∂A eine $(k-1)$-dimensionale Untermannigfaltigkeit des $\mathbb{R}^n$ und $\mathfrak{A}_0$ ein Atlas für ∂A ist. Es ist klar, daß ∂A kompakt ist.

Induzierte Orientierung des Randes

Mit denselben Bezeichnungen wie oben sei jetzt M eine *orientierte* Untermannigfaltigkeit. Dann können wir den bzgl. A Rand-adaptierten Atlas $\mathfrak{A}$ von M positiv orientiert wählen.

Behauptung: Der aus $\mathfrak{A}$ abgeleitete Atlas $\mathfrak{A}_0$ von ∂A ist orientiert.

Beweis: Seien

$$\varphi : \Omega \xrightarrow{\simeq} V, \quad \varphi' : \Omega' \xrightarrow{\simeq} V'$$

zwei Karten aus $\mathfrak{A}$ mit $V \cap V' \cap \partial A \neq \emptyset$ und

$$\varphi \circ \beta : \Omega_0 \xrightarrow{\simeq} V_0, \quad \varphi' \circ \beta : \Omega_0' \xrightarrow{\simeq} V_0'$$

die daraus abgeleiteten Karten. Es ist zu zeigen, daß sie gleich orientiert sind. Wir dürfen annehmen, daß $V = V'$. Nach Voraussetzung ist die Parametertransformation

$$\tau := (\varphi')^{-1} \circ \varphi : \Omega \to \Omega'$$

orientierungstreu. Sei

$$\tilde{\tau} := (\varphi' \circ \beta)^{-1} \circ (\varphi \circ \beta) : \Omega_0 \to \Omega_0'$$

die Transformation zwischen den abgeleiteten Karten. Dann gilt

$$\tilde{\tau}(u) = (\tau_2(0,u), \ldots, \tau_k(0,u)),$$

wobei $u = (u_1, \ldots, u_{k-1}) \in \Omega_0$, $\tau = (\tau_1, \ldots, \tau_k)$. Daraus folgt

$$D\tilde{\tau}(u) = \frac{\partial(\tau_2, \ldots, \tau_k)}{\partial(t_2, \ldots, t_k)}(0,u).$$

Da $\det D\tau > 0$, folgt aus Hilfssatz 3, daß $\det D\tilde{\tau}(u) > 0$, q.e.d.
Man nennt die durch den Atlas $\mathfrak{A}_0$ definierte Orientierung die durch die Orientierung von M *induzierte Orientierung* auf ∂A.

Bemerkung: Sei $k = n$, also M eine offene Teilmenge von $\mathbb{R}^n$. Dann ist die durch die kanonische Orientierung von M auf ∂A induzierte Orientierung die Orientierung bzgl. der äußeren Normalen. Dies folgt daraus, daß die Karte $\beta : \mathbb{R}^{n-1} \to \partial H_n$ positiv orientiert bzgl. der äußeren Normalen des Halbraums $H_n \subset \mathbb{R}^n$ ist.

Satz 6 (Stokesscher Integralsatz). *Sei $U \subset \mathbb{R}^n$ offen, $M \subset U$ eine orientierte k-dimensionale Untermannigfaltigkeit ($k \geqslant 2$) und ω eine stetig differenzierbare $(k-1)$-Form in U. Dann gilt für jedes Kompaktum $A \subset M$ mit glattem Rand*

$$\int_A d\omega = \int_{\partial A} \omega,$$

wobei ∂A die induzierte Orientierung trägt.

Bemerkungen:

a) Für $k = n$ ergibt sich wieder Satz 1.

b) Ist $k = 1$, so geht der Stokessche Integralsatz in den Satz über Kurvenintegrale totaler Differentiale über (§ 18, Satz 1).

Beweis: Wir führen den Beweis nur für den Fall durch, daß die Untermannigfaltigkeit M und der Rand von A differenzierbar von der Klasse $\mathscr{C}^2$ sind. (Der allgemeine Fall kann durch Approximation auf diesen Spezialfall zurückgeführt werden.)

Der Beweis beruht darauf, die Aussage auf den (fast trivialen) Hilfssatz 2 zurückzuführen. Wir wählen einen orientierten, bzgl. A Rand-adaptierten Atlas $\mathfrak{A}$ der Klasse $\mathscr{C}^2$ von M. Nach dem Lebesgueschen Lemma (siehe § 15) gibt es eine Zahl $\lambda > 0$ mit folgender Eigenschaft: Für jede Menge $K \subset \mathbb{R}^n$ mit $A \cap K \neq \emptyset$ und $\operatorname{diam}(K) \leqslant \lambda$ ist $M \cap K$ ganz in einer Karte aus $\mathfrak{A}$ enthalten. Wir betrachten die anfangs des § 3 konstruierte differenzierbare Teilung der Eins im $\mathbb{R}^n$

$$\sum_{p \in \mathbb{Z}^n} \alpha_{p\epsilon} = 1 \,, \qquad 0 < \epsilon \leqslant \lambda/2\sqrt{n} \,.$$

Dann ist $\operatorname{diam}(\operatorname{Supp}(\alpha_{p\epsilon})) \leqslant \lambda$. Da

$$\omega = \sum_p \alpha_{p\epsilon}\, \omega \,,$$

und auf A nur endlich viele Summanden von null verschieden sind, genügt es, den Stokesschen Satz für jeden einzelnen Summanden $\alpha_{p\epsilon}\omega$ zu beweisen. Wir dürfen deshalb ohne Beschränkung der Allgemeinheit annehmen, daß $M \cap \operatorname{Supp}(\omega)$ kompakt und ganz in einer Karte

$$\varphi : \Omega \xrightarrow{\sim} V \subset M \,, \qquad (\Omega \text{ offen in } \mathbb{R}^k) \,,$$

aus $\mathfrak{A}$ enthalten ist. Die Differentialform $\varphi^*\omega$ in Ω kann deshalb durch null trivial zu einer auf ganz $\mathbb{R}^k$ stetig differenzierbaren $(k-1)$-Form $\widetilde{\omega}$ mit kompaktem Träger fortgesetzt werden. Nun ist unter Benutzung von § 19, Satz 5 iii)

$$\int_A d\omega = \int_{H_k \cap \Omega} \varphi^*(d\omega) = \int_{H_k \cap \Omega} d(\varphi^*\omega) = \int_{H_k} d\widetilde{\omega} \,.$$

Es sei

$$\psi = \varphi \circ \beta : \Omega_0 \xrightarrow{\sim} V_0 = \partial A \cap V$$

die durch φ induzierte Karte von ∂A, wobei

$$\beta(u_1, \ldots, u_{k-1}) = (0, u_1, \ldots, u_{k-1}), \;\; \Omega_0 = \beta^{-1}(\partial H_k \cap \Omega) \subset \mathbb{R}^{k-1} .$$

Dann ist

$$\int_{\partial A} \omega = \int_{\Omega_0} \psi^*\omega = \int_{\Omega_0} \beta^*\varphi^*\omega = \int_{\mathbb{R}^{k-1}} \beta^*\widetilde{\omega} = \int_{\partial H_k} \widetilde{\omega} \,.$$

Die Behauptung folgt deshalb aus Hilfssatz 2.

Corollar. *Sei $U \subset \mathbb{R}^n$ offen und ω eine stetig differenzierbare $(k-1)$-Form in U. Dann gilt für jede orientierte kompakte k-dimensionale Untermannigfaltigkeit $M \subset U$*

$$\int_M d\omega = 0 .$$

Beweis: Da M kompakt ist, kann man im Stokesschen Satz $A = M$ wählen. In diesem Fall ist $\partial A = \emptyset$, also folgt die Behauptung.

Beispiel

(21.4) In $\mathbb{R}^n \setminus 0$ betrachten wir die $(n-1)$-Form

$$\sigma := \frac{x \cdot d\vec{S}}{\|x\|^n} = \sum_{i=1}^{n} \frac{(-1)^{i-1} x_i}{\|x\|^n} dx_1 \wedge \ldots \widehat{dx_i} \ldots \wedge dx_n .$$

Wegen $\operatorname{div}\left(\frac{x}{\|x\|^n}\right) = 0$ ist $d\sigma = 0$, d.h. σ geschlossen. Wir wollen zeigen, daß σ nicht exakt ist. Dazu integrieren wir σ über die Einheitssphäre

$$S_{n-1} := \{x \in \mathbb{R}^n : \|x\| = 1\} ,$$

die eine kompakte $(n-1)$-dimensionale Untermannigfaltigkeit von $\mathbb{R}^n \setminus 0$ ist und die bzgl. der äußeren Normalen orientiert sei. Es ergibt sich mit (21.1)

$$\int_{S_{n-1}} \sigma = \int_{\|x\|=1} \frac{x \cdot d\vec{S}}{\|x\|^n} = \int_{\|x\|=1} x \cdot d\vec{S} = n\,\tau_n ,$$

wobei τ_n das Volumen der Einheitskugel ist. Wäre σ exakt, müßte aber nach dem Corollar das Integral verschwinden! Daraus folgt für die $(n-1)$-te de Rhamsche Cohomologiegruppe (vgl. § 19)

$$H_{DR}^{n-1}(\mathbb{R}^n \setminus 0) \neq 0 .$$

(Man kann zeigen, daß $H_{DR}^{n-1}(\mathbb{R}^n \setminus 0) \cong \mathbb{R}$.) Mit Hilfe der in diesem Beispiel betrachteten Differentialform σ können wir nun den berühmten Brouwerschen Fixpunktsatz beweisen.

Satz 7 (Brouwerscher Fixpunktsatz). *Sei $\overline{B} \subset \mathbb{R}^n$ die abgeschlossene Einheitskugel. Dann hat jede stetige Abbildung*

$$f : \overline{B} \to \overline{B}$$

mindestens einen Fixpunkt, d.h. es gibt ein $p \in \overline{B}$ mit $f(p) = p$.

Beweis: Für $n = 1$ ist $\overline{B} = [-1,1] \subset \mathbb{R}$ und die Aussage folgt sofort aus dem Zwischenwertsatz, angewandt auf die Funktion $x - f(x)$. Wir können also $n \geqslant 2$ voraussetzen.

a) Wir behandeln zunächst einen speziellen Fall: Es gebe ein $r > 1$ und eine stetig differenzierbare Abbildung

$$\tilde{f} : B(r) := \{x \in \mathbb{R}^n : \|x\| < r\} \to \mathbb{R}^n$$

mit $\tilde{f} | \bar{B} = f$.
Angenommen, f habe keinen Fixpunkt, d.h. $f(x) \neq x$ für alle $\|x\| \leq 1$. Wegen der Stetigkeit von $\tilde{f}$ können wir (nach evtl. Verkleinerung von $r > 1$) voraussetzen, daß auch

$$\tilde{f}(x) \neq x \quad \text{für alle} \quad \|x\| < r .$$

Wir definieren

$$\varphi_1 : B(r) \to \mathbb{R}^n \setminus 0 , \qquad \varphi_1(x) := x - \tilde{f}(x) .$$

Da die in (21.4) betrachtete Form σ in $\mathbb{R}^n \setminus 0$ geschlossen ist, ist auch $\varphi_1^* \sigma$ geschlossen in $B(r)$ und nach dem Poincaréschen Lemma exakt. Infolgedessen gilt

$$\int_{S_{n-1}} \varphi_1^* \sigma = 0 ,$$

wobei S_{n-1} die Einheitssphäre ist. Wir betrachten jetzt

$$\Phi : \mathbb{R} \times B(r) \to \mathbb{R}^n , \qquad \Phi(t, x) := x - t\tilde{f}(x) .$$

Für $\|x\| = 1$ und $0 \leq t \leq 1$ ist $\Phi(t, x) \neq 0$, also

$$V := \Phi^{-1}(\mathbb{R}^n \setminus 0)$$

eine offene Menge, die $[0, 1] \times S_{n-1}$ umfaßt. Es gibt dann auch eine offene Menge $U \subset \mathbb{R}^n$ mit $S_{n-1} \subset U \subset B(r)$ und $[0, 1] \times U \subset V$. Es seien nun

$$\psi_0, \psi_1 : U \to V, \quad \psi_0(x) = (0, x), \quad \psi_1(x) = (1, x) ,$$

die im Hilfssatz aus § 19 betrachteten Abbildungen. Nach jenem Hilfssatz gibt es eine stetig differenzierbare $(n-2)$-Form η auf U, so daß

$$\psi_1^* \Phi^* \sigma - \psi_0^* \Phi^* \sigma = d\eta .$$

Nun gilt aber für $x \in U$

$$(\Phi \circ \psi_1)(x) = \Phi(1, x) = x - \tilde{f}(x) = \varphi_1(x), \qquad (\Phi \circ \psi_0)(x) = \Phi(0, x) = x .$$

Daraus folgt $\psi_1^* \Phi^* \sigma = \varphi_1^* \sigma$ und $\psi_0^* \Phi^* \sigma = \sigma$ auf U, d.h.

$$\varphi_1^* \sigma - \sigma = d\eta \quad \text{auf } U .$$

Nach dem Corollar zu Satz 6 ist $\int_{S_{n-1}} d\eta = 0$, also folgt

$$\int_{S_{n-1}} \sigma = \int_{S_{n-1}} \varphi_1^* \sigma = 0 .$$

Dies ist aber ein Widerspruch zu (21.4). Daher muß $f : \bar{B} \to \bar{B}$ doch einen Fixpunkt haben.

b) Sei jetzt $f: \bar{B} \to \bar{B}$ eine beliebige stetige Abbildung, die keinen Fixpunkt hat. Dann ist

$$\delta := \inf \{\|x - f(x)\| : x \in \bar{B}\} > 0 .$$

Behauptung (*): Es gibt eine stetig differenzierbare Abbildung $F: \mathbb{R}^n \to \mathbb{R}^n$ mit $F(\bar{B}) \subset \bar{B}$ und $\|F(x) - f(x)\| \leqslant \delta/2$ für alle $x \in \bar{B}$.

Aus (*) folgt, daß auch $F|\bar{B} \to \bar{B}$ keinen Fixpunkt hat, woraus sich mit Teil a) ein Widerspruch ergibt.

Beweis von (*). Wir definieren zunächst $f_1: \mathbb{R}^n \to \mathbb{R}^n$ durch

$$f_1(x) := \begin{cases} (1 - \delta/4) f(x) & \text{für } \|x\| \leqslant 1 , \\ (1 - \delta/4) f\left(\dfrac{x}{\|x\|}\right) & \text{für } \|x\| \geqslant 1 . \end{cases}$$

f_1 ist auf ganz $\mathbb{R}^n$ gleichmäßig stetig mit $\|f_1(x) - f(x)\| \leqslant \delta/4$ und $\|f_1(x)\| \leqslant 1 - \delta/4$ für alle $x \in \bar{B}$. Sei $(\alpha_{p\epsilon})_{p \in \mathbb{Z}^n}$ die $\mathscr{C}^\infty$-Teilung der Eins im $\mathbb{R}^n$ aus § 3 und

$$F_\epsilon := \sum_{p \in \mathbb{Z}^n} f_1(p\epsilon)\, \alpha_{p\epsilon} .$$

(Die Summe ist lokal-endlich.) Für $\epsilon \to 0$ konvergieren die F_ϵ gleichmäßig gegen f_1 (dies zeigt man wie Hilfssatz 3 aus § 1). Wir wählen $\epsilon > 0$ so klein, daß

$$\|F_\epsilon(x) - f_1(x)\| \leqslant \delta/4 \quad \text{für alle } x .$$

Die Abbildung $F := F_\epsilon$ erfüllt dann (*), q.e.d.

Der klassische Stokessche Integralsatz

Die ursprüngliche Form des Stokesschen Integralsatzes bezieht sich auf Flächen im dreidimensionalen Raum.

Sei $U \subset \mathbb{R}^3$ offen und $F: U \to \mathbb{R}^3$ ein stetig differenzierbares Vektorfeld. Weiter sei $M \subset U$ eine zweidimensionale Untermannigfaltigkeit, die durch ein Einheits-Normalenfeld

$$\nu : M \to \mathbb{R}^3$$

orientiert sei. Auf M sei ein Kompaktum A mit glattem Rand gegeben. Die induzierte Orientierung des Randes ∂A definiert ein Einheits-Tangentenfeld

$$\tau : \partial A \to \mathbb{R}^3 ,$$

wo $\tau(p)$ für jeden Punkt $p \in \partial A$ eine positiv orientierte Basis von $T_p(\partial A)$ bildet. Man betrachte in U die stetig differenzierbare Pfaffsche Form

$$\omega := F \cdot d\vec{s} = \sum_{i=1}^{3} F_i\, dx_i .$$

Es ist

$$d\omega = \operatorname{rot} F \cdot d\vec{S} = \sum_{i<j} \left(\frac{\partial F_j}{\partial x_i} - \frac{\partial F_i}{\partial x_j} \right) dx_i \wedge dx_j \, .$$

Also lautet Satz 6 in diesem Fall

$$\int_{\partial A} F \cdot d\vec{s} = \int_A \operatorname{rot} F \cdot d\vec{S}$$

oder anders ausgedrückt (§ 18, Satz 9 und § 20, Satz 3)

$$\int_{\partial A} \langle F, \tau \rangle \, ds = \int_A \langle \operatorname{rot} F, \nu \rangle \, dS \, .$$

(21.5) Beispiel. Wir geben eine Anwendung des Stokesschen Integralsatzes in der Elektrodynamik. Sei $U \subset \mathbb{R}^3$ offen und $I \subset \mathbb{R}$ ein Intervall (als Zeitintervall interpretiert). Das elektrische und magnetische Feld sind zeitabhängige Vektorfelder

$$E, B : U \times I \to \mathbb{R}^3$$

(als stetig differenzierbar vorausgesetzt). Diese Felder genügen (unter anderem) der Differentialgleichung

$$(1) \qquad \operatorname{rot} E = -\frac{\partial B}{\partial t} \, .$$

Sei jetzt $M \subset U$ eine zweidimensionale Untermannigfaltigkeit, orientiert durch ein Einheits-Normalenfeld $\nu : M \to \mathbb{R}^3$, und $A \subset M$ ein Kompaktum mit glattem Rand. Das Integral

$$\Phi(t) := \int_A \langle B(x, t), \nu(x) \rangle \, dS(x)$$

ist der magnetische Fluß zur Zeit $t \in I$ durch das Flächenstück A. Die Zeitableitung dieses Flusses kann man durch Differentiation unter dem Integral berechnen und erhält

$$\frac{d\Phi(t)}{dt} = \int_A \left\langle \frac{\partial B(x, t)}{\partial t}, \nu(x) \right\rangle dS(x) = -\int_A \langle \operatorname{rot} E(x, t), \nu(x) \rangle \, dS(x) \, .$$

Unter Benutzung des Stokesschen Satzes folgt also

$$(2) \qquad \frac{d}{dt} \int_A \langle B, \nu \rangle \, dS = -\int_{\partial A} \langle E, \tau \rangle \, ds \, .$$

Das Integral $\int_{\partial A} \langle E, \tau \rangle \, ds$ ist die „Rotation" des Feldes E längs ∂A. (Ist der Rand ∂A zusammenhängend, ist er eine geschlossene Kurve; im allgemeinen ist ∂A Vereinigung end-

lich vieler disjunkter geschlossener Kurven.) Die Formel (2) sagt also: Die zeitliche Änderung des magnetischen Flusses durch das Flächenstück A ruft eine „Rotation“ des elektrischen Feldes längs ∂A hervor.
Bei Abwesenheit von elektrischen Strömen hat man außerdem die Differentialgleichung

$$(1') \quad \operatorname{rot} B = \frac{\partial E}{\partial t}.$$

Daraus folgt auf analoge Weise

$$(2') \quad \frac{d}{dt} \int_A \langle E, \nu \rangle \, dS = \int_{\partial A} \langle B, \tau \rangle \, ds .$$

Umgekehrt kann man aus den Integralgleichungen (2) und (2′) (mit variablem M und A) die Differentialgleichungen (1) und (1′) ableiten (vgl. Aufgabe 21.1).

Aufgaben

21.1 Sei $p \in \mathbb{R}^3$ ein Punkt und $v \in \mathbb{R}^3$ im Vektor der Länge 1. Wir bezeichnen mit M die Ebene senkrecht zu v durch p, d.h.

$$M := \{x \in \mathbb{R}^3 : \langle x - p, v \rangle = 0\}.$$

Wir orientieren M so, daß v ein positiv orientierter Normalenvektor wird. Für $\epsilon > 0$ sei

$$A_\epsilon := \{x \in M : \|x - p\| \leqslant \epsilon\}.$$

Sei $F : U \to \mathbb{R}^3$ ein stetig differenzierbares Vektorfeld in einer Umgebung U von p. Man zeige

$$\langle \operatorname{rot} F(p), v \rangle = \lim_{\epsilon \to 0} \frac{1}{\pi \epsilon^2} \int_{\partial A_\epsilon} F \cdot d\vec{s} .$$

21.2 Sei $U \subset \mathbb{R}^3$ offen, $p \in U$ und

$$K_\epsilon := \{x \in \mathbb{R}^3 : \|x - p\| \leqslant \epsilon\}, \qquad (\epsilon > 0).$$

Sei $f : U \to \mathbb{R}$ eine stetig differenzierbare Funktion und $F : U \to \mathbb{R}^3$ ein stetig differenzierbares Vektorfeld. Man zeige

i) $$\operatorname{grad} f(p) = \lim_{\epsilon \to 0} \frac{3}{4\pi\epsilon^3} \int_{\partial K_\epsilon} f \, d\vec{S} ,$$

ii) $$\operatorname{rot} F(p) = \lim_{\epsilon \to 0} \frac{3}{4\pi\epsilon^3} \int_{\partial K_\epsilon} F \times d\vec{S} ,$$

iii) $$\operatorname{div} F(p) = \lim_{\epsilon \to 0} \frac{3}{4\pi\epsilon^3} \int_{\partial K_\epsilon} F \cdot d\vec{S} .$$

Dabei wird in i) und ii) über Tripel von 2-Formen integriert; das Integral ist komponentenweise zu verstehen.

21.3 Man beweise $H^1_{DR}(\mathbb{R}^2 \setminus 0) \cong \mathbb{R}$.

Anleitung: Die Cohomologieklasse der Differentialform

$$\sigma := \frac{xdy - ydx}{x^2 + y^2}$$

bildet eine Basis von $H^1_{DR}(\mathbb{R}^2 \setminus 0)$. Dazu beweise man: Ist ω eine geschlossene 1-Form in $\mathbb{R}^2 \setminus 0$ mit

$$\int_{S_1} \omega = 0 , \qquad (S_1 = \text{1-Sphäre}),$$

so besitzt ω eine Stammfunktion.

21.4 Sei $B := \{x \in \mathbb{R}^n : \|x\| < 1\}$. Man gebe eine stetige Abbildung $F : B \to B$ an, die keinen Fixpunkt hat.

21.5 Seien $U \subset \mathbb{R}^n$ und $V \subset \mathbb{R}^m$ offene Mengen. Zwei stetig differenzierbare Abbildungen

$$\varphi_0, \varphi_1 : U \to V$$

heißen $\mathscr{C}^1$-homotop, falls es eine offene Menge $W \subset \mathbb{R} \times \mathbb{R}^n$ mit $[0, 1] \times U \subset W$ und eine stetig differenzierbare Abbildung

$$\Phi : W \to V, \ (t, x) \mapsto \Phi(t, x) ,$$

gibt, so daß für alle $x \in U$ gilt

$$\Phi(0, x) = \varphi_0(x) \ \text{ und } \ \Phi(1, x) = \varphi_1(x) .$$

Man zeige: Sind $\varphi_0, \varphi_1 : U \to V$ $\mathscr{C}^1$-homotop, so gilt für jede geschlossene stetig differenzierbare k-Form ω in V und jede kompakte k-dimensionale orientierte Untermannigfaltigkeit $M \subset U$

$$\int_M \varphi_1^* \omega = \int_M \varphi_0^* \omega .$$

Anleitung: Man benutze den Hilfssatz aus § 19 und das Corollar zu Satz 6 aus § 21.

21.6 Sei

$$\Omega := \mathbb{R}^3 \setminus \{(x, y, z) \in \mathbb{R}^3 : x < 0, y = 0\} , \qquad T := \mathbb{R}_+^* \times \,]0, \pi[\, \times \,]-\pi, \pi[$$

und $\Phi : T \xrightarrow{\sim} \Omega$ der durch die Polarkoordinaten gegebene Diffeomorphismus

$$\begin{pmatrix} r \\ \vartheta \\ \varphi \end{pmatrix} \overset{\Phi}{\longmapsto} \begin{pmatrix} x \\ y \\ z \end{pmatrix} = \begin{pmatrix} r \sin\vartheta \cos\varphi \\ r \sin\vartheta \sin\varphi \\ r \cos\vartheta \end{pmatrix} .$$

Mit $r, \vartheta, \varphi: \Omega \to \mathbb{R}$ seien auch die drei Komponenten der Umkehrabbildung von Φ bezeichnet.
Man zeige:
a) Die Funktion ϑ und die Differentialform $d\varphi$ lassen sich stetig differenzierbar von Ω nach $\mathbb{R}^3 \setminus (0 \times 0 \times \mathbb{R})$ fortsetzen.
b) Sei $A \subset S_2$ ein Kompaktum mit glattem Rand, so daß ∂A weder den Nordpol $P_N := (0, 0, 1)$ noch den Südpol $P_S := (0, 0, -1)$ enthält. Dann gilt

$$\mathrm{Vol}_2(A) = 2k\pi - \int_{\partial A} \cos\vartheta\, d\varphi .$$

Dabei ist $k = 0, 1, 2$, je nachdem A keinen, einen oder zwei der Punkte $\{P_N, P_S\}$ enthält.
c) Die Differentialform $r^3 \sin\vartheta\, d\vartheta \wedge d\varphi$ läßt sich stetig differenzierbar nach ganz $\mathbb{R}^3$ fortsetzen. Für jedes Kompaktum $K \subset \mathbb{R}^3$ mit glattem Rand gilt

$$\mathrm{Vol}_3(K) = \frac{1}{3} \int_{\partial K} r^3 \sin\vartheta\, d\vartheta \wedge d\varphi .$$

21.7 Es sei $q: \mathbb{R}^n \setminus 0 \to S_{n-1}$ die Projektion auf die Einheitssphäre

$$q(x) := \frac{x}{\|x\|} .$$

Für eine kompakte Teilmenge $A \subset \mathbb{R}^n \setminus 0$ versteht man unter dem Raumwinkel, unter dem A vom Nullpunkt aus erscheint, die Größe

$$\Theta(A) := \mathrm{Vol}_{n-1}(q(A)) .$$

Sei $M \subset \mathbb{R}^n \setminus 0$ eine Hyperfläche mit folgender Eigenschaft:

i) Die Abbildung $q|M \to S_{n-1}$ ist injektiv.

ii) Für jedes $a \in M$ gilt $\mathbb{R}a + T_a M = \mathbb{R}^n$.

Man zeige:
a) M ist orientierbar.
b) Für jedes Kompaktum $A \subset M$ gilt $\Theta(A) = |\int_A \sigma|$, wobei

$$\sigma := \sum_{i=1}^{n} \frac{(-1)^{i-1} x_i}{\|x\|^n} dx_1 \wedge \ldots \wedge \widehat{dx_i} \wedge \ldots \wedge dx_n .$$

Anleitung: Sei $\lambda: q(M) \to \mathbb{R}_+^*$ definiert durch

$$\lambda\left(\frac{x}{\|x\|}\right) := \|x\| \text{ für alle } x \in M , \qquad U := x \in \mathbb{R}^n \setminus 0 : \frac{x}{\|x\|} \in q(M)$$

und

$$F: U \to U , \qquad F(x) := \lambda\left(\frac{x}{\|x\|}\right) x .$$

Man zeige $F(q(A)) = A$ und $F^* \sigma = \sigma$.
c) Im Fall $n = 3$ gilt $\sigma = \sin\vartheta\, d\vartheta \wedge d\varphi$ in $\mathbb{R}^3 \setminus 0$, vgl. Aufgabe 21.6.

21.8 Sei $U \subset \mathbb{C}$ offen und $f: U \to \mathbb{C}$ eine stetig partiell differenzierbare Funktion. Sei $A \subset U$ ein Kompaktum mit glattem Rand und $a \in \mathring{A}$. Man beweise

$$f(a) = \frac{1}{2\pi i} \int_{\partial A} \frac{f(z)}{z-a} dz + \frac{1}{2\pi i} \int_{A} \frac{\frac{\partial f}{\partial \bar{z}}(z)}{z-a} dz \wedge d\bar{z} \ .$$

Dabei ist das Integral über A als Limes der Integrale über

$$A_\epsilon := \{z \in A : \|z-a\| \geqslant \epsilon\}, \ (\epsilon > 0),$$

für $\epsilon \to 0$ zu verstehen.

21.9

a) Man zeige: Im $\mathbb{C}^n \setminus \{\zeta\}$, $n \geqslant 2$, ist die Differentialform

$$\omega_{1,\zeta} := \sum_{k=1}^{n} (-1)^{k-1} \frac{\partial}{\partial \bar{\zeta}_1} \left(\frac{\bar{z}_k - \bar{\zeta}_k}{\|z-\zeta\|^{2n}} \right) dz_1 \wedge \ldots \wedge dz_n \wedge d\bar{z}_1 \wedge \ldots \widehat{d\bar{z}_k} \ldots \wedge d\bar{z}_n$$

exakt; es gilt $\omega_{1,\zeta} = \pm d\eta$ mit

$$\eta := \sum_{j=2}^{n} (-1)^j \frac{\bar{z}_j - \bar{\zeta}_j}{\|z-\zeta\|^{2n}} dz_1 \wedge \ldots \wedge dz_n \wedge d\bar{z}_2 \wedge \ldots \widehat{d\bar{z}_j} \ldots \wedge d\bar{z}_n \ .$$

b) Sei $M \subset \mathbb{C}^n \cong \mathbb{R}^{2n}$ eine $(2n-1)$-dimensionale orientierte kompakte Untermannigfaltigkeit

$$f: U \to \mathbb{C}$$

eine holomorphe Funktion in einer offenen Menge $U \supset M$ und

$$F: \mathbb{C}^n \setminus M \to \mathbb{C}$$

definiert durch

$$F(\zeta) := \frac{(n-1)!}{(2\pi i)^n} \int_M f(z)\, \sigma_\zeta(z) \ ,$$

wobei σ_ζ die Differentialform aus der Bochner-Martinellischen Integralformel ist. Man beweise, daß F in $\mathbb{C}^n \setminus M$ holomorph ist.

21.10

a) Man zeige, daß jede beschränkte holomorphe Funktion $f: \mathbb{C} \to \mathbb{C}$ konstant ist.

Anleitung: Man verwende den Satz von Liouville für harmonische Funktionen (Aufgabe 16.4).

b) Sei $n \geqslant 2$, $r \in \mathbb{R}_+$ und

$$U := \{z \in \mathbb{C}^n : \|z\| > r\} \ .$$

Es sei $F: U \to \mathbb{C}$ eine holomorphe Funktion mit

$$\lim_{\|z\| \to \infty} F(z) = 0 .$$

Man zeige, daß F identisch null ist.

Anleitung: Für jede komplexe Gerade

$$\{a + tv : t \in \mathbb{C}\}, \ a \in \mathbb{C}^n, \ v \in \mathbb{C}^n \setminus 0 ,$$

die ganz in U enthalten ist, wende man auf die Funktion $t \mapsto F(a + tv)$ Teil a) an.

c) Sei $n \geqslant 2$, $0 \leqslant r < R \leqslant \infty$ und $V \subset \mathbb{C}^n$ die Kugelschale

$$V := B(0, R) \setminus \bar{B}(0, r) .$$

Man zeige: Jede holomorphe Funktion $f: V \to \mathbb{C}$ läßt sich holomorph in die ganze Kugel $B(0, R)$ fortsetzen, d.h. es gibt eine holomorphe Funktion $F: B(0, R) \to \mathbb{C}$ mit $F \mid V = f$ (Hartogsscher Kugelsatz).

Anleitung: Für $\zeta \in B(0, R)$ definiere man

$$F(\zeta) := \frac{(n-1)!}{(2\pi i)^n} \int_{\|z\| = \rho} f(z)\, \sigma_\zeta(z) ,$$

wobei $\rho \in \,]r, R[$ eine Zahl mit $\|\zeta\| < \rho$ ist. Für $\zeta \in V$ gilt nach der Bochner-Martinellischen Integralformel

$$f(\zeta) = \frac{(n-1)!}{(2\pi i)^n} \left\{ \int_{\|z\| = \rho} f(z)\, \sigma_\zeta(z) - \int_{\|z\| = \rho'} f(z)\, \sigma_\zeta(z) \right\} ,$$

wobei $r < \rho' < \|\zeta\| < \rho < R$. Man zeige mit Teil b), daß das zweite Integral verschwindet.

Literaturhinweise

Die Analysis 3 ist die Fortsetzung von

Forster, O.: Analysis 1. Differential- und Integralrechnung einer Veränderlichen. Vieweg, 3. Aufl. 1980.

Forster, O.: Analysis 2. Differentialrechnung im $\mathbb{R}^n$. Gewöhnliche Differentialgleichungen. Vieweg, 4. Aufl. 1981.

Diese Bücher werden als An. 1 und An. 2 zitiert.

Die erforderlichen Vorkenntnisse in linearer Algebra finden sich in

Fischer, G.: Lineare Algebra. Vieweg, 7. Auflage 1981.

Einige Lehrbücher der mehrdimensionalen Integration und Analysis auf Mannigfaltigkeiten:

Anger, B. und *Bauer, H.:* Mehrdimensionale Integration. De Gruyter 1976.

Blatter, C.: Analysis III. Heidelberger Taschenbücher. Springer 1974.

Bröcker, T.: Analysis in mehreren Variablen. Teubner, Stuttgart 1980.

Grauert, H. und *Lieb, I.:* Differential- und Integralrechnung III. Heidelberger Taschenbücher. Springer 1968.

Heuser, H.: Lehrbuch der Analysis, Teil 2. Teubner, Stuttgart 1981.

Holmann, H. und *Rummler, H.:* Alternierende Differentialformen. B. I. Mannheim 1981.

Kowalsky, H.-J.: Vektoranalysis I, II. De Gruyter 1974, 1976.

Lang, S.: Introduction to differentiable manifolds. Wiley 1962.

Narasimhan, R.: Analysis on real and complex manifolds. North Holland 1968.

Nöbeling, G.: Integralsätze der Analysis. De Gruyter 1978.

Spivak, M.: Calculus on manifolds. Benjamin 1965.

Warner, F. W.: Foundations of differentiable manifolds and Lie groups. Scott-Foresman 1971.

Partielle Differentialgleichungen:

Hellwig, G.: Partielle Differentialgleichungen. Teubner, Stuttgart 1960.

Leis, R.: Vorlesungen über partielle Differentialgleichungen zweiter Ordnung. B. I. Mannheim 1967.

Treves, F.: Basic linear partial differential equations. Academic Press 1975.

Distributionen:

Constantinescu, F.: Distributionen und ihre Anwendungen in der Physik. Teubner, Stuttgart 1974.

Jantscher, L.: Distributionen. De Gruyter 1971.

Schwartz, L.: Théorie des distributions. Hermann 1966.

Schwartz, L.: Méthodes mathématiques pour les sciences physiques. Hermann 1965.

Symbolverzeichnis

$\mathbb{N}$	Menge der natürlichen Zahlen (einschließlich 0)
$\mathbb{Z}$	Menge der ganzen Zahlen
$\mathbb{Q}$	Körper der rationalen Zahlen
$\mathbb{R}$	Körper der reellen Zahlen
$\mathbb{C}$	Körper der komplexen Zahlen

$\mathbb{R}_+ := \{x \in \mathbb{R} : x \geqslant 0\}$

$\mathbb{R}^* := \{x \in \mathbb{R} : x \neq 0\}$

$\mathbb{R}_+^* := \mathbb{R}_+ \cap \mathbb{R}^* = \{x \in \mathbb{R} : x > 0\}$

$M(n \times k, K)$	Vektorraum der $n \times k$-Matrizen mit Koeffizienten aus einem Körper K
$GL(n, K)$	Gruppe der invertierbaren $n \times n$-Matrizen mit Koeffizienten aus K
$O(n) \subset GL(n, \mathbb{R})$	Untergruppe der orthogonalen Matrizen
A^T	transponierte Matrix von A

Funktionenräume

$\mathscr{C}$ 2, 22, $\mathscr{C}_c$ 2, 16, $\mathscr{C}^k$ 22, $\mathscr{C}_c^k$ 22, $\mathscr{C}_0$ 110, $\mathscr{H}^\uparrow$ 37, $\mathscr{H}^\downarrow$ 38, $\mathscr{L}_p$ 60, 91, L_p 71, 96, $\mathscr{L}_1^{loc}$ 87, $\mathscr{D}, \mathscr{D}'$ 175

Fouriertransformation

$\hat{f}$ 104, $\mathscr{F}, \overline{\mathscr{F}}$ 112

Integrationssymbole

$d^n x$ 2, dS 138, $d\vec{S}$ 222, ds 210, $d\vec{s}$ 212, dV 158

Weitere Bezeichnungen

$\langle a, b \rangle = \bar{a}_1 b_1 + \ldots + \bar{a}_n b_n$ für $a = (a_1, \ldots, a_n)$, $b = (b_1, \ldots, b_n) \in \mathbb{C}^n$

$\| a \| = \sqrt{\langle a, a \rangle}$

$\|f\|_{L_1}$	L_1-Norm 57
$\|f\|_{L_p}$	L_p-Norm 90
Vol_k	47, 140
$D\varphi$	Funktionalmatrix 16, 128
$\dfrac{\partial(f_1, \ldots, f_m)}{\partial(x_1, \ldots, x_n)}$	Funktionalmatrix 128

$D^\alpha f$	Ableitungssymbol 25
$d\omega$	äußere Ableitung einer Differentialform 221
$\varphi^* \omega$	225
$T_a M$	Tangentialvektorraum 148
$N_a M$	Normalenvektorraum 150
ν	Normalenvektor 151
$\frac{\partial}{\partial \nu}$	Normalableitung 158
∂A	Rand der Menge A
χ_A	charakteristische Funktion 40
S_n	n-Sphäre 128
Supp (f)	Träger 2
N_a	Newton-Potential 161
δ_a	Diracsche Deltadistribution 176
$H^p_{DR}(U)$	de Rhamsche Cohomologiegruppe 230

Bemerkung

Bei dem Umfang des Stoffes konnte nicht vermieden werden, daß verschiedene Dinge an verschiedenen Stellen mit demselben Symbol bezeichnet werden. So bezeichnet z.B. ν einen Normalen-Einheitsvektor und an anderen Stellen einen Index, der die natürlichen Zahlen durchläuft; τ bezeichnet einen Tangenten-Einheitsvektor und wird auch für Parameter-Transformationen benutzt; i ist die imaginäre Einheit $\sqrt{-1}$ und anderswo ein Index, usw. Es geht jedoch immer aus dem Zusammenhang hervor, was gemeint ist.

Namens- und Sachverzeichnis

Otto Forster

Analysis 1

Differential- und Integralrechnung einer Veränderlichen

vieweg studium Band 24 Grundkurs Mathematik

Otto Forster

Analysis 2

Differentialrechnung im $\mathbb{R}^n$, Gewöhnliche Differentialgleichungen

vieweg studium Band 31 Grundkurs Mathematik

Numerische Mathematik

von Jochen Werner

Band 1:
Lineare und nichtlineare Gleichungssysteme, Interpolation, numerische Integration

1992. X, 281 Seiten mit 43 Abbildungen und 137 Aufgaben. (vieweg studium, Band 32, Aufbaukurs Mathematik; herausgegeben von Gerd Fischer) Paperback.
ISBN 3-528-07232-6

Band 2:
Eigenwertaufgaben, lineare Optimierungsaufgaben, unrestringierte Optimierungsaufgaben

1992. VIII, 277 Seiten mit 8 Abbildungen und 122 Aufgaben. (vieweg studium, Band 33, Aufbaukurs Mathematik; herausgegeben von Gerd Fischer) Paperback.
ISBN 3-528-07233-4

Dieses zweibändige Lehrbuch führt in die Numerische Mathematik ein. Es wendet sich an Studenten der Mathematik und der Physik ab dem dritten Semester. Die auftretenden Algorithmen sind so formuliert, daß ihre Umsetzung in Computerprogramme ohne Schwierigkeiten möglich ist.

Dr. rer. nat. Jochen Werner ist Professor für Numerische und Angewandte Mathematik an der Universität Göttingen.

Verlag Vieweg · Postfach 58 29 · D-6200 Wiesbaden 1

vieweg